中等职业教育应用电子技术专业项目教学系列教材

新编电子设计自动化项目教程

任富民　主　编
伍　军　参　编

電子工業出版社
Publishing House of Electronics Industry
北京・BEIJING

内 容 简 介

本书采用项目式任务驱动的方法，以通用的电子设计自动化（EDA）软件 Protel DXP 2004 SP2 中文版为软件平台，介绍了电子设计自动化的基本概念、应用技巧及实际案例。本书包含 12 个项目，主要讲授了原理图绘制、原理图仿真、PCB 板制作、原理图元件和 PCB 元件封装的制作，以及可编程逻辑器件设计等内容。

根据中等职业学校电子设计自动化的教学特点，本书在注重先进性和科学性的基础上更加突出了实用性和可操作性。本书可作为中等、高等职业学校电子设计自动化的教材，也可供从事电子设计自动化绘图和制版的工程技术人员参考。

图书在版编目（CIP）数据

新编电子设计自动化项目教程 / 任富民主编. —北京：电子工业出版社，2011.4
中等职业教育应用电子技术专业项目教学系列教材
ISBN 978-7-121-13052-6

Ⅰ. ①新… Ⅱ. ①任… Ⅲ. ①电子电路－电路设计：计算机辅助设计—中等专业教育—教材 Ⅳ. ①TN702

中国版本图书馆 CIP 数据核字（2011）第 038807 号

策划编辑：白 楠
责任编辑：谭丽莎 文字编辑：王凌燕
印 刷：北京捷迅佳彩印刷有限公司
装 订：北京捷迅佳彩印刷有限公司
出版发行：电子工业出版社
北京市海淀区万寿路 173 信箱 邮编 100036
开 本：787×1 092 1/16 印张：16.25 字数：416 千字
版 次：2011 年 4 月第 1 版
印 次：2021 年 7 月第 6 次印刷
定 价：27.00 元

凡所购买电子工业出版社图书有缺损问题，请向购买书店调换。若书店售缺，请与本社发行部联系，联系及邮购电话：（010）88254888，88258888。

质量投诉请发邮件至 zlts@phei.com.cn，盗版侵权举报请发邮件至 dbqq@phei.com.cn。

本书咨询联系方式：（010）88254591，bain@phei.com.cn。

前　言

电子设计自动化（EDA）是中等职业学校电子信息类专业的一门主干课程，其主要任务是使学生掌握 EDA 的基本概念和基本操作技能，培养学生利用 EDA 软件进行原理图绘制和 PCB 板制作等基本技能，为适用 EDA 绘图和制版工作岗位打下基础。

本书采用的 EDA 软件为 Protel DXP 2004 SP2 中文版，该软件以操作简单、功能齐全、方便易学、自动化程度高等优点逐步占领市场，是目前非常流行的 EDA 软件。本书的教学目标是使学生能运用所学的 EDA 基本知识和技能，根据实际电路创建、绘制原理图和原理图元件，根据实际要求制作实用的 PCB 板和 PCB 元件引脚封装，根据需要进行简单的原理图仿真，以及进行简易的可编程逻辑器件设计等，使学生达到中级 EDA（或电子 CAD）绘图员的技能水平。

根据中等职业学校 EDA 的教学特点，本书在注重先进性和科学性的基础上，更加突出了实用性和可操作性。本书具有如下鲜明特色：

1. 先进性和科学性。本书采用的软件为 Protel DXP 2004 SP2 中文版，是目前 EDA 教学中的主流版本。全书使用同一个 EDA 软件，完成原理图绘制、仿真、PCB 板制作、原理图元件和 PCB 元件封装的制作及可编程逻辑器件设计等内容，从而降低了学习难度，保证了学习效果。本书实例丰富且实用，均来自作者近几年的工程开发和实习实训项目，如三端稳压电源、单片机数据采集板等项目已经在学校和企业投入生产，运行稳定。各项目均采用市面上流行的实用产品，从而使学生在教学和实训过程中可以积累难得的实践经验，毕业后可以满足一线绘图和制版技术人员的工作需要。

2. 项目式教学和任务式驱动。本书共 12 个项目，各项目在内容的安排上采取案例式教学方法，将各知识点、技能点融入具体实例中，如单面板的制作以三端稳压电源 PCB 板为例，双面板的制作以多路单片机数据采集器为例；而在上机实训中以任务式驱动的方法，引导学生灵活运用本章的知识点和技能，给出适当的操作步骤和提示，绘制实际的电路图和电路板，巩固所学知识和技能。

3. 内容安排详略得当，重点突出。本书各项目教学内容按照由浅入深的教学原则，采取循序渐进的教学方法。以适用 EDA 绘图员和一线制版工作岗位实际需要安排各项目内容，以国家电子设计自动化教学大纲和职业技能鉴定要求为导向确定知识点；本书重点为 4 个教学内容：原理图的创建和绘制，原理图元件的制作和调用，PCB 板的制作及 PCB 元件引脚封装的制作和引用。为了满足 EDA 的教学需要，以及职业学校生源的现状，在项目六安排了电路仿真的教学内容，在项目十二安排了可编程逻辑器件设计等内容，但均不作重点要求。

4. 操作过程详细明了，描述语言通俗易懂。本书操作过程详细准确，只要按照步骤操作，均可以得到正确的结果，但讲解并不繁杂，对于同一功能的不同操作方法，本书只讲解最常用、最直接的一种方法。本书语言通俗易懂，对于元件封装、元件布局、导线修改等与电气特性紧密联系的操作，均对相应的电子技术知识、安装工艺、制作流程等做了详细的介绍，而并非简单地介绍计算机操作。虽然，本书采用的实例具有一定的深度和难度，但讲解清晰，步骤明确，并对手工修改导线、敷铜等操作过程讲解详细，图例清楚。

5. 提示和建议丰富。本书作者一直从事 EDA 一线教学，对于初学者在绘图、制版过程中常见的错误操作和理解误区，分别以“误区纠正”、“提示”、“建议”等方式进行提醒，使操作者少走弯路。

本书由广东省电子技术学校任富民高级讲师主编，伍军老师编写了本书的前三章。由于作者水平有限，编写时间仓促，书中难免有错漏之处，敬请读者及时批评指正，不胜感激（作者 E-mail:renfumin19760624@163.com）。

为了方便教师教学，本书还配有电子教学参考资料包，请有此需要的教师登录华信教育资源网（www.hxedu.com.cn）免费注册后再进行下载，在有问题时请在网站留言板留言或与电子工业出版社联系（E-mail:hxedu@phei.com.cn）。

编　者

2011 年 1 月

目　录

项目一 DXP 2004 SP2 的安装和初步使用

教学目标

本项目主要学习 DXP 2004 SP2 的安装方法，并对其进行初步使用，以达到以下教学目标。

知识目标

- 理解电子设计自动化的基本概念，了解 DXP 2004 的发展过程和特点。
- 了解 DXP 2004 主窗口的组成和各部分的作用。

技能目标

- 掌握 DXP 2004 的安装、启动和关闭。
- 掌握 DXP 2004 工程和文件的新建、保存、打开。

知识扩展

知识扩展 电子设计自动化的基本概念及设计流程

一、电子设计自动化的基本概念

电子设计自动化（Electronic Design Automation，EDA）是将计算机技术应用于电子设计过程中而形成的一门新技术，它已经被广泛应用于电子电路的设计和仿真、集成电路的板图设计、印制电路板（PCB）的设计及可编程逻辑器件的设计等各项工作中。

目前，EDA 软件种类很多，如早期的 TANGO、OrCAD、Protel 等，其功能大同小异。其中 Protel 以操作简单、功能齐全、方便易学、自动化程度高等优点逐步占领市场，是目前非常流行的 EDA 软件之一，本书将选用 Protel DXP 2004 SP2 版本来进行 EDA 设计。

二、EDA 设计的基本流程

为了更好地学习 EDA 软件，先介绍 EDA 设计的基本流程，当然根据设计任务的不同，并非所有的步骤都能用到，应根据实际设计任务确定具体需要哪些步骤。

1. 方案分析

根据设计任务确定需要使用的单元电路和电路元件的具体参数，它关系到后面的原理图如何绘制（如是否使用层次性电路），电路板如何规划（如使用几层板）。

2. 电路仿真

在设计电路原理图前，有时对某一部分的单元电路设计并不十分确定，因此需要 EDA 软件的仿真功能来进行分析和验证。同时电路仿真还可以确定电路中某些关键元件的参数。如果是成熟的电路，可以不必仿真。

3. 原理图绘制

原理图是指电路中各元件的电气连接关系示意图，重在表达电路的结构和功能。利用 EDA 软件提供的丰富的原理图元件库，可以快速地绘制出清晰美观的电路原理图。如图 1.1 所示为已经绘制完成的三端稳压电源的原理图。

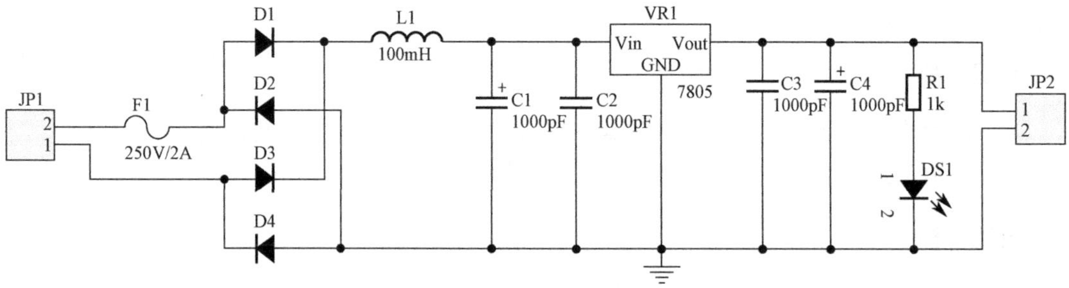

图 1.1　三端稳压电源的原理图

4. PCB 板设计

PCB 板将各实际元件按照原理图的连接关系固定连接起来，重在实现元件的物理连接和装配焊接。它是 EDA 软件的最主要功能，利用其提供的丰富的引脚封装元件库，可以快速地绘制出可靠实用的 PCB 板，如图 1.2 所示为绘制完成的三端稳压电源的 PCB 板。

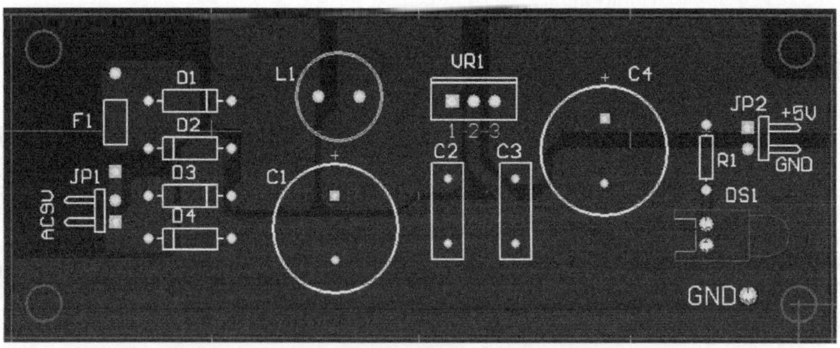

图 1.2　绘制完成的三端稳压电源的 PCB 板

当然，根据需要 EDA 还可进行可编程逻辑器件设计等。

项目内容

任务一 DXP 2004 的安装

DXP 2004 的安装文件较大，包含两个安装盘，大约 1GB，建议先将安装文件复制到硬盘中再安装。

一、安装 DXP 2004

（1）首先运行 A 盘中的 setup\Setup.exe 文件，开始安装 DXP 2004，出现的欢迎界面如图 1.3 所示，单击【Next】按钮进入下一步。

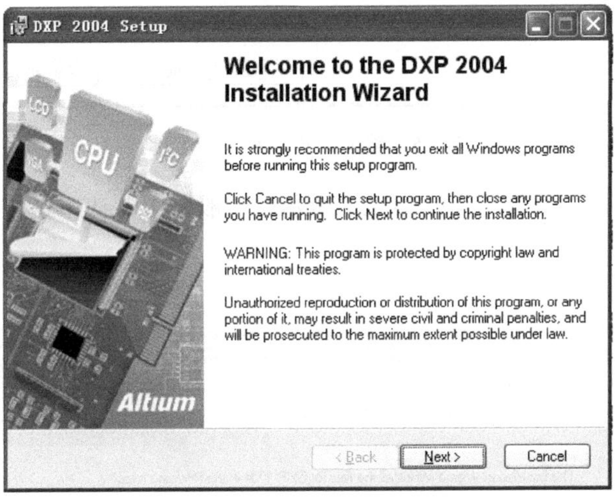

图 1.3 DXP 2004 欢迎界面

（2）选择【I accept the license agreement】单选按钮，接受安装协议，如图 1.4 所示，单击【Next】按钮进入下一步。

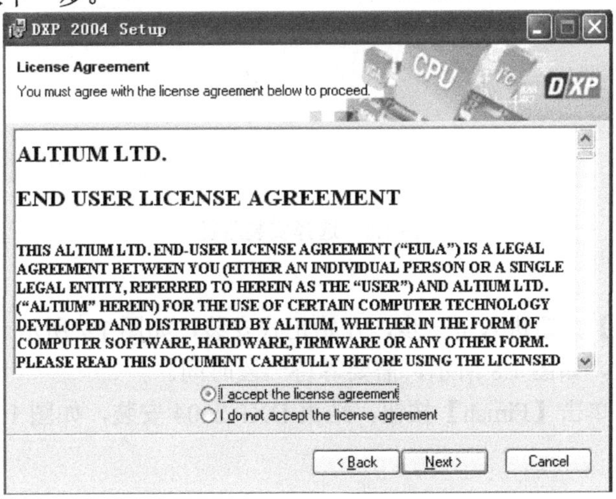

图 1.4 接受安装协议

（3）输入用户名和公司名称，如图 1.5 所示，选择【Anyone who uses this computer】单选按钮，单击【Next】按钮进入下一步。

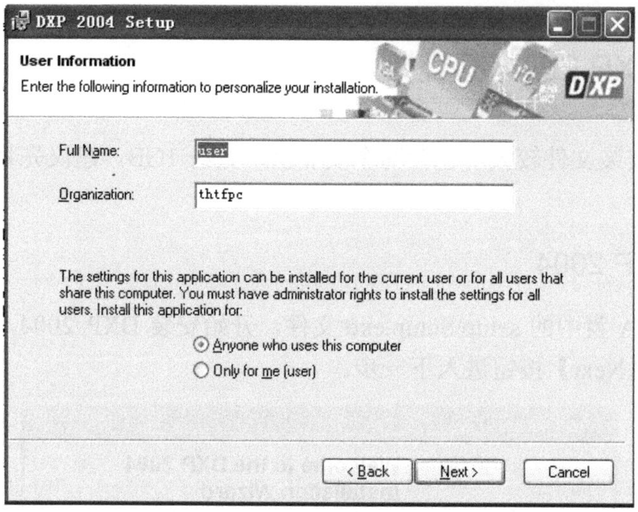

图 1.5 输入用户名和公司名称

（4）选择安装路径，默认路径如图 1.6 所示，一般采用默认路径即可，单击【Next】按钮进入下一步。

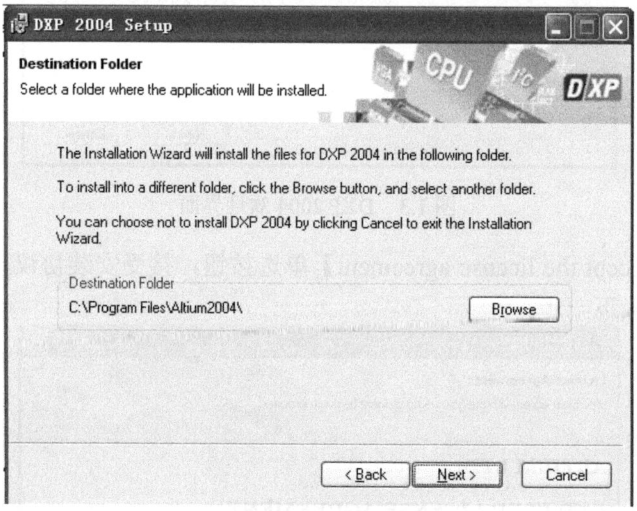

图 1.6 选择安装路径

（5）单击【Next】按钮进入下一步，开始正式安装，如图 1.7 所示。

（6）复制新文件，如图 1.8 所示，需要等待一段时间。

（7）安装完成，单击【Finish】按钮，结束 DXP 2004 安装，如图 1.9 所示。

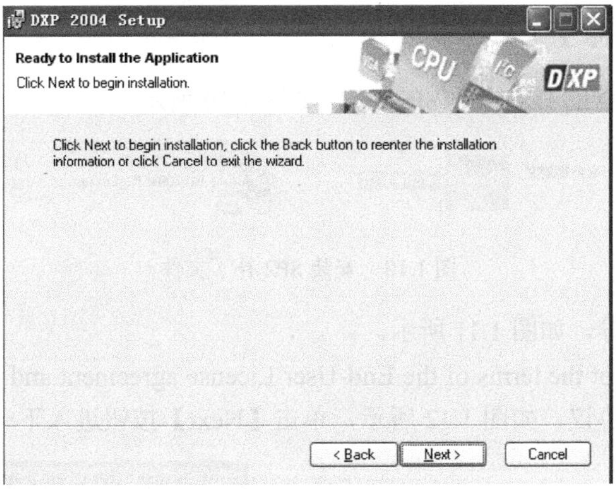

图 1.7　准备安装

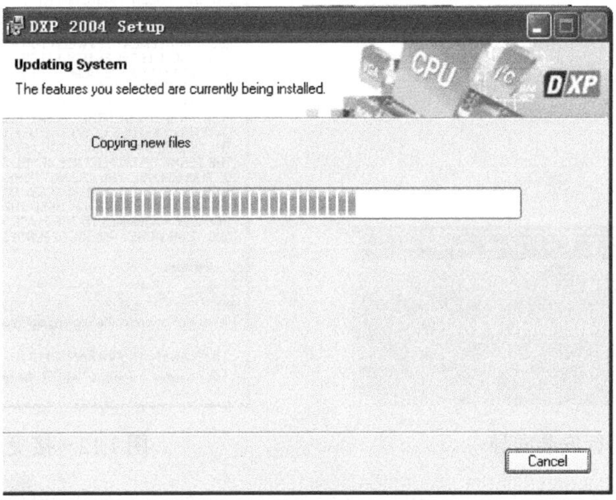

图 1.8　复制新文件

图 1.9　结束 DXP 2004 安装

二、安装 SP2 补丁

（1）接着运行 B 盘的 DXP2004SP2.exe，如图 1.10 所示。

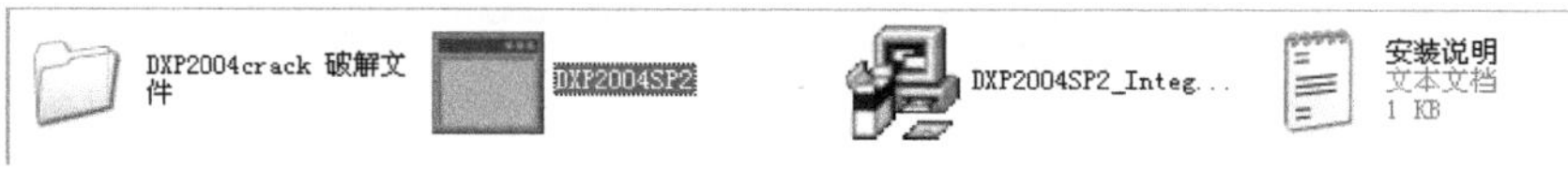

图 1.10 安装 SP2 补丁文件

（2）运行安装向导，如图 1.11 所示。

（3）选择【I accept the terms of the End-User License agreement and wish to CONTINUE】单选按钮，接受安装协议，如图 1.12 所示，单击【Next】按钮进入下一步。

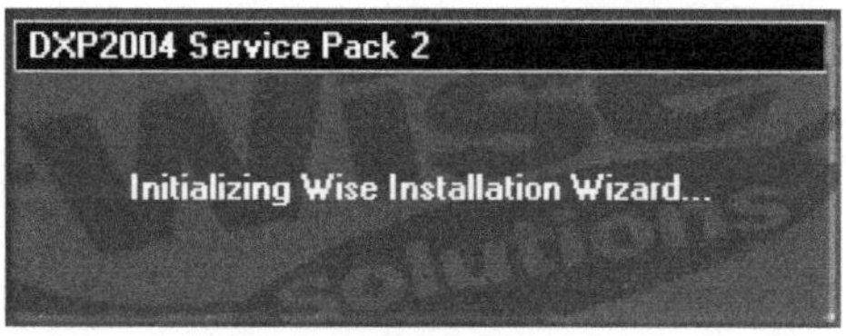

图 1.11 运行安装向导

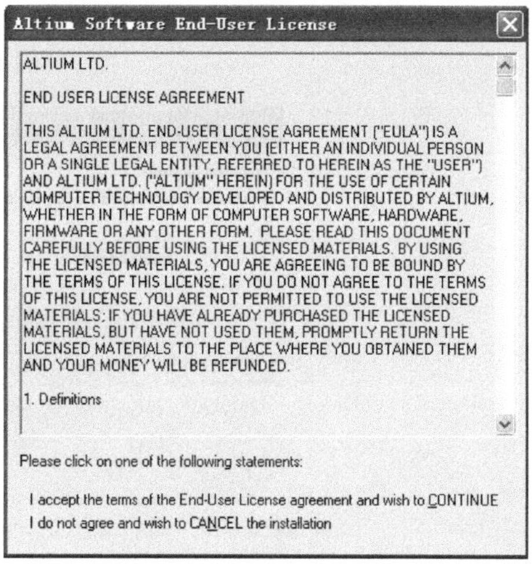

图 1.12 接受安装协议

（4）选择安装路径，默认路径如图 1.13 所示，一般采用默认路径即可，单击【Next】按钮进入下一步。

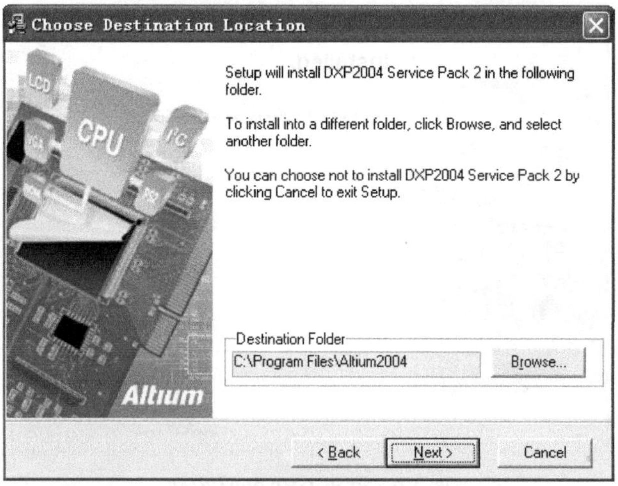

图 1.13 选择安装路径

（5）单击【Next】按钮进入下一步，开始正式安装，如图 1.14 所示。

（6）复制新文件，如图 1.15 所示，需要等待一段时间。

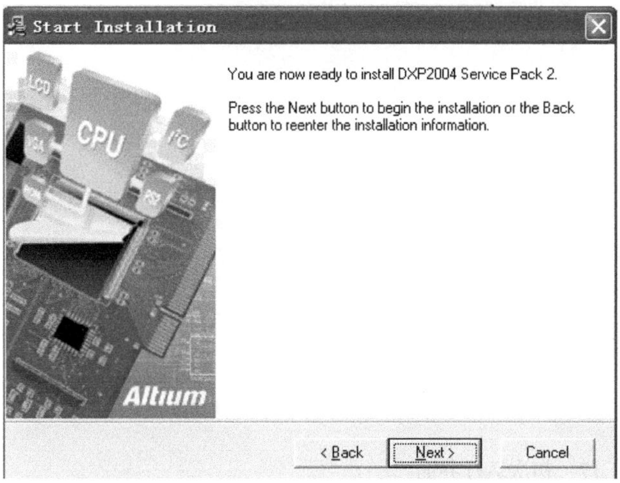

图 1.14　准备安装 DXP 2004 SP2 补丁

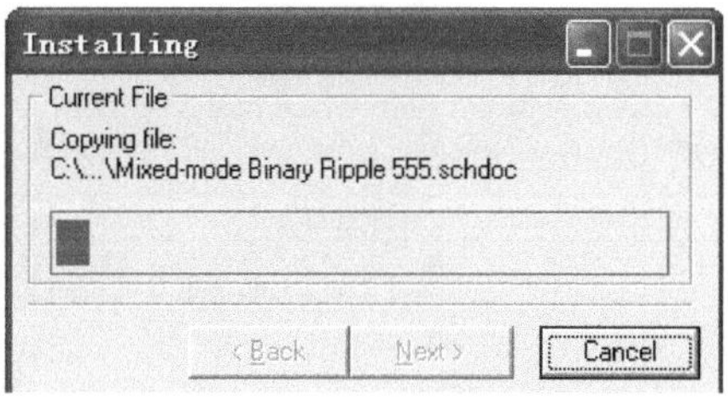

图 1.15　复制新文件

（7）安装完成，单击【Finish】按钮，结束 DXP 2004 SP2 的安装，如图 1.16 所示。

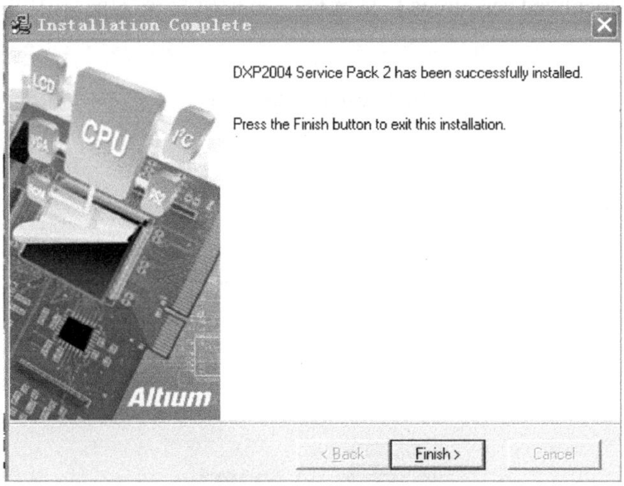

图 1.16　结束界面

三、安装 SP2 元件库

打开 B 盘，双击 DXP2004SP2_IntegratedLibraries.exe 文件，参考 SP2 补丁的安装方法，安装 SP2 元件库。

四、注册

安装好 SP2 补丁和元件库后，就可以按照光盘中介绍的方法进行注册和授权使用。

五、汉化使用

注册完成后，可以运行 DXP 2004，其初次运行界面如图 1.17 所示。

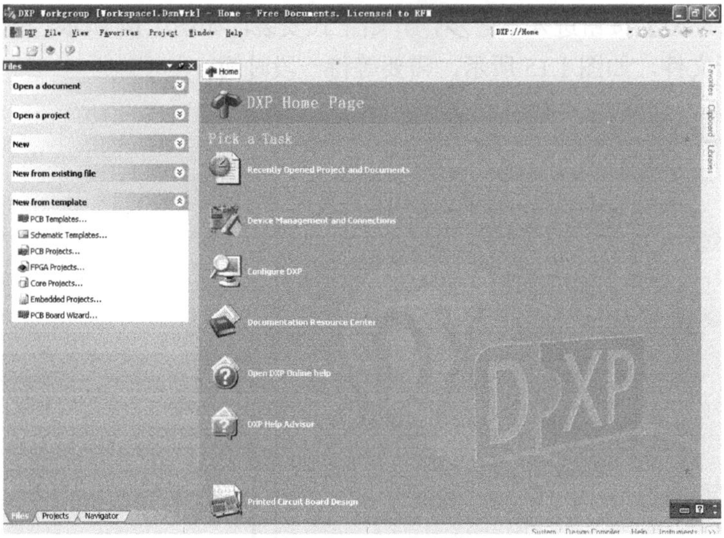

图 1.17　初次运行界面

（1）初次运行界面，菜单为英文菜单。

（2）选择【DXP】/【Preferences】菜单命令，出现如图 1.18 所示的 DXP 运行环境设置对话框，选中【Use localized resources】复选框，可把软件变为简体中文版本。

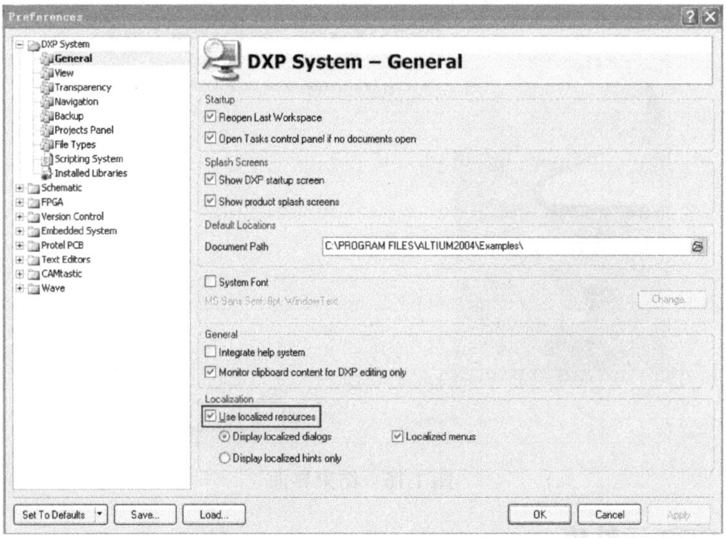

图 1.18　设置 DXP 中文运行环境

（3）单击【OK】按钮，出现如图 1.19 所示的提示对话框，单击【OK】按钮即可。重新打开 DXP 2004 后，其菜单已经变为中文菜单。

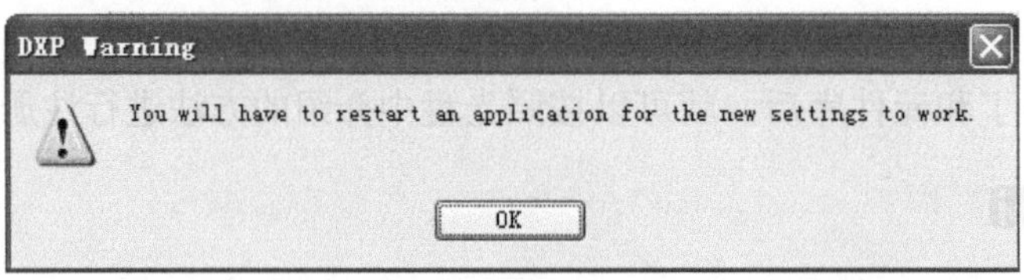

图 1.19　提示重新打开 DXP 2004 设置才生效

任务二　DXP 2004 的启动和主窗口认识

一、启动 DXP 2004

DXP 2004 安装完成后，可以执行【开始】/【所有程序】/【Altium】/【DXP 2004】菜单命令，进入 DXP 2004。由于软件占用资源较多，在进入主界面前需要等待一段时间，如图 1.20 所示，请读者耐心等待，不要重复打开该软件。

提示

也可在桌面建立 DXP 2004 的快捷方式。

图 1.20　启动 DXP 2004

二、认识 DXP 2004 的主窗口

启动 DXP 2004 后，即可进入 DXP 2004 主窗口，如图 1.21 所示。

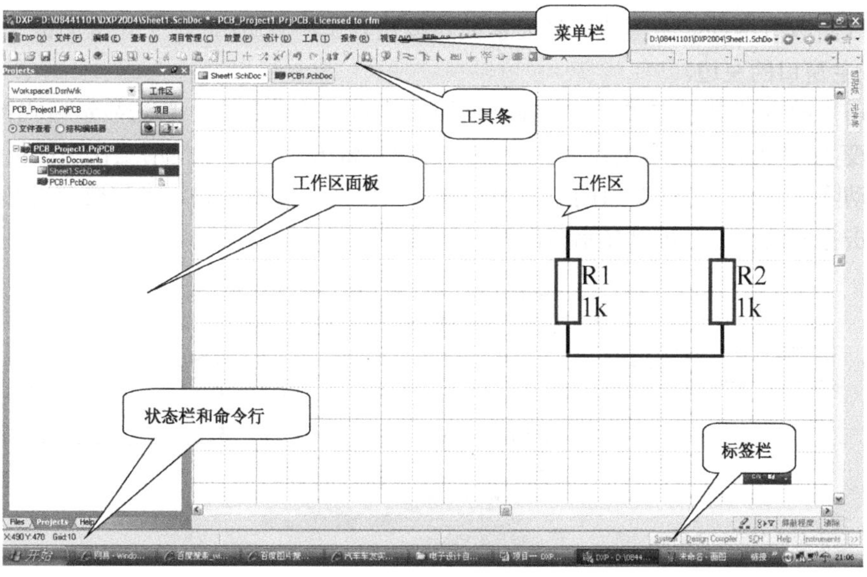

图 1.21　DXP 2004 主窗口

如图 1.21 所示，DXP 2004 主窗口主要由菜单栏、工具栏、工作区、工作区面板、标签栏、状态栏和命令行等组成。下面简单介绍各部分的基本功能。

1. 菜单栏

DXP 2004 的菜单栏如图 1.22 所示。

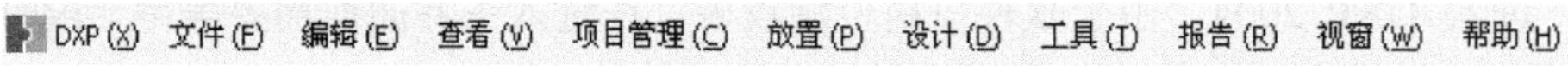

图 1.22 DXP 2004 的菜单栏

读者可以打开各菜单栏查看其中具体的菜单命令，在以后的实际操作中会对用到的菜单命令做详细的介绍。

2. 工作区面板

工作区面板通常位于 DXP 2004 主窗口的左边，如图 1.23 所示。该面板中通常包括【Files】、【Projects】等面板组。

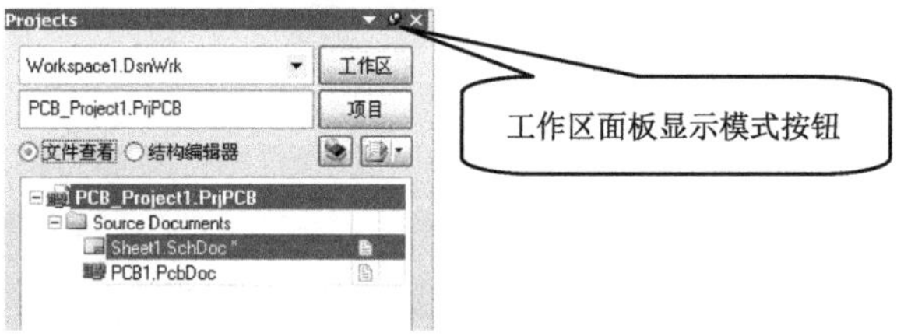

图 1.23 工作区面板

大量使用工作区面板是 DXP 相对于以前版本的一个突出特点，用户可以通过工作区面板方便地转换设计文件、浏览元器件、查找编辑特定对象等。

技能训练 1. 显示或自动隐藏工作区面板

工作区面板有两种显示模式，当显示模式按钮处于图标状态时，工作区面板一直显示在 DXP 2004 主窗口的左边。

我们可以改变其显示方式，使其在不使用时，自动隐藏起来。单击显示模式按钮，该按钮将变为图标状态，表示工作区面板处于自动隐藏方式，当不使用工作区面板时，几秒后它将自动隐藏起来，并在窗口的左上角出现各工作区面板的标签，当需要使用某工作区面板时，单击相应的标签，可以显示该面板，如图 1.24 所示。

图 1.24 改变工作区面板显示方式

技能训练 2. 激活工作区面板

当工作区面板被关闭后，可以通过执行菜单命令【查看】/【工作区面板】/【System】/【Projects】激活工作区面板。

3. 工具栏

DXP 2004 的工具栏如图 1.25 所示。

图 1.25　工具栏

可以执行【查看】/【工具栏】下的各种菜单命令打开各种工具栏。

4. 标签栏

标签栏一般位于工作区的右下方，它的各按钮用来启动相应的工作区面板，如图 1.26 所示。

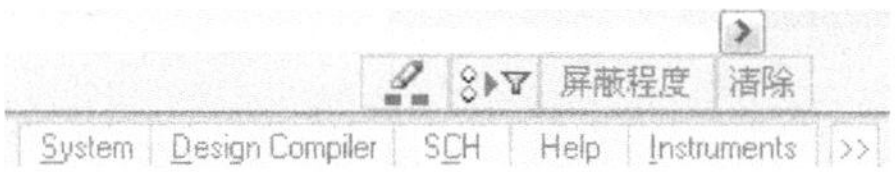

图 1.26　标签栏

5. 状态栏和命令行

状态栏和命令行用于显示当前的工作状态和正在执行的命令。它们的打开和关闭同样可以执行【查看】菜单下的相应菜单。

任务三　DXP 2004 的文件管理

知识链接：DXP 2004 的文件组织结构

DXP 2004 将设计项目的概念引入到 EDA 中，方便了项目的管理和项目下文件之间的无缝连接和同步设计。DXP 2004 项目的文件组织结构如图 1.27 所示。

从图中可以看出，DXP 2004 以项目的形式组织文件，项目文件（扩展名为“PrjPCB”）为一级目录，而属于该项目下的设计文件（如原理图文件，扩展名为“SchDoc”；印制板文件，扩展名为“PcbDoc”）则位于二级目录。

图 1.27　DXP 2004 项目的文件组织结构

一、创建新的项目文件

执行菜单命令【文件】/【创建】/【项目】/【PCB 项目】，如图 1.28 所示，将在 Projects 面板中新建一个 PCB 项目，以“PrjPCB”为扩展名，如图 1.29 所示。

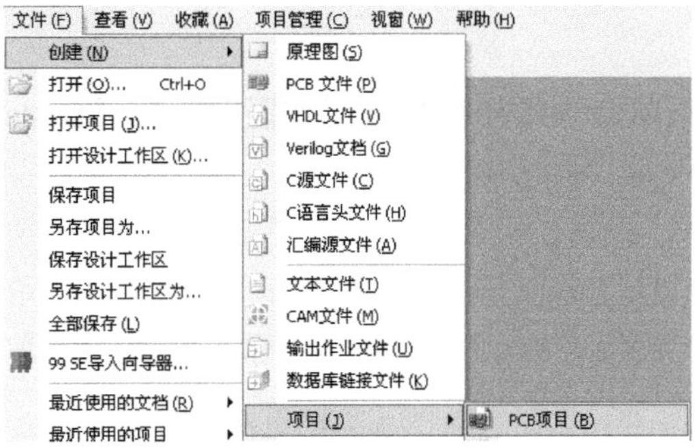

图 1.28 创建项目文件

图 1.29 新建的项目文件

二、保存新的项目文件

用鼠标右键单击该项目，在弹出的菜单中执行【保存项目】命令，将弹出如图 1.30 所示的项目保存对话框，在该对话框中确定保存路径和输入项目名称，单击【保存】按钮即可保存该项目文件，本例保存为“项目 1.PrjPCB”，如图 1.31 所示。

图 1.30 保存工程文件

图 1.31 新保存的项目文件

误区纠正：新建项目非常重要，很多初学者认为项目文件没用，进入 DXP 2004 马上就创建原理图文件画图，导致后面的 PCB 板无法制作。

三、新建原理图文件

用鼠标左键单击新建的项目文件，执行菜单命令【文件】/【创建】/【原理图】，如图 1.32 所示，将在 Projects 面板的项目文件下新建一个原理图文件，如图 1.33 所示。新建原理图文件默认文件名为“Sheet1.SchDoc”。

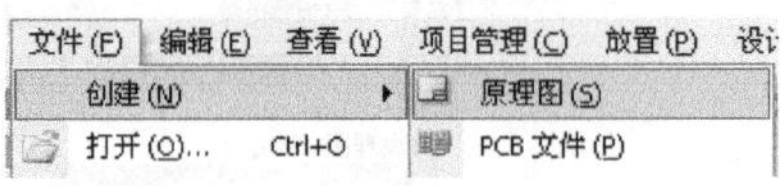

图 1.32 新建原理图文件菜单

图 1.33 新建的原理图文件

小技巧

在新建原理图文件之前，用鼠标左键单击新建的项目文件，使该项目文件处于选中状态，可确保新建的原理图文件位于该项目之下。这在已打开多个项目文件的情况下应特别注

意，否则，可能使新建的原理图文件位于其他项目文件之下。

根据同样的方法，可以新建 PCB 文件（印制电路板）等其他设计文件。

四、保存设计文件

单击工具栏中的按钮，弹出原理图文件保存对话框，如图 1.34 所示，在该对话框中确定保存路径和输入文件名称，单击【保存】按钮即可保存该文件，如图 1.35 所示。

图 1.34　保存原理图文件

图 1.35　新保存的原理图文件

小提示

某些文件的右上方出现“*”标志，表示该文件已被修改，还未保存，应及时保存。

五、关闭 DXP 2004

当项目设计完成需要退出 DXP 2004 时，可以单击软件右上方的关闭按钮，如果还有文件没保存，会出现以下保存文件对话框，如图 1.36 所示。应先单击【全部保存】按钮，再单击【确认】按钮退出。

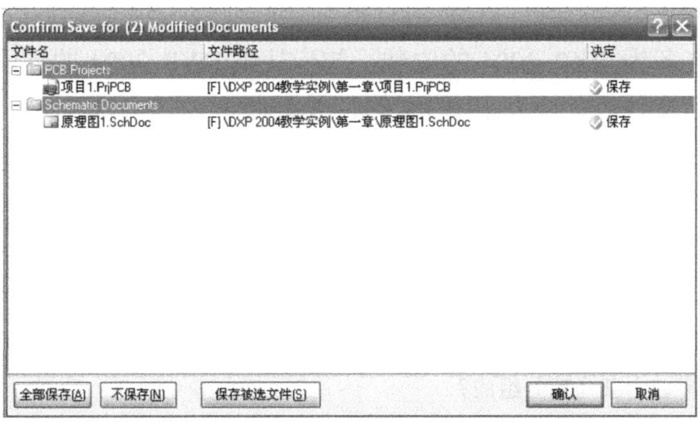

图 1.36　关闭 DXP 2004 时提示保存文件

六、打开项目文件

由于 DXP 2004 以项目的方式管理文件，所以打开文件时，只要打开项目，就可打开该项目文件下所有的设计文件，如图 1.37 所示。

图 1.37 打开 DXP 2004 项目文件

上机实训：安装和初步使用 DXP 2004

1. 上机任务

在计算机上安装 DXP 2004 软件，并熟悉 DXP 2004 的软件界面，新建项目文件和原理图文件。

2. 任务分析

本上机任务较容易，按照本项目所讲知识点逐步操作即可。

3. 操作步骤和提示

（1）参考任务二，按照提示安装 DXP 2004。

（2）打开 DXP 2004，参考任务二熟悉 DXP 2004 的界面组成，更改工作面板的显示方式。

（3）新建项目文件，并在指定目录下保存为“实训 1. PrjPCB”。

（4）在该项目文件中新建原理图文件，并保存为“实训原理图 1.SchDoc”。

（5）关闭 DXP 2004，再次打开原保存的项目文件“实训 1. PrjPCB”。

本项目小结

本项目的重点任务为 DXP 2004 的安装，初步认识 DXP 2004 的界面组成，详细学习了新建项目文件和设计文件，并补充了 EDA 的有关概念。

习题 1

1.1 什么是 EDA？列出一种 EDA 软件。

1.2 DXP 2004 主窗口由哪几部分组成？

1.3 新建项目文件“习题. PrjPCB”，并在该项目文件下新建原理图文件“习题.SchDoc”。

项目二　绘制三端稳压电源原理图

教学目标

本项目主要学习三端稳压电源原理图的绘制过程，以达到以下学习目标。

知识目标

- 理解原理图的一般设计流程和基本原则。

技能目标

- 掌握原理图图纸的设置方法。
- 掌握原理图库的添加和移除。
- 掌握原理图元件的放置、位置调整、属性设置、删除、复制、粘贴、选取操作方法。
- 掌握原理图元件的连线方法，节点放置方法。
- 掌握电源和接地符号的放置方法。

知识扩展

知识扩展　原理图的一般设计流程和基本原则

一、原理图的一般设计流程

原理图是指电路中各元件的电气连接关系示意图，重在表达电路的结构和功能。利用 DXP 2004 提供的丰富的原理图元件库，可以快速地绘制出清晰美观的电路原理图。原理图的一般设计流程如图 2.1 所示。

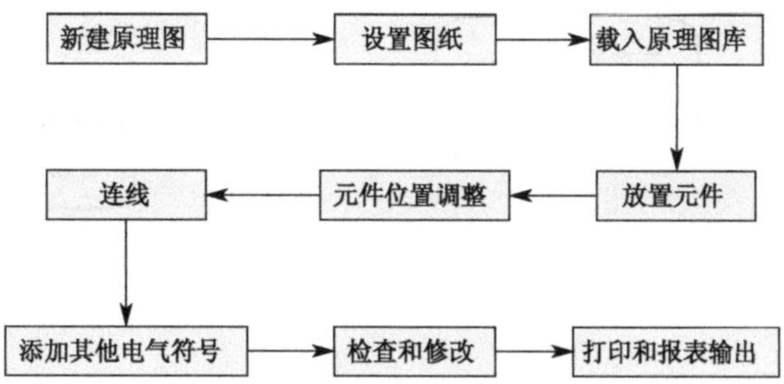

图 2.1　原理图的一般设计流程

当然，绘制过程中并非严格的按照以上顺序依次进行，有时可能是几个步骤交叉进行，如绘制导线的过程中调整元件位置，调整元件位置后再放置元件等。

二、原理图设计的基本原则

原理图设计的主要任务是将电路中各元件的电气连接关系表达清楚，以便于电路功能和信号流程分析，而与实际元件的大小、引脚粗细无关。一张好的原理图，不但要求引脚连线正确，没有错连、漏连，还要求美观清晰，信号流向清楚，标注正确、可读性强。原理图设计一般遵循如下基本原则。

（1）以模块化和信号流向为原则摆放元件，使设计的原理图便于电路功能和原理分析。

（2）同一模块中的元件尽量靠近，不同模块中的元件稍微远离。

（3）不要有过多的交叉线、过远的平行连线。充分利用总线、网络标签和电路端口等电气符号，使原理图清晰明了。

项目内容

任务一 新建原理图文件、设置图纸和工作环境

一、新建原理图文件

（1）创建项目。参考项目一中的任务三，执行菜单命令【文件】/【创建】/【项目】/【PCB 项目】，新建一个项目文件。

（2）用鼠标右键单击该项目，在弹出的菜单中执行【保存项目】命令，将新建项目文件保存为“三端稳压.PrjPCB”。

（3）执行菜单命令【文件】/【创建】/【原理图】，新建一个原理图文件。

（4）单击工具栏中的按钮，弹出文件保存对话框，将新建原理图文件保存为“三端稳压. SchDoc”。

提示

在设计过程中，每隔一定时间保存文件是一个良好的习惯，以免计算机出现非法操作或死机时来不及保存文件。

（5）完成保存后，新的项目文件和原理图文件就建好了，如图 2.2 所示。

图 2.2 新建的项目文件和原理图文件

二、将图纸放大并移动到适当位置

为了便于在图纸上放置元件，必须将图纸显示比例放大并移动到适当位置。

1. 图纸显示比例的调节

在绘图过程中，我们经常要改变图纸的显示比例，下面介绍几个常用的改变图纸显示比例的按键操作，具体按键如下。

【Page Up】：每按一次，图纸的显示比例放大一次，可以连续操作，并可在图纸的绘制过程中操作。

【Page Down】：每按一次，图纸的显示比例缩小一次，可以连续操作，并可在图纸的绘制过程中操作。

【End】：每按一次，图纸显示刷新一次。

【Ctrl】+【Page Down】：两个按键同时按下，可以显示图纸上的所有图件。

2. 图纸位置的移动

图纸位置的移动可以通过图纸边缘的移动滑块来实现，如图 2.3 所示。而在元件放置或连线过程中，图纸会随着光标的移动而自动调整位置。

图 2.3　图纸位置的移动

提示

还可以在图纸上按住鼠标右键不放，此时光标变为手的形状，移动鼠标，图纸就可随光标移动。

三、设置原理图工作环境

在绘制原理图前，可以设置个性化的原理图工作环境，如初次使用时，网格颜色很淡，放大后也看不清楚，可以通过设置原理图工作环境改变网格颜色等参数。

（1）执行菜单命令【工具】/【原理图优先设定...】，弹出原理图工作环境设置对话框，如图 2.4 所示。

（2）在图 2.4 中，选中【Grids】，选择网格颜色，弹出【选择颜色】对话框，如图 2.5

所示，一般选择浅灰色即可。

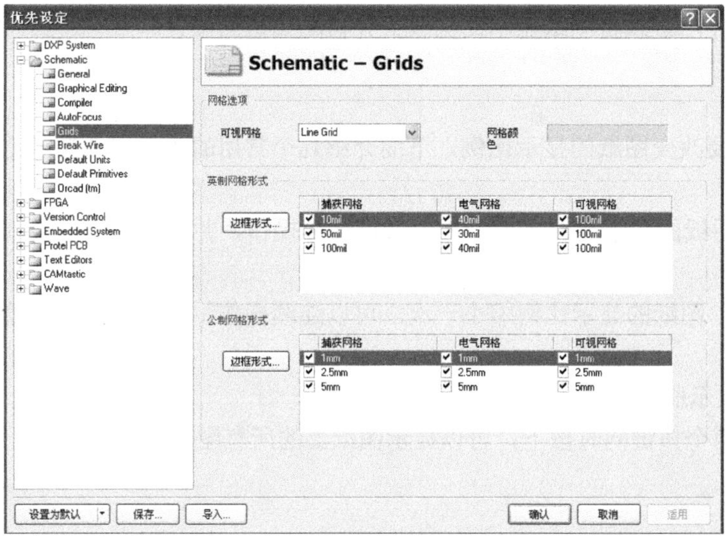

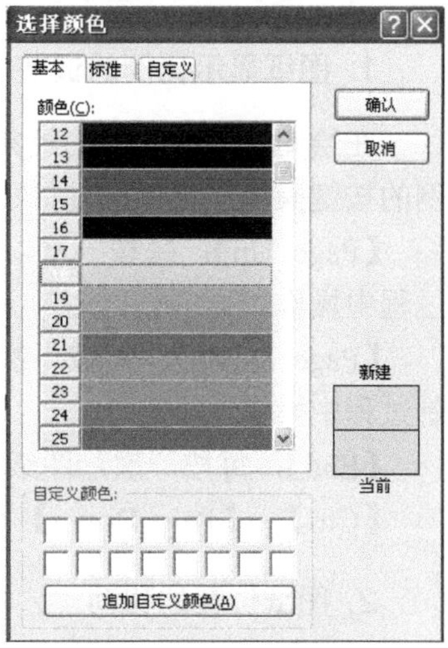

图 2.4　设置原理图工作环境　　　　图 2.5　选择网格颜色

当然也可在图 2.4 中设置其他原理图选项，如网格线形状、网格大小等。

四、设置图纸

（1）执行菜单命令【设计】/【文档选项…】，弹出【文档选项】对话框，如图 2.6 所示。

图 2.6　图纸属性设置

【文档选项】对话框中并非所有选项都需用户设置，一般情况下采用默认设置即可，用户只需根据实际需要修改部分选项即可。

（2）设置图纸尺寸（即标准风格）。图纸尺寸决定了图纸的大小，用户可以根据原理图的复杂程度和元件多少确定图纸大小。选择【图纸选项】标签中的【标准风格】下拉列表框，选定一种图纸即可。

DXP 2004 提供的标准图纸有以下几种。

公制：A0、A1、A2、A3、A4。　　　　英制：A、B、C、D、E。

其他：OrcadA、OrcadB、OrcadC、OrcadD、OrcadE、Letter、Legal、Tabloid。

（3）设定图纸方向。DXP 2004 的图纸方向有两种，在【图纸选项】标签中的【方向】下拉列表框中进行设定，默认为水平横向。

【Landscape】：水平横向。　　　　　　【Portrait】：垂直纵向。

（4）设置标题栏。如图 2.2 所示，标题栏指图纸右下方的表格，用来填写文件名称、图纸序号、作者等信息。可以根据实际情况选择是否需要和需要何种标题栏。

① 设置是否显示标题栏。选中【图纸明细表】复选框，则图纸右下方显示标题栏。

② 设置标题栏类型（即图纸明细表）。在【图纸明细表】右边的下拉列表框中可以进一步选择标题栏类型。

DXP 2004 的标题栏类型有两种，默认为标准模式。

【Standard】：标准模式。　　　　　　【ANSI】：美国国家标准协会模式。

其中标准模式标题栏如图 2.7 所示。

Title 图纸标题			
Size 图纸尺寸 B	Number 图纸号		Revision 版本
Date: 2006-7-22 日期		Sheet of	
File: G:\FAGAO\..\三端稳压 SCHDOC 文件		Drawn By: 作者	

图 2.7　标准模式标题栏

（5）设置图纸网格。图纸网格指为了绘图方便，图纸按照设定的单位划分为许多小方格。使用网格可以使绘制的图纸美观整齐，可以根据实际情况选择网格大小。图纸网格分为以下三种。

【捕获】：捕获网格。即画图时，图件移动的基本步长，默认值为 10 个单位。元件移动或画线时以 10 个单位为基本步长移动光标。

【可视】：可视网格。即将图纸放大后可以看到的小方格，默认值为 10 个单位。

【电气网格】：电气网格。选中【有效】复选框，设置电气网格，可以在元件放置和连线时自动搜索电气节点，连线时会以【网格范围】框中的设定值为半径，以光标中心为圆心，向四周搜索电气节点，并自动跳动到电气节点处，以方便连线，如图 2.8 所示。

对于【文档选项】对话框中的其他选项的含义和设置方法由于篇幅的原因不再详细介绍，用户可以参考图 2.6 的说明自己设置。

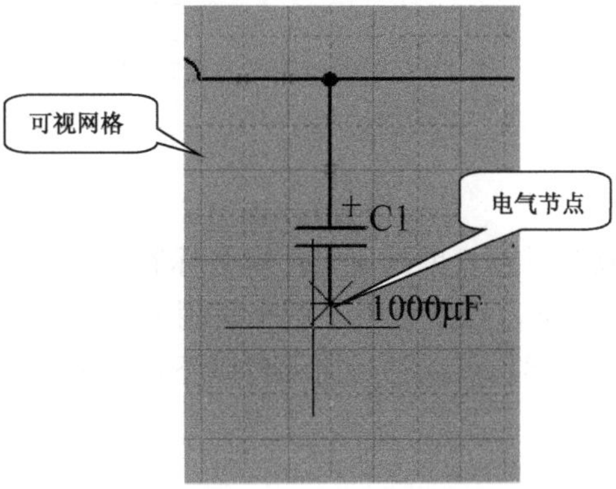

图 2.8　设置电气网格后，连线时搜索电气节点示意图

任务二　加载和卸载元件库

知识链接：原理图元件库

绘制原理图就是将代表实际元件的电气符号（即原理图元件）放置在原理图图纸中，并用具有电气特性的导线或网络标签将其连接起来的过程。DXP 2004 为了实现对众多原理图元件的有效管理，它按照元件制造商和元件功能进行分类，将具有相同特性的原理图元件放在同一个元件库中，并全部放在 DXP 2004 安装路径的 Library 文件夹中。

因此，在绘制原理图之前，首先要分析原理图中所用到的元件属于哪个元件库，然后将其添加到 DXP 2004 的当前元件库列表中。DXP 2004 的元件库有三类：集成元件库 IntLib、原理图元件库 SchLib、PCB 引脚封装库 PCBLib。其中集成元件库指该库既包含原理图元件，又包含该元件对应的 PCB 引脚封装。

三端稳压电源原理图如图 2.9 所示，经过分析，插座 P1、P2 的原理图元件位于常用接插件杂项集成库 Miscellaneous Connectors.IntLib 中，而其他的原理图元件位于常用元件杂项集成库 Miscellaneous Devices.IntLib 中。系统默认情况下，已经载入了以上两个常用元件库，但是，如果要载入其他元件库，或者使用过程中移除了该库，则必须加载元件库。

提示

要熟练区分常用的元件位于哪一个元件库中，读者必须对常用元件库中的元件非常熟悉。一般电阻、电容、常用的三极管、二极管等位于 Miscellaneous Devices.IntLib 集成库中，而常用的接插件位于 Miscellaneous Connectors.IntLib 集成库中，读者可以在元件库面板中逐一浏览以上库中各元件的原理图符号和引脚封装，以加快原理图的绘图速度和 PCB 的制作速度。

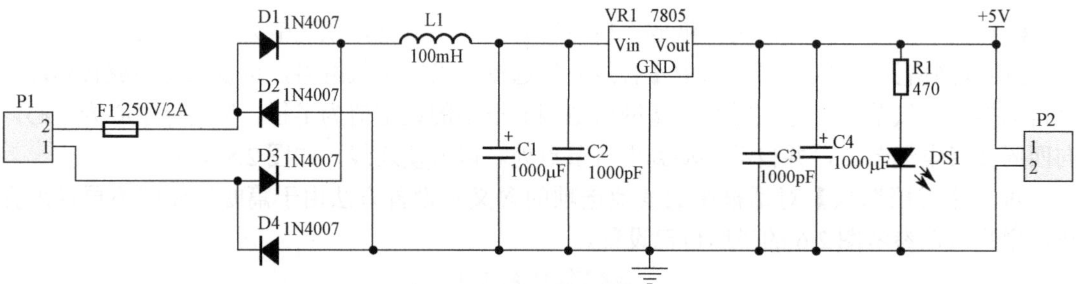

图 2.9　三端稳压电源原理图

一、加载元件库

（1）在工作区右侧（或右下方）单击【元件库】标签，即可打开【元件库】对话框，如图 2.10 所示。系统默认情况下，已经载入了两个常用元件库，在元件列表栏中列出当前元件库中的所有原理图元件。当然，可以在当前元件库下拉列表框中选择其他元件库作为当前元件库。

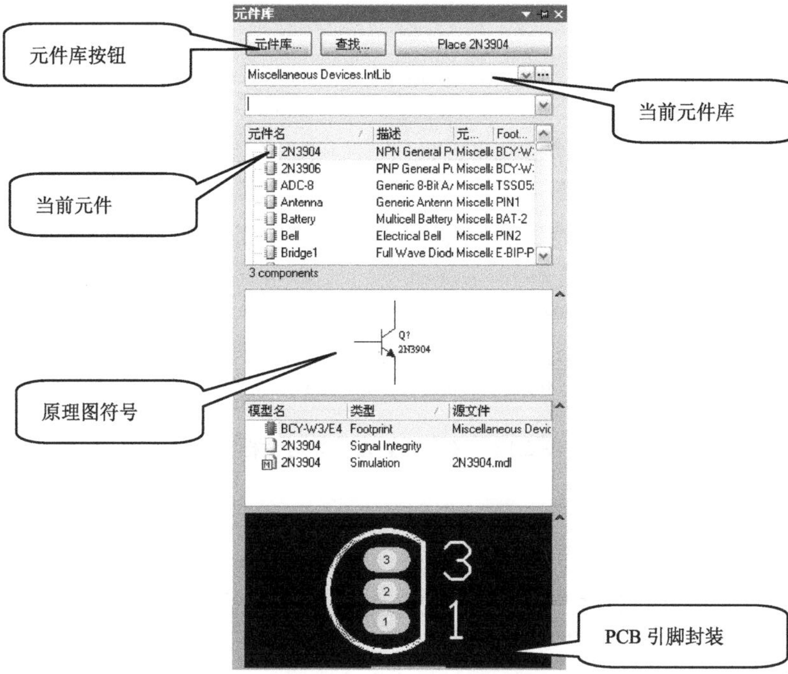

图 2.10　【元件库】对话框

（2）单击【元件库】对话框中的【元件库…】按钮，弹出如图 2.11 所示的【可用元件库】对话框。

图 2.11　【可用元件库】对话框

（3）在【可用元件库】对话框中单击【安装…】按钮，弹出【打开】元件库对话框，如图 2.12 所示，DXP 2004 的常用元件库默认保存在安装盘的“C:\Program Files\Altium2004\Library”目录下。此处设要添加的元件库为“C:\Program Files\Altium2004\Library\ST Microelectronics”目录下的“ST Memory EPROM 16-512 Kbit.IntLib”，选中要添加的元件库，单击【打开】按钮即可添加选中的元件库。此时可以看到该库已经添加到安装元件库列表栏中，如图 2.13 所示。

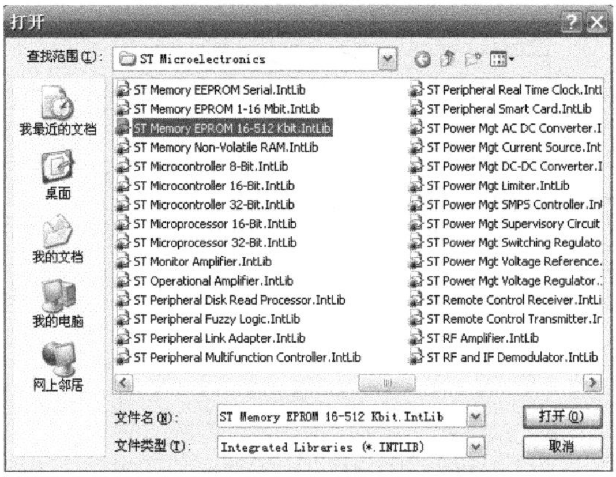

图 2.12 【打开】元件库对话框

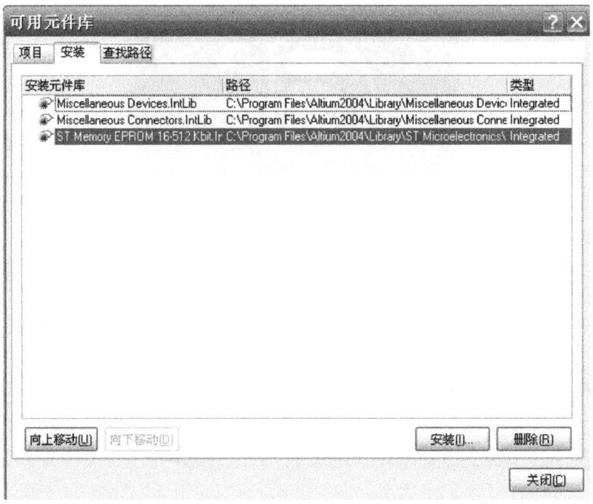

图 2.13 新添加的元件库 ST Memory EPROM 16-512 Kbit.IntLib

（4）单击图 2.13【可用元件库】对话框中所示的【关闭】按钮，回到【元件库】对话框中，可以看到当前元件库下拉列表框中已经有了刚添加的元件“ST Memory EPROM 16-512 Kbit.IntLib”，如图 2.14 所示。

图 2.14 新添加的元件库

二、卸载元件库

如果想将已经添加的元件库卸载，可以在图 2.13 所示中，选中要卸载的元件库名后，单击【删除】按钮即可。

提示

卸载元件库并不是真正删除元件库，卸载元件库只是将该元件库从当前已添加元件库列表中移除，该库仍然保存在 DXP 2004 的元件库文件夹中，下次需要时仍可加载进来使用。

任务三　放置原理图元件并设置属性

将所需的元件库载入到原理图编辑器中后，就可以从元件库中调用元件并把它们放置到图纸上了。下面介绍具体的放置方法。

1. 打开库文件面板，选择所需的元件库

此处我们以放置二极管为例讲解元件的放置过程。经过前面的分析，二极管的原理图元件位于常用元件杂项集成库 Miscellaneous Devices.IntLib 中，因此在【元件库】对话框中选择 Miscellaneous Devices.IntLib 库，如图 2.15 所示。

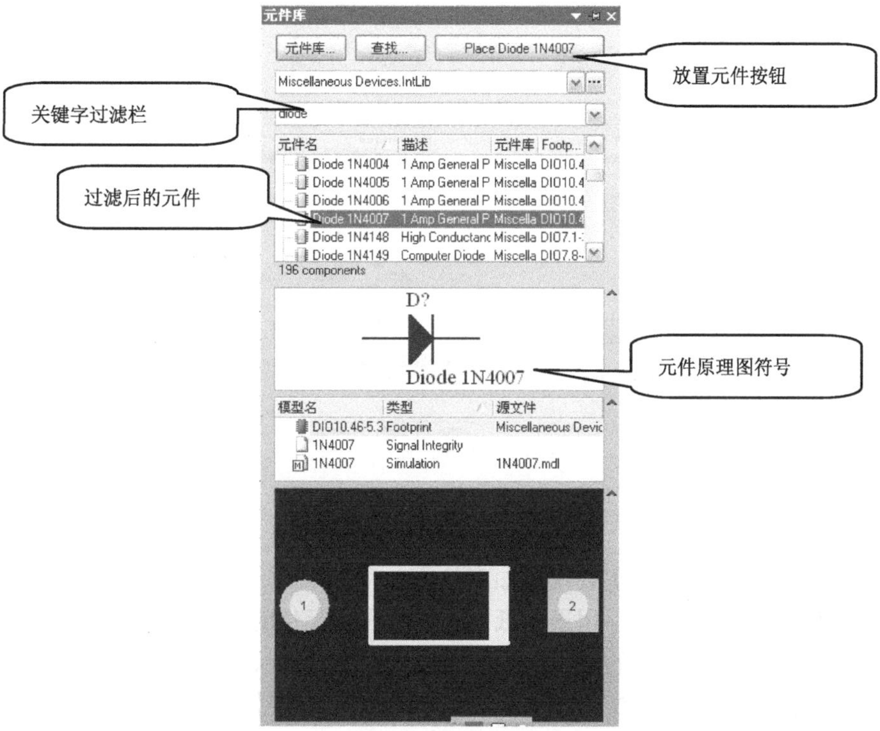

图 2.15　找到二极管的原理图元件

2. 找到原理图元件

在【元件库】对话框中浏览原理图元件，找到二极管的原理图元件，如图 2.15 所示。

当然为了加快寻找的速度，可以使用关键字过滤功能，由于二极管的原理图元件名称为 Diode，因此可以在关键字过滤栏中输入 Diode 或 Dio*（*为通配符，可以表示任意多个字符），即找到所有含有字符 Dio 的元件。常用元件的关键字如下：

Diode：二极管　CAP：电容　RES：电阻　PNP：PNP 型三极管

NPN：NPN 型三极管

3. 取出原理图元件

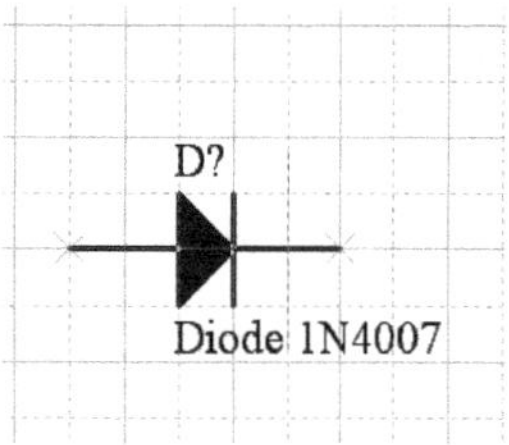

图 2.16 二极管原理图元件的虚影

找到二极管元件后，双击鼠标左键或单击【元件库】对话框中的【Place Diode 1N4007】按钮，将光标移到图纸上，此时可以看到光标下已经带出了二极管原理图元件的虚影，如图 2.16 所示。

4. 设置原理图元件属性

从原理图库中取出的原理图元件还没有输入元件标识符、注释等属性，按下键盘上的【Tab】键，将弹出【元件属性】对话框，如图 2.17 所示。

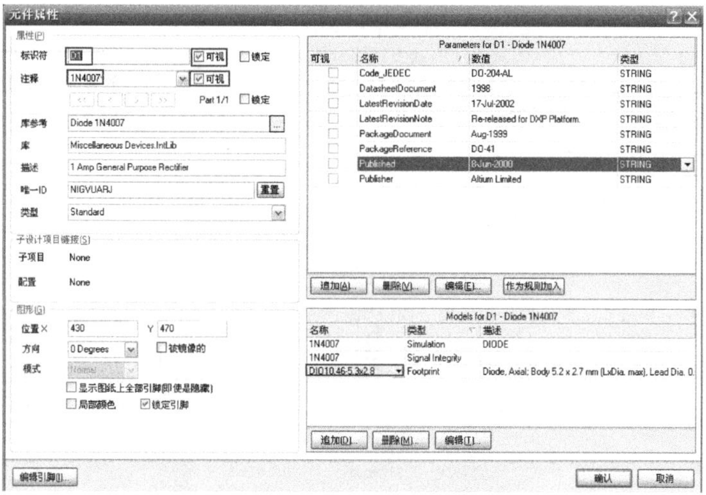

图 2.17 【元件属性】对话框

在【元件属性】对话框中主要设置如下几项。

【标识符】：俗称元件编号，用于图纸中唯一代表该元件的代号。它由字母和数字两部分组成，字母部分通常表示元件的类别，如电阻一般以 R 开头、电容以 C 开头、二极管以 D 开头、三极管以 Q 开头等；数字部分为元件依次出现的序号。其后的复选框【可视】用于设置元件标识符在图纸中是否显示出来。

提示

元件标识符是同一项目中每个元件的唯一标识，因此同一项目中每个元件都必须有唯一的元件标识符，即同一项目中不能有两个元件标识符相同或某个元件没有标识符，否则后面更新 PCB 板时会出错。

【注释】：一般为元件型号，如三极管或二极管的型号等。

【Footprint】引脚封装：该参数关系到 PCB 板的制作，在后面项目将会详细介绍，这里暂时不进行设置。

根据原理图需要，设置二极管的【标识符】为 D1，参数【注释】为 1N4007，引脚封装采用默认封装，如图 2.17 所示，单击【确认】按钮完成设置。

5. 放置原理图元件

设置原理图元件属性后，元件仍位于光标下处于浮动状态，此时可以将元件移动到合适位置单击鼠标左键，将元件放置到图纸中，如图 2.18 所示。

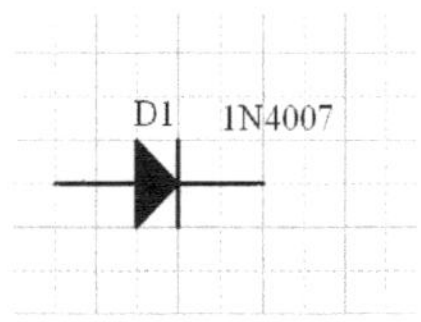

图 2.18 放置原理图元件 D1

单击鼠标左键将元件放置到图纸中后，此时仍处于同类型元件的放置状态，并且元件的标识符自动增加 1，此时可以继续移动光标单击鼠标左键放置其他的二极管。

当二极管 D1～D4 放置完后，单击鼠标右键结束元件的放置状态。

根据相同的方法，可以将图 2.9 所示中的其他元件也放置到图纸中，具体如表 2.1 所示。完成后的效果如图 2.19 所示。

表 2.1 三端稳压电源原理图元件表

元件类型和标识符	原理图元件名称	元 件 库
电源插座 P1、P2	Header 2	Miscellaneous Connectors.IntLib
保险管 F1	Fuse 1	Miscellaneous Devices.IntLib
整流二极管 D1～D4	Diode 1N4007	
电感 L1	Inductor	
电解电容 C1、C4	Cap Pol1	
无极性电容 C2、C3	Cap	
三端稳压块 VR1	Volt Reg	
电阻 R1	Res2	
发光二极管 DS1	LED1	

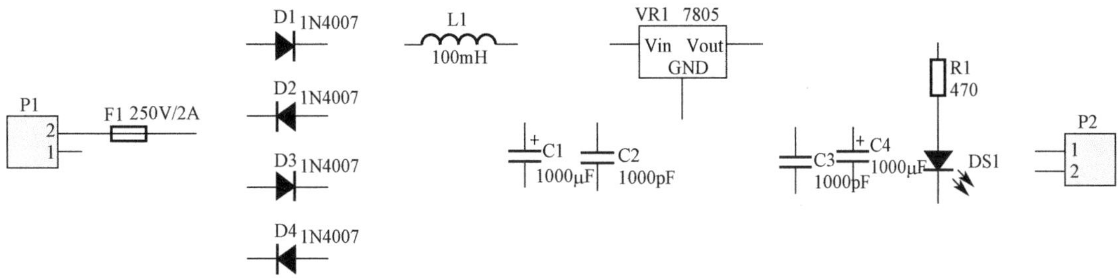

图 2.19 三端稳压电源原理图元件的放置

6. 带有参数元件的属性设置

对于电阻、电容、电感等带有参数的元件，其原理图属性对话框的设置稍有不同，如图 2.20 所示为电阻的属性设置对话框，由于其参数栏的【Value】项可以输入参数，所以【注释】项可以不设置，并且其后的【可视】复选框也不用选上。

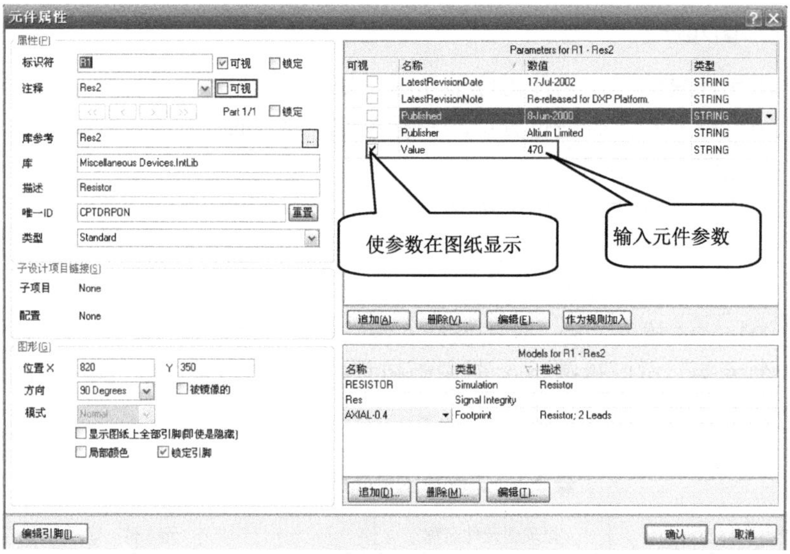

图 2.20 电阻的属性设置

任务四 原理图元件的布局调整

一张好的原理图应该布局均匀、连线清晰、模块分明，所以在元件的放置过程中或连线过程中不可避免地要对元件的方向、位置等进行调整。

一、在元件的放置过程中调整元件的方向

在元件刚从库中调出还未放置到图纸中时，它的方向默认为水平正方向，但有时可能要垂直或其他方向放置，此时可以利用键盘的按键调整元件的方向，具体的按键操作如下。

【Space】键：每按一次，元件逆时针方向旋转 90°，如图 2.21 所示。可以连续按键操作。

（a） 原元件方向　　（b）按一次空格键逆时针方向旋转 90°

图 2.21 按空格键逆时针方向旋转 90°

【X】键：每按一次，元件水平方向翻转一次，如图 2.22 所示。

【Y】键：每按一次，元件垂直方向翻转一次，如图 2.23 所示。

提示

在元件的方向调整中，有时需要综合运用以上 3 个按键以满足元件的摆放要求。

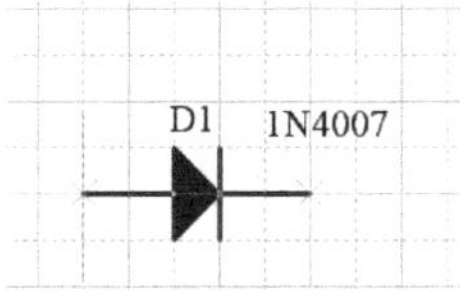

（a）　原元件方向

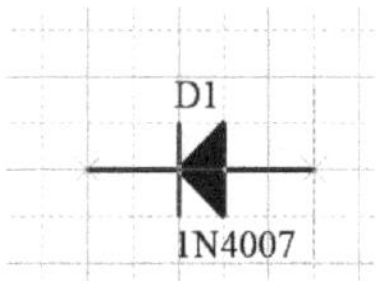

（b）按一次【X】键水平方向翻转一次

图 2.22　按【X】键水平方向翻转

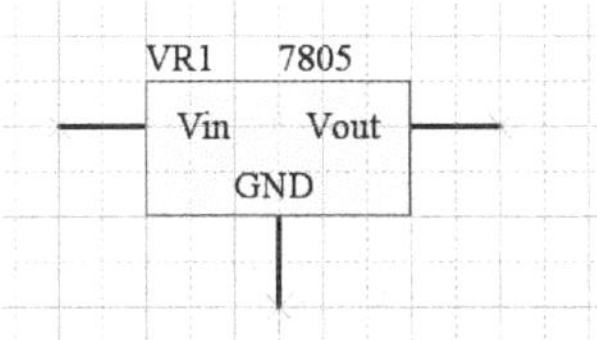

（a）　原元件方向

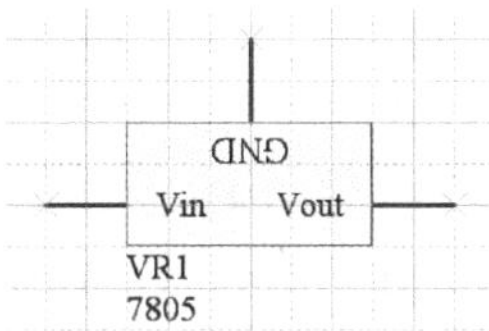

（b）按一次【Y】键垂直方向翻转一次

图 2.23　按【Y】键垂直方向翻转

二、元件放置到图纸后的方向和位置调整

如果元件已经放置到图纸上，要调整元件的方向和位置，必须先将光标移到要调整元件图形上，然后按住鼠标左键不放，此时元件粘附在光标下，如图 2.24 所示，此时如果移动鼠标，即可调整元件位置，如果同时按下【Space】、【X】和【Y】键，同样可以调整元件的方向。

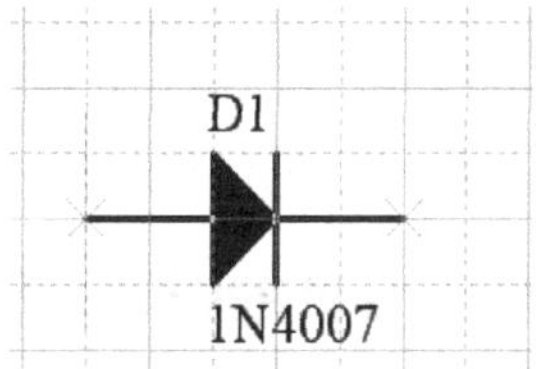

图 2.24　元件粘附在光标下

三、元件的选取

以上介绍的是对单个元件的位置和方向进行调整，当要同时对多个元件进行调整时，必须先选取它们，然后才能对它们进行调整和编辑。

1. 多个元件的选取

当想选中多个元件时，先将鼠标移到要选取元件的左上角，按下鼠标左键不放，此时出现十字光标，然后移动鼠标，光标下方出现矩形虚线框，继续移动鼠标，确保将所有要选取的元件包含在虚线框中，然后松开鼠标左键，此时处于虚线框中的所有元件全部处于选中状态，如图 2.25 所示。

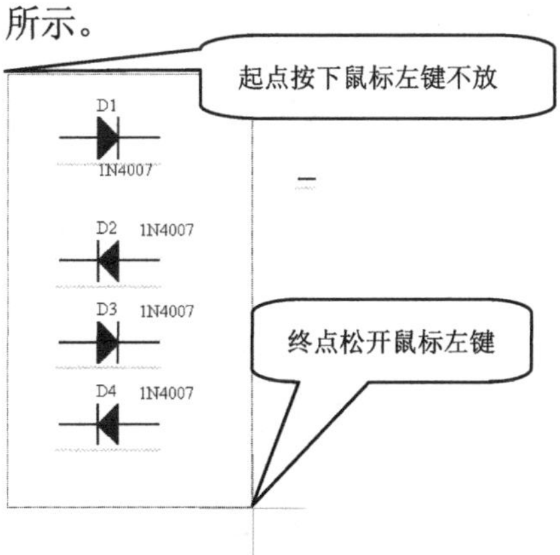

（a）用鼠标选中多个元件的操作

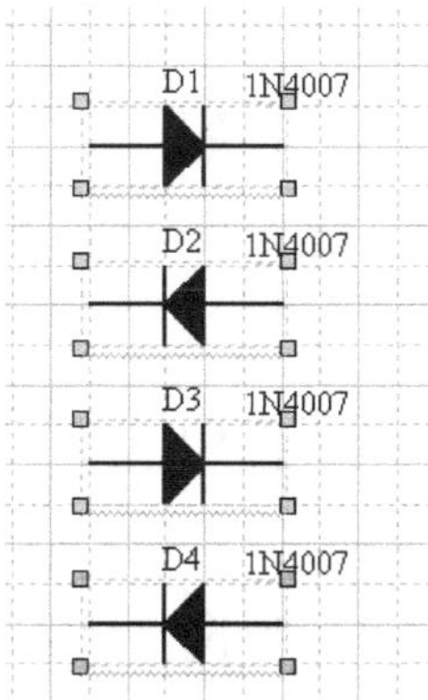

（b）　多个元件被选中

图 2.25　用鼠标选取多个元件

小技巧

如果一次无法选取所有对象，可以按下【Shift】键，继续增加选取对象。

2. 单个元件的选取

当只想单独选中某个元件时，可以将光标移到该元件上，单击鼠标左键即可。

提示

元件的选取实际上是为其他操作做好准备。选取元件后，就可以对其进行移动、旋转、翻转等调整，还可以进行删除、复制等编辑工作。

当多个元件处于选中状态时，调整、编辑过程中就可以将其当成一个元件一样来操作。如移动多个元件时，只需先选取多个元件，然后将光标移到处于选中状态的任何一个元件上，按照移动单个元件的方法，按下鼠标左键不放，移动鼠标即可同时移动多个元件。

3. 选取状态的撤销

当选取多个元件完成调整、编辑工作后，可以单击图纸的空白处，或单击工具栏中的按钮，取消元件的选中状态。

四、元件的删除、复制和粘贴

1. 元件的删除

元件的删除有两种方法：一种是选取元件后按键盘的【Delete】键，即可将选取的元件删除；另一种为执行菜单命令【编辑】/【删除】，将十字光标对准要删除的元件，单击鼠标左键，即可将其删除，删除该对象后，编辑器仍处于删除状态，可以继续删除其他元件，最后单击鼠标右键结束删除状态。

2. 元件的复制和粘贴

先选取要复制的元件，使其处于选中状态，然后按下【Ctrl】+【C】组合键，即将选取的元件复制到剪贴板中。按【Ctrl】+【V】组合键，十字光标下出现被复制的元件，如图 2.26 所示，将光标移到合适位置单击鼠标左键，即可完成元件的粘贴。继续按【Ctrl】+【V】组合键，可以继续粘贴。

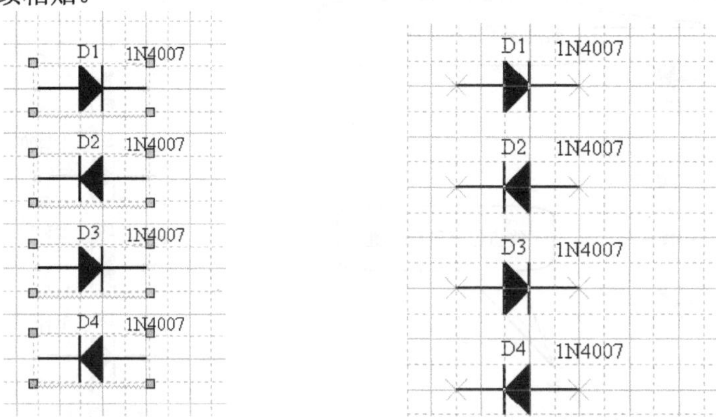

（a）复制被选取的元件　　（b）粘贴元件

图 2.26　元件的复制和粘贴

提示

本节所讲的元件的调整、选取、删除、复制等操作方法同样适用于其他图件（如导线、节点等）和其他编辑器（如 PCB 编辑器等），用户可以自行练习，举一反三，后面项目中将不再复述。

任务五　原理图元件的连线

将元件放置到图纸上后，就要用有电气特性的导线将孤立的元件通过引脚连接起来。此时必须用到配线工具。

一、打开配线工具栏

原理图元件之间的连线，表示实际电路中元件引脚的电气连接关系，因此必须使用具有电气特性的【配线】工具栏才能绘制，而不能使用没有电气特性的实用工具来代替。

默认情况下，配线工具已经位于上方工具栏中。如果配线工具栏没有打开，可以执行菜单命令【查看】/【工具栏】/【配线】，打开如图 2.27 所示的【配线】工具栏。

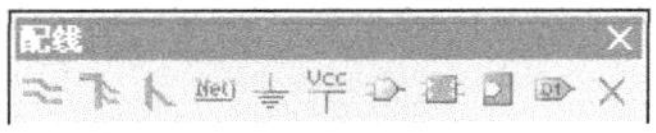

图 2.27　【配线】工具栏

【配线】工具栏中各工具的作用如表 2.2 所示。

表 2.2　【配线】工具栏中各工具的作用

工具符号	作　用	工具符号	作　用
	绘制导线		绘制图纸符号
	绘制总线		放置图纸入口
	总线入口		放置端口
	网络标签		放置电源符号
	放置接地符号		设置忽略电气法则测试
	放置元件		

为了绘图方便，也可以将【配线】工具栏拖到图纸边框的工具栏中。

二、连接导线

如图 2.28 所示，以连接元件 VR1 的 Vout 引脚和 P2 的 1 脚之间的导线为例，讲解导线的绘制过程。

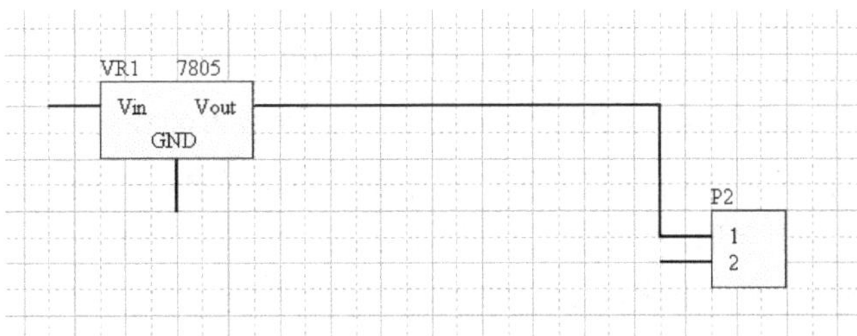

图 2.28　要连接的导线

（1）选择【配线】工具栏中的绘制导线工具，光标变为十字形，此时可以按下键盘上的【Tab】键，弹出如图 2.29 的属性对话框，可以在【导线宽】下拉列表框中修改导线的宽度，有 Smallest（最小）、Small（小）、Medium（中）、Large（大）几种选项，默认为 Small。还可用鼠标单击【颜色】框，在弹出的属性对话框中设置不同的颜色，设置好后，单击【确认】按钮完成设置。

（2）移动光标接近 VR1 的 Vout 引脚，这时由于图纸中设置了自动搜索电气节点的功能，光标自动跳到 VR1 的 Vout 引脚的电气节点上，并出现小的十字形黑点，表示接触良好，如图 2.30 所示。

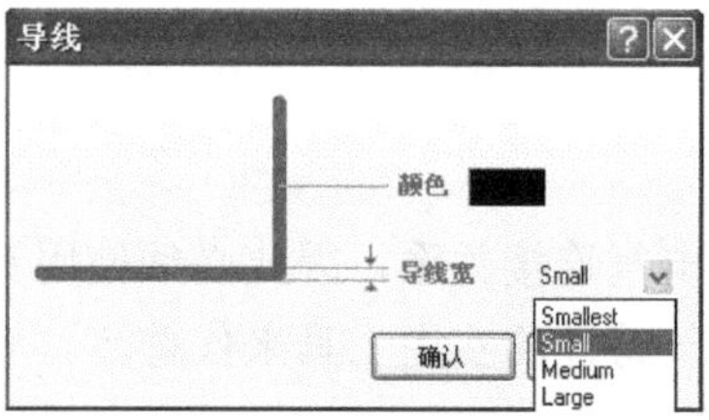

图 2.29 修改导线属性

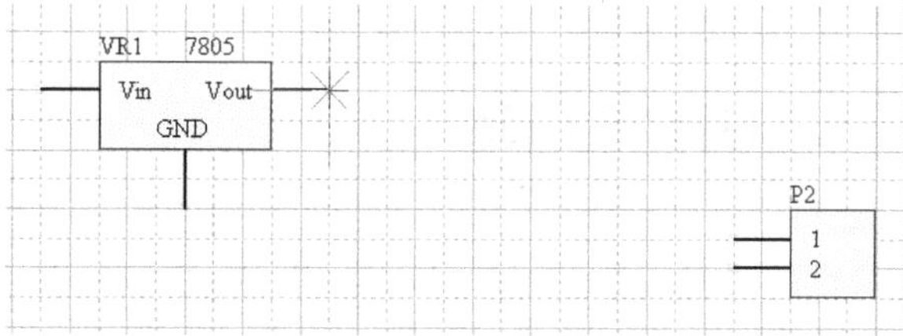

图 2.30 连接 VR1 的引脚 Vout

（3）此时单击鼠标左键，移动鼠标即可带出一段导线，如图 2.31 所示。

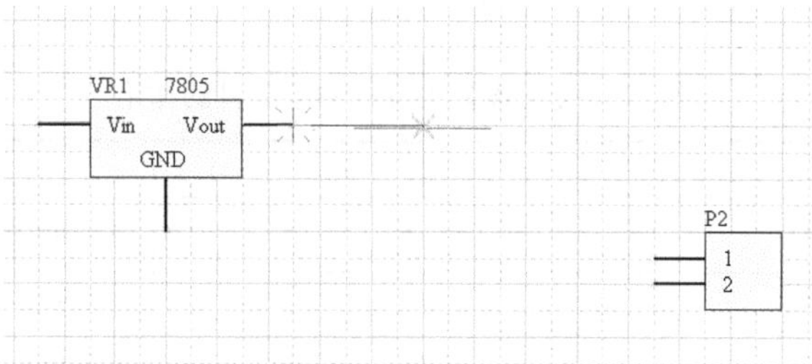

图 2.31 绘制导线

（4）移动鼠标到要拐角的地方再单击鼠标左键，继续移动鼠标绘制导线，如图 2.32 所示。

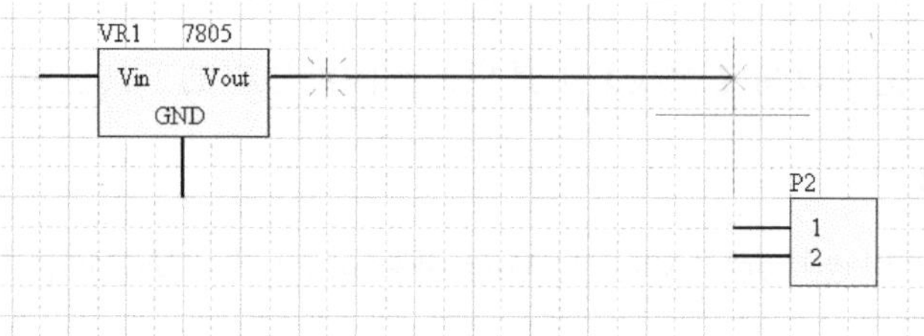

图 2.32 绘制导线拐角

（5）光标接近 P2 的 1 脚，同样由于自动搜索电气节点的功能，光标会自动跳动到 P2 的 1 脚电气节点上，此时再单击鼠标左键，将导线连到该引脚，如图 2.33 所示。

（6）此时光标仍为十字形，仍处于导线绘制状态，采取相同的方法，可以继续绘制其他导线，全部绘制完成后，单击鼠标右键结束导线的绘制状态。

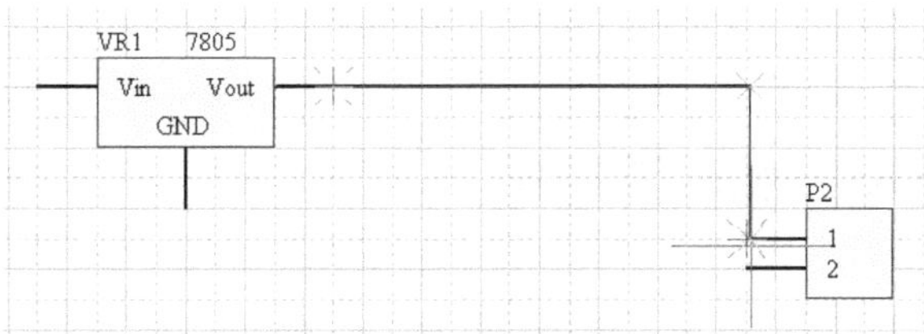

图 2.33　完成导线绘制

三、放置节点

原理图中的节点表示相交的导线连接在一起，如图 2.34 所示。

（a） 没有节点，表示两导线没有连接　　（b）有节点，表示两导线连接

图 2.34　节点表示相交导线的连接

原理图编辑器对于 T 字形的相交导线自动添加节点，如图 2.35 所示。

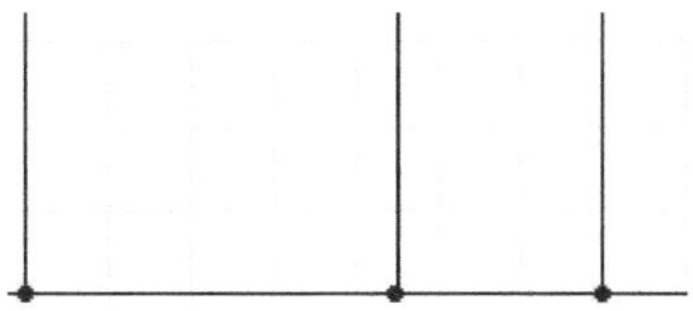

图 2.35　T 字形相交导线自动添加节点

对于图 2.34 （b）中的情况，必须自己添加，可以执行菜单命令【放置】/【手工放置节点】，然后将十字光标对准相交导线的交点处，单击鼠标左键即可放置一个节点。

依据相同的方法，连接好三端稳压电源原理图的其他导线，如图 2.36 所示。

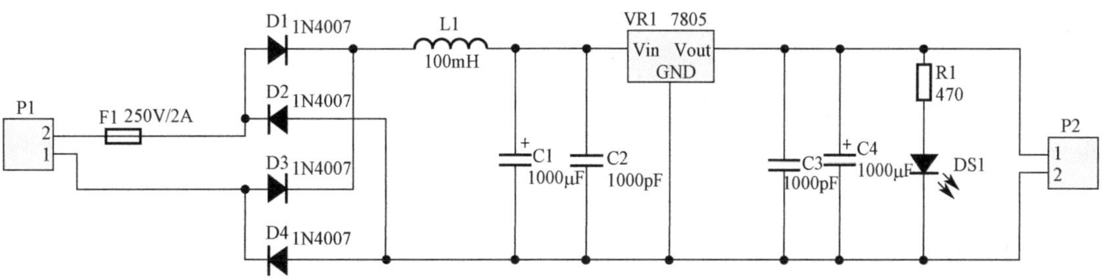

图 2.36　完成连线的三端稳压电源原理图

提示

在导线的绘制过程中，为了连线的方便，可以进一步调整元件的位置、方向，以及元件标号和参数的位置。导线绘制最好采取分模块、单元电路的方式从左到右、从上到下依次进

行，以免漏掉某些导线。

任务六　放置电源和接地符号

导线绘制完成后，就可以放置电源和接地符号了，放置电源和接地符号有以下两种方法。

一、通过电源及接地符号栏放置

单击打开右上角的电源及接地符号栏，如图 2.37 所示。

选取其中的一个符号后（如本例中选择放置 GND 端口），移动鼠标即可看到光标下带出一个接地符号，如图 2.38 所示，将其移动到合适位置，单击鼠标左键即可将接地符号放置到图纸中，如图 2.39 所示。

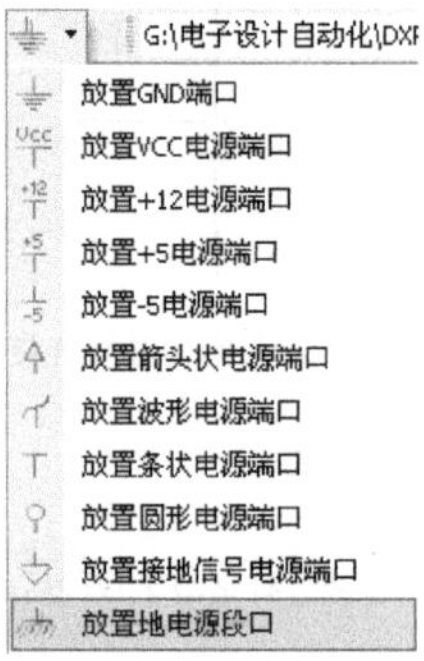

图 2.37　电源及接地符号栏

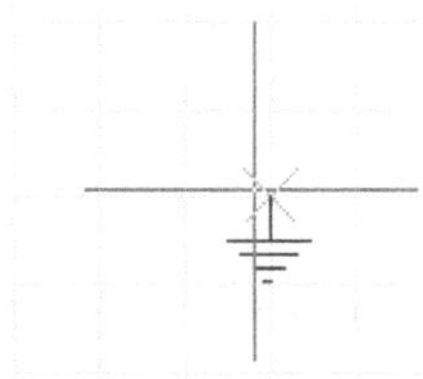

图 2.38　放置接地符号

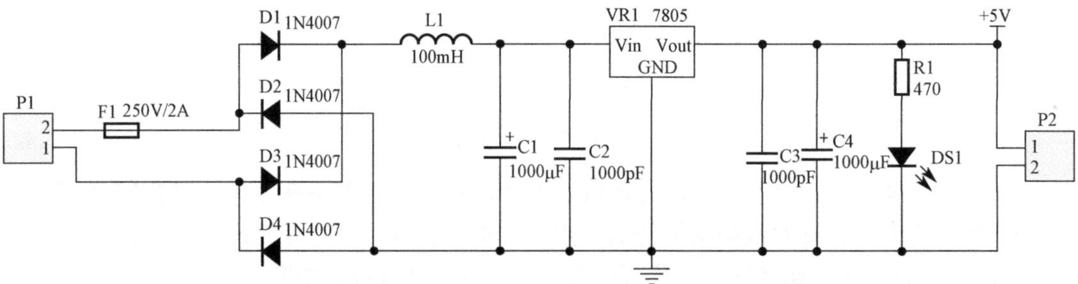

图 2.39　放置了电源、接地符号的三端稳压电源原理图

建议：在放置接地符号之前，最好按下键盘上的【Tab】键，在弹出的属性对话框中确认【Net】属性是否为“GND”。

二、通过配线工具栏放置

在【配线】工具栏中单击电源和接地符号按钮，按下键盘上的【Tab】键，将弹出如图 2.40 所示的【电源端口】对话框。

其中重要的参数如下。

【网络】：网络属性一般由字母和数字组成，如接地 GND、电源 VCC 等，是指电路中的电气连接关系，具有相同网络属性的导线在电气上是连接在一起的。

【风格】：设置电源和接地符号的形状，有以下 7 种：

【Circle】圆形：。

【Arrow】箭形：。

【Bar】T 形：。

【Wave】波浪形：。

【Power Ground】电源地：。

【Signal Ground】信号地：。

【Earth】接大地：。

此处添加的为电源接地符号，所以【网络】属性为“GND”，【风格】外形选【Power Ground】。

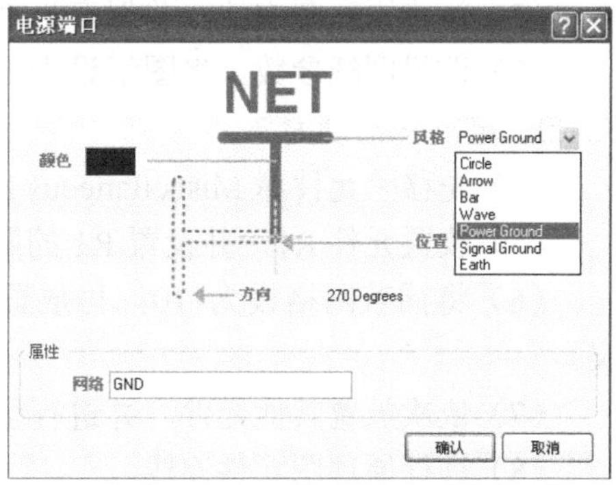

图 2.40　【电源端口】对话框

提示

电源和接地符号的电气特性由【网络】属性决定，也就是说，即使是【风格】外形选接地符号，如果网络属性为“VCC”，它也表示该符号将连接到电源“VCC”网络。

上机实训：绘制单管放大电路原理图

1. 上机任务

绘制如图 2.41 所示的单管放大电路原理图。

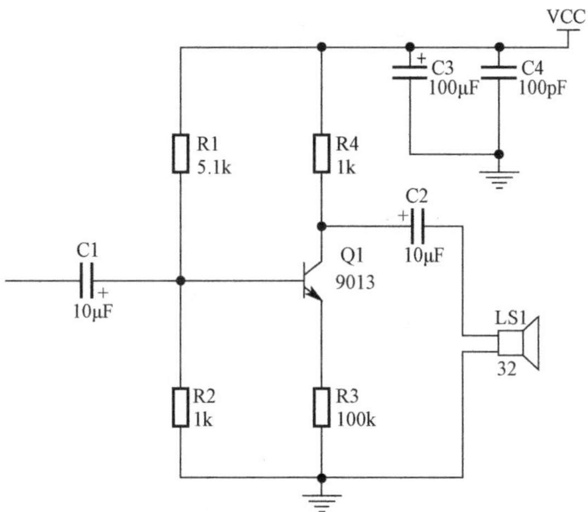

图 2.41　单管放大电路原理图

2. 任务分析

该图元件并不复杂，读者不太熟悉的元件可能是扬声器 LS1，它的原理图元件名称为“Speaker”。该图中所有元件均位于“Miscellaneous Devices.IntLib”库中。

3. 操作步骤和提示

（1）新建项目文件，并保存为“单管放大.PrjPCB”。

（2）新建原理图文件，并保存为“单管放大.SchDoc”。

（3）设置图纸参数。将图纸设为 A 号，显示标准标题栏，可视网格为 10，捕获网格设为 20，电气网格设为 7。

（4）先移除元件库 Miscellaneous Devices.IntLib，再将其添加到库文件面板中。

（5）放置元件 R1，并设置 R1 的属性。

（6）将捕获网格设为 10，再放置元件 R2，观察元件的移动步距，理解捕获网格的含义。

（7）依次放置其他元件，并进行位置调整。

（8）进行原理图元件连线。

（9）放置电源和接地符号。

本项目小结

本项目以绘制三端稳压电源原理图为例，讲解了原理图的一般绘制流程和技巧，重点介绍了原理图图纸的设置，原理图元件库的添加，元件的放置、属性设置、元件位置调整和编辑，以及原理图元件之间的连线方法，最后讲解了怎样添加电源和接地符号。

习题 2

2.1 绘制如题图 2.1 所示的功率放大器原理图。

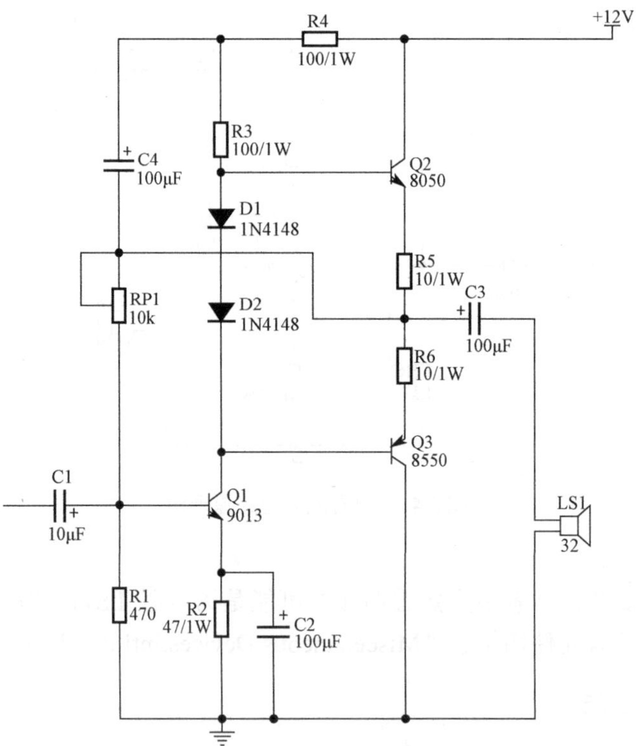

题图 2.1 功率放大器原理图

2.2　绘制如题图 2.2 所示的电源电路原理图。

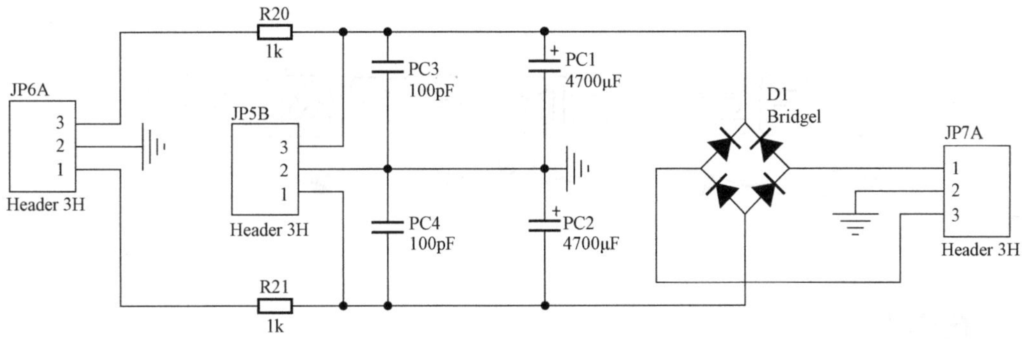

题图 2.2　电源电路原理图

项目三　创建原理图元件

教学目标

本项目主要讲述数码管等原理图元件的创建过程，以达到以下学习目标。

知识目标

- 理解创建原理图元件的必要性和几种常用方法。

技能目标

- 掌握原理图元件的查找方法。
- 掌握原理图元件的编辑方法。
- 掌握原理图元件的创建方法。

知识扩展

知识扩展　放置原理图元件的常见问题

通过前面项目的学习，读者已经基本掌握了一般原理图的绘制技巧，掌握了原理图元件的放置方法。放置原理图元件最理想的情况是，既知道原理图元件的符号和名称，又知道其位于哪个元件库中。此时我们可以利用项目二介绍的方法轻松地加载元件库，然后利用关键字过滤功能快速地找到该元件并放置到图纸中。可对于初学者而言，在实际的绘制过程中经常会遇到以下问题：

（1）知道原理图元件的符号，并且知道其位于哪个元件库中，但不知其原理图符号在库中的名称。

（2）知道原理图元件的符号和名称，但不知其位于哪个元件库中。

（3）DXP 元件库中根本就没有该原理图元件。

（4）DXP 元件库中虽然有该类型的原理图元件，可原理图符号不符合实际的需要。

对于以上问题，对应的解决办法如下：

（1）在【元件库】对话框添加该元件库，选中第一个元件后，利用键盘上【↓】键和【↑】键逐个浏览库中的原理图符号，直到找到该元件。

（2）利用元件的查找功能找到该元件库和元件。

（3）自己创建该原理图元件。

（4）复制该原理图元件后，编辑修改该原理图元件。

项目内容

任务一　查找原理图元件

读者在知道原理图元件的符号和名称，但不知其位于哪个元件库的情况下，可以利用元件的查找功能找到该元件库和元件，下面以查找如图 3.1 所示的存储器 M27256－25F1 为例，介绍具体操作步骤。

（1）打开如图 3.2 所示的【元件库】对话框，单击【查找…】按钮，弹出如图 3.3 所示的【元件库查找】对话框。

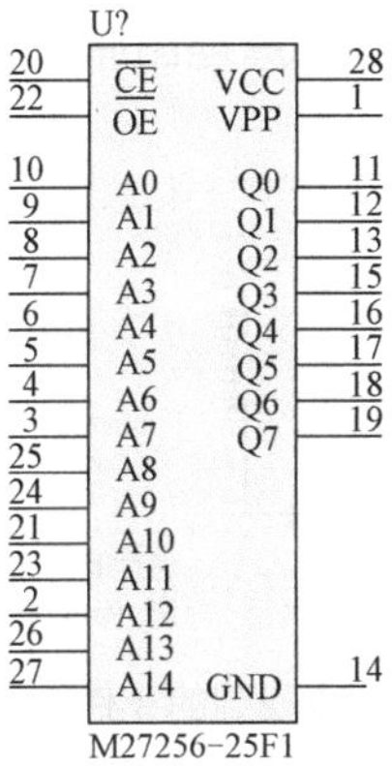

图 3.1　要查找的原理图元件

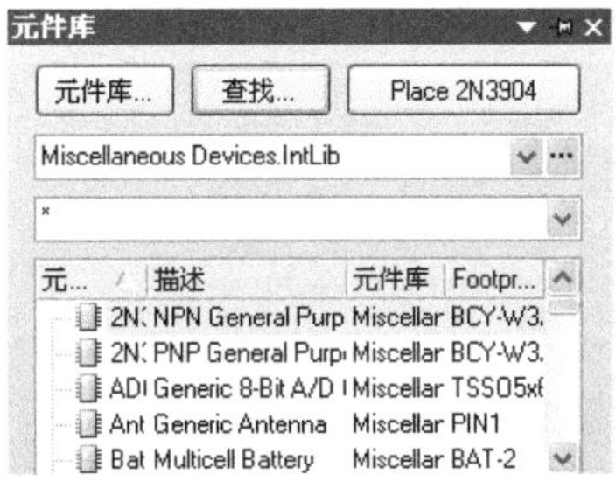

图 3.2　【元件库】对话框

（2）确定查找路径。在【范围】栏中选中【路径中的库】单选按钮，表示由指定路径查找元件库和元件。此时可以在右边的【路径】栏中，单击按钮指定 DXP 常用元件库的路径，如“C:\Program Files\Altium2004\Library，并且选中【包含子目录】复选框，表示查找范围包含文件夹下的子目录。

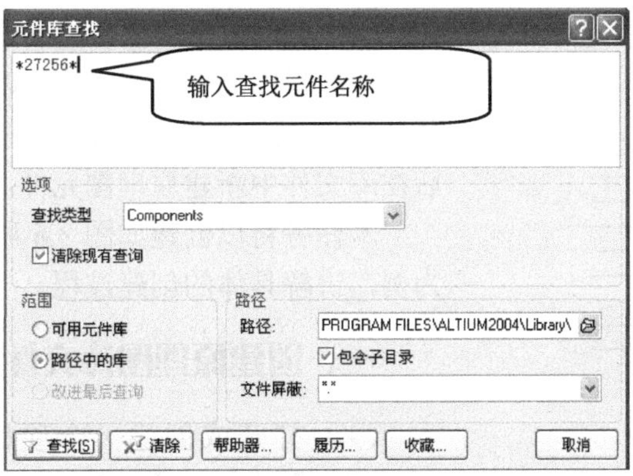

图 3.3　【元件库查找】对话框

（3）指定查找元件。在上面文本框中指定要查找元件的原理图符号名称。

建议：在输入时，最好使用通配符*，以增加找到原理图元件的机会，因为同一类元件，特别是集成电路，有很多不同厂家生产，其名称各不相同，但数字部分基本相同。如同样是四路二输入与非门电路 74LS00，不同的厂家名称各不相同，如 National 公司命名为 DM74LS00，GoldStar 公司命名为 GD74LS00，它们的原理图符号相同或相近，所以查找元件时，一般采用通配符*代替厂家字母，保留数字部分，如查找元件 DM74LS00 时，一般输入“*74LS00*”或“*74*00*”进行查找，忽略厂家名称。如本例要查找元件的名称为 M27256—25F1，可以输入“*27256*”进行查找。

设置完成后，可以单击【查找】按钮启动查找过程。此时【元件库查找】对话框自动转到【元件库】对话框，随着查找的进行，将在【元件库】对话框中显示查找的结果，如图 3.4 所示。

（4）在查找结果中选取原理图元件和封装最合适的一个，如图 3.5 所示，单击【Place...】按钮，可以将查找到的元件放置到图纸中。如果该元件库原来没有添加到当前库中，会弹出是否添加该元件库对话框，单击【是】按钮可添加该原理图库。

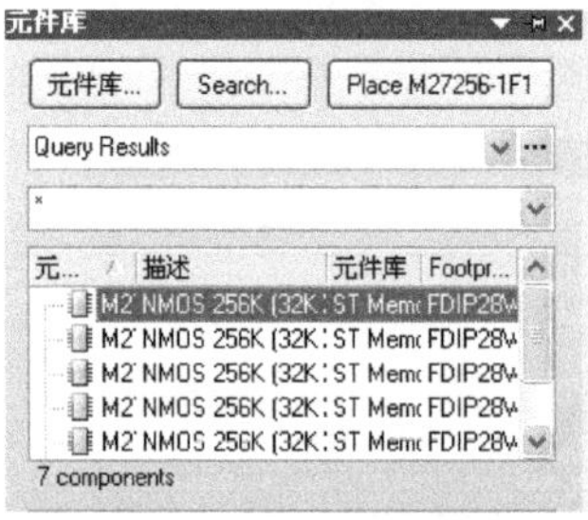

图 3.4 元件查找结果

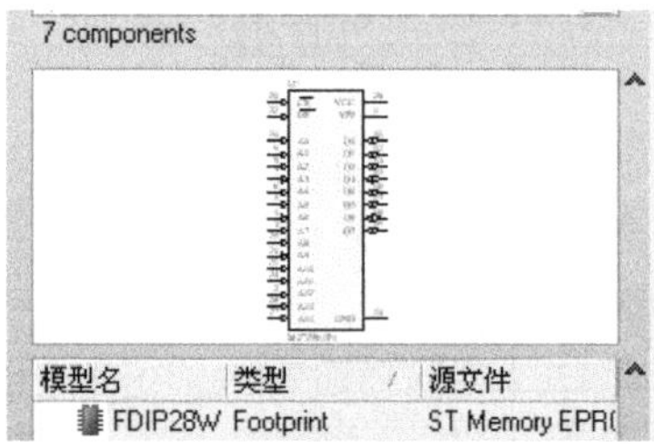

图 3.5 查找到的元件

任务二 创建原理图元件

知识链接：创建原理图元件的必要性

由于电子技术的飞速发展，新的电子元器件不断涌现，DXP 元件库中不可能包含所有元件的原理图符号，特别是 DXP 推出以后才出现的元件和非标准的元件，此时我们必须自己创建原理图元件。而 DXP 以元件库的形式来管理各种原理图元件，因此必须首先创建原理图库文件，然后在库文件中新建原理图元件。

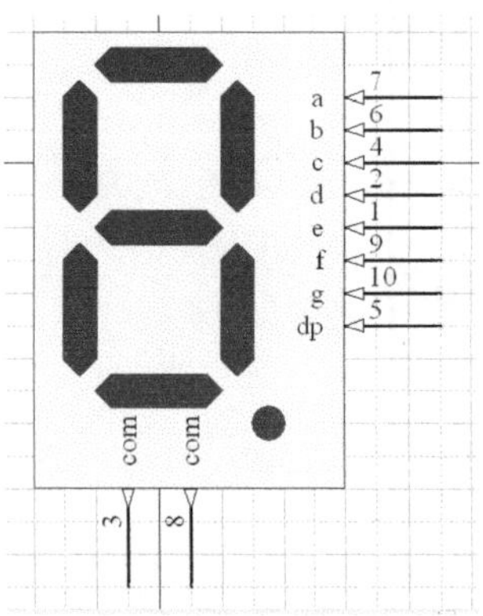

图 3.6 数码管原理图元件

本任务将以创建如图 3.6 所示的数码管原理图元件为例，讲解具体的创建过程。

一、创建原理图库文件

（1）打开或创建一个项目文件，执行菜单命令【文件】/【创建】/【库】/【原理图库】,将在项目文件下新建一个默认文件名为 Schlib1.SchLib 的原理图库文件，并自动进入原理图元件编辑器，如图 3.7 所示。

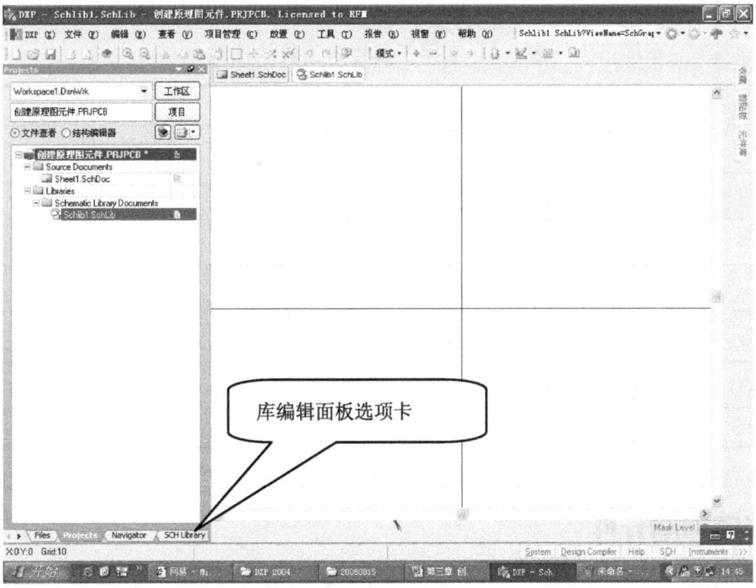

图 3.7　原理图元件编辑器

（2）单击对话框中的【SCH Library】选项卡，打开库编辑面板，如图 3.8 所示，此时可以看到元件列表栏【元件】下已经有了一个默认元件名为 Component_1 的元件。

（3）单击工具栏中的保存文件按钮，在弹出的文件保存对话框中确定保存路径和文件名，如保存为“自制原理图库.SchLib”。

（4）单击实用工具栏，如图 3.9 所示。

图 3.8　库编辑面板

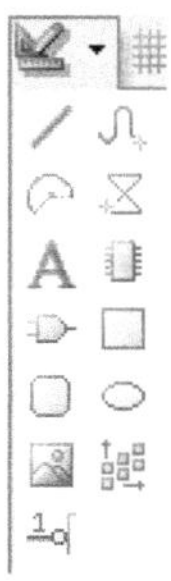

图 3.9　实用工具栏

实用工具栏各工具的作用如表 3.1 所示。

表 3.1 实用工具栏各工具的作用

工具符号	作　用	工具符号	作　用
	绘制直线		绘制矩形
	绘制贝赛尔曲线（如信号波形）		绘制圆角矩形
	绘制椭圆弧		绘制椭圆
	绘制多边形		放置图形
	放置文字		阵列粘贴
	创建新元件		放置元件引脚
	添加子件		

二、绘制原理图元件

（1）将光标放在图纸十字中心，按【Page Up】键放大图纸，以便见到网格。

图 3.10 绘制矩形框

（2）调整网格颜色。如果可视网格不是很清晰，可以执行菜单命令【工具】/【原理图优先设定...】，按照项目二任务一中介绍的设置原理图工作环境的方法进行设置。

（3）绘制矩形框。选择绘制矩形工具，根据元件引脚多少，在图纸中心绘制一个大小合适的矩形，大约为 10×14 可视网格，如图 3.10 所示。

（4）绘制数码管的笔段。

技能链接：修改捕获网格绘制小图形

如果要绘制较小的图形，可以修改光标的移动步距。执行菜单命令【工具】/【文档选项...】，弹出如图 3.11 所示的【库编辑器工作区】对话框，设置绘图时光标移动的最小步距，如将【捕获】栏设置为 5（或其他值），以便可以以半格为单位绘制较小的图形。

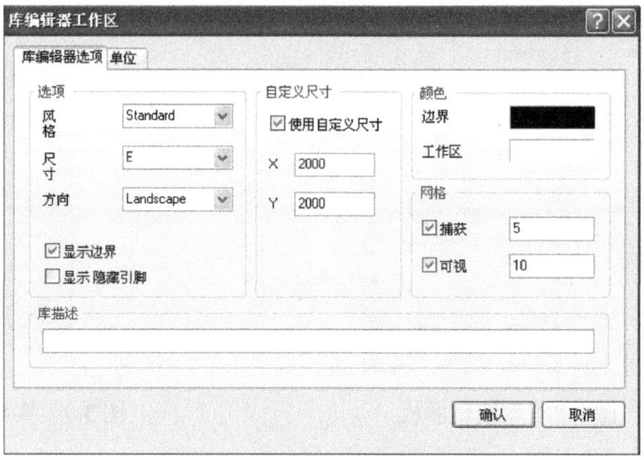

图 3.11 设置光标的移动步距

（1）选择绘制多边形工具，按下键盘上的【Tab】键，弹出【多边形】属性对话框，如图 3.12 所示，单击【填充色】后面的颜色框，将弹出如图 3.13 所示的【选择颜色】对话框，选择红色后单击【确认】按钮完成颜色修改。同样的设置方法可以将【边缘色】也修改为红色。选中【画实心】复选框，使绘制的多边形含有填充。

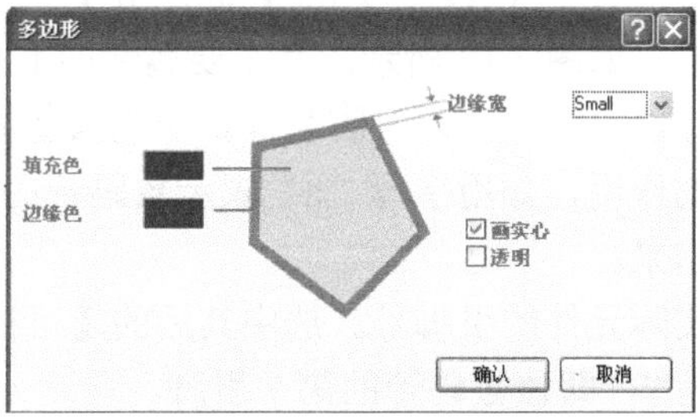

图 3.12 【多边形】属性对话框

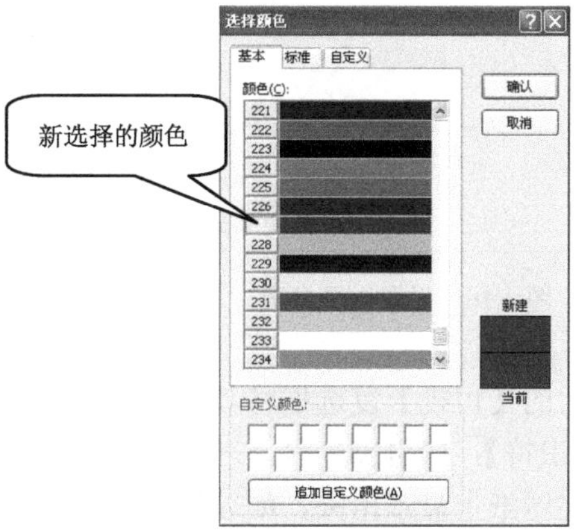

图 3.13 【选择颜色】对话框

（2）单击【确认】按钮完成设置后，按【Page Up】键放大图纸，按图 3.14（a）所示的顺序绘制多边形边框，大约为 4×1 可视网格，作为数码管的笔段。

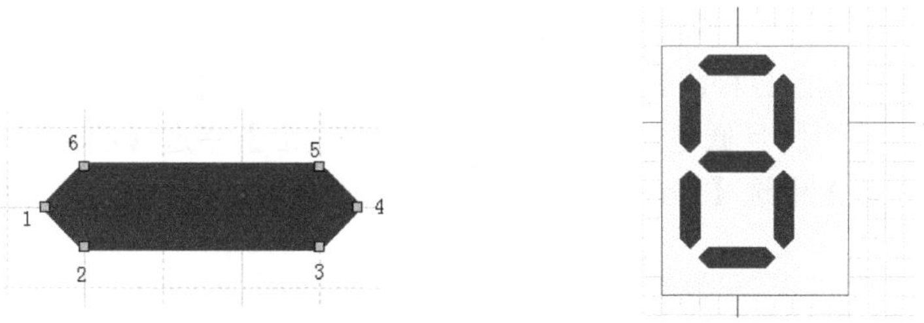

（a）绘制的顺序　（b）笔段绘制完成后的效果

图 3.14　绘制数码管的笔段

（3）选中刚绘制的多边形，采取按【Ctrl】+【C】组合键复制，【Ctrl】+【V】组合键粘贴的办法绘制数码管的其他段，如图 3.14（b）所示。

（4）绘制数码管的小数点。选择实用工具中的绘制椭圆工具，按照图 3.15 所示的步骤绘制小圆点。

（a）确定圆心　（b）确定 X 轴半径　（c）确定 Y 轴半径　（d）绘制完成

图 3.15　绘制小数点的过程

提示

绘制前可以按键盘上的【Tab】键，绘制后双击该椭圆，弹出【椭圆】属性对话框，如图 3-16 所示，可以设置半径和颜色等参数。

提示

小图形绘制完成后，必须及时将图 3.11 所示的【库编辑器工作区】对话框中的【捕获】栏修改回 10，否则可能导致后面的引脚没有放置到整格上面。

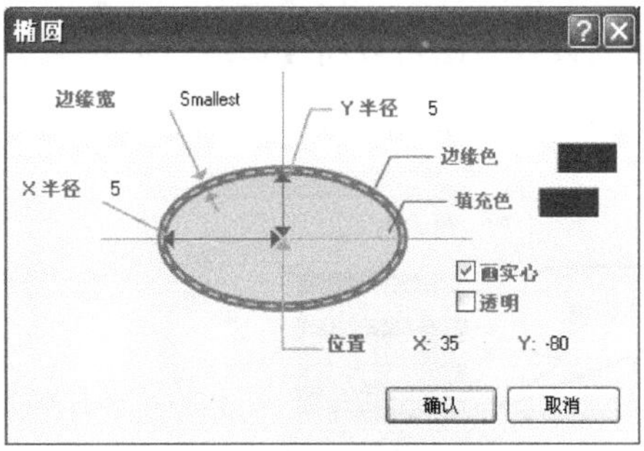

图 3.16 设置椭圆参数

（5）添加元件引脚。

① 设置引脚属性。选择实用工具中的放置元件引脚工具，按下【Tab】键弹出【引脚属性】对话框，如图 3.17 所示。其主要属性如下。

【显示名称】：即引脚名称。一般以字母表示该引脚的作用，如用字母“a”表示数码管的 a 段。选中其后的【可视】复选框将其在图纸上显示出来。

【标识符】：即引脚序号。一般以数字表示实际元件的引脚号。选中其后的【可视】复选框将其在图纸上显示出来，如 a 笔段引脚序号为 7，即该数码管的第 7 引脚。

【电气类型】：即引脚电气特性。可以根据实际元件引脚在下拉列表框中进行设置。常用的设置有：【Input】输入、【IO】双向、【Output】输出、【Open Collector】集电极开路、【Power】接电源、【Passive】接地等，并在图纸上用相应的箭头表明信号方向。本例 a 笔段为输入引脚，因此设置为【Input】。当然如果用户不能确定的话，可设置为【Open Collector】集电极开路，不影响后面 PCB 板的制作。

【符号】：设置引脚的各种附带符号，以表示数字电路等元件引脚的输入信号类型等。如要设置该引脚为时钟引脚且低电平有效，可在【内部边沿】中选【Clock】表示该引脚为时钟，而在【外部边沿】中选【Dot】表示该引脚低电平有效，则在引脚预览图片框中出现相应的符号。

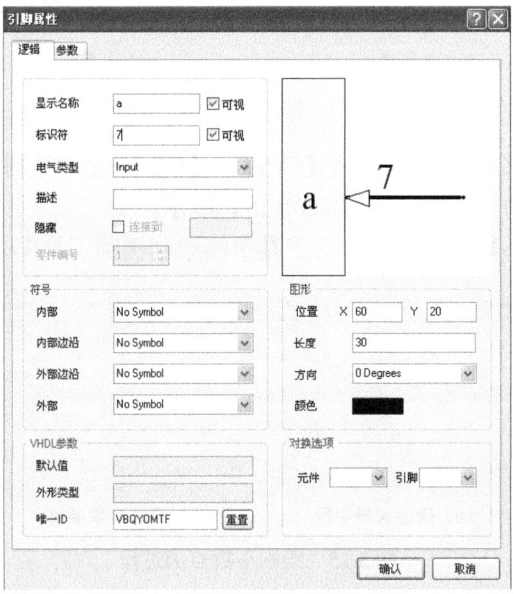

图 3.17 设置引脚的属性

【符号】栏中选项的具体含义在此不再详细介绍，读者可以根据实际引脚要求自行设置，在引脚预览图片框中查看符号图形。

【长度】：设置引脚的长度。

【隐藏】：如果是数字集成门电路的电源和接地引脚，可以选中该复选框将其隐藏起来，从而在图纸上不显示该引脚。因为默认情况下，数字集成块的左上角引脚接电源 VCC，右下角引脚接地 GND。

② 放置引脚。引脚属性设置好后，单击【确认】按钮，此时光标变为十字形，且在光标下带出设置好的引脚，如图 3.18 所示，可以单击鼠标左键放置该引脚，注意放置时引脚的方向，确保电气节点朝向元件外部，以便于原理图中该引脚连线。

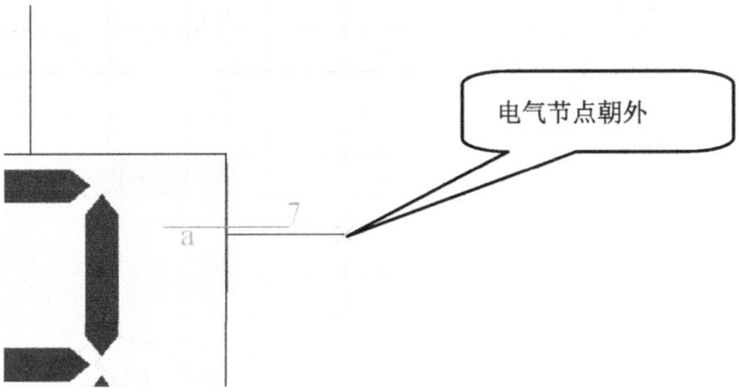

图 3.18　放置引脚

提示

引脚放置时必须保证与网格整格对齐，否则将影响该元件放置到原理图中后的连线。

（6）依据相同的方法，放置其他引脚，完成后的效果如图 3.6 所示。

（7）元件重命名。元件绘制完成后，单击图 3.8 所示库编辑面板中第一栏的【编辑】按钮，弹出如图 3.19 所示的元件属性对话框，可以在【库参考】文本框中输入原理图元件的名称，在【Default Designator】文本框中输入元件的默认编号。

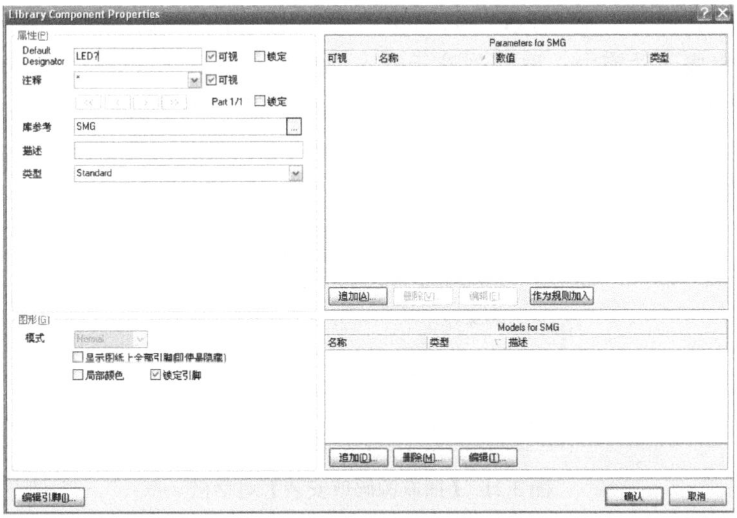

图 3.19　元件属性对话框

提示

还可在【Models for SMG】栏中单击【追加】按钮添加元件的引脚封装。

任务三　复制、编辑原理图元件

知识链接：复制、编辑原理图元件的必要性

在绘制原理图时，有时可能遇到以下情况，即 DXP 元件库中虽然有该类型的原理图元件，可原理图符号和实际需要之间存在一定差异。该情况当然可以采用创建原理图元件的方法重新创建，但需要花费一定的时间，特别是对于引脚较多的元件。此时，可以采取编辑该原理图元件的方法，但如果直接在原库中编辑修改，可能破坏原元件库，同时下次可能又要使用该元件未编辑前的原理图符号，所以最好将原元件复制，再进行编辑修改，这样既不破坏原元件库，又保存了新元件。下面以修改 NPN 三极管的原理图符号为例讲解具体的操作步骤。图 3.20（a）为原三极管原理图符号，而需要的三极管原理图符号如图 3.20（b）所示。

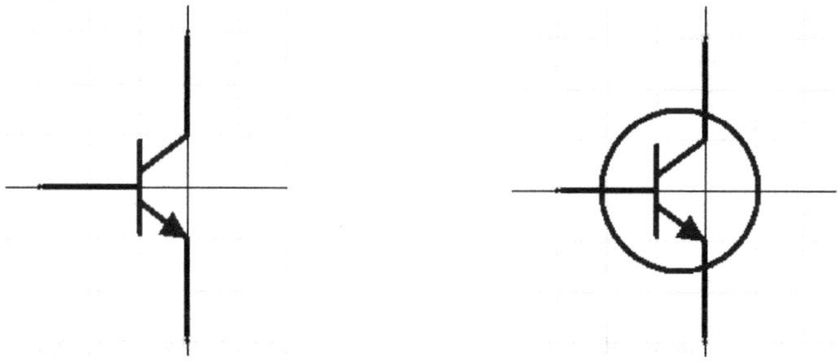

（a）原三极管原理图符号　　（b）需要的三极管原理图符号

图 3.20　要修改的三极管原理图符号

一、打开原元件库复制原元件

（1）打开原元件库。在 DXP 中，NPN 型三极管的原理图符号位于 Miscellaneous Devices.IntLib 集成元件库中，要复制该元件，必须先打开该集成元件库，单击工具栏的打开文件按钮，在弹出的对话框中按以下路径“*:\Program Files\Altium\Library\Miscellaneous Devices.IntLib”弹出如图 3.21 所示的【抽取源码或安装】对话框，单击【抽取源】按钮，将打开该元件库，如图 3.22 所示。

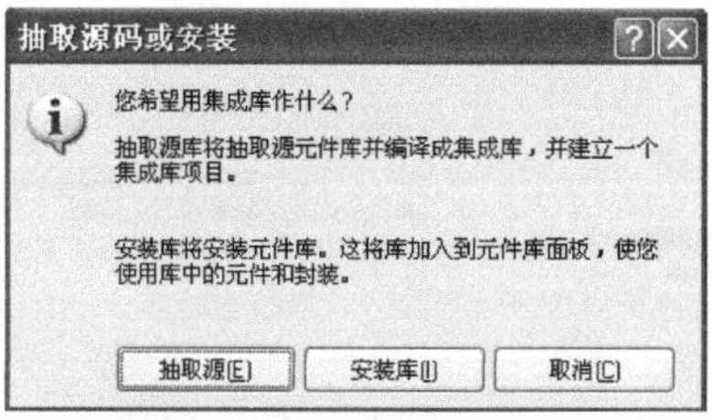

图 3.21 【抽取源码或安装】对话框

（2）转到库编辑面板，在【元件】栏中选择 NPN 三极管原理图符号，如图 3.23 所示。

（3）选取该三极管原理图符号，并按【Ctrl】+【C】组合键将其复制到剪贴板。

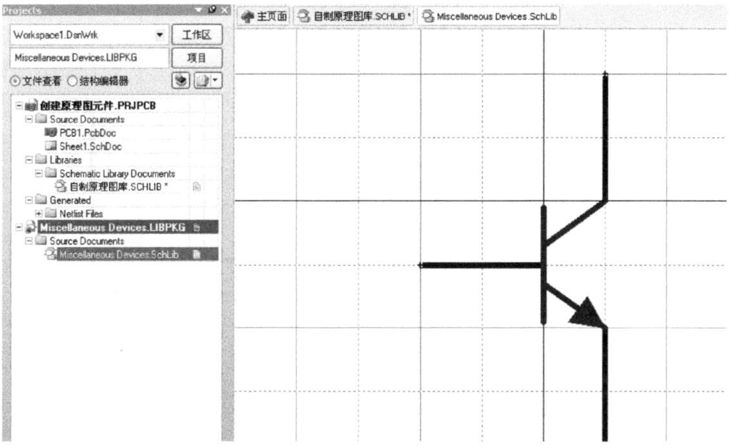

图 3.22 打开元件库 Miscellaneous Devices.IntLib

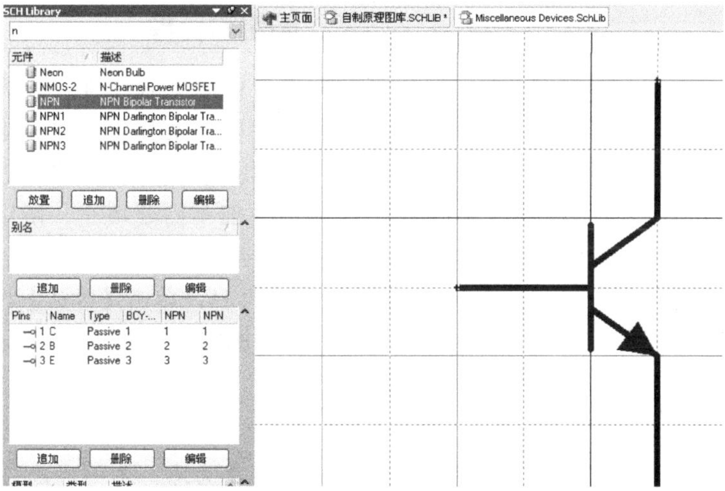

图 3.23 选择 NPN 三极管原理图符号

二、在自制元件库粘贴原元件

（1）在自制元件库中，如打开任务二中创建的“自制原理图库.SchLib”，单击图 3.8 所示库编辑面板中第一行命令按钮中的【追加】按钮，弹出输入新元件名对话框，如图 3.24 所示，输入新元件名称“ZZNPN”，表示自制的 NPN 型三极管。

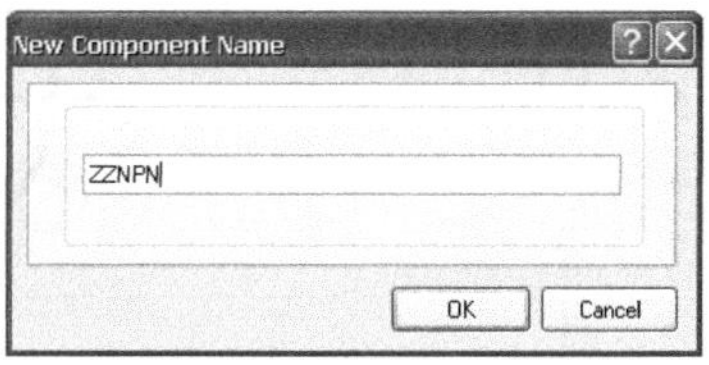

图 3.24 输入新元件名称

（2）粘贴原元件。单击【OK】按钮，进入原理图元件编辑器，在图纸中心单击一下鼠标左键，按【Ctrl】+【V】组合键粘贴原复制的三极管元件，如图 3.25 所示。

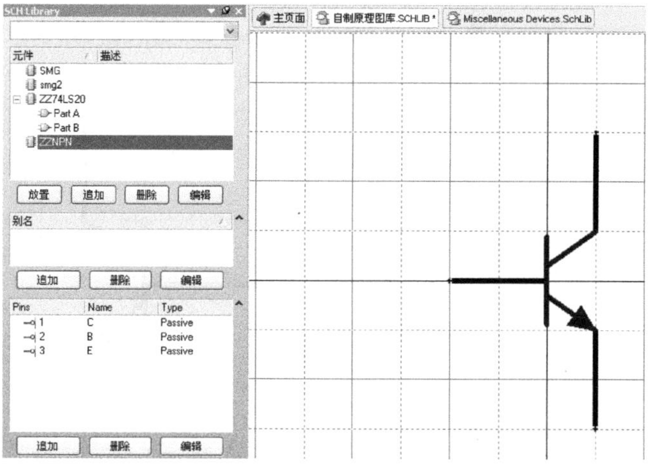

图 3.25 粘贴三极管原理图元件

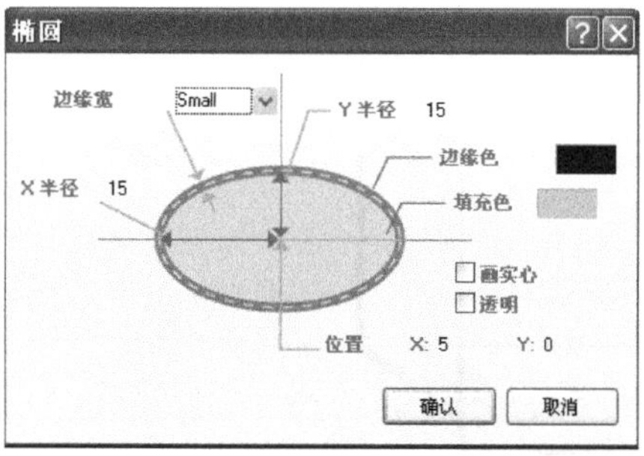

图 3.26 【椭圆】属性对话框

三、编辑原元件

（1）设置椭圆工具属性。要为原三极管原理图符号绘制圆圈，选择实用工具中的绘制椭圆工具⬭，按【Tab】键弹出如图 3.26 的属性对话框，因为圆内部不需要填充，所以不选中【画实心】复选框，并将【边缘宽】设置为【Small】，将【半径】设置为 15，单击【确认】按钮完成设置。

（2）绘制椭圆。如图 3.27 所示，在三极管原理图符号上绘制外围圆圈。

提示

在绘制完成后，半径将以绘制过程中鼠标移到的距离为准，不一定是 15，可以双击弹出【椭圆】属性对话框再次对半径进行设置。

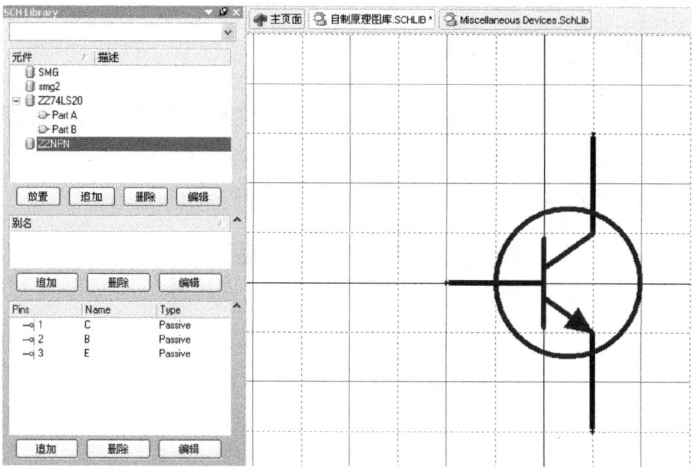

图 3.27 修改好的三极管原理图元件

建议：完成原元件的复制和粘贴后，最好及时将打开的原元件库关闭，如果关闭时出现是否保存修改对话框，注意在原元件库 Miscellaneous Devices.IntLib 后选【不保存】项，不要保存对原元件库的修改，以免破坏原元件库，如图 3.28 所示。

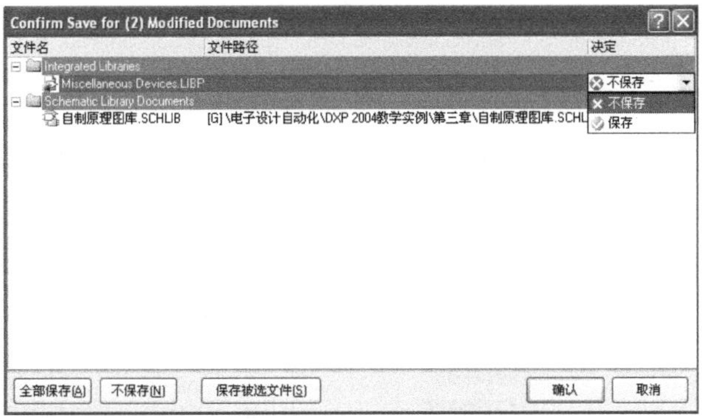

图 3.28　不保存对原元件库的修改

任务四　在原理图中直接修改元件引脚

知识链接：在原理图中直接修改元件引脚的必要性

如果原理图元件的修改量很小，如只有个别引脚需要修改，并且该元件已经放置到原理图中，此时如果不想采取任务三中复制、粘贴、修改的方法，可以直接在原理图中对原理图元件进行修改。如图 3.29 是原原理图元件 ROM 存储器 M27C64A20F1，而图 3.30 是需要的 RAM 存储器 6164，它们之间唯一的区别在于第 1 引脚的名称，ROM 存储器 M27C64A20F1 第 1 引脚为编程引脚“VPP”，而 RAM 存储器 6164 第 1 引脚为写引脚“ $\overline{\text{WR}}$ ”，所以只要将第 1 引脚名称由“VPP”修改为“ $\overline{\text{WR}}$ ”，并加上小圆圈即可。

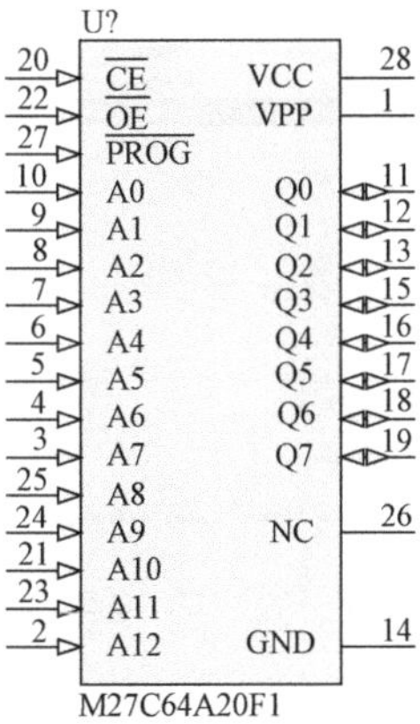

图 3.29　原 ROM 存储器 M27C64A20F1

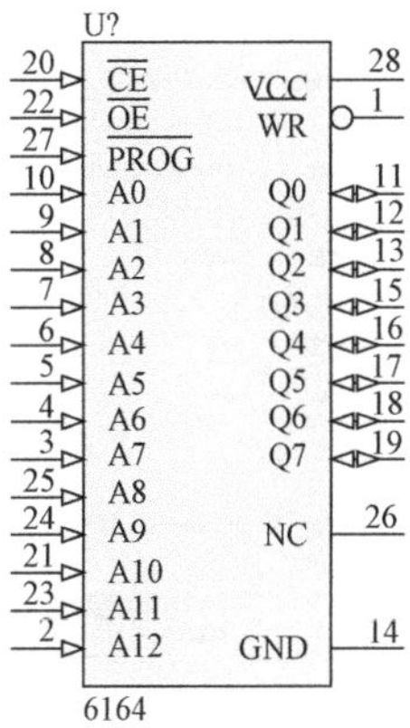

图 3.30　修改好的 RAM 存储器（6164）

一、修改原理图的工作环境

怎样实现引脚名称“ $\overline{\text{WR}}$ ”的上横线呢？这里必须修改原理图编辑器的工作环境，执行菜单命令【工具】/【原理图优先设定】，在【Graphical Editing】图形编辑标签栏中，选中

【单一'\'表示‘负’】复选框，如图 3.31 所示，才能在引脚前使用“\”号，达到在引脚名称上添加上横线的效果。

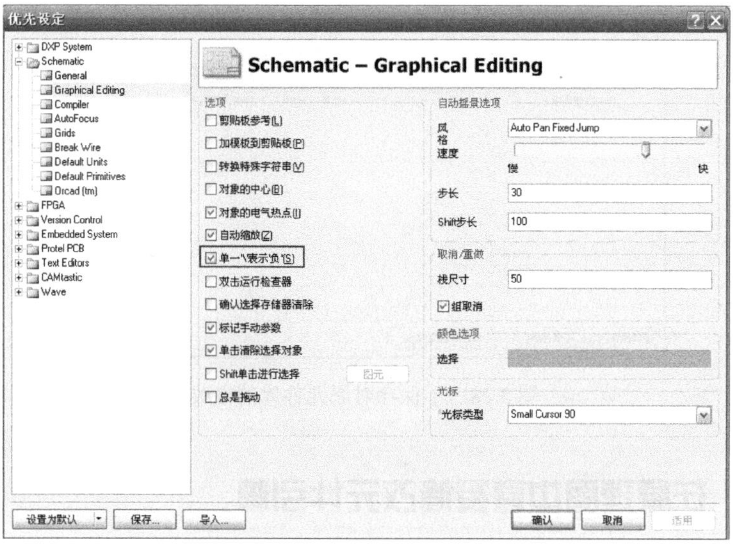

图 3.31　选中【单一'\'表示‘负’】复选框

二、取消原理图元件引脚的锁定状态

为了能够直接在原理图中修改元件的引脚，必须取消元件的引脚锁定状态。双击图 3.29 所示的 ROM 存储器 M27C64A20F1，在弹出的属性对话框中取消【锁定引脚】复选框的选中状态，如图 3.32 所示，这样就可以修改该元件的引脚了。

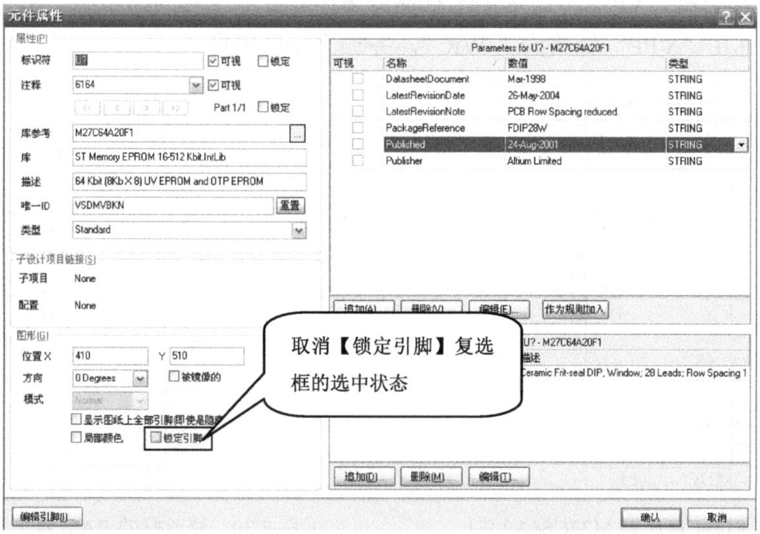

图 3.32　取消【锁定引脚】复选框的选中状态

三、修改元件引脚属性

此时可以双击图 3.29 中 ROM 存储器 M27C64A20F1 第 1 引脚，弹出如图 3.33 所示的

【引脚属性】对话框，将【显示名称】修改为“\WR”即可，“\”就是引脚名称“ $\overline{WR}$ ”的上横线。【外部边沿】选择【Dot】项，使引脚显示小圆圈，表示该引脚低电平有效。

图 3.33　修改第 1 引脚名称

提示

元件引脚修改完成后，将图 3.32【元件属性】对话框的【锁定引脚】复选框选中，恢复原理图元件的引脚锁定状态。

任务五　制作含有子件的原理图元件

知识链接：子件的概念

对于很多数字集成门电路而言，其内部往往是由结构完全相同的各部分组成，如图 3.34 所示为数字集成电路 74LS08 的内部结构和引脚排列图。由图可以看到 74LS08 由 4 个结构完全相同的二输入与门单元组成，右下角第 7 脚为接地引脚，左上角第 14 脚为电源 VCC 引脚。

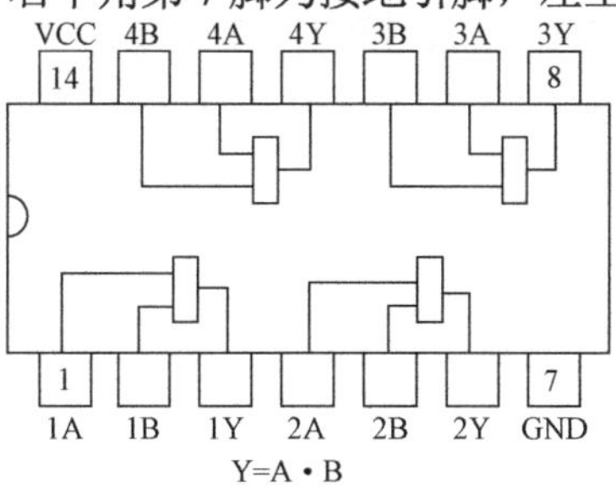

图 3.34　74LS08 的内部结构和引脚排列图

在集成电路的实际使用过程中，有时可能只使用一个单元，如果采用图 3.34 所示制作原理图元件，可能使原理图面积过大。在原理图中，主要表达电路的功能和信号流向及信号的处理过程，表达的重点不在于实际元件的引脚排列顺序及集成块的形状，为了使原理图更加清晰地体现电路的信号流程和处理过程，原理图中的数字集成块并没有采取图 3.34 所示的绘制方法，而是采用了图 3.35 所示的分单元绘制的方法。这样在绘制原理图时，就可以用到哪个单元就使用这个单元对应的原理图符号，而各个单元对应的原理图符号称为该元件的子件，用字母 A、B、C 等进行区分，如 Part A 表示第 1 个单元。

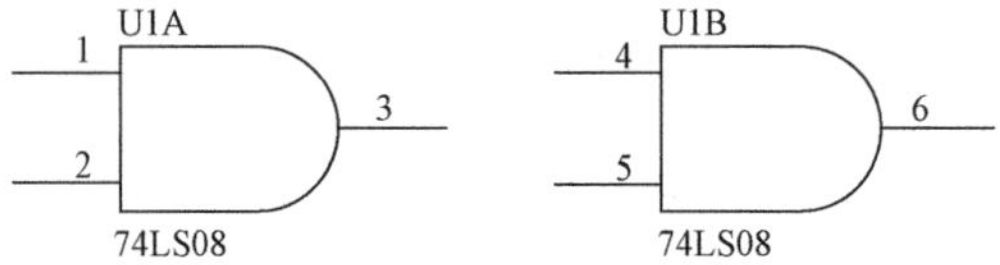

(a) Part A　(b)Part B

图 3.35　分单元制作的 74LS08 原理图元件

本任务以制作如图 3.36 所示的国标 74LS20 的原理图元件为例，讲解含有子件原理图元件的制作方法。

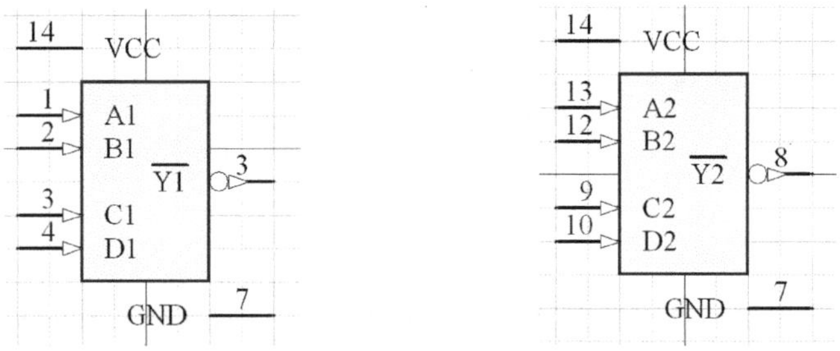

（a） Part A　（b） Part B

图 3.36　国标 74LS20 的原理图元件

在数字集成电路中，由于右下角默认为接地引脚，左上角默认为电源 VCC 引脚，所以在原理图中不必显示，本例要求将电源引脚和接地引脚隐藏，从而在原理图中看不到该引脚。

一、绘制第一个子件

（1）在自制元件库中，如打开任务四创建的“自制原理图库.SchLib”，单击【SCH Library】栏目中第一行按钮中的【追加】按钮，如图 3.37 所示，弹出如图 3.38 所示的输入新元件名对话框，输入新元件名称“ZZ74LS20”，表示自制的 74LS20 元件。

图 3.37　单击【追加】按钮

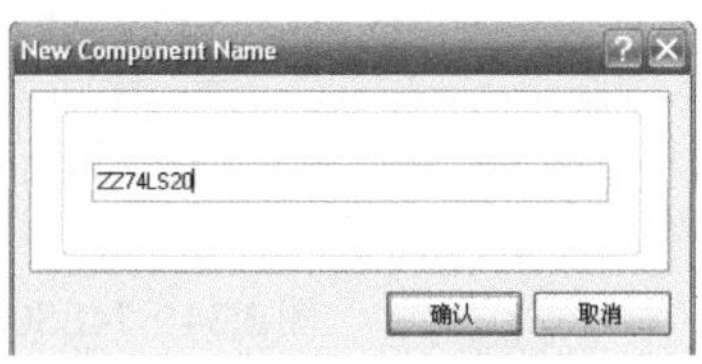

图 3.38　输入新元件名称

（2）利用前面介绍的方法，绘制 74LS20 的第一个子件 Part A，如图 3.39 所示。

注意：图 3.39 中第 6 引脚的属性设置如图 3.40 所示。

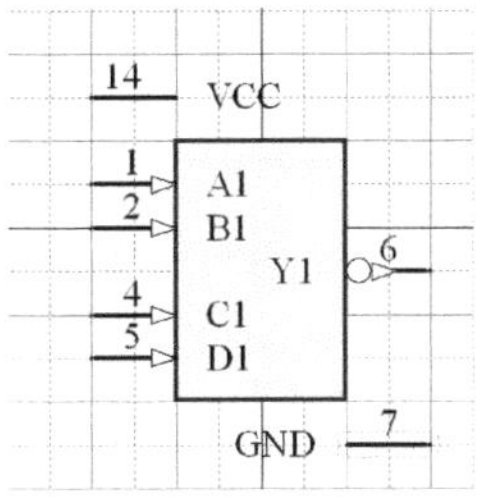

图 3.39　74LS20 的第一个子件

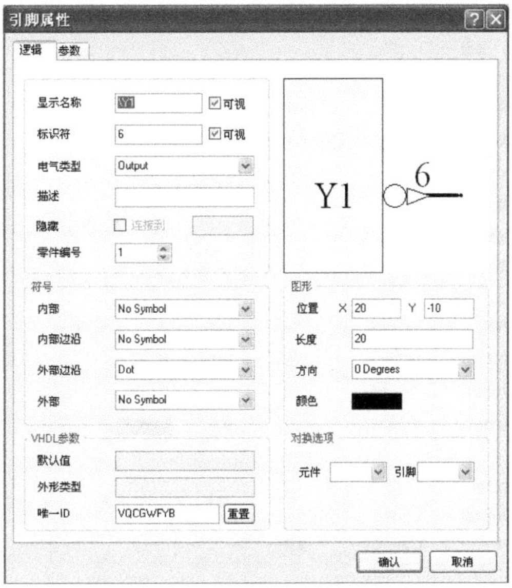

图 3.40　第 6 引脚的属性设置

（3）设置电源、接地引脚的属性。为了在原理图中隐藏电源和接地引脚，可以在【引脚属性】对话框中，选中【隐藏】复选框，如图 3.41 所示。在原理图中，为了使电源和接地引脚自动和原理图中的电源网络 VCC、接地网络 GND 相连，还必须设置引脚的默认网络属性，因此在电源引脚的“连接到”文本框后输入“VCC”，并将【电气类型】设为 Power。

同样的方法，可以修改接地引脚的属性，如图 3.42 所示。设置完成后的第一个子件 Part A 如图 3.43 所示。

图 3.41　设置电源引脚属性

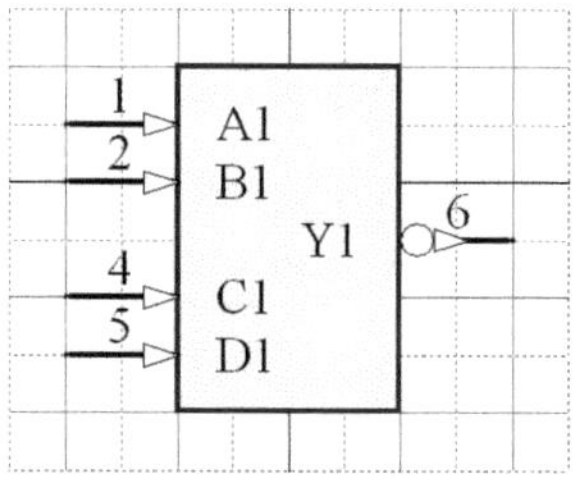

图 3.42 设置接地引脚属性

图 3.43 隐藏了电源和接地引脚的第一个子件

二、绘制第二个子件

绘制完第一个子件后，执行菜单命令【工具】/【创建元件】，如图3.44 所示，编辑器将新建如图 3.45 所示的下一个子件 Part B。

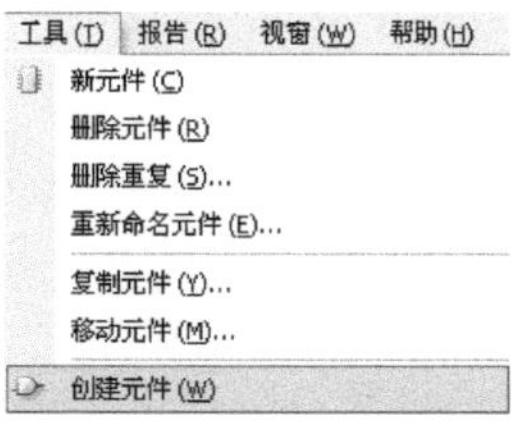

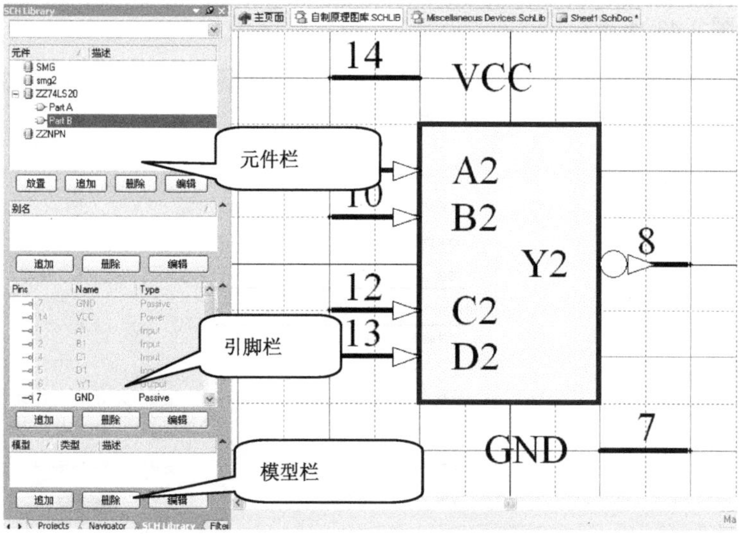

图 3.44 新建下一个子件菜单

图 3.45 新建下一个子件 Part B

依据绘制 Part A 相同的方法，绘制第二个子件 Part B。

上机实训：绘制变压器的原理图元件

1. 上机任务

绘制如图 3.46 所示的开关变压器原理图符号。

2. 任务分析

图 3.46 所示的开关变压器的原理图符号在 DXP 的原理图库中没有，也没有相近的原理图符号，所以采取重新创建的方法制作。可能读者会感到不知怎样绘制变压器绕组，其实它是由多个半圆组成的。图中引脚的长度为 10。

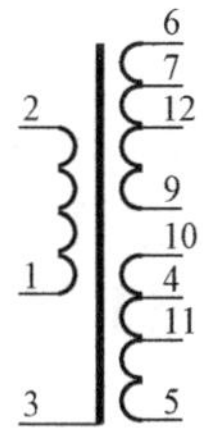

图 3.46　开关变压器原理图符号

3. 操作步骤和提示

（1）新建项目文件，并保存为“原理图库.PrjPCB”。

（2）新建原理图库文件，并保存为“新建原理图库 1.SchLib”。

（3）修改捕获网格为 5。

（4）绘制半圆弧。选择实用工具中的画圆弧工具，按照图 3.47 所示步骤绘制。

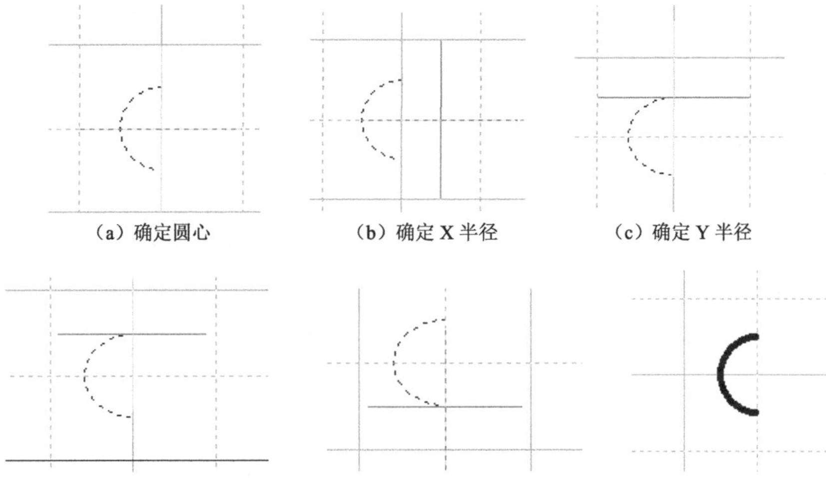

（a）确定圆心　（b）确定 X 半径　（c）确定 Y 半径

（d）确定圆弧起点　（e）确定圆弧终点　（f）最后效果

图 3.47　绘制半圆弧

提示

如果不能确认圆弧属性是否满足要求，可以双击圆弧弹出如图 3.48 所示的属性对话框，进一步进行精确设置。

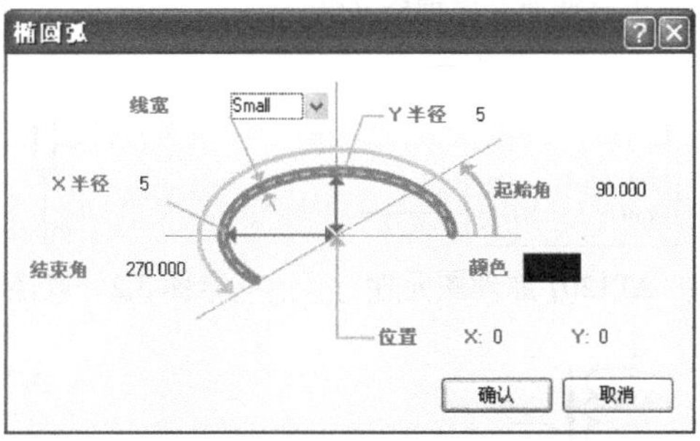

图 3.48　椭圆弧属性对话框

（5）绘制变压器绕组和支架。利用复制、粘贴的方法制作其他半圆弧，形成变压器的一组绕组，如图 3.49（a）所示。然后再复制一组绕组，利用粘贴的方法绘制其他两组绕组，如图 3.49（b）所示。

（6）绘制中间竖线。选择直线工具╱，按【Tab】键弹出如图 3.50 所示的属性对话框。其中参数如下。

【线宽】：导线宽度，有【Smellest】最小、【Smell】小、【Medium】中、【Large】大 4 个选项，本例选【Medium】。

【线风格】：导线形状，有【Solid】实线、【Dashed】点画线、【Dorred】点状线。

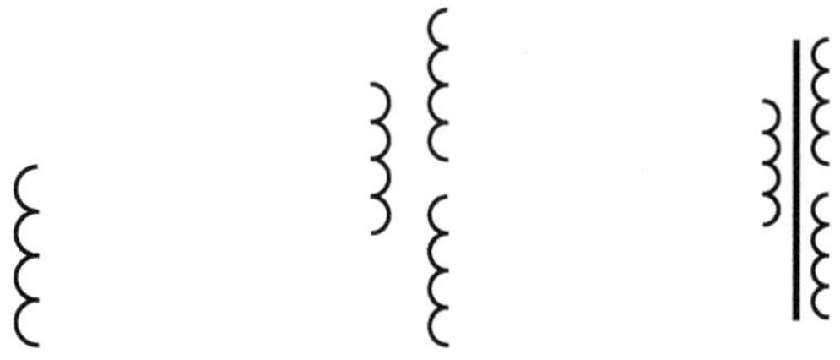

（a）变压器的一组绕组　（b）变压器的三组绕组　（c）绘制中间支架

图 3.49　绘制绕组和支架

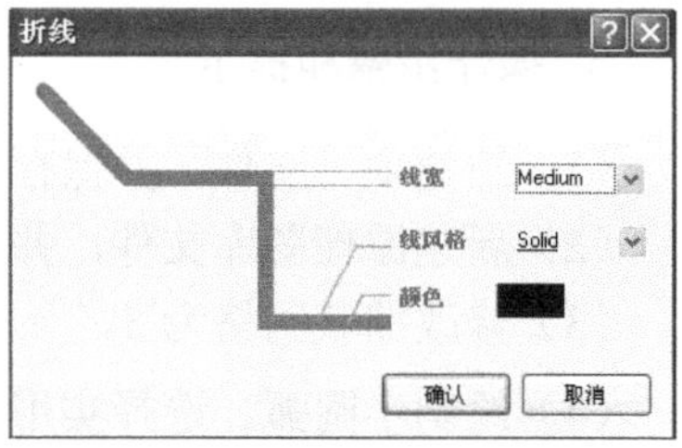

图 3.50　折线属性对话框

（7）添加引脚。注意将元件引脚长度设为 10，最终效果如图 3.46 所示。

本项目小结

本项目主要讲解了原理图元件的几种制作和编辑方法。读者要理解新建原理图元件的必要性，针对元件放置过程中遇到的不同问题采取不同的措施。掌握元件的查找方法，原理图元件的创建、编辑方法。

习题 3

3.1 为什么要自制原理图元件？针对不同的情况有几种不同的编辑原理图元件的方法？

3.2 制作题图 3.1 所示的直流电压变换器 AT1201 原理图元件。

3.3 制作题图 3.2 所示的双连电位器原理图元件。

3.4 制作题图 3.3 所示的开关变压器原理图元件。

3.5 制作题图 3.4 所示的交流电感滤波器原理图元件。

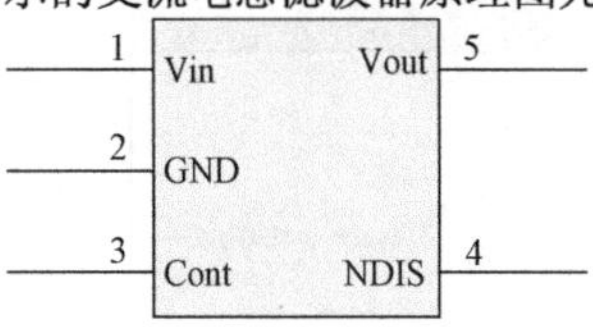

题图 3.1　AT1201 原理图元件

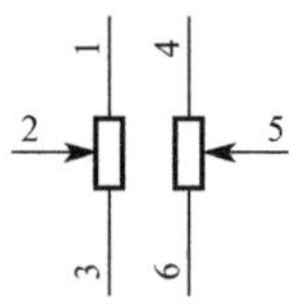

题图 3.2　双连电位器原理图元件

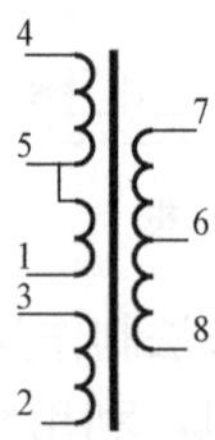

题图 3.3　开关变压器原理图元件

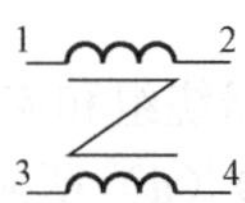

题图 3.4　交流电感滤波器原理图元件

项目四　绘制单片机显示原理图

教学目标

本项目主要以绘制单片机显示原理图为例，以达到以下学习目标。

知识目标

- 理解总线、总线入口、网络标签的作用。

技能目标

- 掌握总线、总线入口、网络标签的绘制方法。
- 了解元件的阵列粘贴方法。
- 掌握原理图元件的打印和报表生成。

知识扩展

知识扩展　总线、总线入口、网络标签

单片机显示整体电路图如图 4.1 所示，分析该原理图可知，该电路主要由单片机 U1（80C31）、驱动芯片 U2（74LS245）及数码管组成。由于驱动芯片和数码管之间的连线比较复杂，连线达到 8 条之多。如果还是采用前面介绍的方法直接进行连线，势必导致连线交叉太多，距离过长，既不便于绘制，又不便于原理图的识图和分析，因此必须采用网络标签和总线的方法进行绘制。

总线：原理图中数量较多，距离较长，且具有相同或相近功能的一组导线。如图 4.1 中驱动芯片和数码管之间的连线，数量很多，达 16 条，距离也较长，如果一条一条直接连接，势必导致原理图导线纵横交错，绘制的原理图不美观而且容易连错。而看图时由于平行线较多，极易由一条导线看到另一条导线，导致识图不便。它们都是驱动数码管笔段的导线，电气特性相同，此时可以将该组导线组合为电缆形式（如网线一样），用一条粗线来表示一组导线，这就是总线。如图 4.1 中的 R1～R8 和 DLED1、DLED2 之间的粗线就是总线。

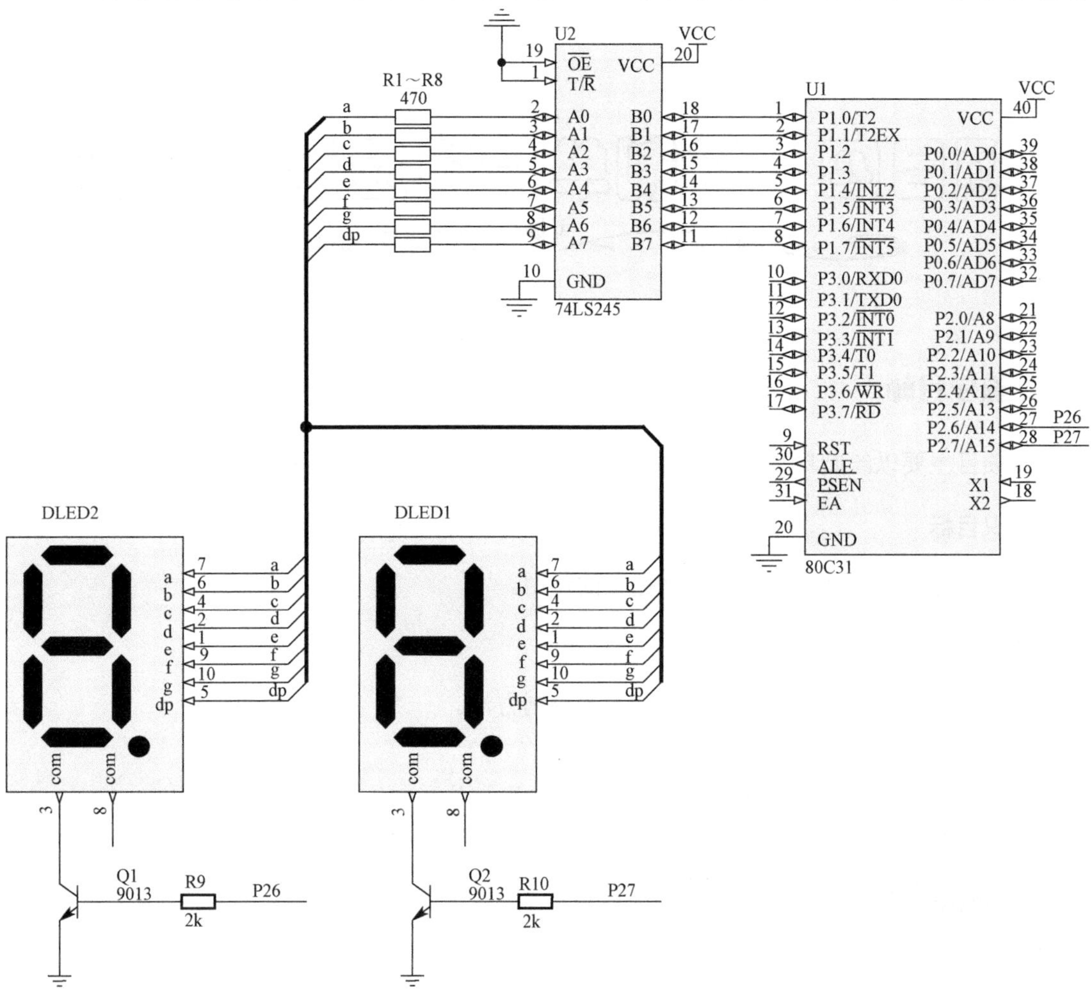

图 4.1 单片机显示整体电路图

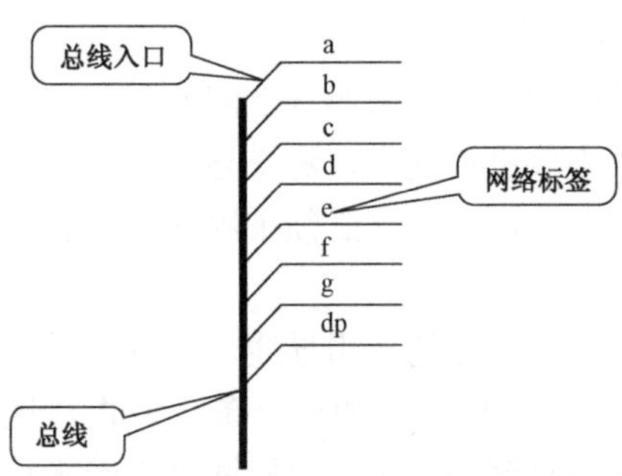

图 4.2 总线、总线入口和网络标签

总线入口：从总线中引出的分支端口。和电缆一样，中间传输过程中是整条电缆架线，但到终端与具体的电气设备和控制元件引脚相连时却要分导线引出，分别相连。总线代表的是具有相同电气特性的一组导线，因此它不是单独的一根普通导线，它也必须以总线入口来引出各条分导线，如图 4.2 所示。

网络标签：导线的电气标注。具有相同网络标签的导线表示电气上是连接在一起的相同导线，只是因为从总线入口引出，或由于距离过长、减少交叉等原因，没有直接连接在一起。网络标签一般由字母（或字母加数字）组成，用于表示图纸中相同的导线，如图 4.1 和图 4.2 所示。

电路图中是否采用总线方式进行绘制，主要看需要相连的多条导线是否具有相同或相近的功能，如果具有就可以采用总线的方式绘制。如果连接的导线虽然距离较长，但彼此间功能不同，或者需连接的导线数量不多，此时不宜采用总线的方式，但可以采用添加网络标签的方法来表示需连通的导线，如图 4.1 中的 P26、P27。

项目内容

任务一　查找放置核心元件

一、新建原理图文件

（1）参考项目一中的任务三，执行菜单命令【文件】/【创建】/【项目】/【PCB 项目】，新建一个项目文件。

（2）用鼠标右键单击该项目，在弹出的菜单中执行【保存项目】命令，将新建项目文件保存为“单片机数码管显示电路.PrjPCB”。

（3）执行菜单命令【文件】/【创建】/【原理图】，新建一个原理图文件。

（4）单击工具栏中的按钮，弹出文件保存对话框，将新建原理图文件保存为“单片机数码管显示电路. SchDoc”。

二、查找并放置核心元件

（1）项目中的核心元件为 U1 和 U2，U1 单片机型号为“80C31”，利用查找功能找到该元件。查找时使用通配符*，在【Name】栏输入“*80*31*”，可以在“Dallas Microcontroller 8-Bit.IntLib”库中找到元件“DS80C310-MCG”。

（2）U2 型号为“74LS245”，利用查找功能找到该元件。查找时使用通配符*，在【Name】栏输入“*74*245*”，可以在“FSC Interface Line Transceiver.IntLib”库中找到元件“74AC245MTC”。

小技巧

利用元件的拖动自动产生导线。

对于一些并列相连的多条导线，为了加快电路的绘制速度，可以利用元件的拖动功能自动产生导线，因为元件在拖动过程中相连的导线不会断裂。

（1）在放置 U2 时，与 U1 要相连的引脚连接，如图 4.3 所示。

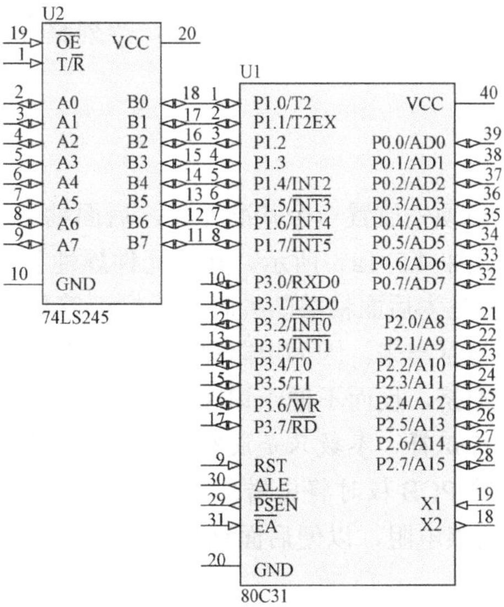

图 4.3　放置元件时将引脚相连

（2）执行菜单命令【编辑】/【移动】/【拖动】，出现十字光标，对准要拖动的元件U2，单击一次鼠标左键，即可拖动元件 U2，如图 4.4 所示，自动在原来连接的引脚间产生导线。

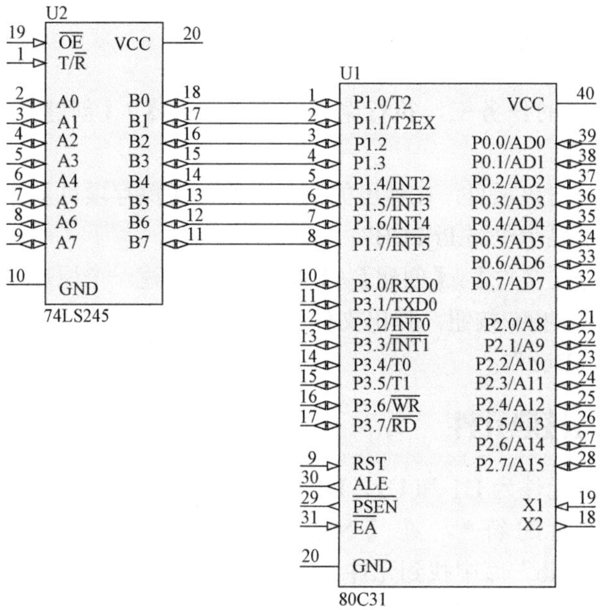

图 4.4　拖动元件自动产生导线

任务二　利用粘贴队列放置电阻

知识链接：粘贴队列

对于电路中数量较多且摆放有序的同类型元件，可以采用粘贴队列的方式快速放置元件。如本实例中的 R1～R8，都属于电阻，数量较多，排列整齐有序，就可以利用粘贴队列功能放置。

一、放置基准元件

利用粘贴队列功能前，必须先放置一个基准元件，后面粘贴队列时以此为原型。先在原理图中放置一个电阻 R0，如图 4.5（a）所示。其【元件属性】对话框如图 4.5（b）所示，将电阻标识符设为 R0，主要是为后面粘贴队列时电阻标识符从 1 开始，并隐藏标识符、注释、参数，使其在图纸上不显示出来。因为电阻排列非常紧密，如果标识符、注释、参数全部显示出来，将使图纸非常拥挤，反而不便于识图。

误区纠正：电阻 R0 的标识符、参数只是没有显示而已，并不是没有或可随便设置，不要将其设置为空，否则在制作 PCB 板时将出错。

电阻 R0 放置好后，复制该电阻，以便后面粘贴队列时以此为基准。

（a）电阻 R0

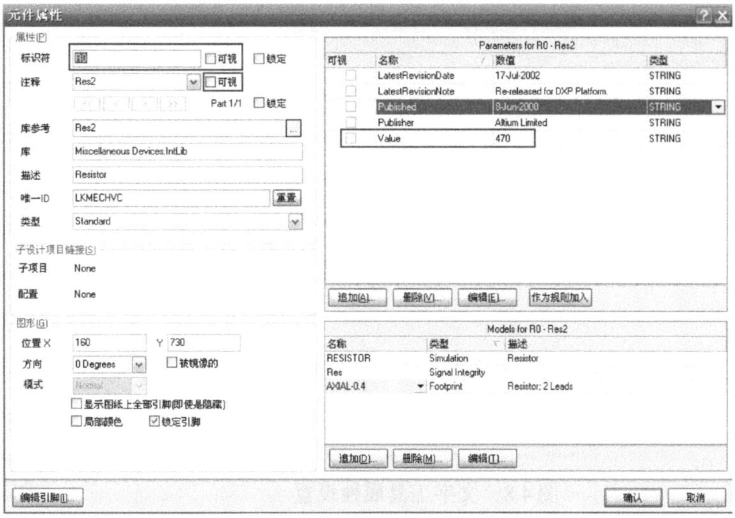

（b）电阻 R0 的属性设置

图 4.5　放置基准电阻 R0

二、粘贴队列

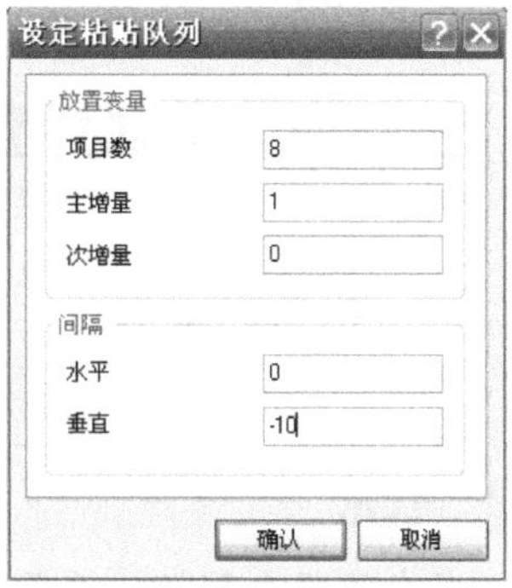

图 4.6　【设定粘贴队列】对话框

（1）设置粘贴队列参数。放置好基准电阻后，执行菜单命令【编辑】/【粘贴队列】，弹出如图 4.6 所示的【设定粘贴队列】对话框。

各参数含义如下。

【项目数】：粘贴元件的个数，如本例为 8 个。

【主增量】：元件标识符增加的步距，如本例中设为 1，则粘贴的电阻标识符为 R1 逐步增加到 R8，如果设为 2，则电阻标识符由 R2、R4、R6 逐步增加。

【次增量】：一般设置为 0。

【水平】：水平方向排列步距，即被粘贴元件在水平方向按此步距依次排列。本例电阻要求在水平方向对齐，所以该项设为 0。

【垂直】：垂直方向排列步距，即被粘贴元件在垂直方向按此步距依次排列。本例电阻要求在垂直方向相隔 10 个单位，且向下排列，所以该项设为–10。

（2）设置好后，单击【确认】按钮，将光标对准放置位置单击一下鼠标左键，即可在指定位置垂直放置 8 个电阻，如图 4.7 所示。

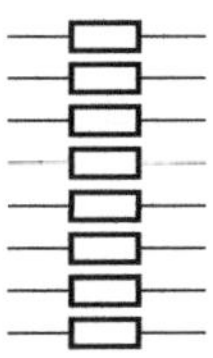

图 4.7　粘贴队列产生的 8 个电阻

（3）检查放置结果。双击电阻弹出属性对话框，检查电阻 R1～R8 的标识符和参数是否符合要求。

（4）添加文字说明。由于电阻 R1～R8 的标识符和参数都隐藏了，为了方便工程人员读图，对电阻 R1～R8 添加文字说明。选择实用工具中的文字工具 A，按【Tab】键弹出属性对话框，如图 4.8 所示。完成后的效果如图 4.9 所示。

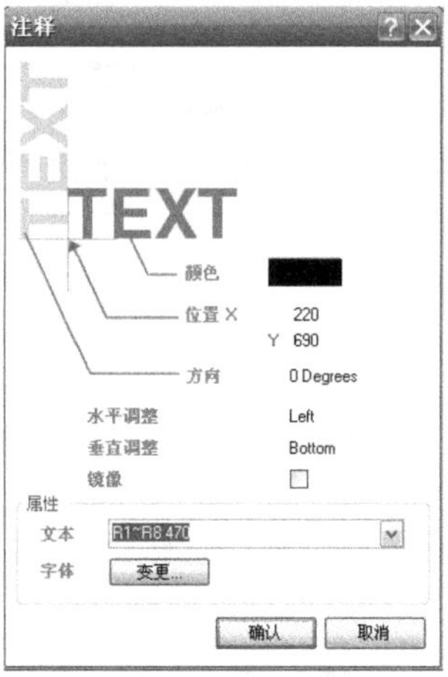

图 4.8 文字工具属性设置

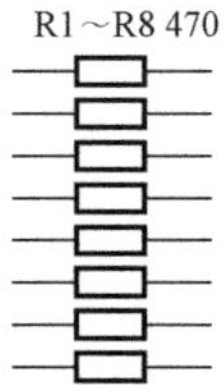

图 4.9 添加文字说明

提示

粘贴队列可以快速放置较多相同的元件，但对于初学者而言，操作较麻烦，如果暂时不会，可以采用原来的方法逐个放置。

任务三 绘制并放置自制元件

一、绘制数码管

参考项目三中的任务二，自制图纸中的数码管原理图元件。

提示

或者将原自制数码管原理图元件的库文件添加到本项目中。具体方法为：选中项目“单片机数码管显示电路.PrjPcb”，单击右键弹出快捷菜单，执行【追加已有的文件到项目中…】命令，在弹出的打开文件对话框中选中项目三中已经建立的“自制原理图库.SchLib”。

二、放置数码管

有两种方法可以将已经制作好的原理图元件放置到图纸上。

1. 通过库编辑面板放置

如图 4.10 所示，单击【放置】按钮，编辑器自动转到原理图图纸，并在光标处带出自制的数码管原理图元件，如图 4.11 所示，单击鼠标即可放置到图纸上。

2. 通过元件库放置

自制好数码管原理图元件并保存后，此时在元件库中就有了自己制作的元件库，如图 4.12 所示，可以像使用 DXP 自带元件库一样，双击数码管元件将其从库中取出并放置到图纸中。

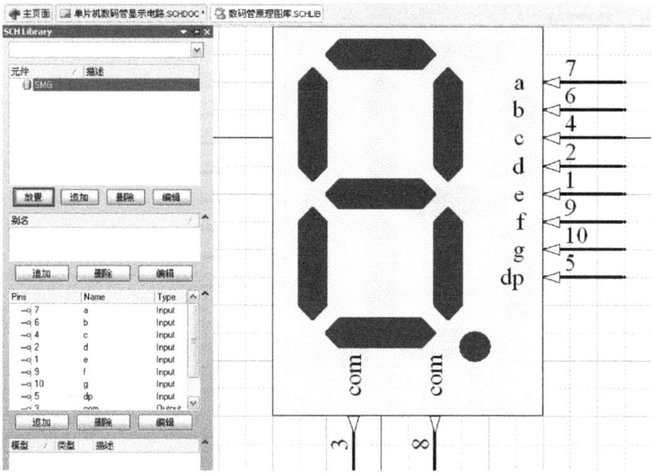

图 4.10　通过库编辑面板放置自制元件

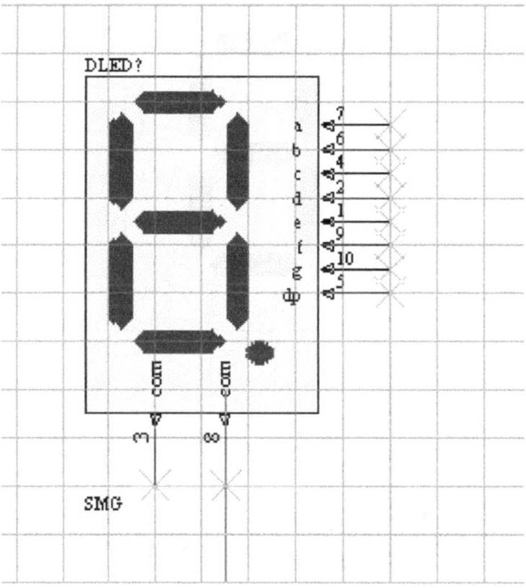

图 4.11　放置数码管原理图元件

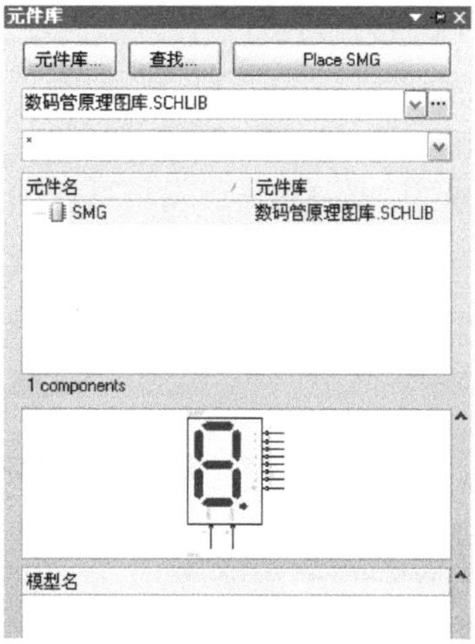

图 4.12　元件库中自制的元件

三、更新自制元件

当自制元件已经放置到图纸中，但后来发现元件绘制错误，在对原来绘制的元件进行修改后，必须更新原理图中已经放置的元件。下面以将数码管的小数点由实心改为空心为例，讲解具体操作步骤。

（1）打开自制的原理图库文件，如图 4.13 所示。

（2）双击小数点圆心，由于该处有两个对象，一个是数码管矩形框（Rectangle），一个是小数点椭圆（Ellipse），因此出现多对象选择菜单，如图 4.14 所示。选择【Ellipse】，弹出【椭圆】参数对话框，如图 4.15 所示。为了将小数点由实心改为空心，将【画实心】前复选框不选中，同时将【边缘宽】改为【Medium】（中等），单击【确定】按钮后，数码管小数点变为空心，如图 4.16 所示。

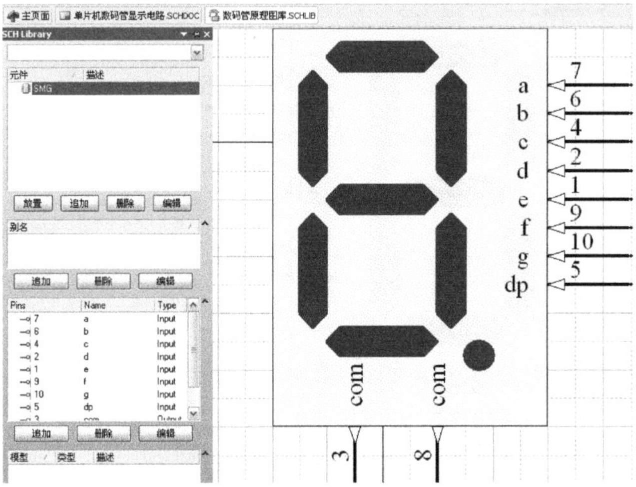

图 4.13 打开自制的原理图库文件

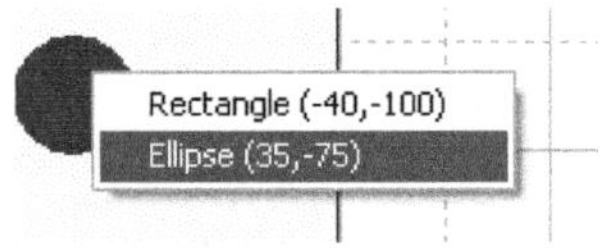

图 4.14 多对象选择菜单

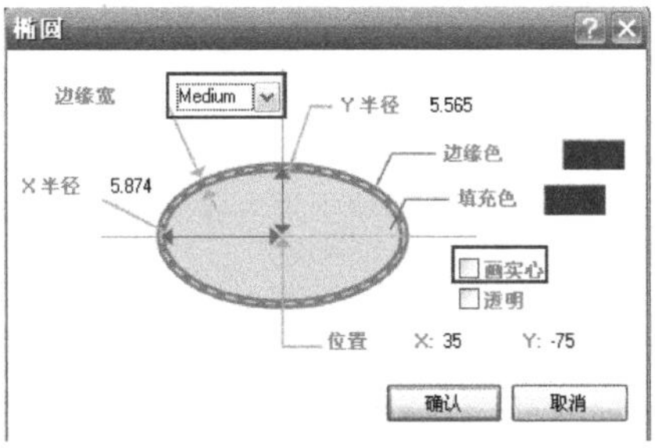

图 4.15 【椭圆】参数对话框

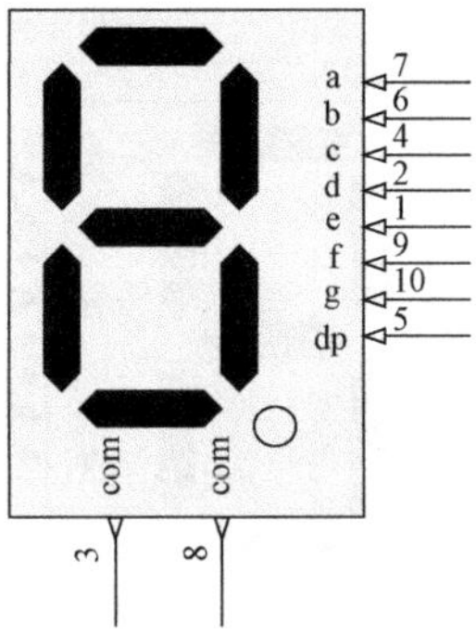

图 4.16 小数点修改为空心

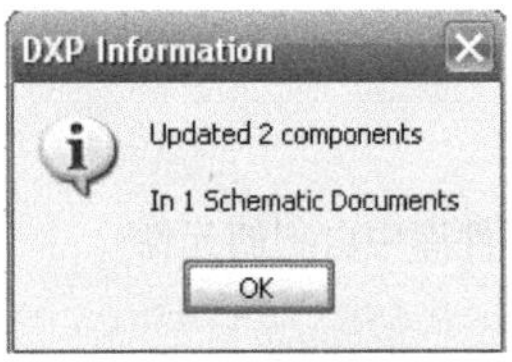

图 4.17 更新原理图

（3）保存修改结果。

（4）更新原理图。执行菜单命令【工具】/【更新原理图】，出现如图 4.17 所示的更新原理图对话框，提示图纸中将有两个元件被更新，单击【OK】按钮，即可将图纸中的数码管全部进行更新。

任务四 添加网络标签和绘制总线

一、添加网络标签

网络标签用来表示图纸中本该相连的导线，相同网络标签的不同导线表示电气上是连接在一起的，如图 4.18 所示。下面以添加图 4.18 中网络标签 P26、P27 为例，讲解具体的操作方法。由于网络标签表示导线连接在一起，因此其具有电气特性，必须使用配线工具中的网络标签工具，同时注意网络标签必须添加在其代表的导线上。

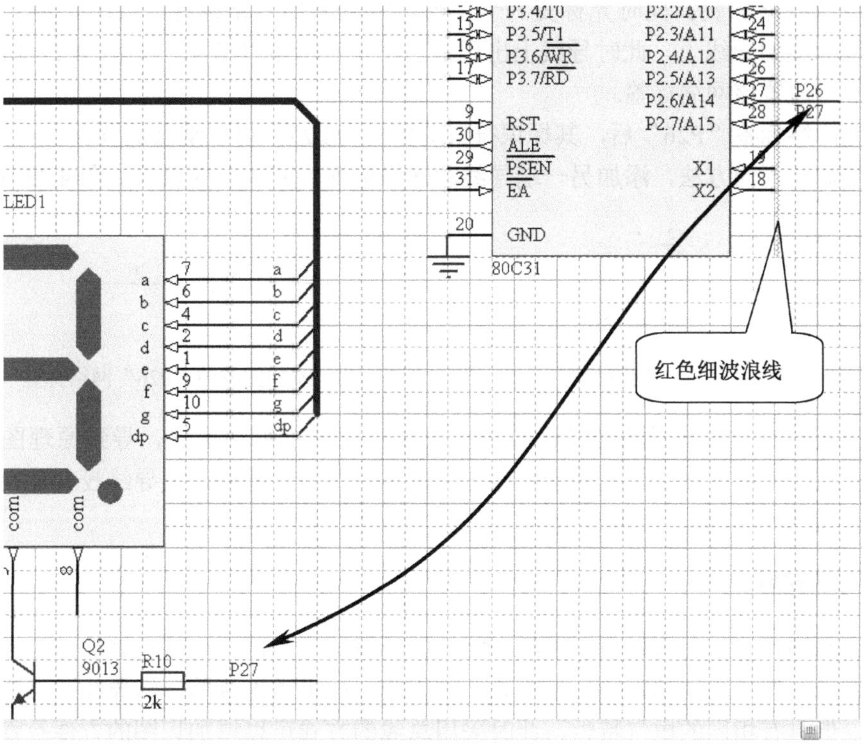

图 4.18　相同网络标签表示导线连接在一起

提示

细心的读者可能会发现图 4.18 中所示的单片机 80C31 元件右边有红色的细波浪线，表示该元件属性设置有错误，如没有元件标识符或与其他元件标识符重复。

（1）绘制要添加网络标签的导线。由于网络标签一定要添加在导线上，因此在添加前，必须先绘制一段导线，如图 4.19 所示。不要将网络标签直接添加在元件引脚或导线附近的空白区域，否则网络标签和导线之间没有建立起电气联系。

（2）设置网络标签。选择配线工具中的网络标签工具，按下键盘上的【Tab】键，弹出【网络标签】属性对话框，如图 4.20 所示。在【网络】文本框中输入“P26”，可以单击【字体】后面的【变更...】按钮，改变文字的字体和大小，单击【确认】按钮完成设置。

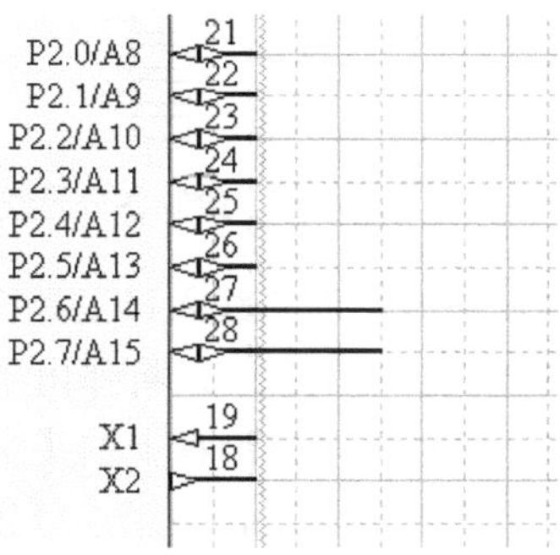

图 4.19　绘制导线

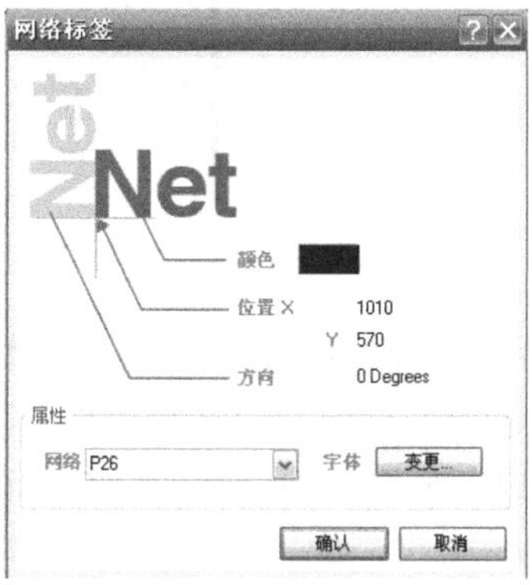

图 4.20　【网络标签】属性对话框

（3）放置网络标签。此时光标变为十字形，并且带出网络标签“P26”，将光标移动到要添加网络标签的导线上，此时导线上出现黑色小十字形电气节点，如图 4.21 所示，单击鼠标左键即可放置该网络标签。

添加完网络标签“P26”后，其标识符自动更新为 P27，可以继续放置。

（4）依据相同的方法，添加另一端导线的网络标签，完成后的效果如图 4.22 所示。

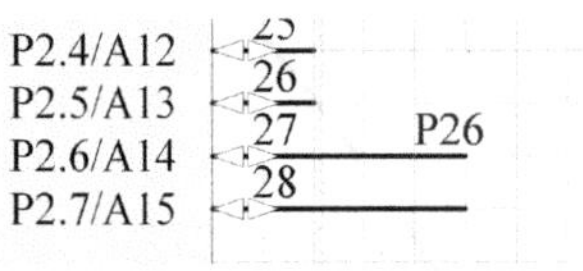

图 4.21　添加网络标签

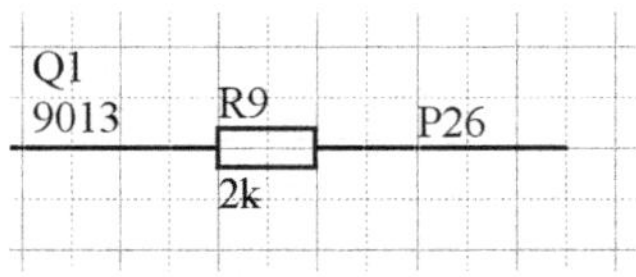

图 4.22　添加完成的“P26”网络标签

误区纠正：有很多初学者经常误用文字工具来添加网络标签，导致原理图表面看上去和原图一致，但由于文字工具属于实用工具，不具有电气特性，使导线没有连接在一起，使后面的 PCB 制作错误。

二、绘制总线

单纯的网络标签虽然可以表示图纸中相连的导线，但是由于连接位置的随意性，给工程人员分析图纸，查找相同的网络标签带来一定困难。如果需连接的一组导线虽然距离较长、数量较多，但具有相同的电气特性，此时采用总线的方式可以增加识图的方便及直观性，因为此时同一组的网络标签全部位于该总线上，缩小了查看的范围。

总线代表的是具有相同电气特性的一组导线，因此它不是单独的一根普通导线，它以总线入口引出各条分导线，而以网络标签来标识和区分各分导线，具有相同网络标签的分导线是同一根导线，如图 4.23 所示，因此，总线和总线入口、网络标签密不可分，下面介绍总线的绘制方法。

（1）绘制分导线。因为要添加网络标签标识各分导线，所以在添加各网络标签前，最好先绘制好各分导线，如图 4.24 所示。

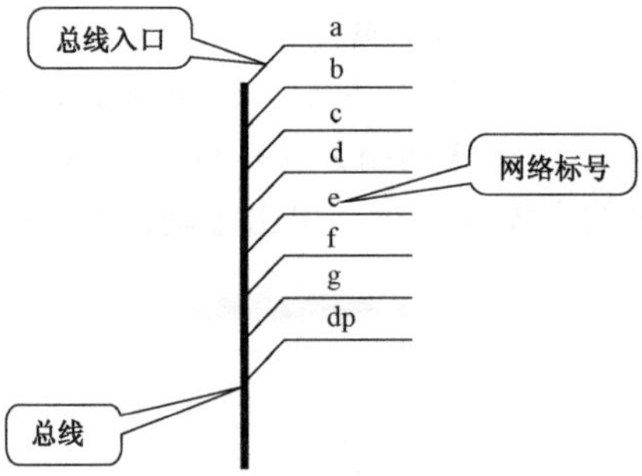

图 4.23　总线、总线入口和网络标签

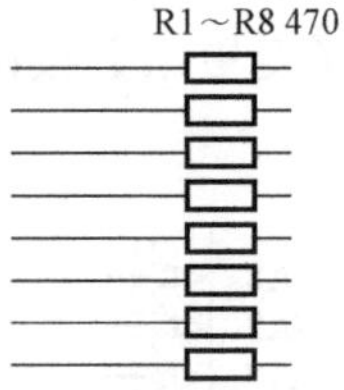

图 4.24　绘制各分导线

（2）放置总线入口。总线中各分导线的引出必须使用专用的总线入口工具绘制，不能将分导线直接连接于总线上。选择配线工具中的绘制总线入口工具，将弹出十字光标，并带出总线入口，如图 4.25 所示，将光标靠近分导线，同时可以按键盘上的【空格】键调节总线入口的方向。当和分导线的端点接触并出现十字形电气节点时，表示连接正常，单击鼠标左键即可放置一个总线入口。

放置完一个总线入口后，仍处于总线入口的放置状态，可以继续放置，放置好后单击鼠标右键结束放置状态。

（3）添加网络标签。选择配线工具中的 Net 工具，为各分导线添加网络标签，如图 4.26 所示。

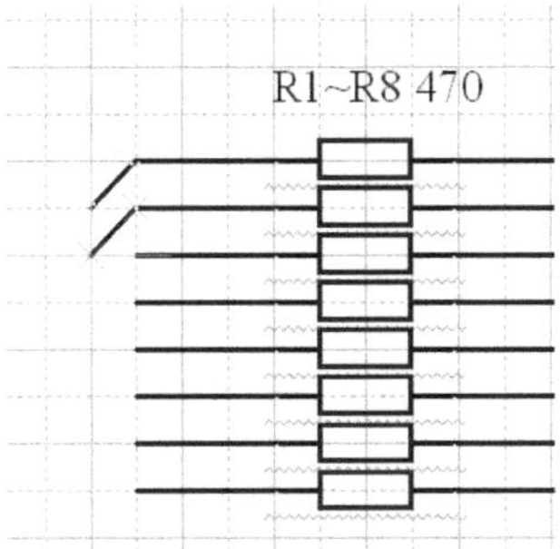

图 4.25　放置总线入口

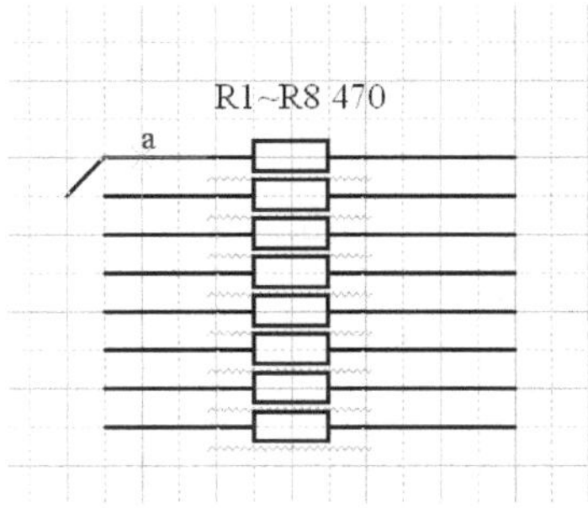

图 4.26　为各分导线添加网络标签

（4）绘制总线。在完成了以上步骤后，接下来就可绘制总线了，选择配线工具中的绘制总线工具，出现十字光标，靠近总线入口，出现电气节点，表示接触良好，单击鼠标左键即可绘制总线。总线的绘制方法和导线基本相同，如图 4.27 所示。

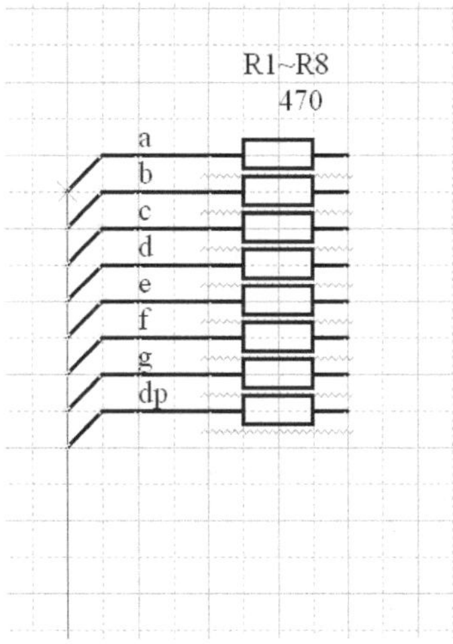

图 4.27　绘制总线

提示

总线绘制过程中，在拐角处可以按【Shift】+【Space】组合键转换拐角类型。

（5）根据相同的方法，将总线的其余部分绘制完成。

任务五　生成元件报表清单

对于比较复杂的设计项目而言，元件数量较多，种类繁杂，即使同类型的元件，封装可能也不相同，如果凭人工统计，很难将项目中用到的所有元件统计正确，为了更好地安装、购买元件，利用 DXP 提供的报表功能可以轻松地生成元件报表清单。下面以本项目原理图元件报表清单为例，讲解元件报表清单的产生方法。

（1）打开原理图文件，执行菜单命令【报告】/【Bill of Materials】，弹出如图 4.28 所示的元器件列表对话框。

默认情况下，元件列表将项目中的所有元件的【Description】元件描述、【Designator】元件标识符、【Footprint】封装名称、【LibRef】原理图元件名称、【Quantity】元件数量几项按顺序列出，如图 4.28 所示。

（2）更改要显示的列信息。在左边的【其他列】栏可以通过每项后面的复选框来更改报表中要显示的项目。如为了便于元件购买，可以添加【Comment】元件型号、【Value】元件参数项，如图 4.29 所示。

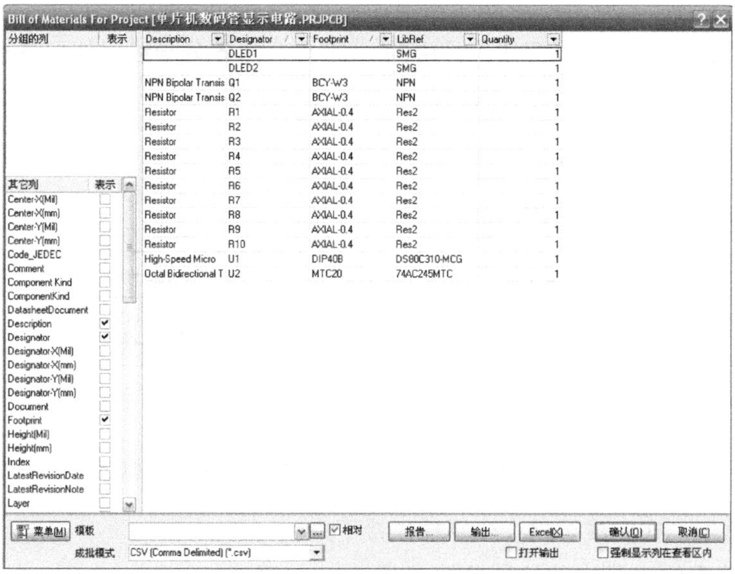

图 4.28 元器件列表对话框

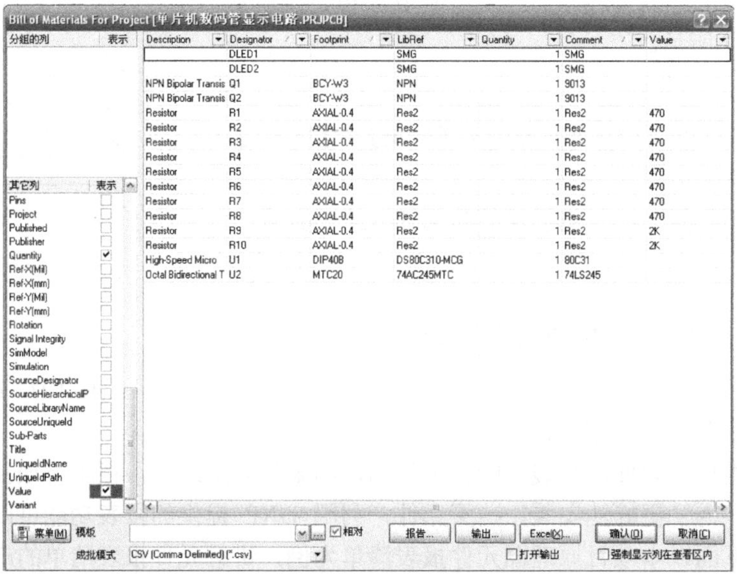

图 4.29 添加【Comment】和【Value】项

（3）生成元件报表清单。单击元器件列表对话框中的【报告…】按钮，可以生成如图 4.30 所示的元件报表清单。

在元件报表清单中单击【打印…】按钮，就可以打印出元件报表清单。单击【输出】按钮可以弹出导出元件报表清单对话框，如图 4.31 所示，可以在【保存类型】中选定保存文件的类型，常用的如（*.xls）和（*.pdf）等。

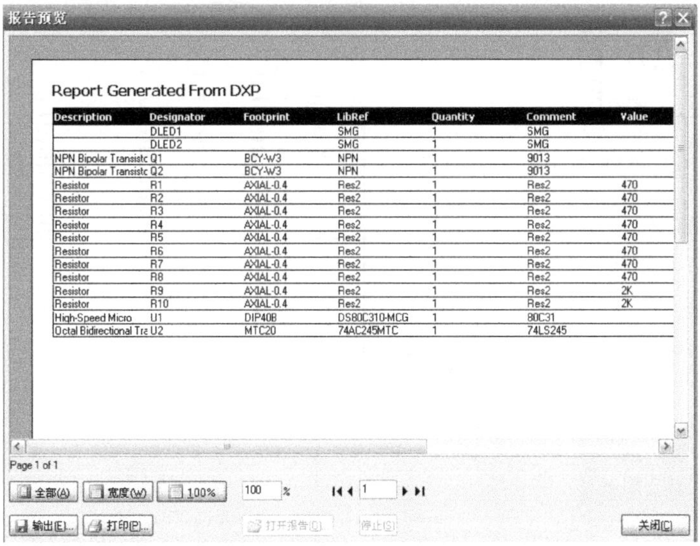

Report Generated From DXP

Description	Designator	Footprint	LibRef	Quantity	Comment	Value
	DLED1		SMG	1	SMG	
	DLED2		SMG	1	SMG	
NPN Bipolar Transistc	Q1	BCY-W3	NPN	1	9013	
NPN Bipolar Transistc	Q2	BCY-W3	NPN	1	9013	
Resistor	R1	AXIAL-0.4	Res2	1	Res2	470
Resistor	R2	AXIAL-0.4	Res2	1	Res2	470
Resistor	R3	AXIAL-0.4	Res2	1	Res2	470
Resistor	R4	AXIAL-0.4	Res2	1	Res2	470
Resistor	R5	AXIAL-0.4	Res2	1	Res2	470
Resistor	R6	AXIAL-0.4	Res2	1	Res2	470
Resistor	R7	AXIAL-0.4	Res2	1	Res2	470
Resistor	R8	AXIAL-0.4	Res2	1	Res2	470
Resistor	R9	AXIAL-0.4	Res2	1	Res2	2K
Resistor	R10	AXIAL-0.4	Res2	1	Res2	2K
High-Speed Micro	U1	DIP40B	DS80C310-MCG	1	80C31	
Octal Bidirectional Tra	U2	MTC20	74AC245MTC	1	74LS245	

图 4.30　元件报表清单

图 4.31　导出元件报表清单

任务六　打印原理图文件

1. 打印预览

当原理图文件设计完成后，DXP 可以方便地将原理图打印出来。执行菜单命令【文件】/【打印预览】将弹出打印预览对话框，可以预览和设置原理图的打印效果，如图 4.32 所示。

提示

在原理图打印预览对话框中，单击按钮可以将左边的小图框隐藏，更方便图纸的预览。

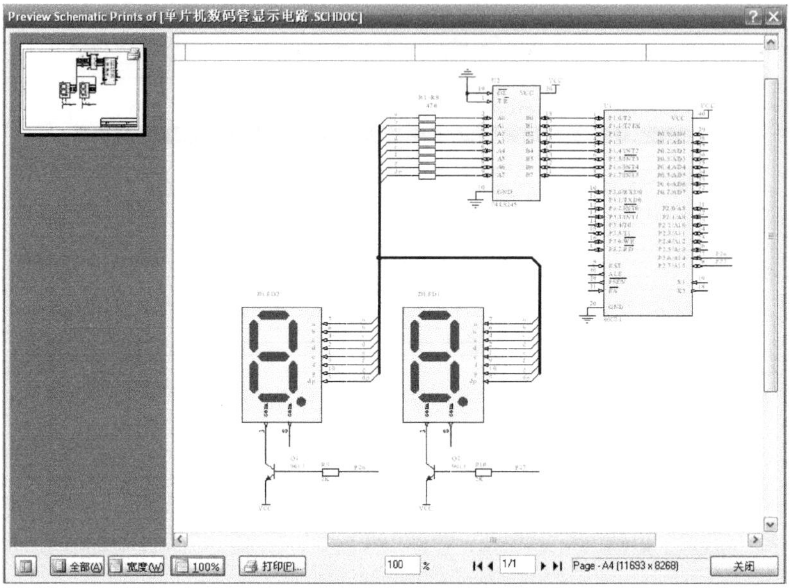

图 4.32　原理图打印预览对话框

2. 设置纸张

在图纸中心单击鼠标右键，将弹出如图 4.33 所示的快捷菜单，主要子菜单项的含义如下。

【复制】：复制图纸。

【输出图元文件】：即以图片形式导出原理图。

【页面设定…】：执行该菜单命令，将弹出如图 4.34 所示的设置纸张对话框。可以在【尺寸】列表框中设置纸张的大小，在其下方选择图纸的方向。在【刻度模式】列表框中最好选用默认项【Fit Document On Page】，将自动调整原理图比例使其适合于纸张大小，否则，用户还需在其下方设置比例大小。还可在【彩色组】栏中选择原理图的输出模式。

【打印…】：打印原理图。

【打印设定】：设置打印机。

图 4.33　鼠标右键菜单

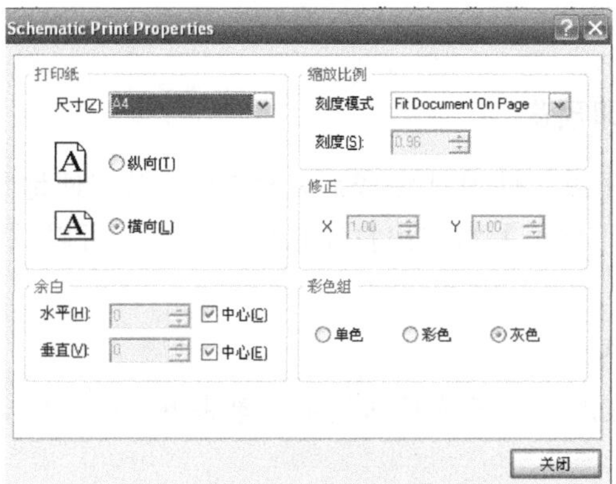

图 4.34　设置纸张

3. 设置打印机和打印

单击【打印...】按钮弹出如图 4.35 所示的打印设置对话框，可以进一步设置打印参数，设置好后单击【确认】按钮开始打印。

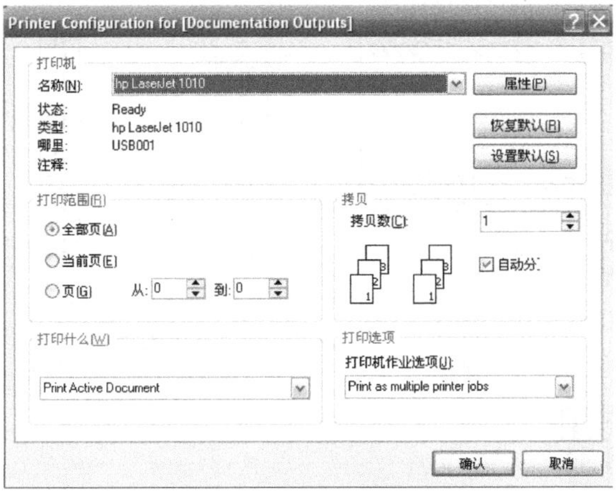

图 4.35　设置打印参数

上机实训：绘制 U 盘原理图

1. 上机任务

U 盘的整体电路图如图 4.36 所示，分析该原理图可知，该电路主要由 U 盘控制器 U2（IC1114）和存储器 U3（三星 K9F0BDUDB）组成，而电压转换器 U1 完成将计算机提供的 VUSB 电压转换为 VCC 电压。

2. 任务分析

原理图中的几个核心元件，电压转换器 U1、控制器 U2、存储器 U3 和写保护开关 SW1，都必须自己创建。同时为了连线简单清晰，控制器和存储器之间采用了总线的方式连接。

3. 操作步骤和提示

（1）新建工程文件，并保存为“UPAN.PrjPCB”。

（2）新建原理图文件，并保存为“UPAN.SchDoc”。

（3）新建原理图库文件，并保存为“UPAN.SchLib”。分别绘制 U 盘控制器 U2（IC1114，如图 4.37 所示）、存储器 U3（三星 K9F0BDUDB，如图 4.38 所示）、电压转换器 U1（AT2101，如图 4.39 所示）、写保护开关 SW1（如图 4.40 所示）的原理图符号。

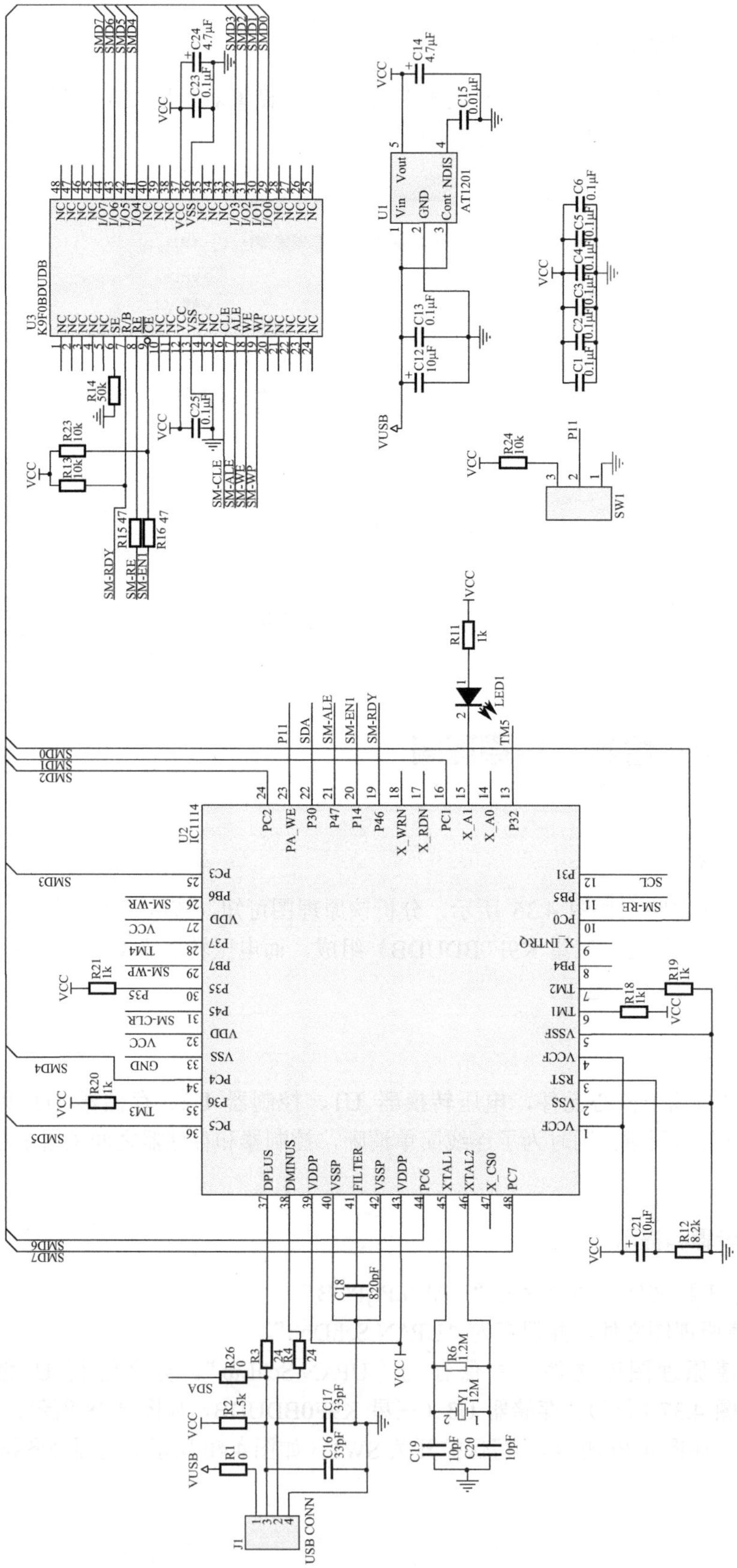

图 4.36 U盘原理图

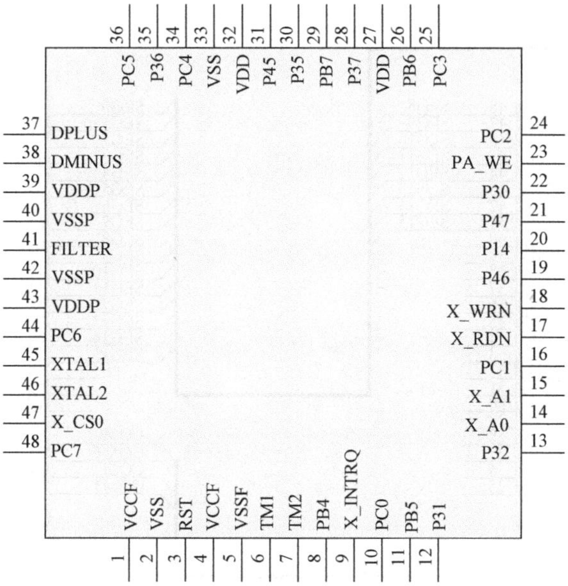

图 4.37　U 盘控制器 IC1114

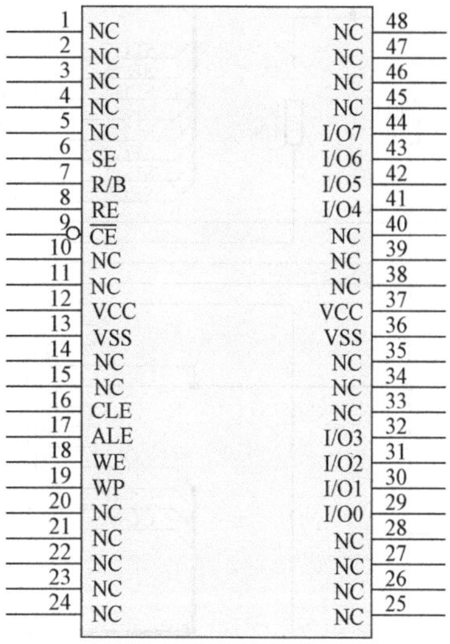

图 4.38　存储器三星 K9F0BDUDB

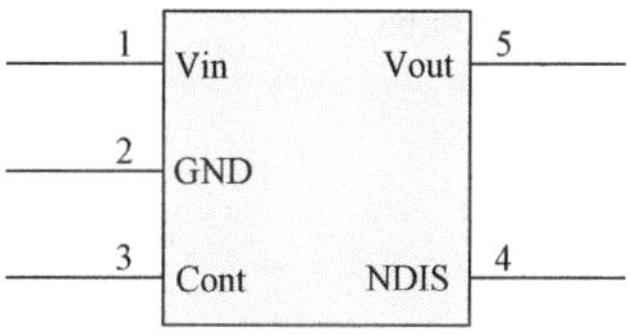

图 4.39　电压转换器 AT2101

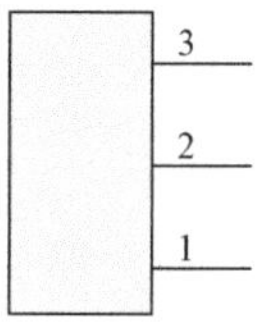

图 4.40　写保护开关

（4）将自制的元件放置到原理图中。
（5）绘制总线和其他导线。
（6）添加电源、接地符号及网络标签。
（7）生成原理图元件报表清单，要求包含元件参数。
（8）练习原理图的打印预览。

本项目小结

本项目以绘制单片机显示电路原理图为例，重点讲解了网络标签、总线的作用及绘制方法，同时还介绍了材料报表的生成，以及原理图的打印等知识和技能。

习题 4

4.1 为什么在原理图绘制过程中要使用网络标签和总线？在什么情况下适合采用总线连接？

4.2 绘制题图 4.1 所示的液晶显示屏原理图，绘制完成后生成材料报表清单，并打印预览原理图。

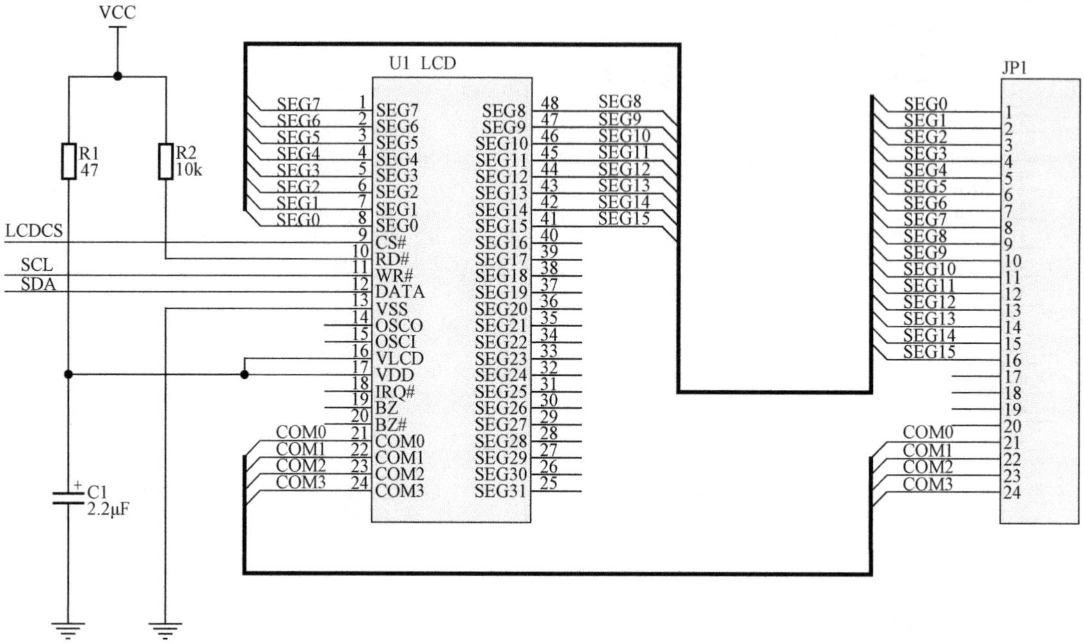

题图 4.1　液晶显示屏原理图

项目五　单片机数据采集系统原理图绘制

教学目标

本项目主要以绘制单片机多路数据采集系统原理图为例，介绍层次性电路图的绘制方法，以达到以下学习目标。

知识目标

- 理解层次性原理图的基本概念。

技能目标

- 掌握图纸符号的绘制和端口的设置方法。
- 掌握层次性原理图的绘制方法。

知识扩展

知识扩展　层次原理图的基本概念

前面各项目绘制的原理图都是相对简单的电路系统，都是在同一张原理图图纸中绘制完成的。而对于复杂庞大的电路系统，如大屏幕高清晰数字电视机等，其原理图和 PCB 板都是十分复杂的，不便于或不可能将其在一张图纸中绘制完成，同时为了适用公司和企业的需要，加快设计和绘制的速度，缩短产品的研发周期，往往是以几个人组成的群组形式分工合作进行设计和绘制。将一个复杂的电路系统划分为多个子系统，而一个子系统又可能划分为多个模块，这样只要定义好各个模块图纸间的连接关系，然后分配给不同的部门或个人分开设计绘制，最后组合起来即可完成整个复杂系统的设计和制作。

而层次性原理图正是适用模块化设计需要应运而生的产物，它将一个完整复杂的设计项目分割为几个相对独立但又彼此连接的图纸，并可同时分开进行设计，大大加快了原理图的设计绘制速度。

图 5.1 表明了层次性原理图图纸之间的层次结构。它主要由主原理图和各子原理图组成，主原理图主要规定各子原理图之间的连接关系，而子原理图则集中体现各模块内部具体的电路结构。

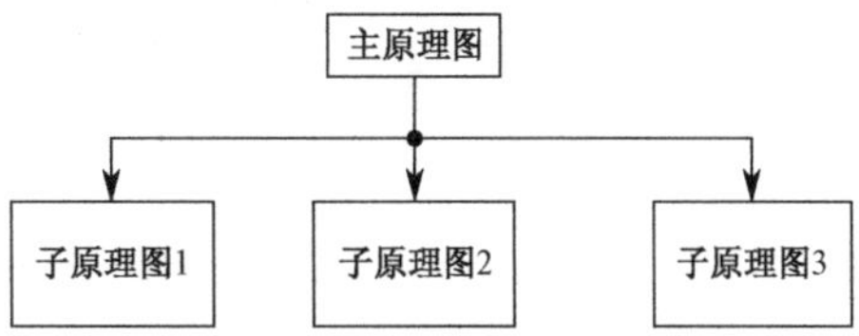

图 5.1　层次性原理图图纸之间的层次结构

1. 图纸符号

在主电路图中为了表示各子原理图之间的连接关系，需要有代表各子原理图的符号图形，这就是图纸符号，如图 5.2 所示。一个图纸符号代表一张子原理图，如图 5.2 中的图纸符号代表子原理图“display.SchDoc”。

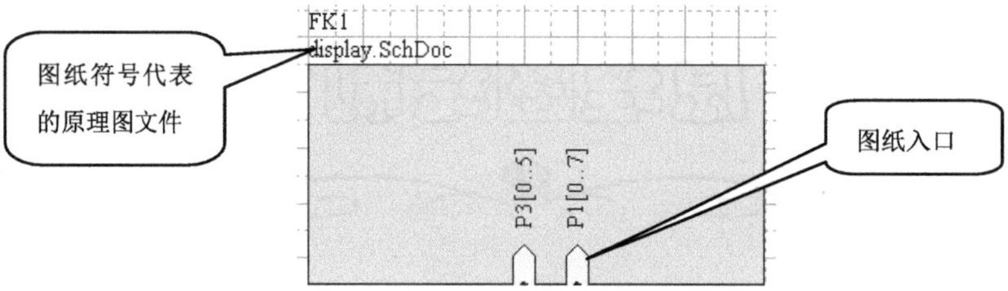

图 5.2　图纸符号

2. 图纸入口

为了表示各子原理图之间的电气连接关系，各图纸符号之间需要有相互连接的电气端口，即图纸入口，如图 5.2 所示，通过图纸入口，可以清晰表达和实现各子原理图之间的电气连接关系。

3. 图纸符号之间的连接

图纸符号代表的是子原理图，各子原理图必须根据系统的要求相互连接，才能构成实用的电路系统。为了实现子原理图之间的电气连接，用户只需将图纸入口通过导线或总线连接起来即可。如图 5.3 所示为单片机多路数据采集系统主原理图中各图纸符号的组成和连接关系图。

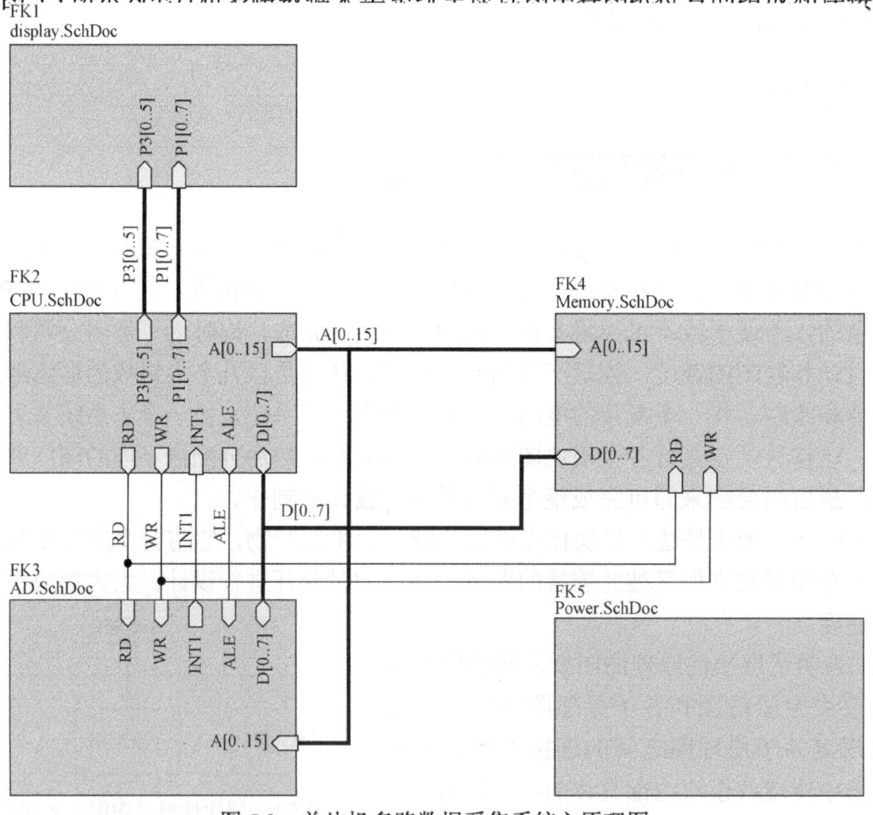

图 5.3　单片机多路数据采集系统主原理图

4. 图纸符号与子原理图的对应关系

每一个图纸符号都代表一个子原理图，如图 5.4 所示图纸符号 FK1 代表原理图“display.SchDoc”，其中图纸入口和子原理图中的端口是一一对应的。

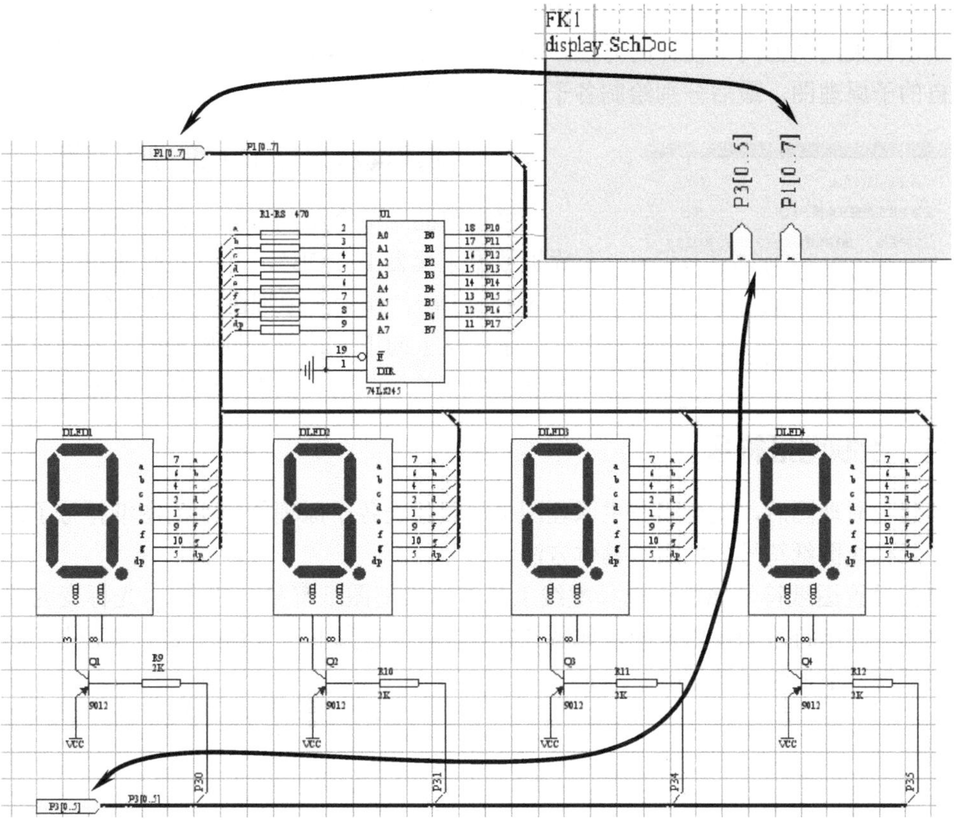

图 5.4　图纸符号与子原理图的对应关系

5. 层次性原理图的设计方法

根据原理图的层次结构，层次性原理图的设计方法分为两种。一种为从上向下设计的方法，即先绘制主原理图中的图纸符号，然后由图纸符号产生各自的子原理图，然后分别绘制各子原理图的具体电路。另一种方法的绘制顺序刚好相反，为由下往上设计的方法，即先设计好各子原理图，然后由各子原理图产生主原理图中的图纸符号。

本项目将采用从上向下设计的方法绘制单片机多路数据采集系统的层次性原理图，该系统由主原理图 parent.SchDoc 和 5 个子原理图组成，分别为显示模块子原理图 display.SchDoc、CPU 模块子原理图 CPU.SchDoc、AD 转换模块子原理图 AD.SchDoc、存储器模块子原理图 Memory.SchDoc 及电源模块子原理图 Power.SchDoc，原理图之间的层次结构如图 5.5 所示。

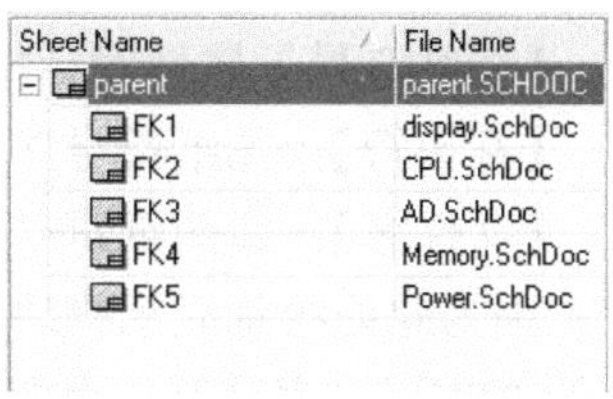

图 5.5　单片机多路数据采集系统的层次性原理图结构

项目内容

任务一 绘制主原理图

本项目采用从上向下设计的方法，即先绘制主原理图中的图纸符号，然后由图纸符号产生各自的子原理图，最后分别绘制各子原理图的具体电路。下面介绍具体的绘制过程。

图 5.6 建立项目文件和主原理图

一、创建项目文件和主原理图文件

根据前面章节介绍的方法，建立项目文件“多路单片机数据采集器.PrjPCB”，并新建原理图文件，保存为 parent.SchDoc，作为主原理图，如图 5.6 所示。

采用从上向下设计层次性原理图，各子原理图虽然可以由图纸符号产生，但主原理图必须由用户新建。

二、绘制图纸符号

新建主原理图后，就可以在主原理图中放置代表各子原理图模块的图纸符号了，下面以绘制显示模块图纸符号为例讲解具体方法。

（1）设置图纸符号属性。选择配线工具中的绘制图纸符号按钮，光标变为十字形，并带出一个图纸符号的虚影轮廓，如图 5.7 所示。按键盘上的【Tab】键，弹出如图 5.8 所示的【图纸符号】属性对话框。

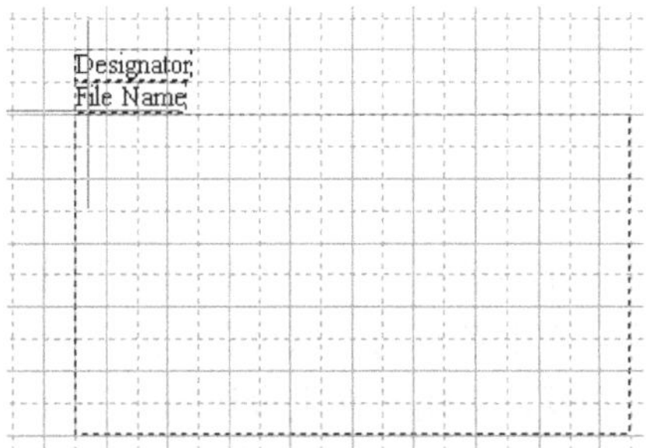

图 5.7 图纸符号虚影轮廓

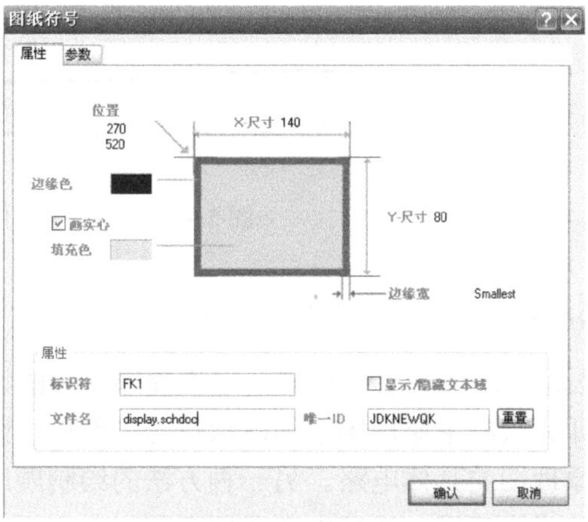

图 5.8 【图纸符号】属性对话框

【图纸符号】属性对话框中主要的属性有：

【标识符】：图纸符号序号，与元件序号作用相同，不能重复。

【文件名】：即图纸符号代表的子原理图文件名称。

因为此处绘制显示模块的图纸符号，而且是第一个图纸符号，所以在【标识符】文本框输入“FK1”，表示第一个图纸符号，在【文件名】输入“display.SchDoc”，表示显示模块。

（2）绘制图纸符号。在【图纸符号】属性对话框中单击【确认】按钮完成设置，移动光标到合适位置单击鼠标左键，作为图纸符号的左上角端点，如图 5.9（a）所示，此时移动光标，可带出图纸符号，当图纸符号大小合适时再次单击鼠标左键完成图纸符号 FK1 的绘制，如图 5.9（b）所示。

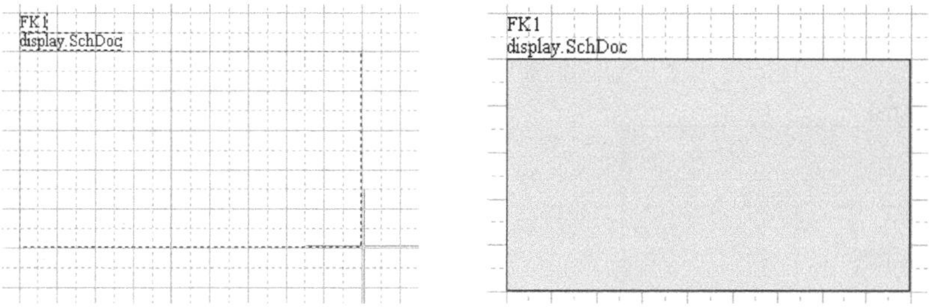

（a）单击鼠标左键确定端点　　（b）绘制完成

图 5.9　绘制图纸符号

（3）绘制其他图纸符号。采取相同的方法，绘制其他模块的图纸符号，完成后的效果如图 5.10 所示。

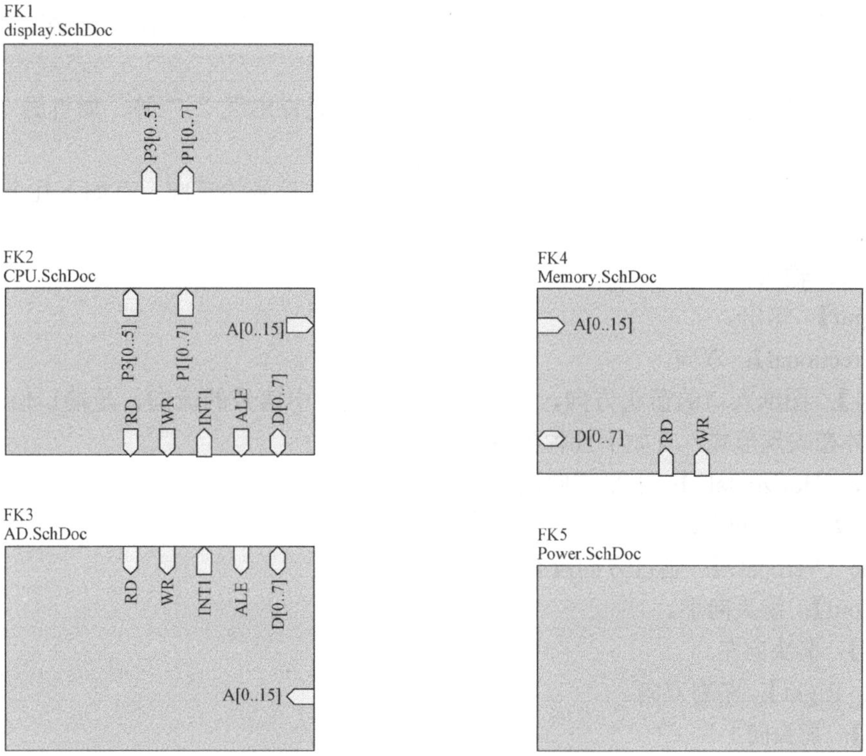

图 5.10　图纸符号绘制完成后的效果

三、放置图纸入口

图纸符号绘制完成后，为了建立图纸符号之间的电气连接，必须为图纸符号添加图纸入口，下面以放置显示模块图纸符号中的端口“P1[0..7]”为例讲解具体放置方法。

（1）确定图纸入口要放置在哪个图纸符号。选择配线工具中的绘制图纸入口按钮，出现十字形光标，将光标移到要放置端口的图纸符号 FK1 中的放置位置，单击鼠标左键，在光标下出现图纸入口的虚影轮廓，如图 5.11 所示。

（2）设置图纸入口属性。单击键盘上的【Tab】键，弹出如图 5.12 所示【图纸入口】属性对话框。

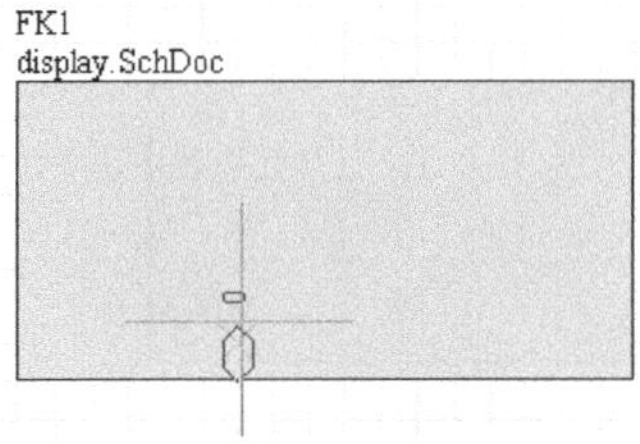

图 5.11 确定图纸入口放置在图纸符号 FK1 中

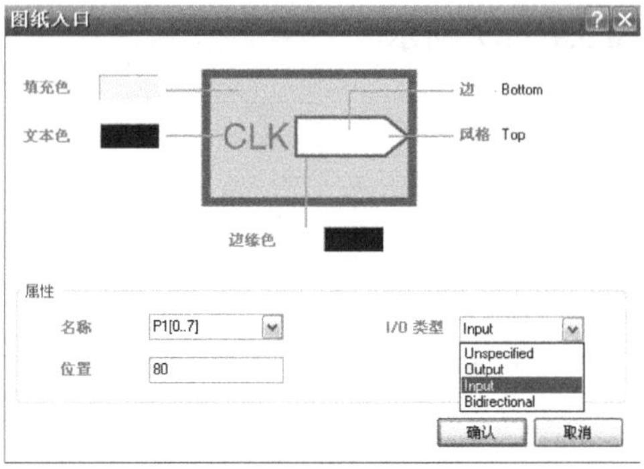

图 5.12 【图纸入口】属性对话框

【图纸入口】属性对话框中主要的属性有以下几个。

【名称】：图纸入口的名称，一般由字母和数字组成。但需注意以下两点：

① 如果端口接的是总线，则端口名称后接中括号和数字表示端口组，如端口组 P1[0..7] 表示端口 P10～P17。

② 对于单片机的总线和引脚连接，端口名称中不允许出现“.”等，如引脚 P3.1 只能命名为“P31”

【I/O 类型】：端口信号输入/输出类型，即指定端口中信号的流向，有如下几个选项：

【Unspecified】：不确定。

【Input】：输入。

【Output】：输出。

【Bidirectional】：双向。

【风格】：图纸入口的箭头方向，一般用于指明端口中信号的流向，是端口信号输入/输出类型的外在表现形式，有如下几种类型：

【None（Horizontal）】：水平方向没有箭头。

【Right】：箭头向右。

【None（Vertical）】：垂直方向没有箭头。

【Bottom】：箭头向下。

【Left】：箭头向左。

【Left_ Right】：左右双向。

【Top】：箭头向上。

【Top_ Bottom】：上下双向。

根据实际需要，本例 FK1 中要添加的端口连线为总线，且连接的为单片机的 P1 端口，所以【名称】属性栏设置为端口组“P1[0..7]”，表示该端口组包含 P10～P17 8 个端口。而该端口将信号送入图纸符号中控制数码管的各段，所以【I/O 类型】中设置为【Input】输入类型，而【风格】栏设置为【Top】，如图 5.12 所示。

根据相同的方法，放置其他图纸入口，完成后的效果如图 5.13 所示。

四、连接图纸入口，添加网络标签

放置了图纸入口，只是为图纸符号之间的连接提供了通道，但还必须根据电路原理用导线或总线将各端口连接起来。绘制导线和总线的方法前面项目已有介绍，请参考前面项目。

同时还要为各连接导线添加网络标签。一般网络标签的名称和图纸入口名称取名一致。连接好导线并添加了网络标签的图纸入口，如图 5.14 所示，至此主原理图绘制完成。

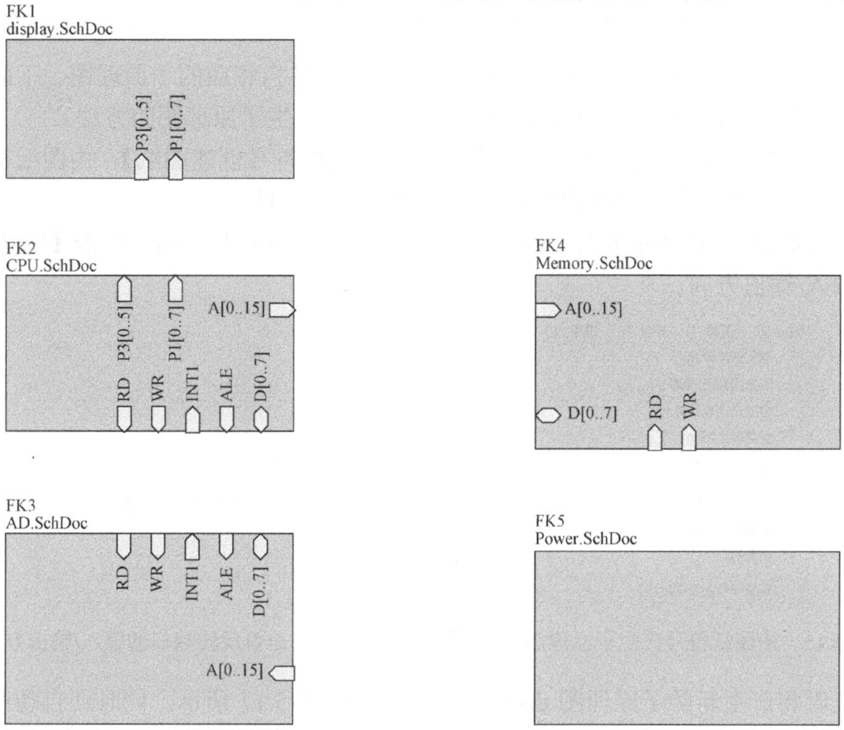

图 5.13　放置其他图纸入口

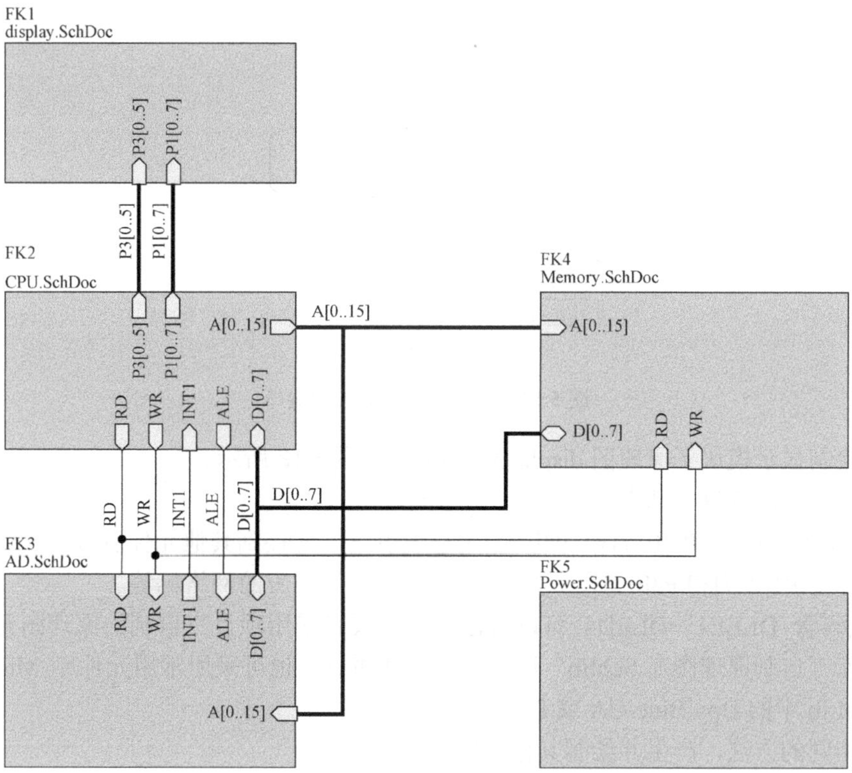

图 5.14　绘制连接导线（或总线）并添加网络标签图纸入口

任务二　产生并绘制显示模块子原理图

完成主原理图的绘制后，就可以由各图纸符号产生各自相应的子原理图。下面以产生显示模块子原理图 display.SchDoc 为例，介绍由图纸符号产生子原理图的方法。

（1）如图5.15 所示，执行菜单命令【设计】/【根据符号创建图纸】，由图纸符号产生子原理图，出现十字光标后，对准图纸符号 FK1 单击鼠标左键。

（2）弹出如图 5.16 所示的是否反转端口的输入/输出方向对话框，单击【No】按钮不反转端口的输入/输出方向。

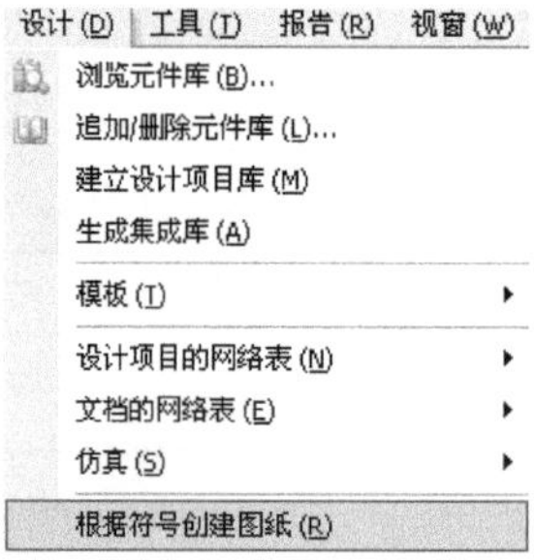

图 5.15　由图纸符号产生子原理图菜单

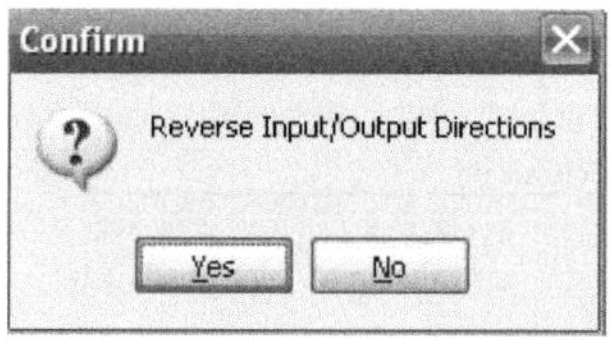

图 5.16　是否反转端口的输入/输出方向

（3）此时将产生新的子原理图 display.SchDoc，如图 5.17 所示，同时还自动产生了与图纸入口属性一致的原理图端口，单击【保存】按钮将该文件保存。

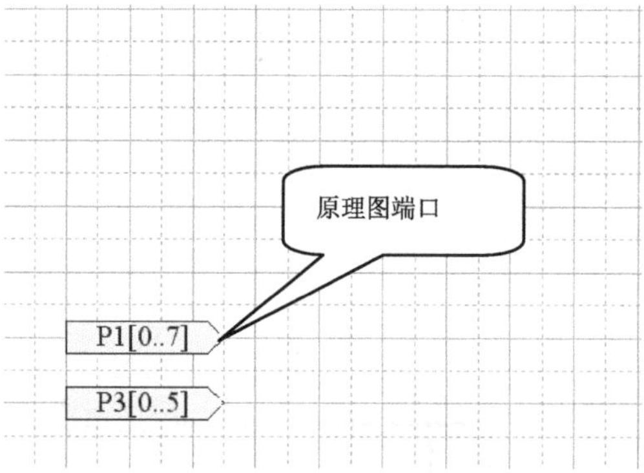

图 5.17　产生的子原理图和端口

（4）绘制显示模块子原理图 display.SchDoc，如图 5.18 所示。

绘制过程中注意以下几点：

① 将图纸入口组 P1[0..7]和 P3[0..5]用总线引出，连接到其他元件引脚，并分别为总线添加网络标签 P1[0..7]和 P3[0..5]，为各总线分支也添加相应的网络标签。

② 数码管 DLEE1～DLED4 可以自己制作。或者采用项目三自制的原理图元件，先将该原理图库“自制原理图库.Schlib”添加到库文件面板。也可采用常用元件库 Miscellaneous Devices.IntLib 中的 Dpy Blue-CA 或 Dpy Green-CA。

依据相同的方法，产生并绘制其他子原理图。

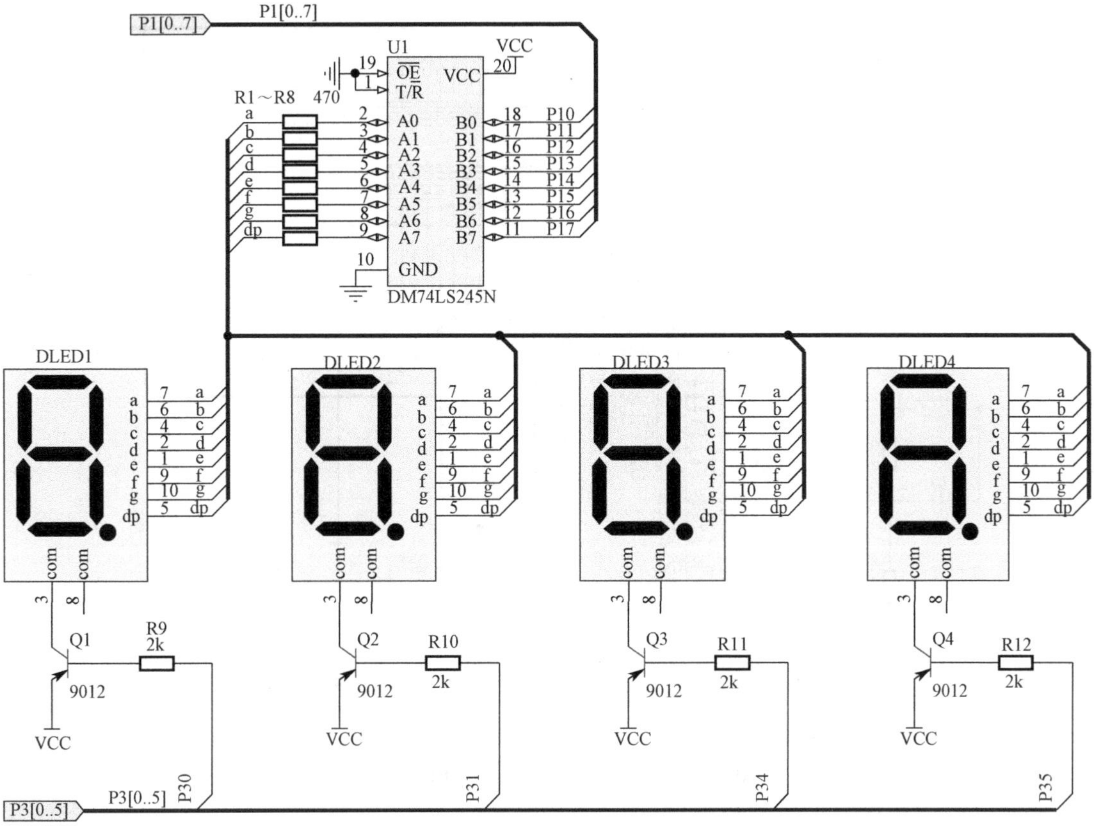

图 5.18　显示模块子原理图 display.SchDoc

任务三　产生并绘制 CPU 模块子原理图

CPU 模块子原理图 CPU.SchDoc，如图 5.19 所示。绘制过程中注意以下几点：

（1）元件 U2 为 CPU，型号为 89C51，它属于 8051 系列的单片机，原理图符号和 80C31 一致，可以在库中查找到 80C31 的原理图符号并放置在图纸中。

（2）元件 Y1 为晶体振荡器，位于 Miscellaneous Devices.IntLib 集成元件库，原理图元件名称为“XTAL”。

（3）元件 S1 为按键开关，也位于 Miscellaneous Devices.IntLib 集成元件库，原理图元件名称为“SW-PB”。

（4）连线中注意图中端口较多，图纸入口组 P1[0..7]送往显示模块作为数码管的段显示控制，端口组 P3[0..5] 送往显示模块子原理图 display.SchDoc 作为数码管的位显示控制。图纸入口组 A[0..15]为地址总线，图纸入口组 D[0..7]为数据总线，图纸入口 INT1 为中断信号输入端口，RD、WR 为存储器和 AD 转换器的读、写控制线，分别送往 AD 转换模块子原理图 AD.SchDoc 和存储器模块子原理图 Memory.SchDoc，ALE 图纸入口为 AD 转换器提供时钟信号。

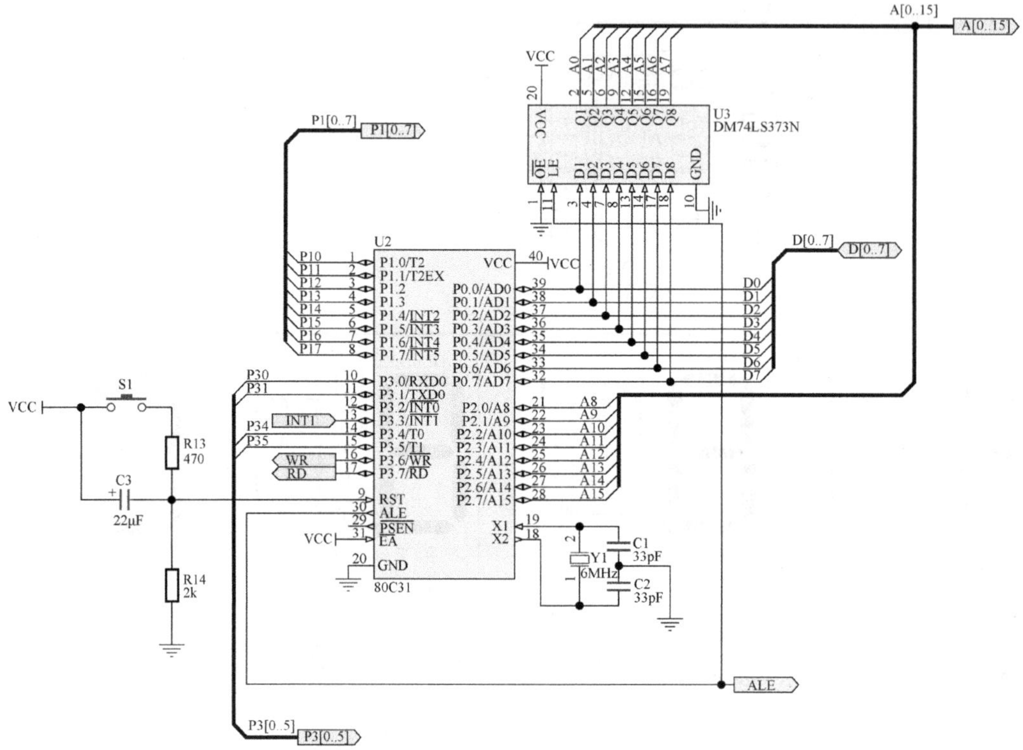

图 5.19　CPU 模块子原理图 CPU.SchDoc

任务四　产生并绘制 AD 转换模块子原理图

AD 转换模块子原理图 AD.SchDoc，如图 5.20 所示。

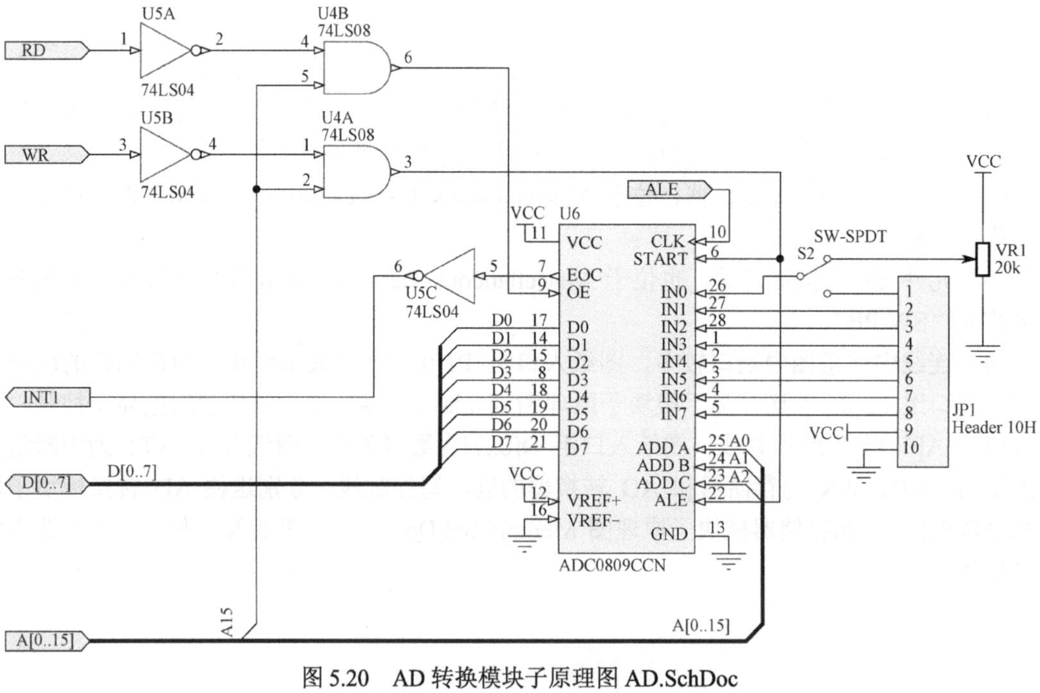

图 5.20　AD 转换模块子原理图 AD.SchDoc

绘制过程中注意：U5 为反相器 74LS04，U4 为二输入与门 74LS08，它们都是数字集成门电路，可以利用查找元件的方法找到，但数字电路的原理图元件和放置方法比较特殊。如图 5.21 为数字集成门电路 74LS04 的内部结构和引脚排列图，可以看到 74LS04 由 6 个结构完全相同的反相单元组成，右下角第七脚为接地引脚，左上角为电源 VCC 引脚。在原理图中，主要表达电路的功能和信号流向及处理过程，表达的重点不在于实际元件的引脚排列顺序及集成块的形状等，为了使原理图更加清晰地体现电路的信号流程和处理过程，原理图中的数字集成门电路并没有采取图 5.21 所示的绘制方法。

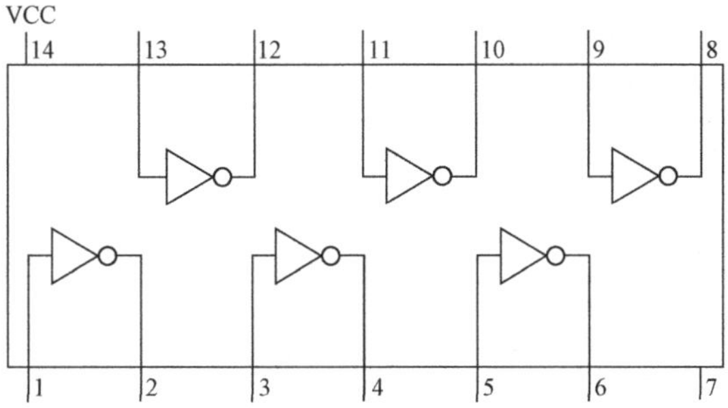

图 5.21　74LS04 的内部结构和引脚排列图

在 Protel 系列电子 EDA 软件中，数字电路采用分部分的方法绘制，如图 5.22 所示，在库文件面板中，74LS04 元件的下部包含 Part A～Part F 6 个部分，对应于图 5.21 所示 6 个单元部分，其中 Part A 对应于 1、2 脚之间的第 1 个单元，以此类推 Part F 对应于 12、13 脚之间的第 6 个单元。

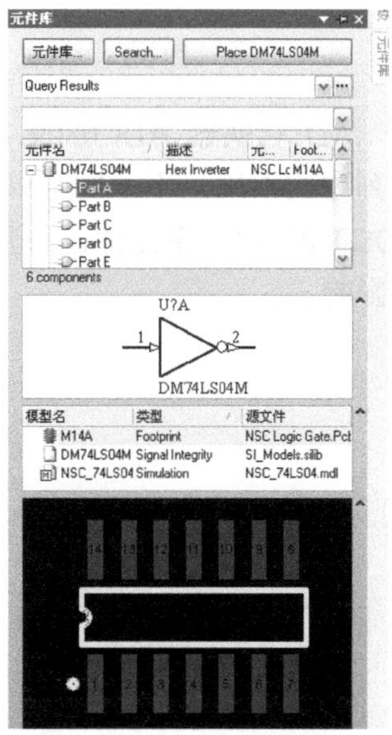

图 5.22　库文件面板中的 74LS04

在放置元件 U5 时，选取图 5.22 中的 Part A，按【Tab】键，弹出如图 5.23 所示的属性对话框，在【标识符】文本框中输入元件编号“U5”，注意不要输入为“U5A”。

在图 5.23 所示属性对话框中，标签【Part 1/6】表示使用 74LS04 的哪个单元，可以使用其左边的 4 个按钮 << < > >> 确定使用哪个单元部分。如图选择第一个单元，此时单击【确认】按钮，将元件放置到图纸中，可以看到元件编号自动变为“U5A”，如图 5.24 所示。

同样的方法，选择图 5.22 中的 Part B，按【Tab】键，在弹出的属性对话框中的【标识符】文本框中仍输入元件编号“U5”，注意不要输为“U5B”，利用 4 个按钮 << < > >> 确定使用第二个单元，使标签显示为【Part 2/6】，放置之后的效果如图 5.25 所示。

可能有部分读者会感到很迷惑，怎么 74LS04 原理图中没有电源引脚和接地引脚，这是因为数字集成门电路默认右下角引脚接地，左上角引脚接电源，所以不必在原理图中明确表示出来，实际在原理图元件中是有电源引脚和接地引脚的，只是被隐藏起来了，只要在图 5.23 中选中【显示图纸上全部引脚（即使是隐藏）】复选框，就可看到电源和接地引脚，以及引脚的名称，如图 5.26 所示。

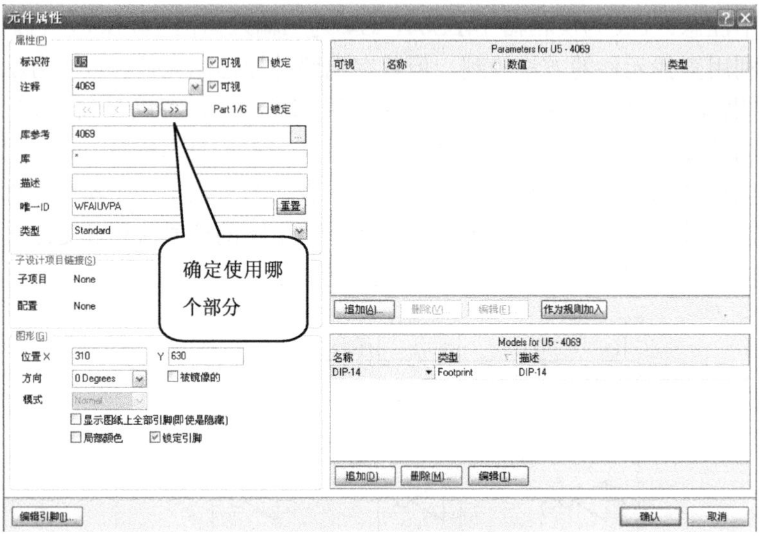

图 5.23　U5 属性对话框

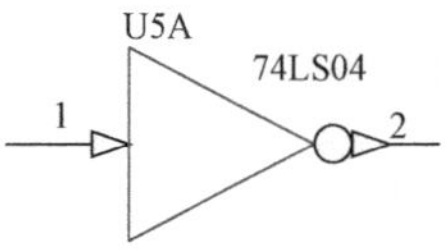

图 5.24　放置 74LS04 第 1 单元

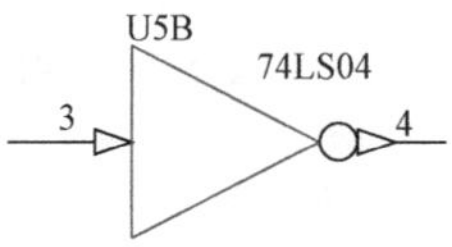

图 5.25　放置 74LS04 第 2 单元

AD 转换器 ADC0809 可以用查找的方法找到，可能不同公司提供的原理图元件引脚的排列方式不同，不一定强求和图 5.21 完全相同。如图 5.27 所示是原 Protel 99 SE 库中 ADC0809 原理图元件，只要按照引脚连接关系正确连线即可，不会对后面的电路板制作产生影响。

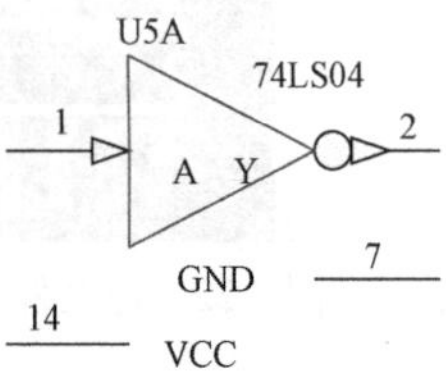

图 5.26　74LS04 中隐藏的电源和接地引脚

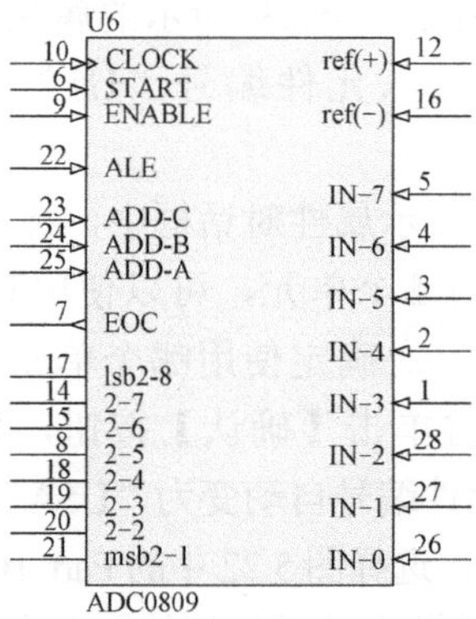

图 5.27　另一种 ADC0809 原理图元件

任务五　产生并绘制存储器模块子原理图

存储器模块子原理图 Memory.SchDoc，如图 5.28 所示。

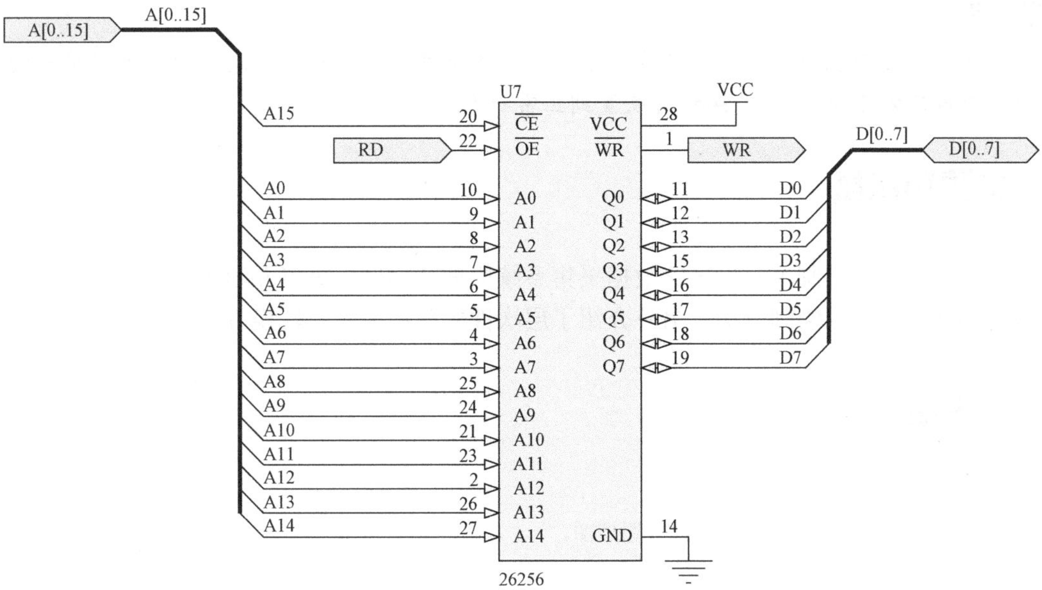

图 5.28　存储器模块子原理图 Memory.SchDoc

绘制过程中注意 RAM 存储器 U7（26256）在原理图库中查找不到，但可以找到 ROM 存储器 M27256-25F1，它们之间唯一的不同在于第 1 引脚的名称，可以采取前面项目三中任务四所讲的在原理图上直接修改引脚的方法修改。

任务六　产生并绘制电源模块子原理图

电源模块子原理图 Power.SchDoc，如图 5.29 所示，该电路较简单。

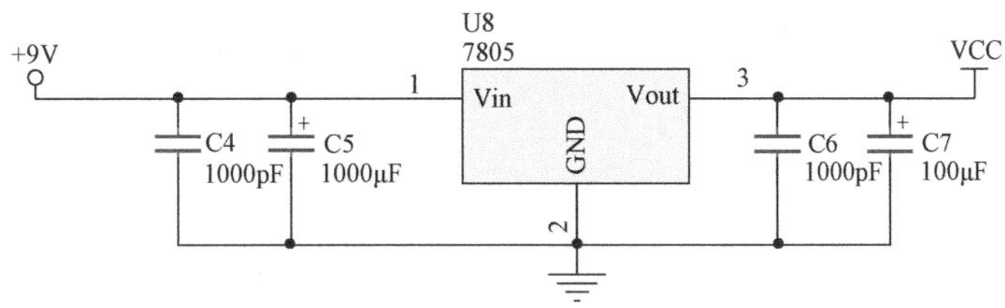

图 5.29　电源模块子原理图 Power.SchDoc

技能补充：实现层次性原理图之间的转换

可通过工具栏中的改变层次设计按钮实现主原理图与子原理图之间的切换。

（1）从主原理图的图纸符号转换到子原理图。单击按钮，光标变为十字形，在主原理图中单击子原理图相应的图纸符号，即可打开图纸符号对应的子原理图。

（2）从子原理图转换到主原理图相应的图纸符号。单击按钮，光标变为十字形，单击子原理图中的某一个原理图电路端口，编辑器将自动切换到主原理图中，且光标停留在子原理图电路端口对应的图纸入口上。

完成转换后，单击鼠标右键退出切换命令状态。

提示

在子原理图与主原理图相互转换的过程中，图纸可能处于蒙版状态，此时可以单击图纸空白处或屏幕右下角的 清除 按钮，恢复到正常状态。

本项目小结

本项目主要以绘制单片机多路数据采集系统原理图为例，重点介绍了层次性电路图的基本概念和从上而下的绘制方法。另外介绍了层次性原理图之间的转换方法。

习题 5

将项目四的 U 盘原理图绘制成层次性原理图。

项目六 电路仿真应用

教学目标

本项目将以单管放大电路、计数器、运算放大电路等为例，介绍电路仿真的基本概念和具体操作，以达到以下学习目标。

知识目标

- 理解电路仿真的基本概念。
- 理解电路仿真的基本操作步骤。
- 了解电路仿真的仿真类型和作用。

技能目标

- 掌握瞬态仿真分析、参数扫描、交流小信号分析的设置和操作方法。

知识扩展

知识扩展 电路仿真的基本概念和操作步骤

一、电路仿真的基本概念

电路仿真是以电路理论、数值计算方法和计算机技术为基础，采用仿真模型和仿真算法，通过计算机分析计算，然后以波形、图表等形式显示电路的仿真结果，从而为电路设计、分析提供理论数据。这样无须购买元器件、焊接调试电路板、使用昂贵的仪器设备，电路设计者就可以通过仿真软件模拟对电路进行各种分析、计算和校验。

目前电路仿真软件种类很多，DXP 2004 软件内嵌有电路仿真功能，它具有如下特点。

（1）支持多种电路仿真类型，如静态工作点分析、瞬态分析（时域分析）、AC 交流小信号分析（幅频特性分析）、傅里叶分析、噪声分析、直流分析、参数扫描分析、温度扫描分析等。

（2）与电路原理图 SCH 编辑器融为一体，绘制仿真电路时，除必须设置专用的仿真激励源外，绘制、编辑原理图的操作方法与前面项目完全相同。

（3）提供了丰富的仿真激励源和仿真元器件模型，能快速地进行模拟电路、数字电路及模拟/数字混合电路仿真。

二、电路仿真的操作步骤

在 DXP2004 中进行电路仿真的操作步骤如下。

1. 绘制原理图

利用原理图编辑器绘制仿真电路原理图，原理图中的元件必须采用带有仿真模型的原理图元件，并设置专用的仿真激励源，否则，仿真将会给出错误提示并终止仿真过程。仿真激励源库在“C:\Program Files\Altium2004\Library\Simulation”目录下的 Simulation Sources.IntLib 库中。

2. 放置仿真激励源

仿真激励源包括信号源（如正弦波、脉冲波）与直流稳压电源。在仿真电路中，必须包含有激励源。激励源就如同一个特殊的元件，其放置与属性设置方法与一般元件设置方法基本相同。

3. 放置网络标签

在需要观察信号波形的电路节点处放置网络标签，以便观察指定节点的电压波形。注意，DXP 2004 仿真软件只自动计算支路电流、元件阻抗及功率，没有节点电压，只有加入节点网络标签后，才计算该节点电压。

4. 选择仿真方式与设置仿真参数

根据仿真电路的特征与性质，选择仿真方式。如单管放大电路，如果要分析电路输出波形随时间变化的情况，则选择瞬态分析，而如果对于串联谐振电路要分析电路的幅频特性，则可选择 AC 小信号分析。除工作点分析不需要设置仿真参数外，其他仿真方式均需设置仿真参数。具体设置方法我们将在后续项目中详细介绍。

5. 运行仿真

仿真参数设置完，执行菜单命令【设计】/【仿真】/【Mixed Sim】运行仿真。当仿真电路与仿真参数存在错误时，则自动显示出错误信息窗口。用户可根据错误提示进行更正。

6. 观察仿真结果

仿真计算过程结束后，仿真数据文件（*.sdf）将自动显示在波形窗口内，用户可以利用波形编辑器窗口内的工具，将信号显示幅度进行适当调整，然后进行信号的测量和分析。如果电路仿真结果不理想，可修改元件参数或仿真参数，再次进行仿真。

项目内容

任务一　加载仿真激励源库和确定仿真元件

一、加载仿真激励源库

在仿真电路中，必须为仿真电路提供仿真激励源，所以首先必须加载仿真激励源库。加载仿真激励源库的方法和加载其他元件库的方法相同，添加仿真激励源库的步骤如下。

（1）新建工程文件和原理图文件，打开原理图编辑器。

（2）单击库文件面板中的【元件库...】按钮，弹出如图 6.1 所示的“可用元件库”对话框。

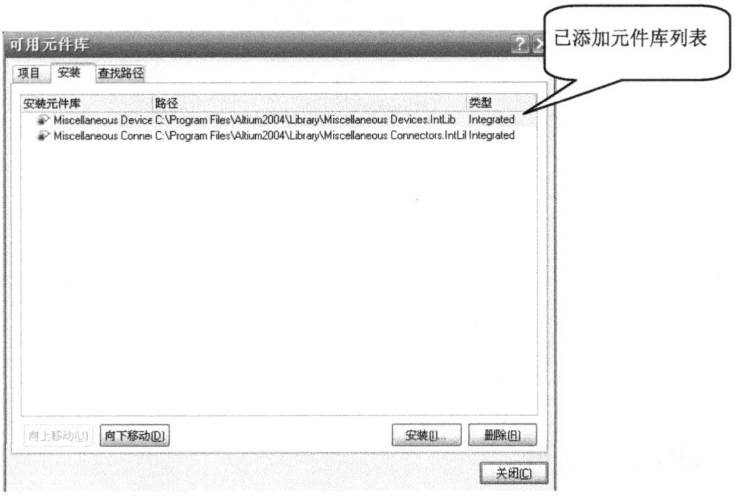

图 6.1　“可用元件库”对话框

（3）添加仿真激励源库。在添加、移除元件库对话框中单击【安装...】按钮，弹出“打开”对话框，如图 6.2 所示。选中“C:\Program Files\Altium\Library\Simulation”目录下的 Simulation Sources.IntLib 库，单击【打开】按钮即可添加仿真激励源库。

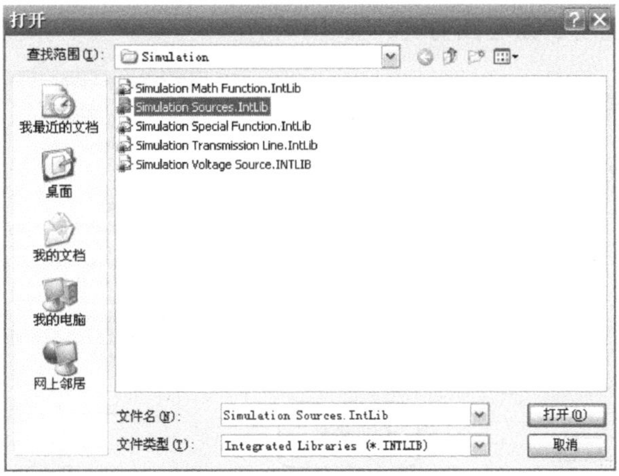

图 6.2　添加仿真激励源库

（4）最后单击【关闭】按钮，完成仿真元件库的添加，回到库文件面板中，可以看到当前元件库下拉列表框中已经有了刚添加的仿真激励源库 Simulation Sources.IntLib，如图 6.3 所示。

添加仿真激励源库以后，在绘制仿真原理图时就可以使用仿真激励源库中的直流电压源或其他信号源，为仿真电路提供电源和激励信号，可以认为仿真激励源库相当于电子线路实验室的直流稳压电源和信号发生器。

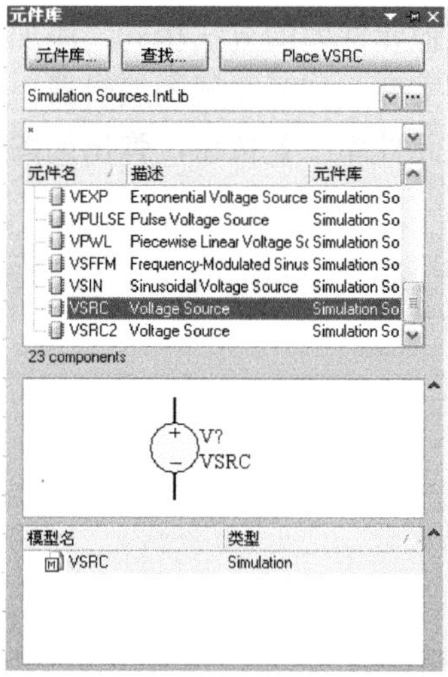

图 6.3 添加到库文件面板中的仿真激励源库

二、确定仿真元件

绘制仿真原理图和绘制其他原理图的方法相同，只是原理图中的元件必须采用具有仿真模型的原理图元件，那么怎样确定一个原理图元件是否具有仿真模型呢？用户可以从库文件面板的模型栏中看出来。

在如图 6.4 所示的库文件面板下方的模型栏中，如果模型【类型】栏下存在【Simulation】仿真模型，则表示该元件可用于原理图仿真。而如图 6.5 所示的原理图元件就不具有仿真模型，不能用于原理图仿真。

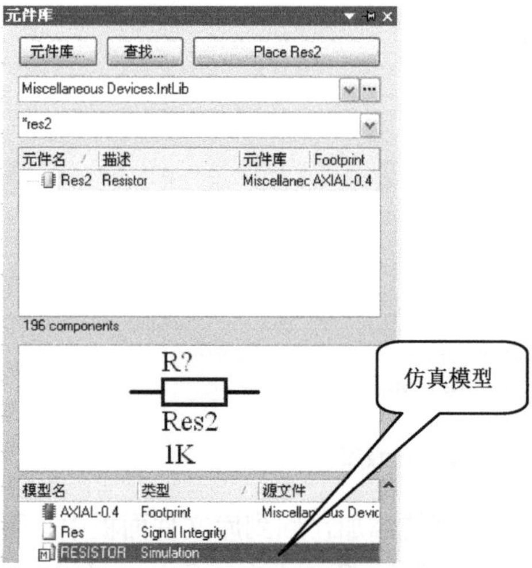

图 6.4 元件的仿真模型

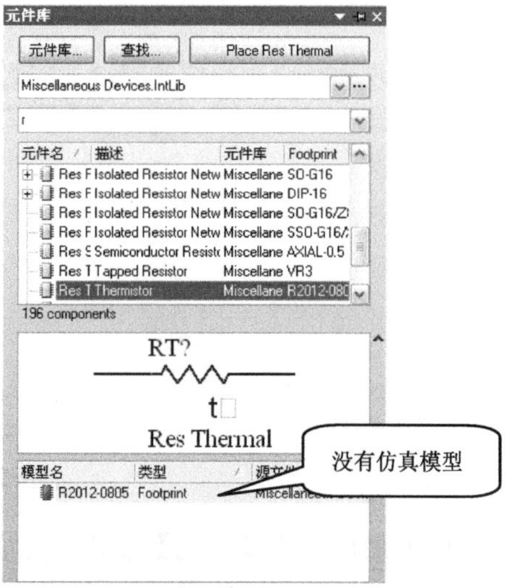

图 6.5 不具有仿真模型的原理图元件

任务二 设置仿真激励源参数

加载了仿真激励源库，绘制好仿真原理图后，必须为原理图提供直流电源和激励信号。

激励信号就像一个特殊的原理图元件，位于仿真激励源库中，它的放置方法和原理图元件的放置方法一样，只是它的属性设置要比一般的原理图元件复杂，下面分别进行介绍。

一、直流电压激励源

直流电压激励源（VSRC、VSRC2），它们的外形如图 6.6 所示，VSRC 和 VSRC2 的区别在于 VSRC2 只有一个正极引脚，没有负极引脚。

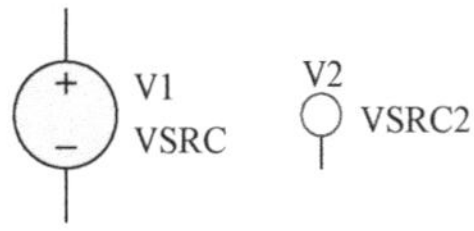

图 6.6　各种直流激励源

这两种激励源用作仿真电路的工作电源。可以通过属性对话框设置它们的参数，如图 6.7 所示为直流电压激励源 VSRC 属性对话框。

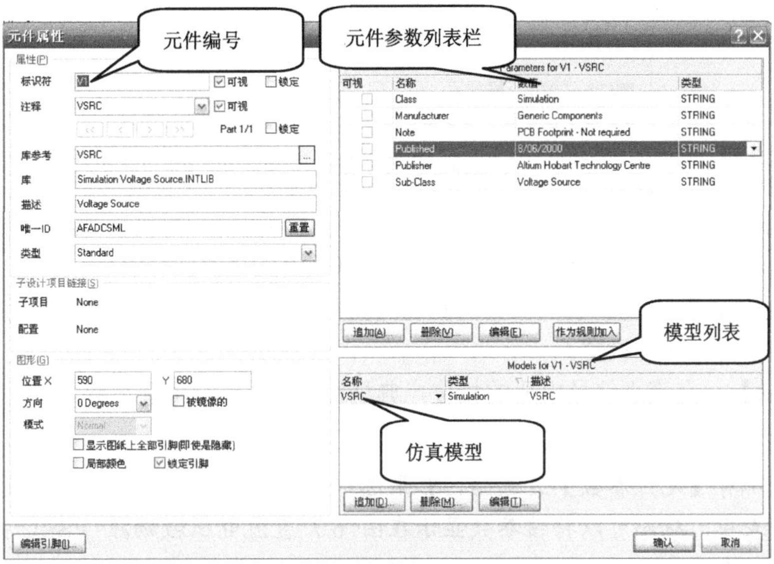

图 6.7　直流电压激励源 VSRC 属性对话框

在属性对话框中，设置【标识符】元件编号，如 V1。在模型列表【Models for…】下选中【Simulation】仿真模型，单击【编辑】按钮，弹出如图 6.8 所示的仿真模型参数编辑对话框。

图 6.8　仿真模型参数编辑对话框

选择【参数】选项卡，如图 6.9 所示，其参数如下。

图 6.9　仿真参数选项卡

【Voltage】：直流电压值，默认单位为 V，如设置为 12，则表示 12V 的直流电压源，它是直流电压源的主要参数。可以输入单位，也可不输入单位。

【AC Magnitude】：交流小信号分析时电压值，典型值为 1V，它为可选参数，只有在进行交流小信号分析时才需设置。

【AC Phase】：交流小信号电压的相位，典型值为 0，也为可选参数。

提示

每项后面都有【元件参数】复选框，如果选中该复选框，则表示将该参数出现在图 6.7 中元件参数列表栏，从而可以将该参数显示在图 6.7 直流电压激励源 VSRC 属性对话框的元件参数列表栏中。

二、正弦波激励源

正弦波激励源（VSIN）在模拟电路仿真中用得较多，它们的外形如图 6.10 所示。

正弦波电压激励源（VSIN）的仿真参数选项卡如图 6.11 所示。

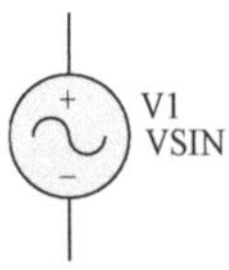

图 6.10　正弦波激励源

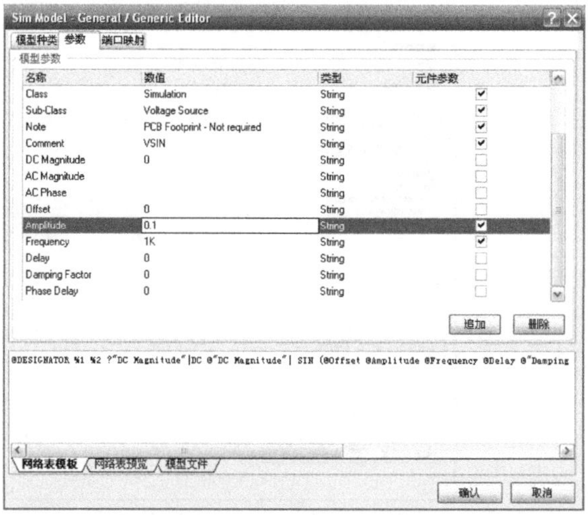

图 6.11　正弦波电压激励源的仿真参数选项卡

各参数如下。

【DC Magnitude】：直流参数，在正弦波信号中一般忽略不用，通常设为 0。

【AC Magnitude】：交流小信号分析时电压值，典型值为 1V。

【AC Phase】：交流小信号分析时电压相位，典型值为 0。

【Offset】：叠加在正弦波信号上的直流电压偏移量。

【Amplitude】：正弦波信号的振幅。一般以 V 为单位。

【Frequency】：正弦波信号的频率，单位为 Hz，可以不输入。可以使用 k（千）和 M（兆），频率的倒数即为周期。

【Damping Factor】：阻尼因子，该值影响正弦波信号的振幅随时间的变化关系，如果设置为 0，该正弦波为等幅正弦波，幅度不随时间变化。如果设为正值，该正弦波幅度随时间而递减。如果设为负值，该正弦波幅度随时间而递增。一般情况设为 0。

【Phase Delay】：正弦波信号初始相位，单位为度。

正弦波信号的主要参数一般为振幅、频率、初始相位。

正弦波信号波形特征如图 6.12 所示，读者可以结合该图理解各参数的实际含义。

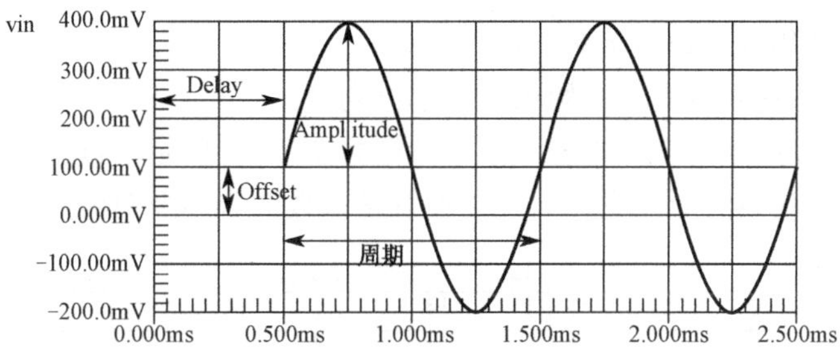

图 6.12　正弦波信号波形特征

正弦波电流源（ISIN）仿真参数的设置方法与正弦波电压源（VSIN）基本相同。

三、脉冲激励源

脉冲激励源在脉冲数字电路的瞬态分析中用得比较多，通过不同的参数设置，它可用于产生矩形波、方波、三角波、锯齿波等众多波形，其外形如图 6.13 所示。

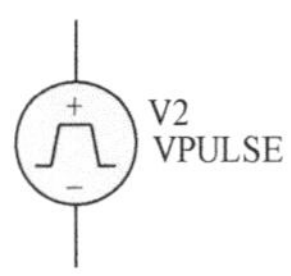

图 6.13　脉冲激励源

脉冲电压源（VPULSE）的仿真参数选项卡如图 6.14 所示。

各参数如下。

【DC Magnitude】：忽略不用。

【AC Magnitude】：交流小信号分析时的电压，典型值为 1V。

【AC Phase】：交流小信号分析时的电压相位。

【Initial Value】：脉冲的起始电压。

【Pulsed Value】：脉冲电压，单位为 V。当脉冲电压为负时，是负脉冲。

【Time Delay】：延迟时间。

【Rise Time】：上升时间，必须大于 0。单位为秒（s），如果是微秒，单位为μs，也可只输入μ，如果是毫秒，单位为 ms。

【Fall Time】：下降时间，必须大于 0，单位为秒（s）。

【Pulse Width】：脉冲宽度，单位为秒（s）。

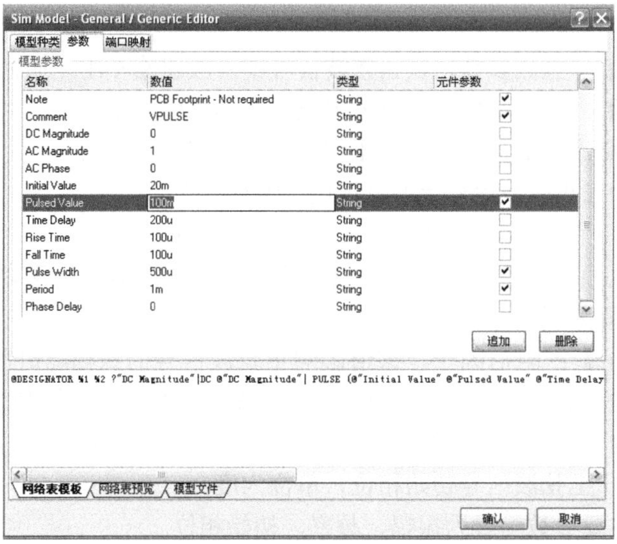

图 6.14　脉冲电压源的仿真参数选项卡

【Period】：脉冲周期，单位为秒（s）。

【Phase Delay】：脉冲波信号初始相位，单位为度。

由图 6.14 中参数描述的脉冲电压波波形特征如图 6.15 所示，读者可以自己修改脉冲电压波的各参数，然后观察波形的变化情况，理解各参数的作用及对波形的影响。

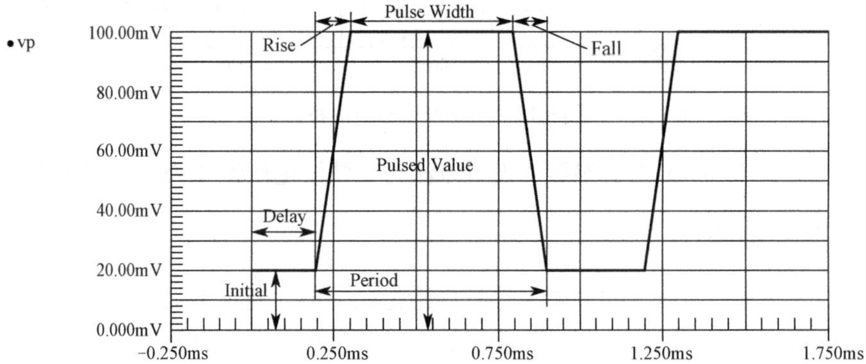

图 6.15　脉冲电压源波形图

提示

当脉冲电压（Pulsed Value）为负时，是负脉冲，上升沿将变为下降沿，下降沿将变为上升沿。

四、分段线性激励源

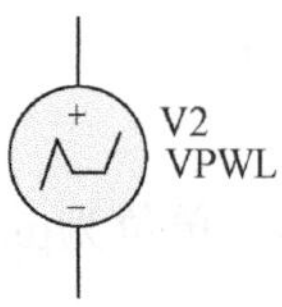

图 6.16　分段线性激励源

分段线性激励源波形由几条相连的线段组成，是非周期信号激励源，一般用于数字电路中产生复位或置位等脉冲波形，其外形如图 6.16 所示。

为了描述这种激励源，需要给出线段转折点的坐标数据，分段线性电压源（VPWL）的仿真参数选项卡如图 6.17 所示。

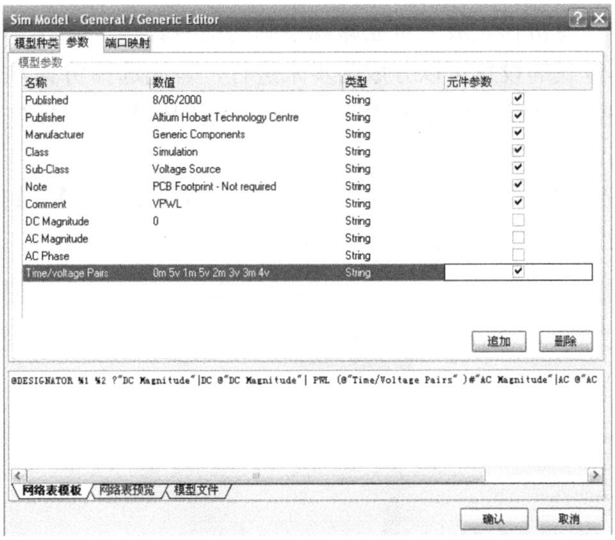

图 6.17　分段线性电压源的仿真参数选项卡

主要参数如下。

【Time/Voltage Pairs】：转折点“时间/电压”坐标表，如图 6.17 所表示的坐标为：(0ms，5V)、(1ms，5V)、(2ms，3V)、(3ms，4V)，输入时按时间、电压依次输入，中间用空格隔开，如以上各点依次输入为：0m 5V 1m 5V 2m 3V 3m 4V。

由图 6.17 中参数描述的脉冲波信号波形特征如图 6.18 所示。

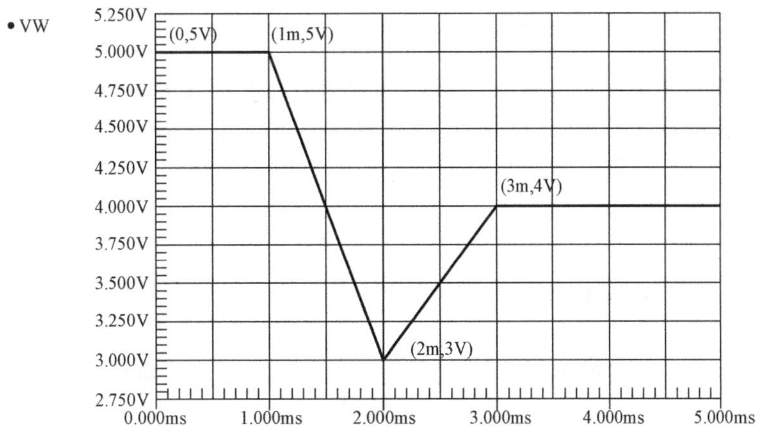

图 6.18　分段线性电压源波形图

仿真激励源库还有调频波激励源和指数函数激励源等，由于篇幅有限，此处不做详细介绍，请读者查阅有关参考书籍。

任务三　电路仿真类型及参数设置

一、仿真类型介绍和常规参数设置

进行电路仿真分析前，首先需要根据要分析的电路参数和性能确定仿真分析的方式，设置必要的参数，以及选择仿真完成后可立即观察到的信号。

具体而言，仿真方式的设置可以分成两步来进行，首先选择仿真方式并设置所有仿真方式中都需要的常规参数，如仿真结束是否需要立即观察的信号及仿真对象等。接下来设置运行所选仿真方式必需的特殊参数。

在原理图编辑窗口内，可以执行菜单命令【设计】/【仿真】/【Mixed Sim】运行仿真，进入仿真分析设置对话框，如图 6.19 所示。

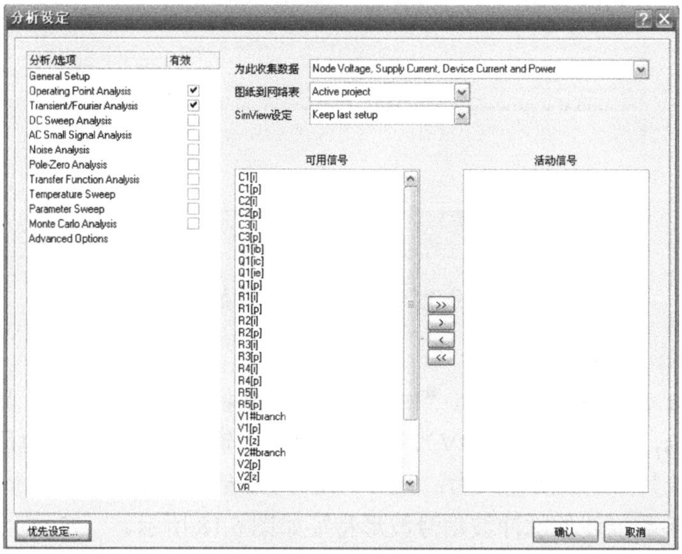

图 6.19　电路仿真分析设置对话框

电路仿真分析设置对话框主要由左右两部分组成，左边【分析/选项】栏主要用于选择仿真类型或常规参数项，右边部分根据左边选项的不同，显示的内容也不同，主要完成对左边选项各参数的进一步设置，默认情况下显示常规参数【General Setup】的内容。

1. 仿真类型介绍

图 6.19 中【分析/选项】栏主要用于选择仿真类型，包括常规参数【General Setup】项及各种仿真方式选项，选中某个仿真方式选项后的【有效】复选框，就选择了该仿真方式。鼠标左键单击某仿真方式的名称，右边就会出现该仿真方式特殊参数设置栏，而单击【General Setup】项则为各仿真方式设置共用的常规参数。

DXP 2004 提供了如下 10 种仿真分析方式。

【Operating Point Analysis】：工作点分析。

【Transient/Fourier Analysis】：瞬态分析/傅里叶分析。

【DC Sweep Analysis】：直流扫描分析。

【AC Small Signal Analysis】：交流小信号分析。

【Noise Analysis】：噪声分析。

【Pole-Zero Analysis】：零−极点分析。

【Transfer Function Analysis】：传递函数分析。

【Temperature Sweep】：温度扫描分析。

【Parameter Sweep】：参数扫描分析。

【Monte Carlo Analysis】：蒙特卡罗分析。

选中各选项后的复选框即表示将运行该仿真方式，如图 6.19 中就选中了【Operating Point Analysis】和【Transient/Fourier Analysis】两种仿真方式。

2. 常规参数设置

如图 6.19 所示，在左边【分析/选项】栏中选择【General Setup】项，右边将显示【General Setup】项的具体设置内容，可以用来选择仿真计算的数据类型及可观察信号波形的变量等。

（1）【为此收集数据】：选择仿真数据类型。

在图 6.19 所示的对话框内，单击【为此收集数据】下拉按钮，选择需仿真计算的数据类型，可选类型共有 5 个，一般采用默认的【Node Voltage，Supply Current，Device Current and Power】选项即可，即计算节点电压、激励源电流、元件电流和功率。

（2）【图纸到网络表】：选择仿真原理图范围。

单击【图纸到网络表】下拉按钮，可以选择仿真原理图的范围。

【Active sheet】：仅对当前原理图进行仿真。

【Active project】：对整个工程中的所有原理图进行仿真。

（3）【SimView 设定】：设置仿真波形窗口。

单击【SimView 设定】：下拉按钮，可以选择仿真波形窗口中显示波形的方式。

【Keep last setup】：按上一次仿真操作的设置显示相应波形，而不按当前【活动信号】列表框中激活的变量进行波形显示。

【Show active signals】：按当前【活动信号】列表框中激活的变量进行波形显示。

提示

一般【为此收集数据】、【图纸到网络表】、【SimView 设定】3 个选项采用默认设置即可。

（4）【活动信号】：选择显示波形的变量。

选定数据类型后，【可用信号】列表框中就列出了所有需计算的变量。而【活动信号】列表框中列出了可以自动在仿真波形显示窗口中显示波形的变量。

用户可以在【可用信号】列表框中选择某变量后，单击【>】按钮将其添加到【活动信号】列表框，以便仿真过程中观察该变量波形，也可在【活动信号】列表框中选择某变量后按【<】按钮，从而在仿真过程中不显示该变量波形。而单击【>>】按钮与【<<】按钮可使所有变量在两个列表框之间移动。

在【可用信号】列表框内，有些变量后面带有后缀，这些后缀的含义是：

（i）——电流，如 R1（i）表示电阻 R1 中的电流。

（p）——功率，如 R1（p）表示电阻 R1 消耗的功率。

（z）——激励源阻抗，如 V1（z）表示激励源 V1 阻抗（或称输入电阻）。

#branch——支路电流，如 V1#branch 表示流过 V1 的支路电流。

Net——某节点电压，如 Net r1-1 表示电阻 R1 第 1 脚节点电压。

二、主要仿真类型的工作参数设置

1. 工作点分析（Operating Point Analysis）

工作点分析是其他各种仿真分析的基础，一般而言，在进行各种仿真分析之前（如瞬态分析、交流小信号分析等），最好能首先分析其静态工作点。进行静态工作点分析的方法是：将所有电感元件视为短路，所有电容元件视为开路，然后计算出各节点电压、各支路电流。

工作点分析不需要进行仿真参数设置，只要在图 6.19 电路仿真分析设置对话框中选中【Operating Point Analysis】项后的复选框，运行仿真后，在仿真数据文件（.sdf）窗口下面的【Operating Point】标签项中，就可以看到不同节点的静态工作点电压，如图 6.20 所示。

图 6.20　工作点分析仿真结果窗口

2．瞬态分析/傅里叶分析（Transient/Fourier Analysis）

（1）瞬态分析

瞬态分析是一种最常用的仿真分析方式，属于时域分析，用于获得电路输入与输出信号波形随时间变化的关系，既动态波形。瞬态分析的仿真波形就像使用示波器测量电路观察到的波形一样，它以时间为 X 轴来计算各个时间点的信号变量的值（电压或电流）。计算的时间范围为用户指定的时间段。运行瞬态分析时会自动先执行工作点分析，以计算电路的直流偏压。如果用户在设置瞬态分析参数时，选定了【Use initial condition】使用初始状态选项，就不进行工作点分析。

在图 6.19 电路仿真分析设置对话框中选中【Transient/Fourier Analysis】项后的复选框，就选择了瞬态分析和傅里叶仿真分析方式。而用鼠标左键单击【Transient/Fourier Analysis】项，其右边出现如图 6.21 所示的瞬态分析设置对话框。

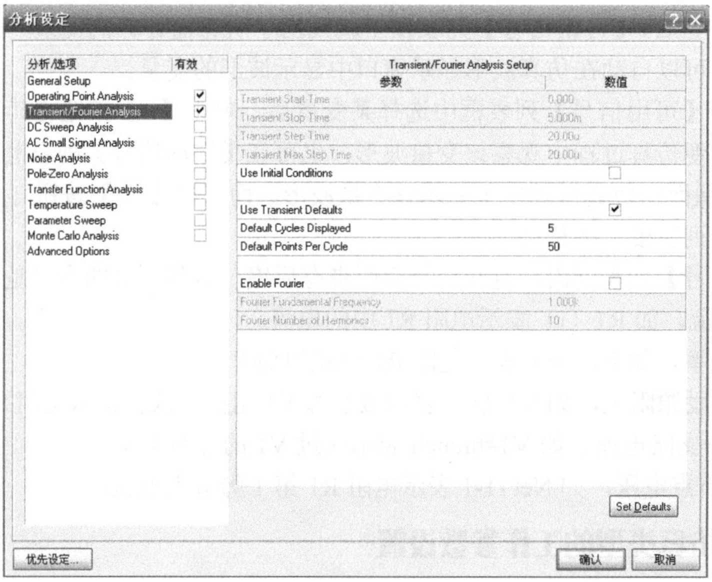

图 6.21　瞬态分析设置对话框

与瞬态分析有关的参数设置如下。

【Transient Start Time】：起始时间。为了显示窗口中显示的波形清晰明了，显示波形不能太密也不能太稀，一般以显示 5～10 个周期比较合适，同时也为了仿真时间不至于过长，必须规定仿真波形观察的时段，而仿真波形的显示时段由起始时间和终止时间确定。

【Transient Stop Time】：终止时间，即显示窗口中波形显示的截止时间。

【Transient Step Time】：步进时间间隔，该值越小，仿真波形越精确，但仿真计算量也越大，花费的时间越长。

【Transient Maximum Step Time】：最大步进时间间隔。

【Use Initial Conditions】复选框：选中时，表示使用用户设置的初始条件，否则使用工作点仿真分析的结果作为初始条件。

【Use Transient Defaults】复选框：瞬态仿真分析默认参数复选框。因为【Transient Start Time】、【Transient Stop Time】、【Transient Step Time】、【Transient Maximum Step Time】等瞬态仿真参数必须根据仿真波形的周期进行选择，对初学者而言，较难设置好这些参数，此时可以选中【Use Transient Defaults】复选框，使用瞬态仿真分析默认参数，如图 6.21 所示。

【Default Cycles Displayed】：表示显示窗口中信号波形显示的周期数，一般为 5 个，当然用户还可修改。

【Default Points Per Cycle】：在每个周期内需要仿真计算的时间点数，一般为 50 点，用户也可根据需要修改。

（2）傅里叶分析

如果在图 6.21 中选中了【Enable Fourier】复选框，即可同时选择傅里叶仿真分析方式。该仿真方式属于信号的频域分析，可以获取周期性非正弦信号的频谱。傅里叶分析是电路分析的重要手段，在进行傅里叶分析时，除了在仿真结果图中显示直流分量、基波及各次谐波的振幅和相位外，还生成同名的“*.sim”文件，以文本方式记录下来。

一个周期性波形也可以用傅里叶级数分解为直流分量和各次谐波分量，利用瞬态分析结果进行傅里叶分析计算就可得到各次谐波的分量。

在 Fourier 参数设置框中，包含如下两项。

【Fourier Fundamental Frequency】：指定傅里叶分析的基频，默认值为信号源的频率。

【Fourier Number Harmonics】：指定傅里叶分析的谐波次数，默认值是 10，也即是 9 次谐波（0～9）。

3．直流扫描分析（DC Sweep Analysis）

直流扫描分析方法是用户指定的激励源从起始电压到终止电压之间变换，每变化一次执行一次工作点分析，从而可以获取电路的直流传输特性曲线（即仿真分析变量对不同直流电压的响应曲线）或分析激励源对电路参数的影响情况。常用于获取运算放大器、TTL 等电路的直流传输特性曲线或分析电源电压的波动对电路参数的影响程度。

在图 6.19 所示的电路仿真分析设置对话框中选中【DC Sweep Analysis】项后的复选框，就选择了直流扫描仿真方式。而用鼠标左键单击【DC Sweep Analysis】项，其右边出现如图 6.22 所示的直流扫描分析设定对话框。

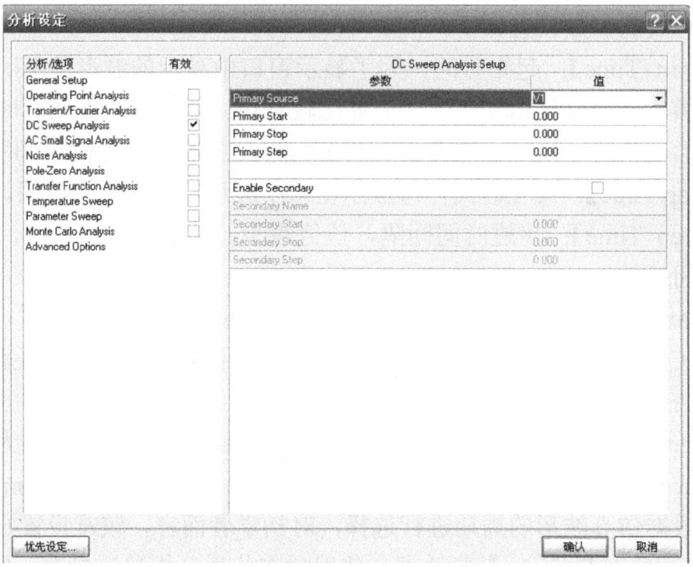

图 6.22 直流扫描分析设定对话框

直流扫描分析可以同时选择两个激励源作直流扫描，此时第一个激励源称为主扫描激励源“Primary Source”，与主扫描激励源有关的参数如下。

【Primary Source】：主扫描激励源的名称，可以在其下拉列表框中选择原理图中的一个激励源作为主扫描激励源，如“V1”。

【Primary Start】：扫描参数的起始值。

【Primary Stop】：扫描参数的终止值。

【Primary Step】：扫描参数变化步长。

如果要同时分析两个激励源直流变化对电路的影响，可以将【Enable Secondary】复选框激活并设置次扫描激励源。

提示

主扫描激励源（primary source）是必需的，而次扫描激励源（secondary source）是可选的（随需要而定）。若设置了次扫描激励源，也需输入其变量名、相应的起始与终止值和步长。

下面利用直流扫描分析，获取图 6.23 所示 74LS00 与非门电路的直流传输特性曲线。参数设置为：【Primary Source】＝V1，【Primary Start】＝0V，【Primary Stop】＝5V，【Primary Step】＝0.1V 。

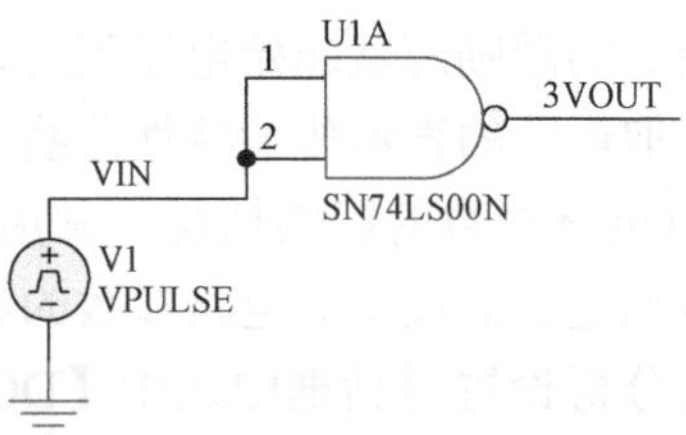

图 6.23 74LS00 与非门电路

仿真后的直流传输特性曲线如图 6.24 所示，可以看出，输入信号 VIN 逐步由 0V 变为 5V，在此变化的过程中，输出信号 VOUT 发生了翻转，与实际情况相符。

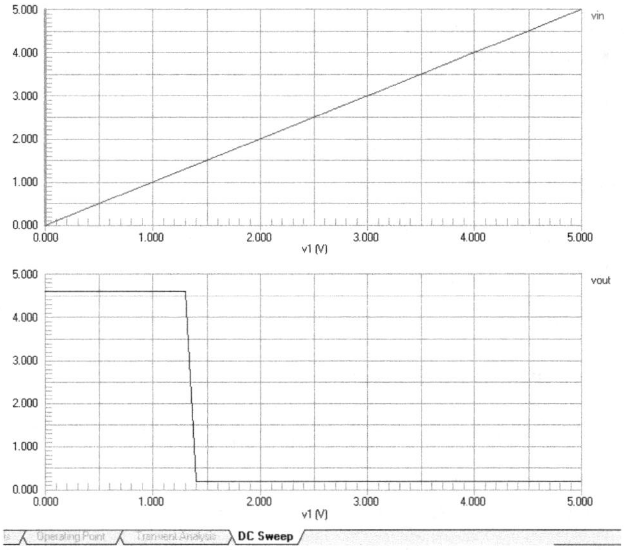

图 6.24　74LS00 与非门电路传输特性曲线

4．交流小信号分析（AC Small Signal Analysis）

交流小信号分析主要用来分析仿真电路的频率响应特性，属于电路的幅频特性分析，即分析电路中输入信号频率发生变化时对输出信号的影响程度。

交流小信号分析首先执行工作点分析以确定电路的静态工作点，然后将信号源换成一个固定振幅的正弦波扫频信号发生器，再在用户指定的频率范围内对电路进行指定频率的扫描，观察输出信号的变化情况。在进行交流小信号分析之前，必须保证电路中至少有一个交流激励源，即在激励源中的【AC Magnitude】属性域中设置一个大于零的值，一般情况下，AC 小信号的幅度为 1，相位为 0。这样输出量就是传递函数。

在图 6.19 所示的电路仿真分析设置对话框中选中【AC Small Signal Analysis】项后的复选框，就选择了交流小信号仿真方式。而用鼠标左键单击【AC Small Signal Analysis】项，其右边出现如图 6.25 所示的交流小信号分析设置对话框。

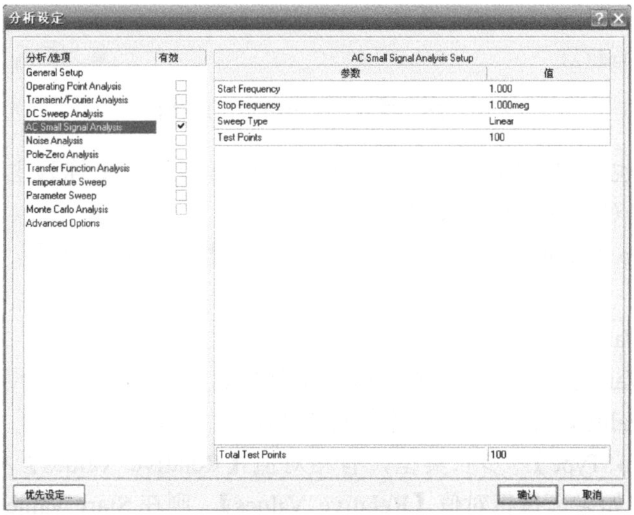

图 6.25　交流小信号分析参数设置

与交流小信号分析有关的参数如下。

【Start Frequency】：扫描起始频率。

【Stop Frequency】：扫描终止频率。

【Sweep Type】：该下拉框指定扫描类型，其中：

【Linear】：扫描频率采用线性变化方式。

【Octave】：扫描频率采用 8 倍频变化方式。

【Decade】：扫描频率采用 10 倍频变化方式。

【Test Points】：扫描点数。

5. 参数扫描分析（Parameter Sweep）

参数扫描分析用于研究电路中某一元件参数变化时对电路性能的影响。它须与交流小信号分析或瞬态分析等分析类型配合使用。

在图 6.19 所示电路仿真分析设置对话框中选中【Parameter Sweep】项后的复选框，就选择了参数扫描分析仿真方式。而用鼠标左键单击【Parameter Sweep】项，其右边出现如图 6.26 所示的参数扫描分析设定对话框。

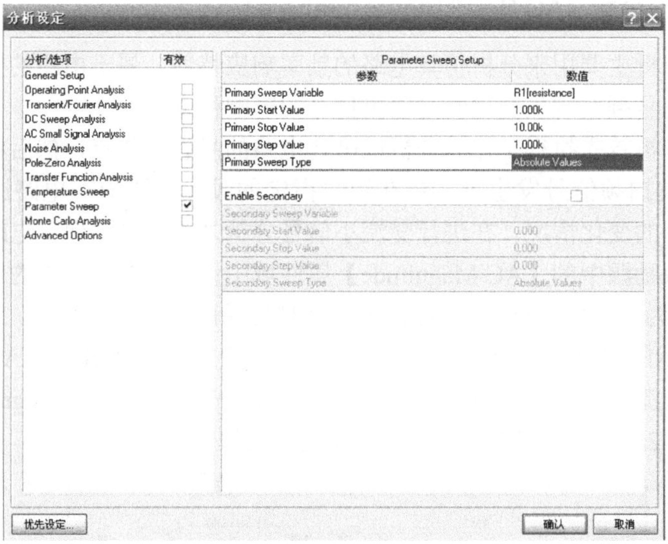

图 6.26 参数扫描分析设定对话框

参数扫描分析也可以同时选择两个对象，此时第一个对象称为主扫描对象“Primary Object”，与主扫描对象有关的参数如下。

【Primary Sweep Variable】：指定扫描对象，从下拉列表框中选取，如本例中选择电阻 R1。

【Primary Start Value】：扫描起始值，本例设为 1k。

【Primary Stop Value】：扫描终止值，本例设为 10k。

【Primary Step Value】：扫描步长，本例设为 1k。

【Primary Sweep Type】：步长类型，有相对值【Relative Values】和绝对值【Absolute Values】两个选项，如果选择相对值【Relative Values】，则在 Start Value 和 Stop Value 域中所输入的值是一个相对值，而不是绝对值，其 Start Value、Stop Value 绝对值须加上被选择

参数的已有值或默认值。

如果要同时分析两个对象参数变化对电路的影响，可以将【Enable Secondary】复选框激活并设置次扫描激励源。

其他仿真方式的参数设置由于篇幅的限制，此处不作详细介绍，请读者查阅有关参考书籍。

任务四　单管放大电路的工作点和瞬态仿真分析

在学习完 Protel　DXP 电路仿真的基础知识后，下面将以图 6.27 所示的单管放大电路为例，介绍 DXP 2004 电路仿真的具体操作过程。

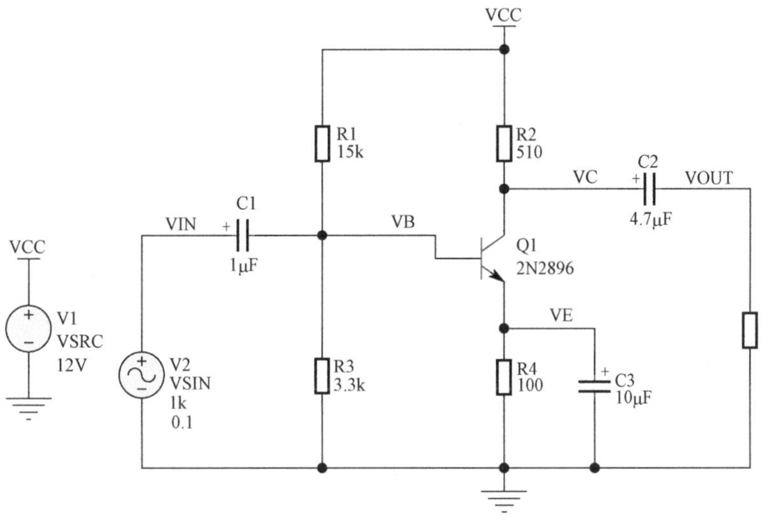

图 6.27　单管放大仿真电路图

1. 编辑仿真电路原理图

电路仿真的第一步就是编辑仿真电路原理图，电路图中的所有元件必须采用具有仿真模型的原理图元件。具体操作过程如下：

（1）新建一个项目文件并保存。

（2）新建一个原理图文件并保存。

（3）添加仿真激励源库，请参考前面方法。

（4）放置仿真元件并连线。电路图中的所有元件必须采用具有仿真模型的原理图元件，如图 6.27 所示，电阻（Res2）和电容（Cap Pol2）在 Miscellaneous Devices.IntLib 中，而三极管 2N2896 位于默认路径下 Motorola 目录中的 Motorola Discrete BJT.IntLib 库文件中，它们只要设置好编号和参数即可。

提示

除了著名厂商生产的三极管具有仿真模型外，一般的三极管，如常用的 9013、9012 等在元件库中都没有仿真模型，此时必须根据三极管的参数在具有仿真模型的三极管库（如 Motorola Discrete BJT.IntLib）中选取参数相近的三极管。

怎样知道仿真三极管的参数呢？可以双击三极管打开三极管的属性对话框，如图 6.28

所示，在模型列表【Models for】下选中【Simulation】仿真模型，单击【编辑】按钮，弹出如图 6.29 所示的仿真模型参数编辑对话框。

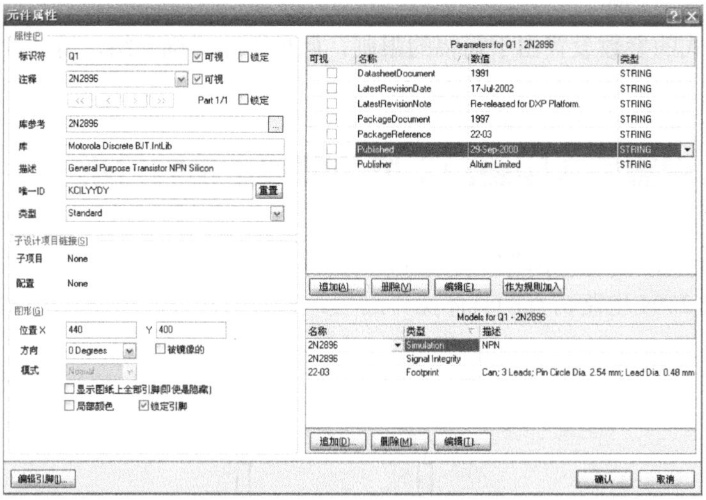

图 6.28 仿真三极管属性对话框

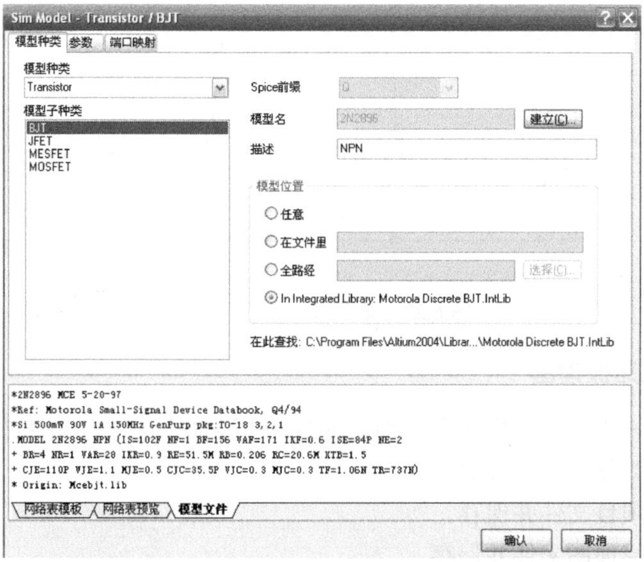

图 6.29 三极管仿真模型参数编辑对话框

在仿真模型参数编辑对话框的底部，单击【模型文件】标签，打开模型文件，在模型文件中详细列出了三极管的各种参数：

*2N2896 MCE 5-20-97

*Ref: Motorola Small-Signal Device Databook, Q4/94

*Si 500mW 90V 1A 150MHz GenPurp pkg:TO-18 3,2,1

.MODEL 2N2896 NPN（IS＝102F NF＝1 BF＝156 VAF＝171 IKF＝0.6 ISE＝84P NE＝2

＋BR＝4 NR＝1 VAR＝28 IKR＝0.9 RE＝51.5M RB＝0.206 RC＝20.6M XTB＝1.5

＋CJE＝110P VJE＝1.1 MJE＝0.5 CJC＝35.5P VJC＝0.3 MJC＝0.3 TF＝1.06N TR＝737N）

* Origin: Mcebjt.lib

模型文件表示三极管仿真模型 2N2896 为 500mW 的中功率管，最高工作电压为 90V，最高工作电流为 1A，截止频率为 150MH$_Z$，以及其他详细的内部等效参数。

因此用户可以根据实际三极管的参数选择与其相近的仿真三极管。

（5）放置网络标签。在需要观察信号电压与波形的电路节点处放置网络标签，瞬态分析时，需观察电路中输入与输出信号波形，放置 VIN、VOUT 网络标签，静态工作点分析时，需观察三极管 B、C、E 极电压，在三极管三个引脚处分别放置网络标签 VB、VC、VE 。具体放置位置如图 6.27 所示。

2. 放置仿真激励源并设置参数

放置仿真激励源的方法基本和仿真元件相同，激励源位于 Simulation Sources.IntLib 库中，图中激励源有两个：一个是直流电源（VSRC）V1，一个是正弦波电压源（VSIN）V2。激励源参数设置相对来说较复杂，直流电源参数设置方法是：在图 6.9 的直流电源仿真参数设置对话框中，将【Voltage】项设为 12V 即可。

正弦波激励源参数设置如图 6.30 所示，将主要参数频率【Frequency】设为 1kHz，振幅【Amplitude】为 0.1V 外，余下几项设为 0 就可以了。

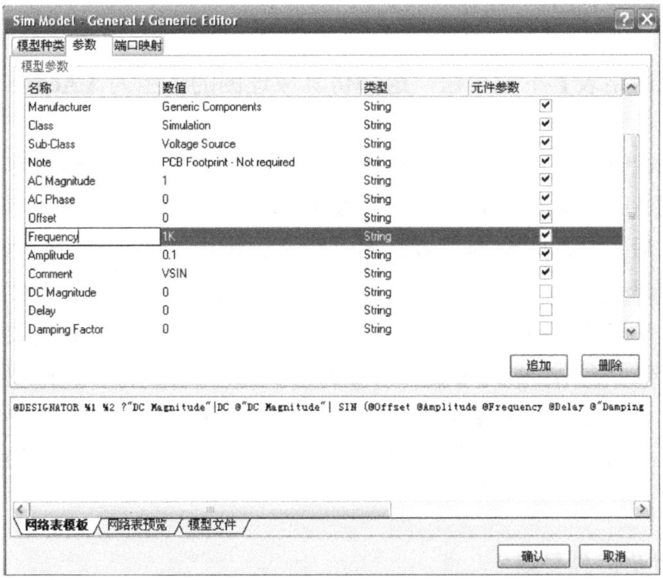

图 6.30　正弦波激励源参数设置

3. 选择仿真方式和设置仿真常规参数

完成原理图编辑与激励源参数设置后，下一步就是仿真参数设置。仿真参数设置操作过程如下：

（1）执行菜单命令【设计】/【仿真】/【Mixed Sim】运行仿真，出现如图 6.31 所示的【分析设定】对话框。

（2）设置常规参数。在【分析/选项】栏，单击【General Setup】项，如图 6.31 所示设置常规参数。

在【为此收集数据】下拉框中选择【Node Voltage，Supply Current，Device Current and

Power】仿真数据类型，表示将计算电路中的各节点电压、激励源电流、元件电流和功率。

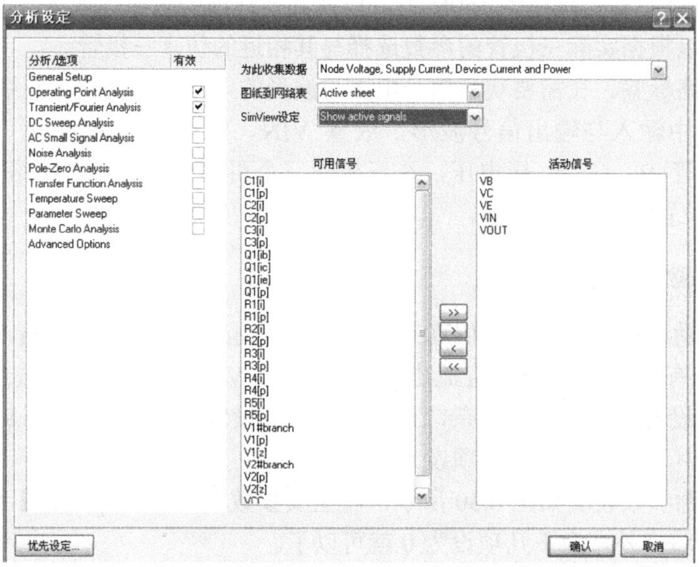

图 6.31 【分析设定】对话框

单击【图纸到网络表】下拉按钮，选择仿真原理图的范围为【Active sheet】，仅对当前原理图进行仿真。

单击【SimView 设定】下拉按钮，选择仿真波形窗口中显示波形的方式为【Show active signals】，按当前【Active signals】列表框中激活的变量进行波形显示。

（3）选择仿真后需立即观察的信号。本例瞬态分析中主要是观察输入节点 VIN 与输出节点 VOUT 的电压波形。而工作点分析中主要观察三极管 VE、VB、VC 的电压，所以要观察的变量为 VIN、VOUT、VE、VB、VC，用户可以在【可用信号】列表框中依次选择某变量后，单击【>】按钮将其添加到【活动信号】列表框，以便仿真过程中观察该变量波形。

（4）选择仿真方式。在【分析/选项】栏中，将【Operating Point Analysis】和【Transient/Fourier Analysis】后的【有效】复选框选中，表示将运行工作点分析和瞬态/傅里叶分析两种仿真方式。

4. 设置瞬态分析仿真参数

除工作点分析不需要设置仿真参数外，其他仿真方式均需独立地设置仿真参数。本例中的瞬态分析仿真需独立进行参数设置。在【分析/选项】栏中，用鼠标左键单击【Transient/Fourier Analysis】项，其右边出现如图 6.32 所示的瞬态分析设定对话框。

选中【Use Transient Defaults】复选框，使用瞬态仿真分析默认参数，取消【Use Initial Condition】复选框，表示不使用用户设定的初始状态，而使用工作点分析后的结果作为初始条件。

5. 执行仿真操作

仿真参数设置完成后，就可以运行仿真了，单击图 6.32 中的【确认】按钮，启动仿真计算过程，仿真数据文件（*.sdf）将自动显示在波形窗口内，如图 6.33 所示。当仿真电路与仿真参数存在错误时，则自动显示错误信息窗口，用户可根据错误提示进行更正。

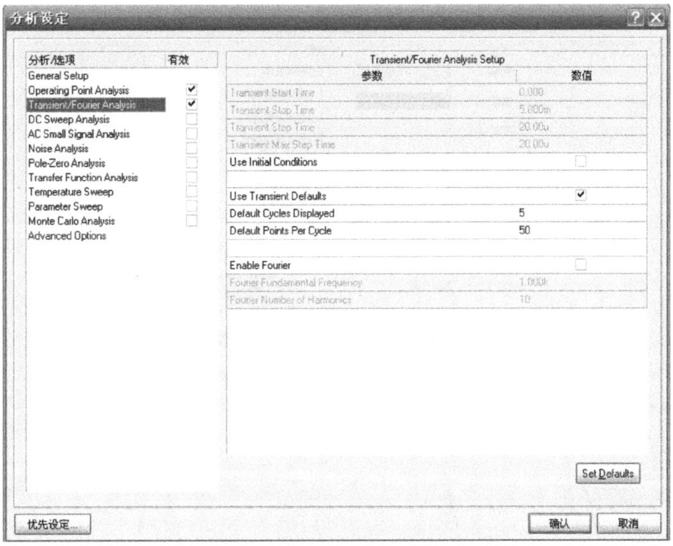

图 6.32 瞬态分析设定对话框

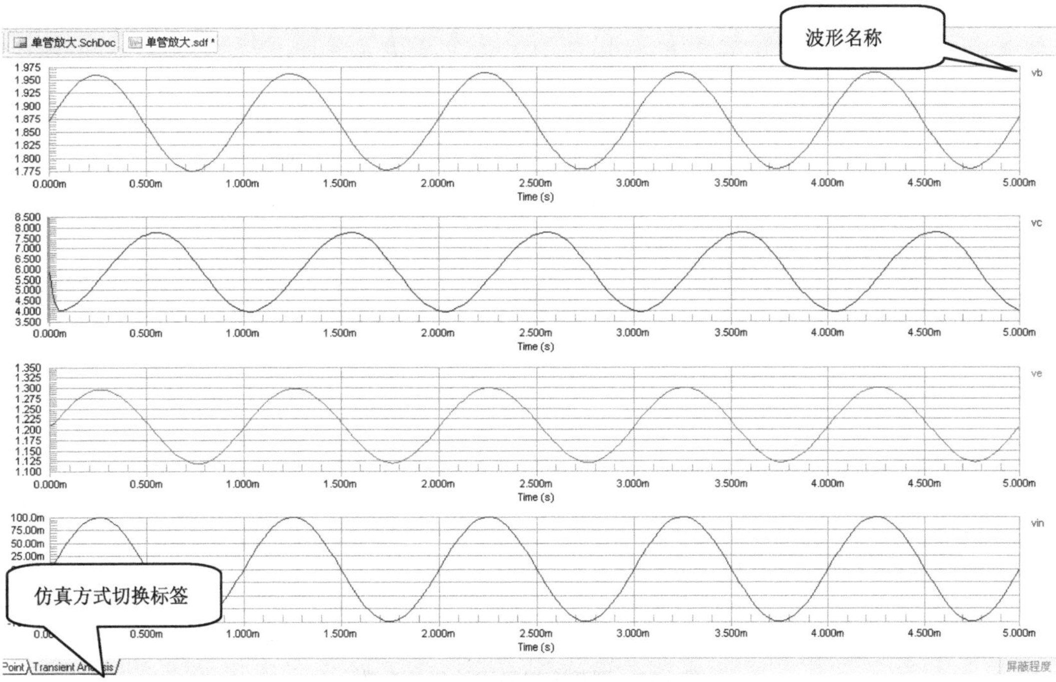

图 6.33 波形窗口内的仿真波形

6. 电路仿真波形观察和结果分析

在仿真数据文件（*.sdf）波形窗口内，通过如下方式进行仿真结果的观察。

（1）调整窗口中显示波形的个数。执行菜单命令【工具】/【文档选项...】，弹出如图 6.34 所示【文档选项】对话框，可以进行相应的设置，如选中【粗体波形】复选框可以加粗波形，【可视图个数】下拉框中可以选择窗口中显示波形的个数，如图 6.35（a）所示为窗口中显示一个波形的效果图，而 6.35（b）为窗口中显示所有波形的效果图。

图 6.34　【文档选项】对话框

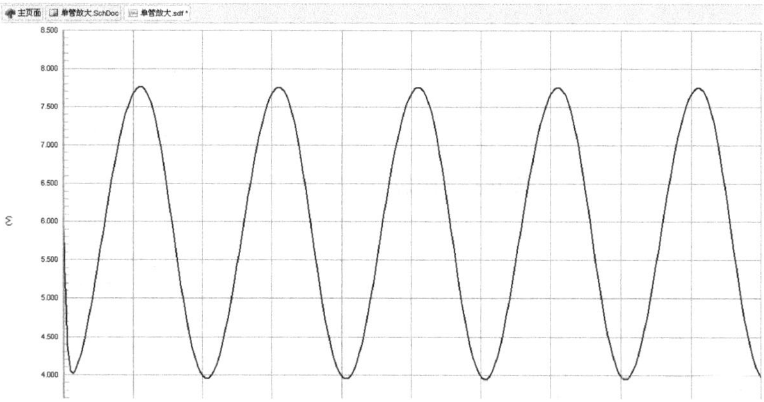

（a）显示一个波形

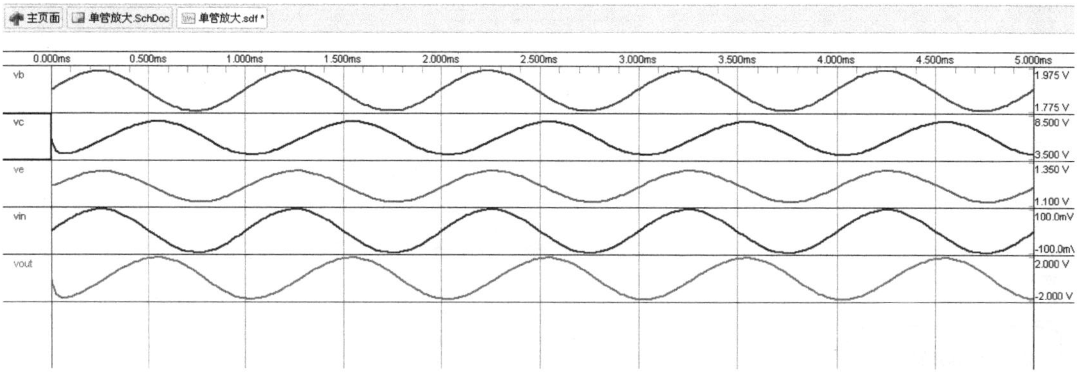

（b）显示所有波形

图 6.35　调整窗口显示波形的个数

（2）调整波形窗口内信号显示幅度。将鼠标移到仿真输出波形下方的横线上，当鼠标变为上下双向箭头时，按下左键拖动即可调整显示幅度，如图 6.36 所示。

（3）叠加显示波形。为了更好的进行波形比较，可以将几个波形叠加在同一个波形栏内。例如在 VOUT 波形栏中叠加 VIN 的波形，以便进一步分析输入信号和输出信号的幅度和相位关系。

如图 6.37 所示，将光标移到想叠加波形的波形栏中，如 VOUT 波形栏，单击鼠标右键，在弹出的快捷菜单中选择【Add Wave To Plot】，弹出如图 6.38 所示的添加波形对话框，在【波形设定】栏中选择 VIN 后，单击【建立】按钮，可以看到 VOUT 波形栏中叠加了 VIN 波形，如图 6.39 所示。

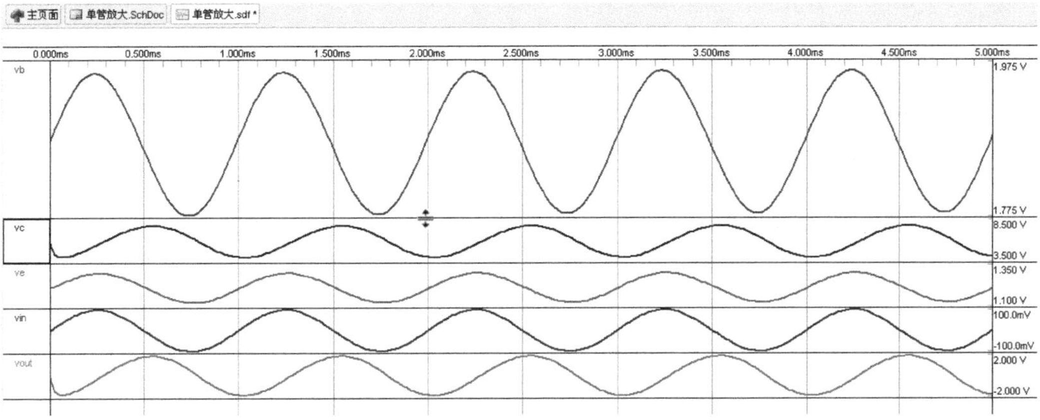

图 6.36　调整波形窗口内信号显示幅度

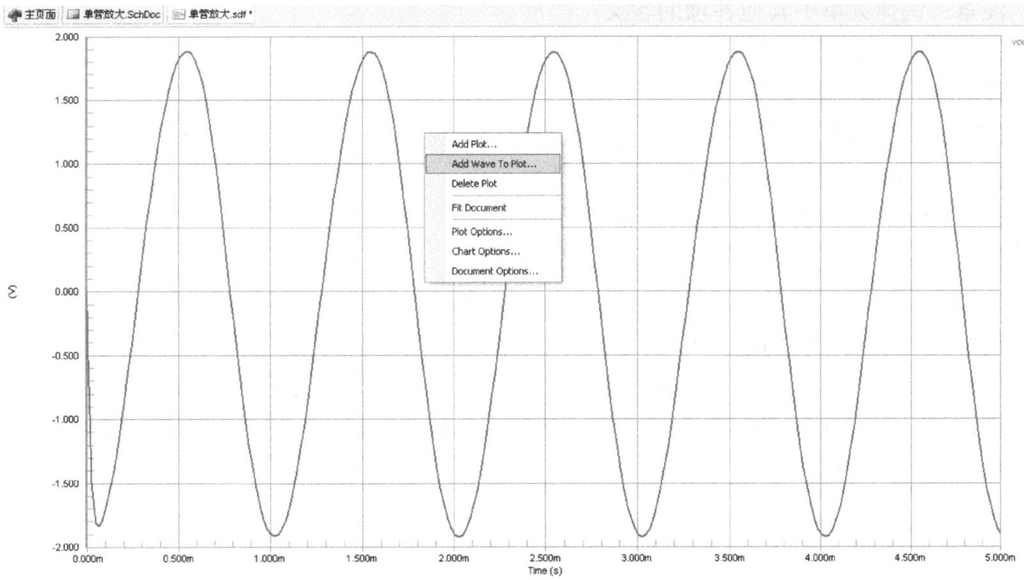

图 6.37　鼠标右键弹出快捷菜单

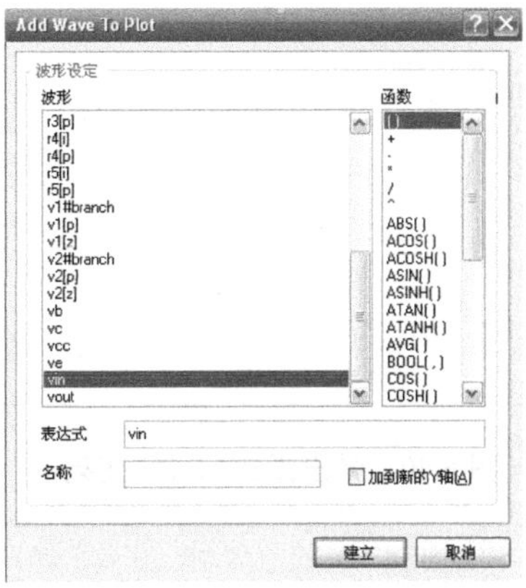

图 6.38　添加波形对话框

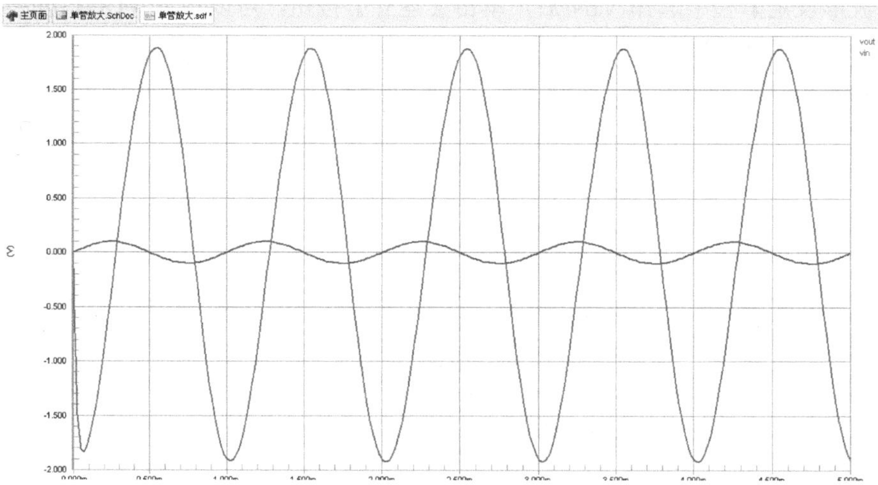

图 6.39 波形叠加效果

注意：快捷菜单中其他各项的含义：

【Add Plot…】：弹出添加波形栏对话框。

【Delete Polt】：删除该波形栏。

【Fit Document】：调整波形大小使其适合于显示窗口。

【Plot Options…】：弹出波形栏设置对话框。

【Chart Options…】：弹出图表设置对话框。

【Document Options…】：弹出文档选项对话框。

（4）波形测量。为了精确测量波形中某点的坐标值，可以为波形添加标尺。DXP 2004 可以提供两个标尺，即 Cursor A 和 Cursor B。添加标尺的具体方法如下：

先选择要添加标尺的波形。将光标移到要添加标尺的波形名称上，如 VOUT，单击鼠标右键，弹出如图 6.40 所示的快捷菜单，选择【Cursor A】后，将在 VOUT 波形上添加一个标尺 A，如图 6.41 所示。

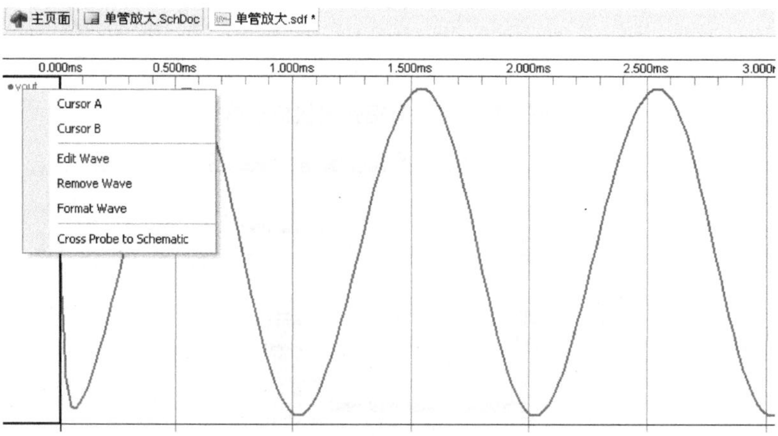

图 6.40 弹出添加标尺快捷菜单

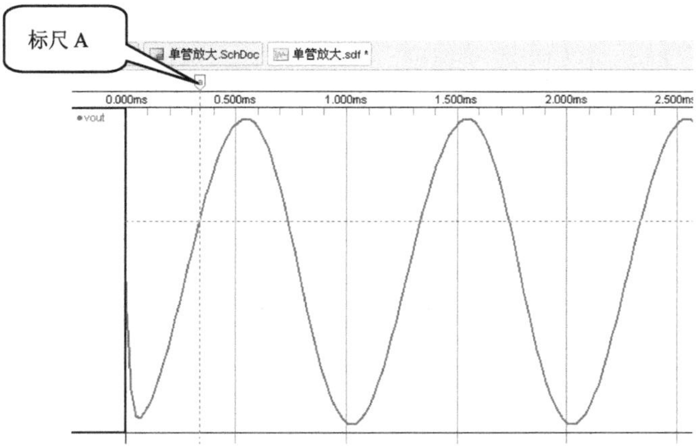

图 6.41　波形 VOUT 添加了标尺 A

波形添加了标尺后，单击左上角的仿真面板【Sim Data】标签，就可以在仿真面板【Sim Data】的【测量光标】栏中，观察到测量的结果，如图 6.42 所示，VOUT 在标尺 A 交点处 334.52μs 时刻的电压值为 614.76mV。根据相同的方法，还可为本波形或其他波形添加另一个标尺 B。并可对两标尺的参数进行计算。

同时在【Waveform－vout】栏还求出整个波形的参数：如上升时间【Rise Time】、下降时间【Fall Time】、最小值【Minimum】、最大值【Maximum】等。

（5）添加仿真波形。在如图 6.43 所示的仿真面板【源数据】栏中，在选择某信号后，单击【加波形到图】按钮，即可在波形栏中显示该信号的波形和参数。

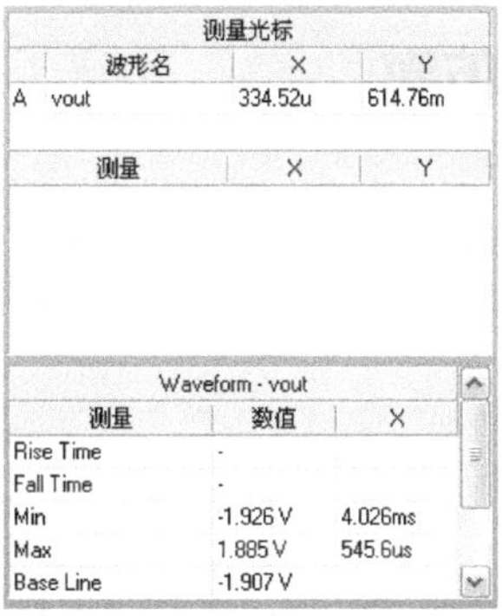

图 6.42　标尺测量结果

图 6.43　波形管理栏

（6）波形局部放大。为了更精确看清波形局部特征，可以将这部分波形进行放大。其操作过程如下：

在需要放大的波形区左上角单击鼠标左键，按住并拖动鼠标移到需放大的波形区右下角，如图 6.44 所示。

松开鼠标左键，即完成波形局部放大，如图 6.45 所示。如果想还原显示整个波形，可在显示区域中单击鼠标右键，在弹出的快捷菜单中选择【Fit Document】命令即可。

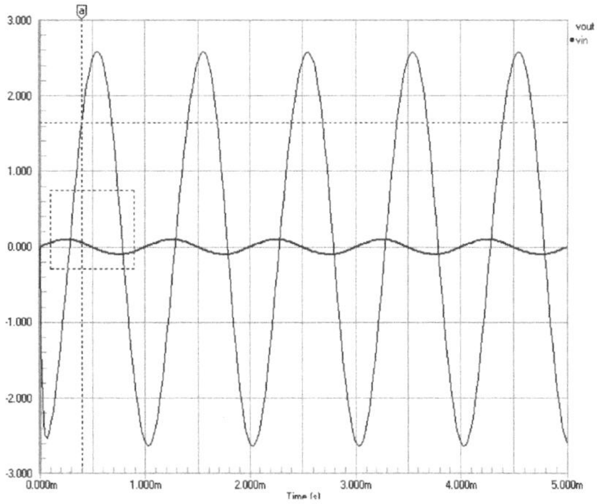

图 6.44 需局部放大的波形区域

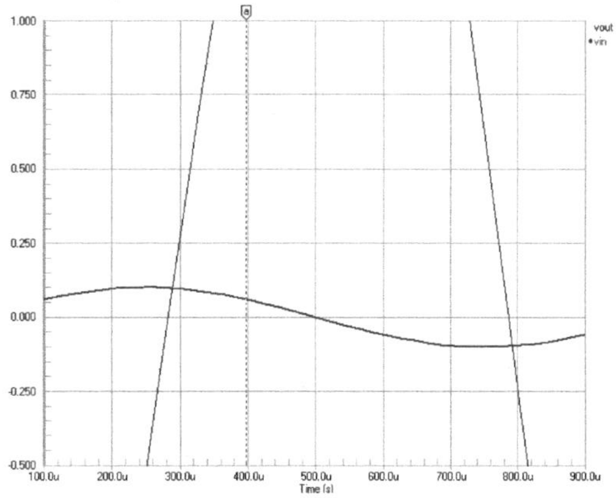

图 6.45 局部放大后的波形显示

（7）仿真结果分析。从图 6.42 显示的测量结果可知，V_{OUT} 的【Max】＝1.885V＝1885mV，同样可以观测 V_{IN} 的【Max】＝99.96Mv，从而可以求得电路放大倍数 Au＝$-V_{OUT}/V_{IN}$＝－1885/99.96≈－18.857，负号表示输入与输出信号相位相反，如图 6.39 所示。

单击波形窗口底部的【Operating Point】标签项，切换到工作点分析仿真结果，可以观察到该电路的静态工作点电压 VB、VC、VE 等，如图 6.46 所示。

主页面 | 单管放大.SchDoc

vb	1.873 V
vc	5.873 V
ve	1.212 V
vin	0.000 V
vout	0.000 V

图 6.46 工作点分析仿真结果

任务五 同步八进制加法计数器瞬态仿真

计数器是数字系统中应用较为广泛的一种具有记忆功能的时序逻辑电路，它的基本功能是对输入的脉冲个数进行计数统计。下面将以图 6.47 所示的下降沿同步八进制加法计数器为例来进行数字电路的仿真。

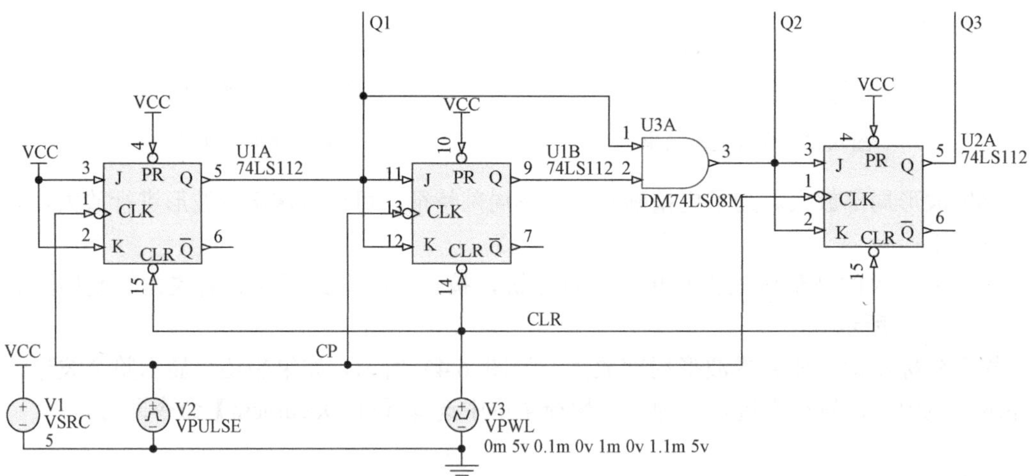

图 6.47 同步八进制加法计数器电路

1. 放置仿真元件并绘制原理图

仿真原理图中的元件必须是具有仿真模型的元件，本例采用 SN74F112D 触发器作为基本计数单元。对于不熟悉其所在元件库的元件，可以使用元件查找功能来查找并判断其是否具有仿真模型，如图 6.48 所示，只有具有【Simulation】模型的元件才具有仿真功能，实例中 U1、U2 可以采用 FSC Logic Flip-Flop.IntLib 库中的 DM74LS112AM。

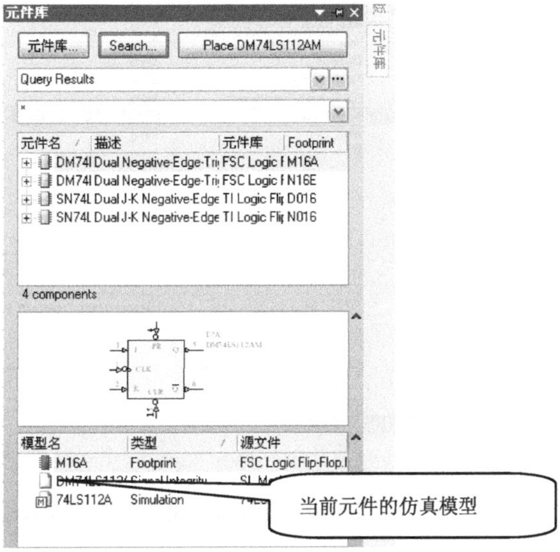

图 6.48　查找具有仿真模型的元件

2. 放置并设置激励源

在图 6.47 所示的计数器电路图中，直流电压源 V1 设置为 5V，计数脉冲 CP 用脉冲激励源模拟，CP 激励源设置为如图 6.49 所示，脉冲幅度【Pulsed Value】＝5V，脉冲宽度【Pulsed Width】＝2.5ms，脉冲周期【Period】＝5ms，下降沿【Fall Time】＝1μs，上升沿【Rise Time】＝1μs，这样 CP 信号波形类似于 200Hz 的方波。

图 6.49　脉冲激励源参数设置

CLR 为清零信号，低电平有效，使各计数单元计数之前清零，计数器从零开始计数，它由分段线性电压源 VPWL 模拟，其参数设置如图 6.50 所示，它产生一个在 0.1～1ms 时间段内为低电平的清零脉冲。

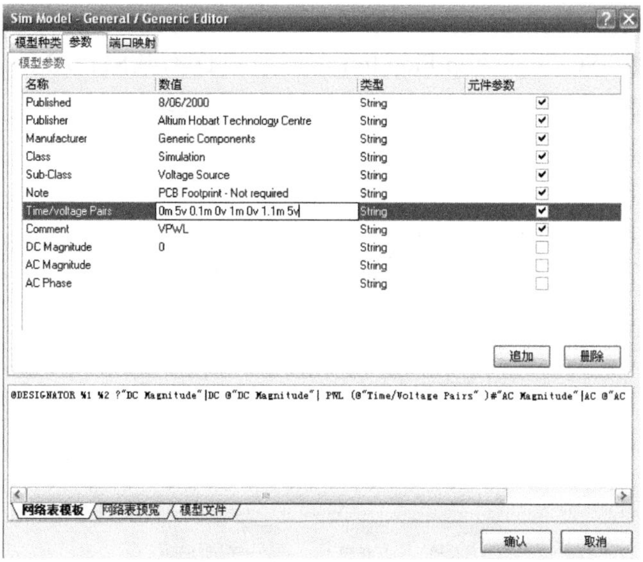

图 6.50 分段线性电压源参数设置

3. 设置瞬态分析仿真参数

瞬态分析仿真的常规参数设置如图 6.51 所示，而瞬态分析仿真参数设置如图 6.52 所示，选用瞬态分析的默认设置参数进行仿真。但由于要观察计数器的整个计数过程，所以显示窗口中要显示 8 个周期以上波形，必须将【Default Cycles Displayed】修改为 10。单击【确认】按钮运行仿真，仿真结果如图 6.53 所示。

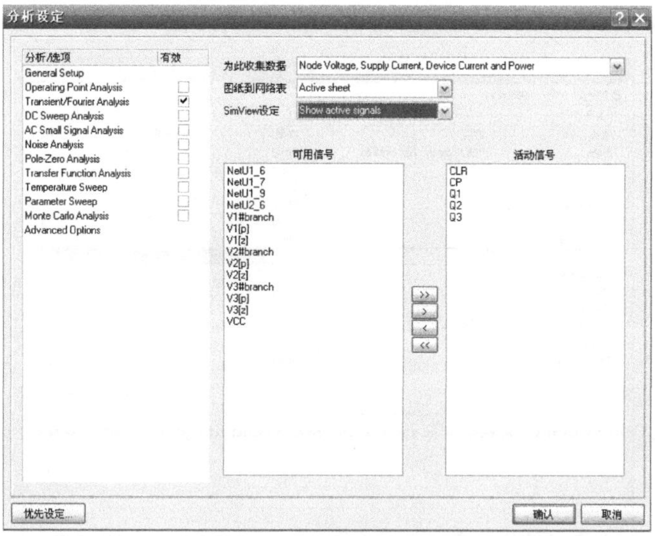

图 6.51 常规参数设置

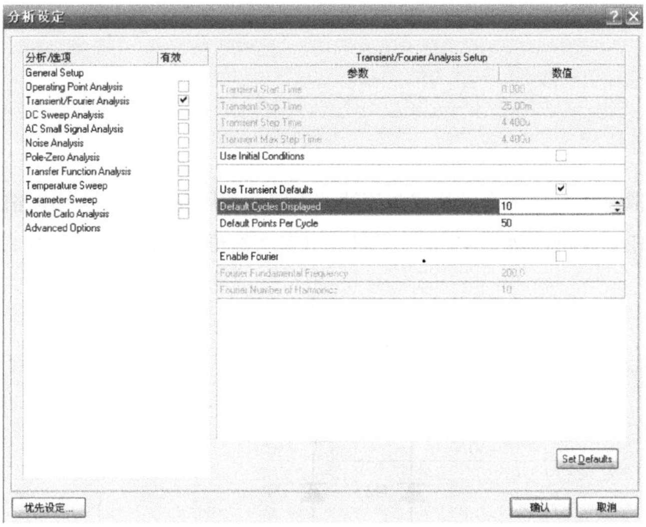

图 6.52　瞬态分析仿真参数设置

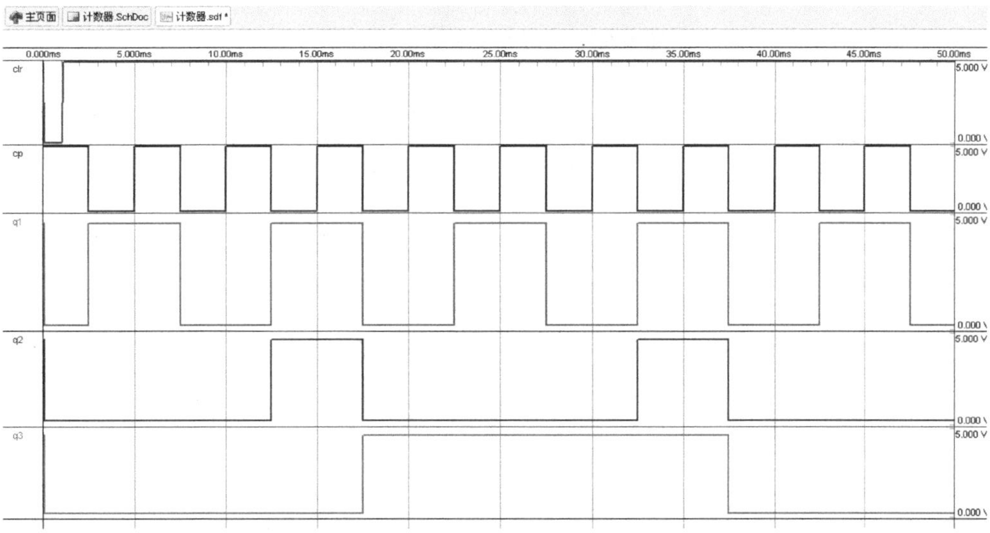

图 6.53　同步八进制计数器瞬态分析仿真结果

从仿真结果中可以看出，在计数前，由于 CLR 短时间为 0，该时段复位有效，使计数器 Q3～Q1 清零。而在每一个计数脉冲 CP 的下降沿，八进制计数输出变量 Q3～Q1（Q3 是高位）就会按八进制计数器规律加 1。当输出变量为 111 时，再来一个计数脉冲，输出变量 Q3～Q1 将变为 000，进入下一轮计数，这说明该计数器具有八进制加法计数功能，仿真结果与实际情况相符。

本项目小结

本项目主要讲解了电路仿真的基本概念、各种仿真类型及参数设置方法，利用实例详细介绍了工作点分析、瞬态仿真分析、参数扫描、交流小信号分析的设置和操作方法。通过本项目的仿真知识的学习，为电子线路等课程的电路分析和设计打下了基础。

习题 6

6.1 仿真分析如题图 6.1 所示的全波桥式整流滤波电路，利用瞬态仿真得到电路的输出波形，设 V1 的参数为 Frequency＝50Hz，Amplitude＝9V 的正弦波。（参考波形如题图 6.2 所示）

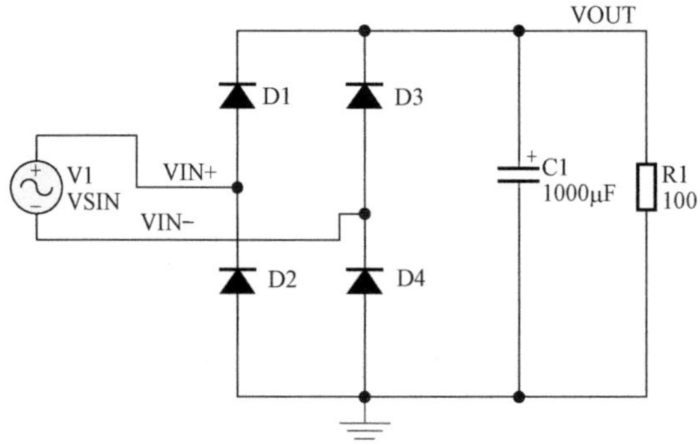

题图 6.1　全波桥式整流滤波电路

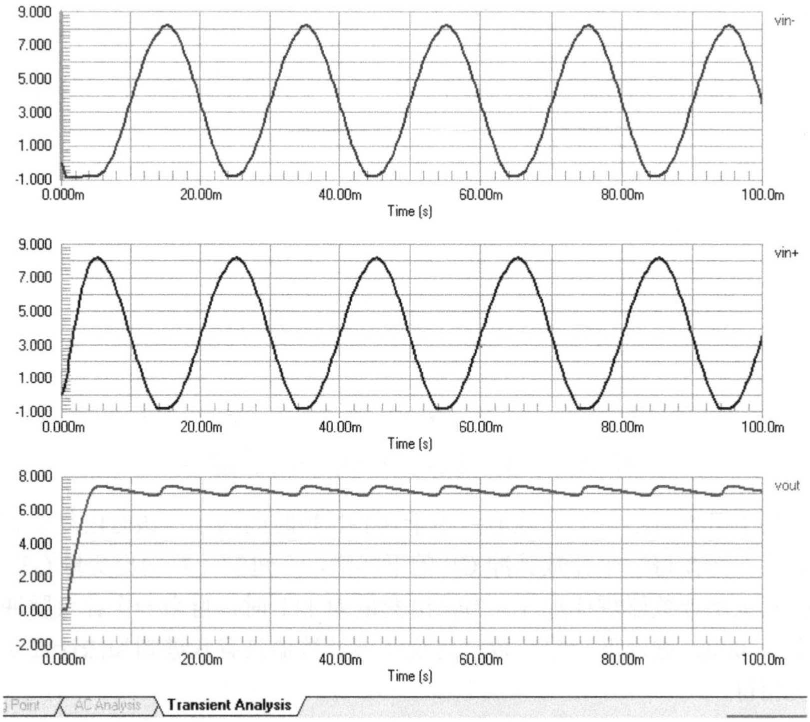

题图 6.2　全波桥式整流电路仿真参考波形

6.2　删除题图 6.1 中的滤波电容 C1 后，再利用瞬态仿真得到此时电路的输出波形，并和题 6.1 中的波形对比，分析电容 C1 的作用。（参考波形如题图 6.3 所示）

6.3 利用瞬态仿真分析方式分析题图 6.4 所示交通信号灯故障指示电路的逻辑功能。提示：三个输入变量 R、Y、G 用脉冲激励源模拟，瞬态分析选用默认设置参数。（参考仿真分析波形如题图 6.5 所示）

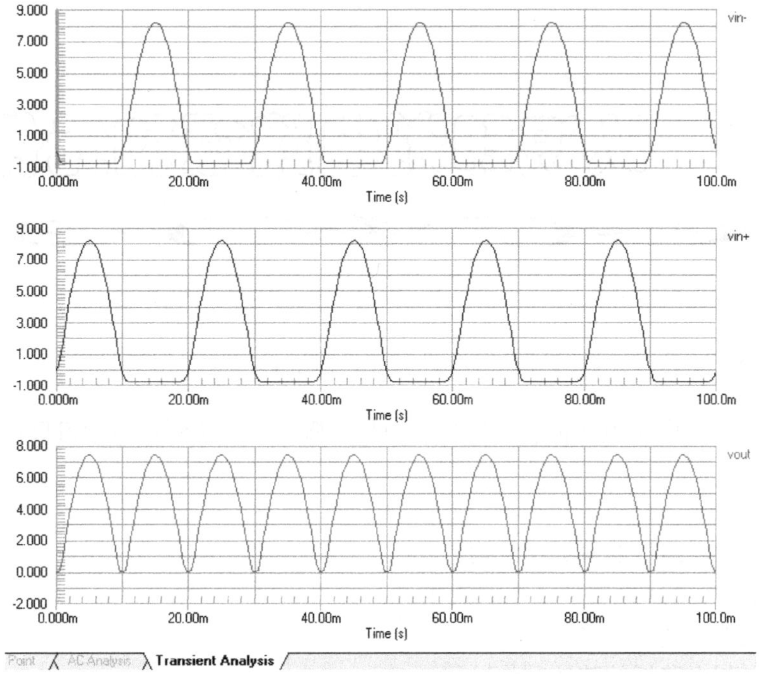

题图 6.3　全波桥式整流（无滤波时）仿真结果参考图

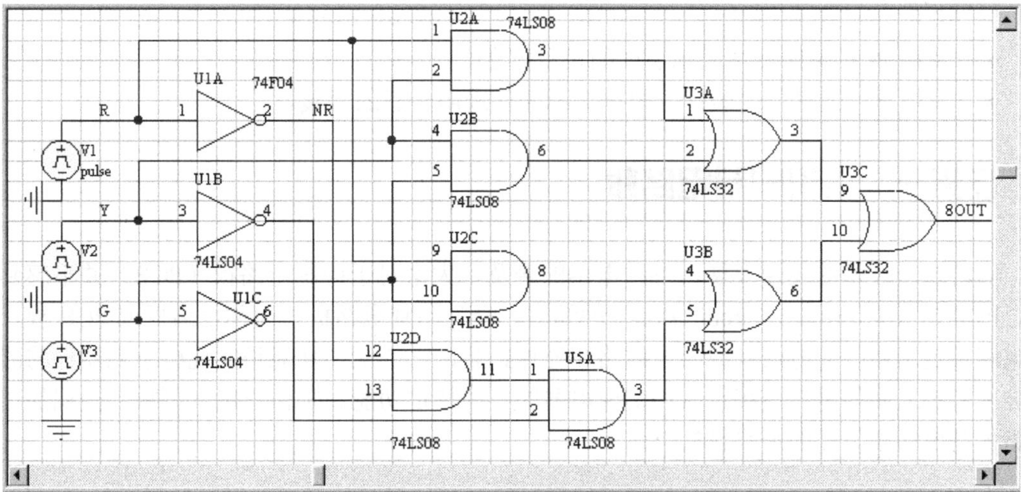

题图 6.4　交通信号灯故障指示电路

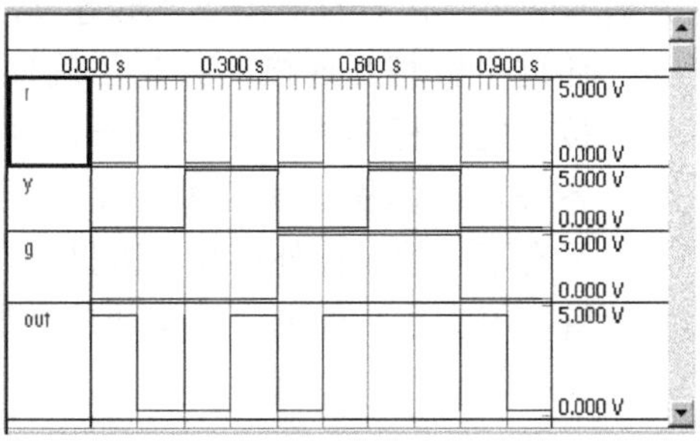

题图 6.5　瞬态分析仿真参考仿真波形

项目七　认识印制电路板和元件封装

教学目标

本项目主要讲解印制电路板和元件封装的基本概念，以达到以下学习目标。

知识目标

- 了解印制电路板的种类和结构。
- 理解 DXP 2004 编辑器中层面的概念。
- 理解元件封装的含义。
- 了解印制电路板的整体制作过程。

技能目标

- 掌握 PCB 编辑器中显示层面的设置方法。
- 掌握常用元件的封装；能根据实际元件选用合适的封装。

任务一　认识印制电路板

随着电子技术的飞速发展，各种电器的普及，大家对于印制电路板（PCB）并不感到陌生，PCB 是英文 Printed Circuit Board 的缩写，译为印制电路板，简称电路板或 PCB 板。印制电路板是用印制的方法制成导电线路和元件封装，它的主要功能是实现电子元器件的固定安装及引脚之间的电气连接，从而实现电器的各种特定功能。制作正确、可靠、美观的印制电路板是电路板设计的最终目的。

一、认识元件外形结构

元器件是实现电器功能的基本单元，它们的结构和外形各异，为了实现电器的功能必须通过引脚相互连接，并为了确保连接的正确性，各引脚都按一定的标准规定了引脚号，并且各元件制造商为了满足各公司在体积、功率等方面的要求，即使同一类型的元件又有不同的元件外形和引脚排列，如图 7.1 所示，同为数码管，但大小、外形、结构却差别很大。

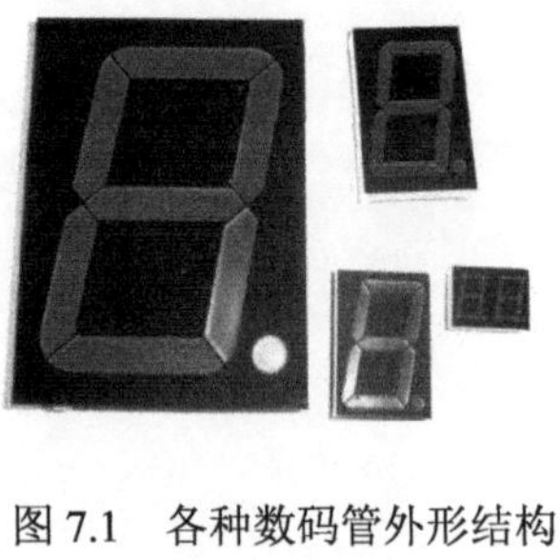

图 7.1　各种数码管外形结构

二、认识印制电路板结构

印制电路板是电子元件装载的基板，它的生产涉及电子、机械、化工等众多领域，如图 7.2（a）所示是装配好元件的功放电路板，图 7.2（b）所示是没有装配元件的功放电路板。电路板要提供元件安装所需的封装，要有实现元件引脚电气连接的导线，要保证电路设计所要求的电气特性，以及为元件装配、维修提供识别字符和图形。所以它的结构较为复杂，制作工序较为烦琐，而了解印制电路板的相关概念是成功制作电路板的前提和基础。

为了实现元器件的安装和引脚连接，我们必须在电路板上按元件引脚的距离和大小钻孔，同时还必须在钻孔的周围留出焊接引脚的焊盘，为了实现元件引脚的电气连接，在有电气连接引脚的焊盘之间还必须覆盖一层导电能力较强的铜箔膜导线，同时为了防止铜箔膜导线在长期的恶劣环境中使用而氧化，减小焊接、调试时短路的可能性，在铜箔导线上涂抹了一层绿色阻焊漆及表示元件安装位置的元件标号。

（a）安装了元件的印制电路板

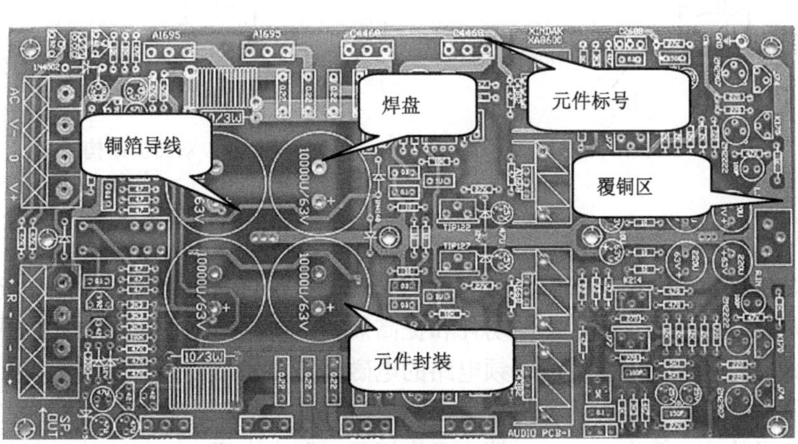

（b）没有安装元件的印制电路板

图 7.2　印制电路板样板

三、认识印制电路板种类

印制电路板的种类很多，根据元件导电层面的多少可以分为单面板、双面板、多层板。

1. 单面板

单面板在电器中应用最为广泛，其结构如图 7.3 所示，单面板所用的绝缘基板上只有一面是敷铜面，用于制作铜箔导线，而另一面只印上没有电气特性的元件型号和参数等，以便于元器件的安装、调试和维修，单面板由于只有一面敷铜面，因此无须过孔（过孔的概念见双面板）、制作简单、成本低廉，功能较为简单，在电路板面积要求不高的电子产品中得到了广泛的应用，如电视机、显示器等家用电器中为降低成本一般多采用单面板。但因为单面板只有一个导电敷铜面，所有引脚之间的电气连接导线都必须在焊锡面完成，而同一信号层面引脚之间的连接导线不能交叉短路，所以单面板的设计难度相对双面板而言要难，它要求设计人员具备丰富的实际设计经验，如有必要，可对交叉导线采用短接跳线的办法解决。

2. 双面板

随着电子技术的飞速发展，人们对于电子产品各方面的要求也越来越高，在要求电路功能更加完善、智能化程度不断提高的同时希望电子产品更加轻便，从而提高了电路板设计的元件密度，传统的单面板设计已经无法满足电子产品，特别是贴片元件电子产品的设计要求，为了从根本上突破元件连线和电路板面积的瓶颈，人们研制出了双面板。双面板的结构如图 7.4 所示，在绝缘基板的上、下两面均有敷铜层，都可制作铜箔导线，底面和单面板作用相同，而在顶面除了印制元件的型号和参数外，和底层一样可以制作成铜箔导线，元件一般仍安装在顶层，因此顶层又称为“元件面”，底层称为“焊锡面”。为了解决顶层和底层相同导线之间的连接关系，人们还制作了金属化过孔。双面板的采用有效的解决了同一层面导线交叉的问题，而过孔的采用又解决了不同层面导线的连通问题，与单面板相比，极大地提高了电路板的元件密度和布线密度。

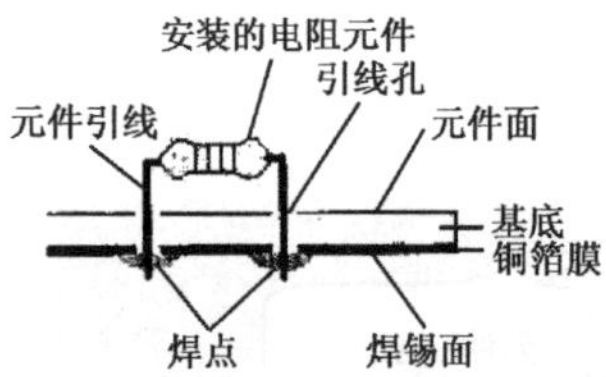

图 7.3 单面板结构图

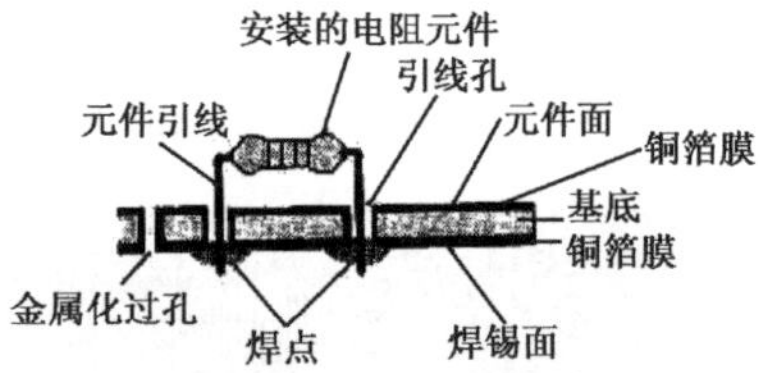

图 7.4 双面板结构图

3. 多层板

随着大规模和超大规模集成电路的应用，元件引脚数目急剧增多，电路中元件引脚的连接关系也越来越复杂，同时为了降低功耗和提高效率，电路的工作频率也成倍升高，双面板也逐渐不能满足复杂电路的连线和高频电路的电磁屏蔽要求，如计算机主板等产品的布线要求。于是出现了多层板，多层板结构复杂，它由电气导电层和绝缘材料层交替黏合而成，成本较高，导电层数目一般为 4、6、8 等，且中间层（即内电层）一般连接元件引脚数目最多的电源和接地网络，层间的电气连接同样利用层间的金属化过孔实现，如图 7.5 所示。在多层板中，可充分利用电路板多层层叠结构解决高频电路布线时的电磁干扰、屏蔽问题，同时由于内电层解决了电源和地网络的大量连线，使布线层面的连线急剧减少，因此，电路板可靠性高，面积小，在计算机主板、内存条、优盘、MP3 等产品上得到广泛使用。

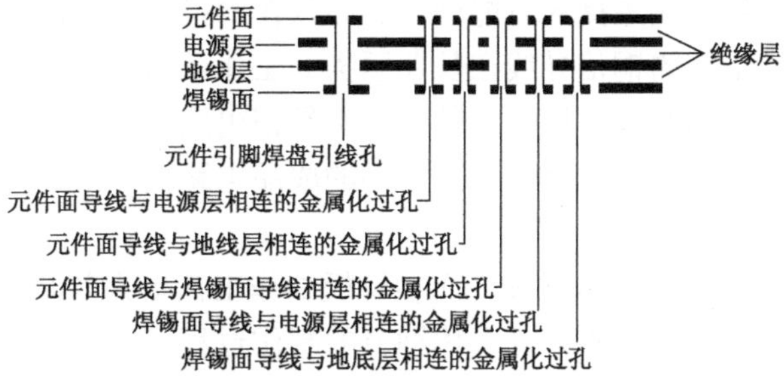

图 7.5　多层板结构图

双面板和多层板的采用极大提高了电路板的元件密度和布线密度。但制作成本也相对较高。

四、了解印制电路板的制作流程

为了能够更好的利用 DXP 2004 设计实用美观的 PCB 板，用户有必要了解 PCB 的制作工艺和流程，为 DXP 2004 中层面、规则等参数的设置打下基础。

PCB 板的生产过程较为复杂，涉及的工艺范围较广，包括机械加工、光化学、电化学等工艺和计算机辅助制造（CAM）等多方面的知识。一般我们利用 DXP 2004 将 PCB 设计出来后就直接送往 PCB 板生产厂家制造生产，所以对于具体细节的工艺要求和技术本任务不做详细讲解，只是粗略介绍印制电路板的制作流程。

单面板和双面板的一般制作过程如下：下料——丝网漏印——腐蚀——去除印料——孔加工——涂助焊剂和阻焊漆——印标注——成品分割——检查测试，如图 7.6 所示。

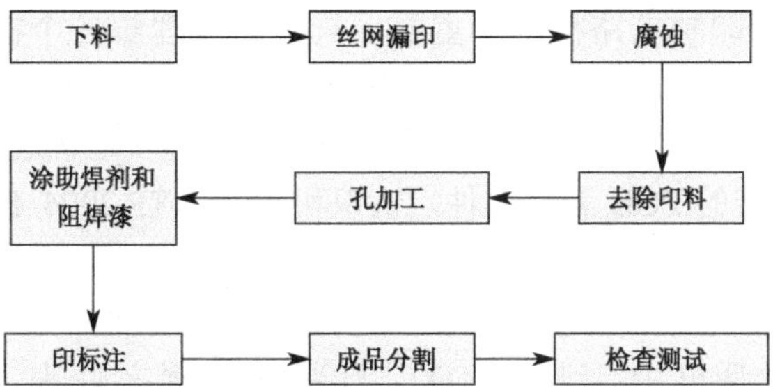

图 7.6　印制电路板一般制作过程

下料一般是指选取材料、厚度合适，整个表面铺有较薄铜箔的整张基板。将元件引脚间相连的铜箔导线利用特殊材料印制到铺有较薄铜箔的整张基板上，该特殊材料可以保证其下面的铜箔与腐蚀液隔离，将特殊材料印制到基板上的过程就是丝网漏印。接下来将丝网漏印后的基板放置在腐蚀化学液中，将裸露出来的多余铜箔腐蚀掉，接下来再利用化学溶液将保留下来铜箔上的特殊材料清洗掉。以上步骤就制作出了裸露的铜箔导线。

为了实现元件的安装，还必须为元件的引脚提供安装孔，利用数控机床在基板上钻孔。对于双面板而言，为了实现上下层导线的互连，还必须制作过孔，过孔的制作较为复杂，钻孔后还必须在过孔中电镀上一层导电金属膜，该过程就是孔加工。

经过以上步骤后，电路板已经初步制作完成，但为了更好的装配元件和提高可靠性，还必须在元件的焊盘上涂抹一层助焊剂，该助焊剂有利于焊盘与元件引脚的焊接。而在焊接过程中为了避免和附近其他导线短接的可能性，还必须在铜箔导线上涂上一层绿色的阻焊漆，同时阻焊漆还可保护其下部的铜箔导线在长期恶劣的工作环境中不被氧化腐蚀。

为了元件装配和维修的过程中识别元件，还必须在电路板上印上元件的编号及其他必要的标注。随后将整张制作完成的电路板分割为小的成品电路板。最后还要对电路板进行检查测试。

以上是单面板和双面板的制作过程，而多层板制作工艺更为复杂。当然，各个 PCB 板生产厂家根据规模和技术设备的不同，具体细节的制作过程可能不完全相同。

任务二　认识和设置 DXP 2004 中印制电路板的层面

知识链接：层面的基本概念

从印制电路板的制作流程中可以了解到，为了制作出各种不同类型的实用电路板，我们需要向电路板厂家提供各种必须的信息，如电路板的层数、导线的连接关系、焊盘的位置和大小等。下面介绍利用 DXP 2004 制作印制电路板时所需的各种参数和信息，首先引入层面的基本概念。

印制电路板的铜箔导线是在一层（或多层）敷着整面铜箔的绝缘基板上通过化学反应腐蚀出来的，元件标号和参数是制作完电路板后印制上去的，因此在加工、印制实际电路板过程中所需要的板面信息，在 DXP 2004 的 PCB 编辑器中都有一个独立的层面（Layers）与之相对应。电路板设计者通过层面（Layers）给电路板厂家提供制作该板所需的印制参数，因此理解层面对于设计印制电路板至关重要，只有充分理解各个板层的物理作用及它和 DXP 2004 中层面的对应关系，才能更好的利用 PCB 编辑器进行电路板设计。某些层面的概念比较抽象，读者可以结合实际电路板和后面项目的学习逐步理解这些概念。

打开 DXP 2004 自带的 PCB 范例文件，认识和学习 DXP 2004 PCB 编辑器中的层面。具体操作如下。

（1）打开范例文件。单击主工具栏中的按钮（或执行菜单命令【文件】/【打开】），在弹出的打开文件对话框中，选择 DXP 自带的范例文件夹“Examples”（路径为“C:\Program Files\Altium2004\Examples”），选择“PCB Auto-Routing”文件夹，打开“PCB Auto-Routing.PrjPCB”项目后，双击“Routed BOARD 1.pcbdoc” PCB 文件，在显示区域将显示已经制作好的双面板，如图 7.7 所示。

（2）设置单层显示模式。为了更进一步理解各层面的作用，改变 PCB 编辑器的显示模式。执行菜单命令【工具】/【优先设定】，弹出如图 7.8 所示的 PCB 编辑器显示模式对话框，选中【Display】项，将【单层模式】复选框选中，单击【确认】按钮。

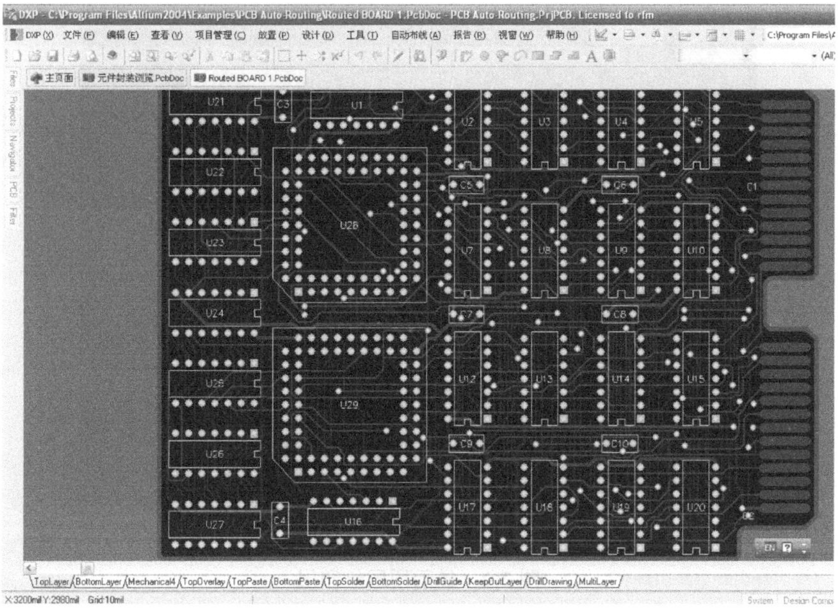

图 7.7　打开已经制作好的双面板

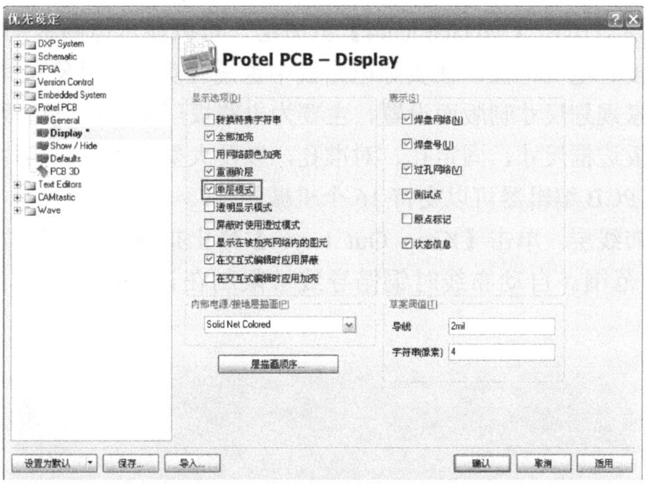

图 7.8　PCB 编辑器显示模式对话框

（3）认识顶层。此时可以看到显示区中的电路板已经变为单层显示模式，当前显示的层面为【Top Layer】顶层信号层，其铜箔导线默认为红色。顶层主要用在双面板、多层板中制作顶层铜箔导线，元件引脚安插在本层面焊孔中，焊接在底层焊盘上，在实际电路板中又称为元件面，表面贴装元件也尽可能安装于顶层。

（4）认识底层。单击【Bottom Layer】底层信号层，其铜箔导线默认为蓝色。底层又称为焊锡面，主要用于制作底层铜箔导线，它是单面板唯一的布线层，也是双面板和多面板的主要布线层。

（5）认识顶层丝印层。单击【Top Overlayer】顶层丝印层，显示元件外形、编号及元件在电路板中的布局情况，如图 7.9 所示。

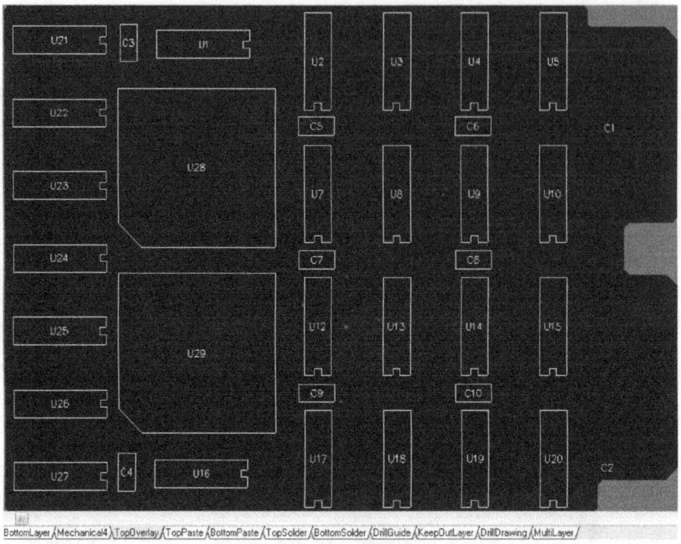

图 7.9　显示顶层丝印层

丝印层主要通过丝印的方式将元件的外形、序号、参数等说明性文字印制在元件面（或焊锡面），以便于电路板装配过程中插件（即将元件插入焊盘孔中）、产品的调试、维修等。

（6）认识机械层。单击【Mechanical4】机械层，可以显示电路板的边框形状及尺寸等参数信息。机械层没有电气特性，在实际电路板中也没有实际的对象与其对应，是 PCB 编辑器便于电路板厂家规划尺寸制版而设置，主要为电路板厂家制作电路板时提供所需的加工尺寸信息，如电路板边框尺寸、固定孔、对准孔，以及大型元件或散热片的安装孔等尺寸标注信息，DXP 2004 PCB 编辑器可以支持 16 个机械层。

（7）认识禁止布线层。单击【Keep Out Layer】禁止布线层，一般位于电路板边框，用于限制铜箔导线的范围。自动布线时铜箔导线被限制在该层导线限制的区域范围内，如图 7.10 所示。

图 7.10　显示禁止布线层

（8）认识复合层。单击【Multi Layer】复合层，一般用于提供焊盘和过孔等信息，如

图 7.16 所示。

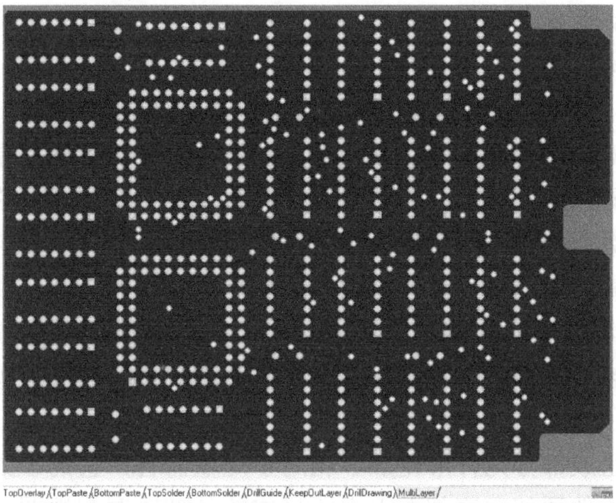

图 7.11　显示复合层

理解各层面的作用后，将 PCB 编辑器的显示模式恢复为多层复合显示模式，即不选中图 7.8 中的【单层模式】复选框。

任务三　认识元件封装

知识链接：元件封装的基本概念

元件封装是指在 PCB 编辑器中为了将元器件固定、安装于电路板，而绘制的与元器件引脚相对应的焊盘、元件外形等，由于它的主要作用是将元件固定、焊接在电路板上，因此它对焊盘大小、焊盘间距、焊盘孔大小、焊盘序号等参数有非常严格的要求。元器件的封装、元器件实物、原理图元件引脚序号三者之间必须保持严格的对应关系，如图 7.12 所示，否则直接关系到制作电路板的成败和质量。

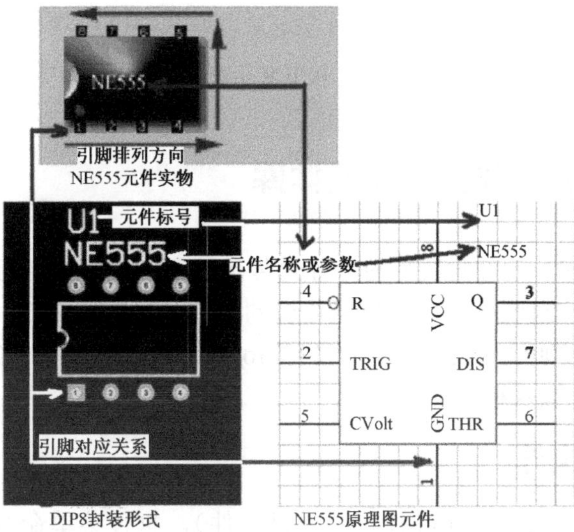

图 7.12　元件封装与元件实物、原理图元件的对应关系

小技巧

一般双列直插集成电路元件封装的第一脚焊盘为方形，以便于元件安装和检测，与此对应集成块表面的第一脚位置有小点标志。

由图 7.12 可知，元件封装一般由两部分组成：焊盘和外形轮廓，其中最关键的组成部分是和元件引脚一一对应的焊盘，它的形状和参数如图 7.13 所示。焊盘的作用是将元件引脚固定焊接在电路板的铜箔导线上，因此它的各参数直接关系到焊点的质量和电路板的可靠性，一般包含如下参数： X-尺寸、Y-尺寸、孔径、标识符、形状等。在 PCB 编辑器中双击焊盘，即可打开焊盘属性对话框，可以修改或设置焊盘各属性。在元件封装中除了焊盘本身的参数至关重要外，焊盘之间的相对位置参数也必须严格和元件实物引脚之间距离保持一致，否则在进行元件装配、焊接时将可能存在元件无法安装等严重问题，因此元件封装的合理选择非常重要。

元件封装的另一组成部分为外形轮廓，相对于焊盘而言，它的参数要求没有焊盘参数那么严格，一般就是从元件顶部向底部看下去所形成的外部轮廓俯视图，它一般在顶层丝印层（Top Overlay）绘制，默认颜色为黄色。外形轮廓主要用于标志元件在电路板上所占面积大小和安装极性，从而便于元件的整体布局，同时还便于元件的安装。

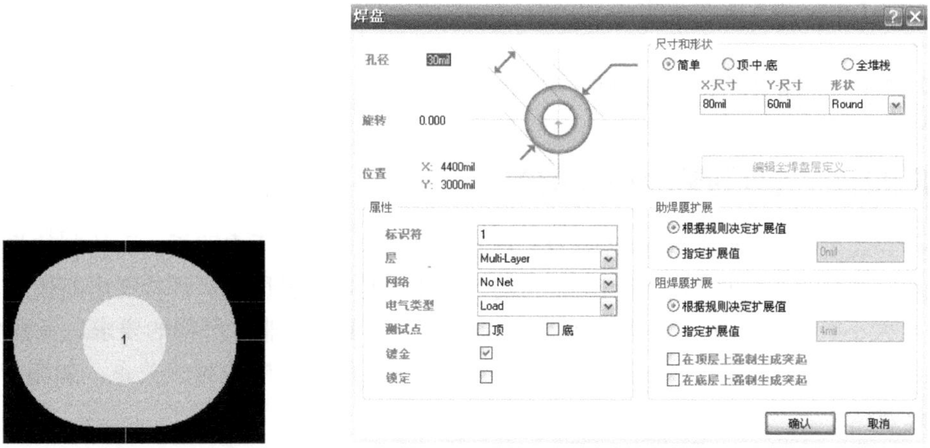

（a）PCB 板中的焊盘　　（b）焊盘属性对话框

图 7.13　PCB 板中的焊盘

任务四　添加和浏览 PCB 元件库

熟练了解 DXP 2004 元件封装库的各种封装是正确、快速的为元件选用合适封装的前提，而合适的选择元件封装是成功制作电路板的第一步。DXP 2004 中常见的元器件封装库，基本上都在 DXP 2004 安装目录下的“*:\Program Files\Altium 2004\Library\Pcb”目录下，读者可按以下方法加入和浏览元件库。

一、新建 PCB 文件

在新建项目文件并保存后（或打开原项目文件），执行菜单命令【文件】/【创建】/【Pcb 文件】，将新建 PCB 文件，进入 PCB 编辑器。建立 PCB 文件后，可看到项目管理器中多了一个默认文件名为PCB1.PcbDoc的文件，单击工具栏中的保存按钮可将其另命名保存。

二、浏览封装库

（1）单击工作区右上方的【元件库】标签，打开元件库面板，如图 7.14 所示。可以看到当前选定元件的默认引脚封装。

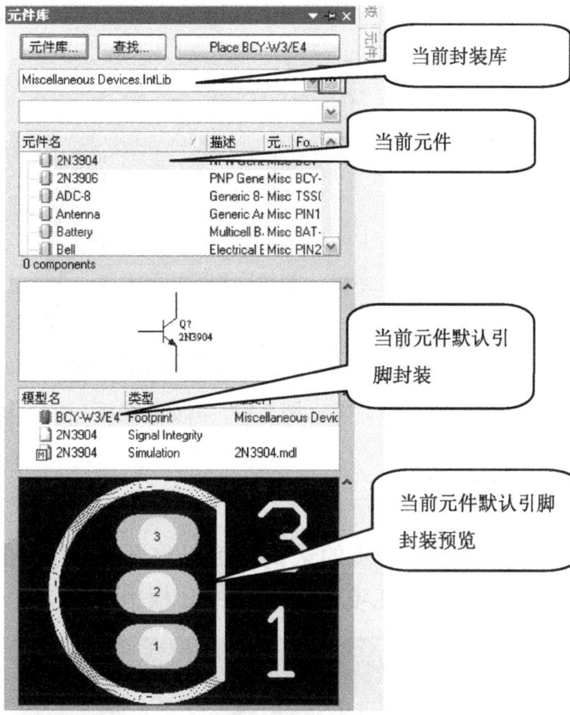

图 7.14　元件库面板

（2）在图 7.14 中单击按钮，弹出如图 7.15 所示显示元件库类型对话框，选中【封装】复选框后单击【Close】按钮。

（3）此时可以看到元件库下拉列表框中，原 Miscellaneous Devices.IntLib 集成元件库已经分为 Miscellaneous Devices.IntLib[Component View]（原理图元件库）和 Miscellaneous Devices.IntLib[Footprint View]（封装元件库）两个库，选择 Miscellaneous Devices.IntLib [Footprint View]库，如图 7.16 所示。

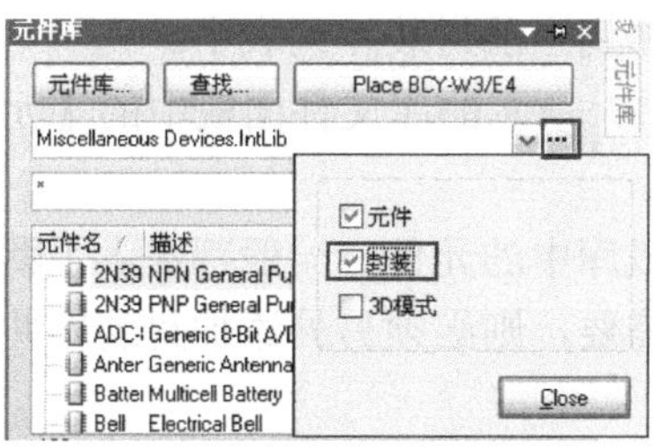

图 7.15　选中封装复选框

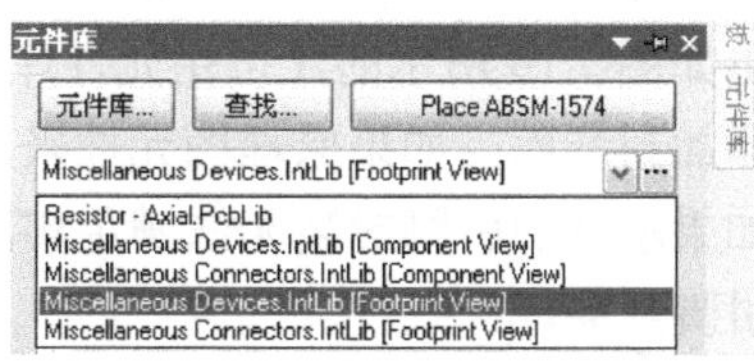

图 7.16　选择元件封装库

（4）利用【↑】按键和【↓】按键浏览 Miscellaneous Devices.IntLib[Footprint View]封装库，如图 7.17 所示。

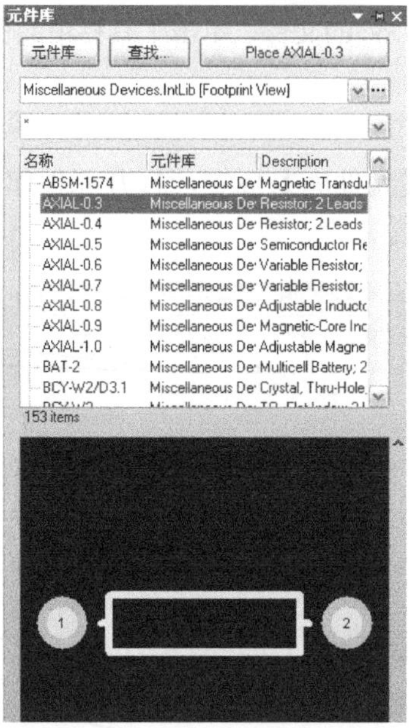

图 7.17　浏览封装库

三、放置元件封装

为了对元件封装有更进一步的认识，可以将图 7.17 中的封装放置到 PCB 板中，如图 7.18 所示将电阻封装 AXIAL-0.3 放置到 PCB 板中。

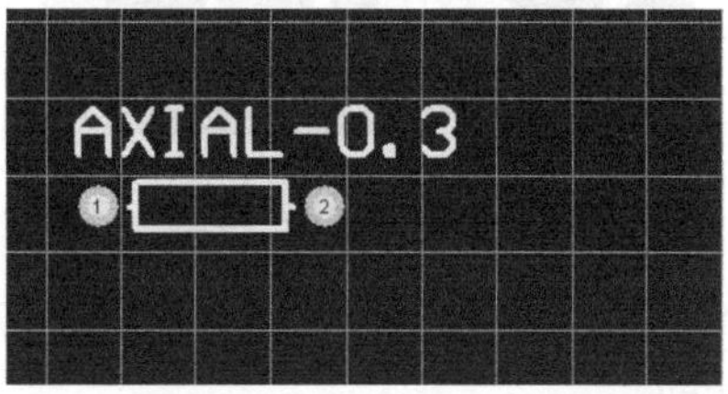

图 7.18　放置到 PCB 板中的电阻封装 AXIAL-0.3

四、添加、删除封装库

除了常用元件集成库 Miscellaneous Devices.IntLib 外，DXP 2004 还提供了很多专门用于每类元件封装的封装库，通过以下方法可以将其添加到当前封装库列表中。

（1）打开添加、移除元件库对话框。单击图 7.17 所示的库文件面板中的【元件库…】按钮，弹出如图 7.19 所示的【可用元件库】对话框。

（2）添加封装库。如果原理图元件采用的是集成库中的元件，一般都提供了默认的引脚封装，但如果默认的引脚封装无法满足实际元件的需要，则必须另外添加封装库并为元件指定合适的引脚封装。

添加、移除封装库的方法和项目二中添加、移除原理图元件库的方法相同。在图 7.19 所示的【可用元件库】对话框中单击【安装…】按钮，弹出选择封装库对话框，如图 7.20 所示，DXP 2004 的 PCB 封装库默认在“C:\Program Files\Altium 2004\Library\Pcb”目录下，选中要添加的封装库，如选择专用的电阻封装库“Resistor - Axial.PcbLib”。

图 7.19 添加、移除元件库

提示

DXP 的 PCB 封装库目录下包含了丰富的各种类型元件的专用封装库，如专用于电阻、电容、贴片元件等的封装库，可以分别添加并进行浏览。

（3）单击【打开】按钮即可将选中的封装库添加到元件库列表中。关闭元件库列表后，就可以看到元件库中已经添加了电阻封装库，如图 7.21 所示。

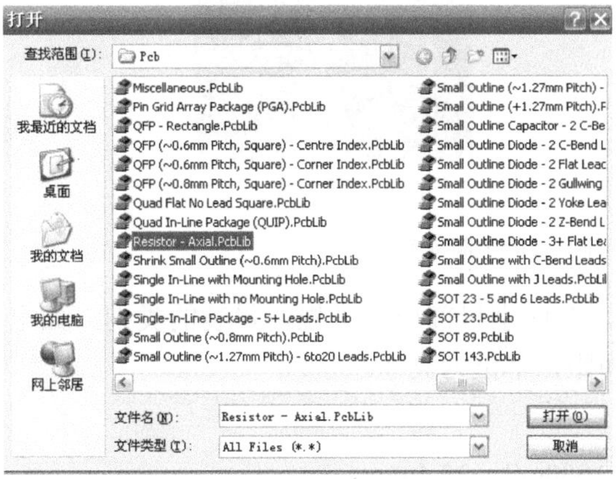

图 7.20 选择电阻封装库

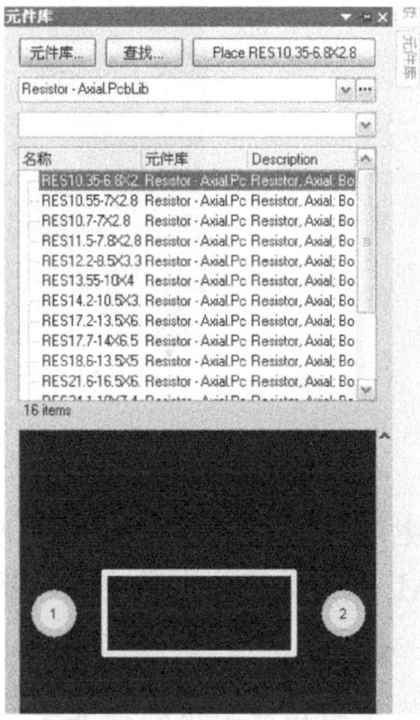

图 7.21 浏览电阻封装库

提示

通过对比可以发现专用元件封装库中的封装比通用库中的封装更多、更全面。

任务五 认识常用直插式元件封装

由于电子技术的飞速发展，电子元器件的种类日益增多，每一种又分为很多品牌和系列，而每个系列的产品封装又不尽相同，即使是同一类元件，不同的生产厂家提供的产品也可能有不同的封装，因此，合理选取元器件的封装是成功制作电路板的前提条件，需要制作者具有一定的实际经验，这也是初学者容易忽视的地方，应在学习过程中注意总结积累。为了让读者对各种封装有一个初步的认识与了解，下面介绍常用元器件的元件封装，为电路板的实际制作打下基础。

分立元件出现的时间最早，种类也最多，应用范围也最广，虽然现在集成元件的集成度不断提高，大规模集成电路大量普及，电路中分立元件的数量不断下降，但这主要针对半导体元件而言（如三极管、二极管等），而对于某些元件（如大电容、大电感等）由于体积、功率和元件本身特性等原因无法集成到集成块内部，因此选择分立元器件封装非常重要，几乎每块电路板都会或多或少使用到分立元件。

为了使读者理解常用元件的封装，为电路板制作过程中合理选择元件封装打下基础，下面我们将首先对各常用直插式元件的封装进行介绍。

一、电阻

电阻是各电路中使用最多的元件之一，编号一般以 R 开头，根据功率不同，体积也差别很大，如图 7.22 所示，小的如 1/8W 电阻体积只有米粒大小，而大的功率电阻，如某些电器电源部分的限流或取样电阻的体积超过七号电池，因此不同体积的电阻，应根据实际大小选择合适的封装。

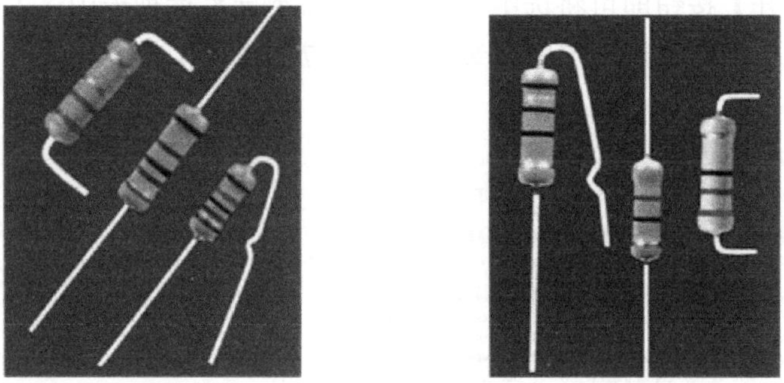

（a）精密电阻　　（b）碳膜电阻

图 7.22　各种类型的电阻实物

电阻元件封装命名一般由两部分组成，前面字母部分用于规定封装的类别，如电阻为 AXIAL，后面部分为数字，一般代表焊盘间距，单位为英寸。

提示

英寸和其他单位的换算关系：1 英寸＝1000mil＝25.4mm。

因此封装 AXIAL-0.4 表示该封装为电阻，焊盘间距为 0.4 英寸（＝400mil＝10.16mm＝1.016cm）。根据体积不同，电阻封装可以从 AXIAL-0.3～AXIAL-1.0，如图 7.23 所示。

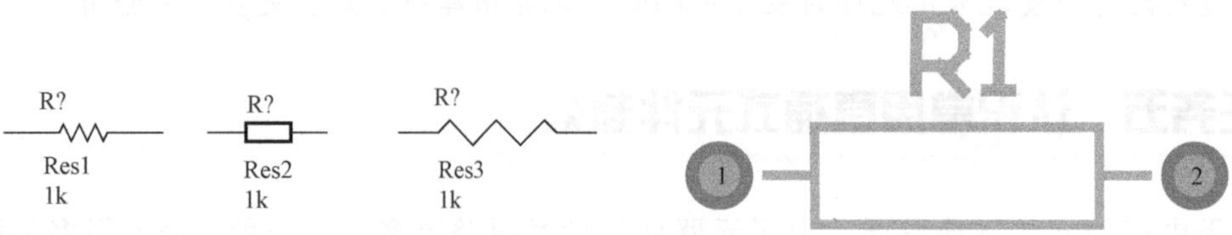

图 7.23　电阻原理图元件符号 Res1～Res3，封装 AXIAL-0.3

提示

电阻封装当然也可以选用专用电阻封装库“Resistor - Axial.PcbLib”中的封装。

二、电容

电容在电路中也使用较多，一般根据材料的不同可分为无极性电容和有极性电容（如电解电容），编号一般都以 C 开头。

1. 无极性电容

无极性电容原理图库元件名称为“CAP”或“CAP2”，根据容量不同，体积外形也差别较大，如图 7.24 所示。

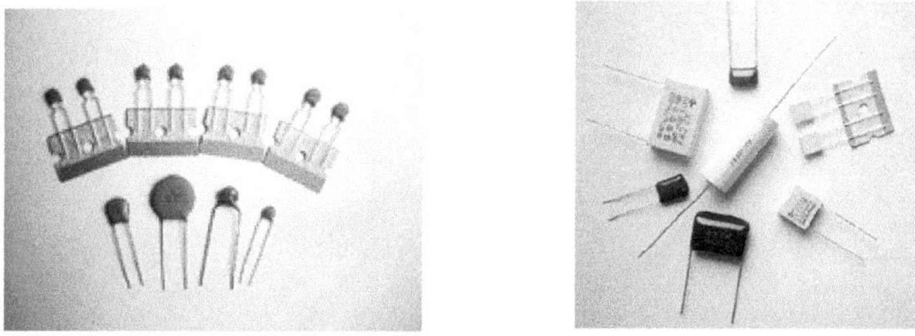

（a）圆盘形陶瓷电容　　（b）塑胶电容

图 7.24　各种类型的无极性电容实物

无极性电容元件封装命名由两部分组成：对于 RAD 系列数字部分和电阻一样代表焊盘间距，单位为英寸，根据体积不同，可以从 RAD-0.1～RAD-0.4 进行选择。

对于 CAPR 系列，第一个数字代表焊盘间距，但单位为毫米（mm），如 2.54 表示焊盘点间距为 2.54mm，第二和第三个数字表示元件外形轮廓尺寸（长×宽，单位 mm）。如图 7.25 所示为无极性电容原理图元件符号，以及可选的无极性电容封装。

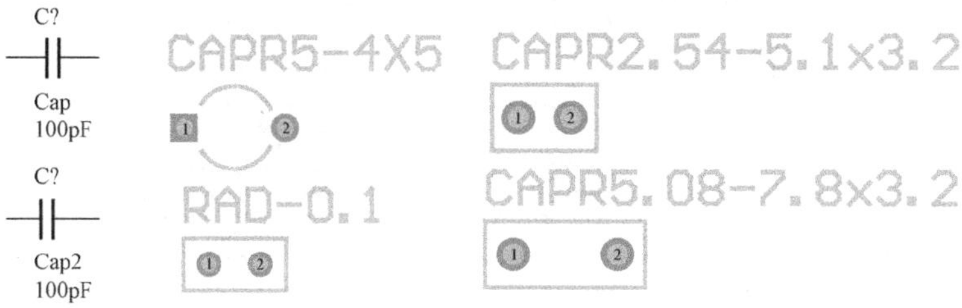

图 7.25　无极性电容原理图元件符号和可选封装

2. 有极性电容

图 7.26　各种类型的电解电容实物

有极性电容（如电解电容）根据容量和耐压的不同，体积差别很大，如图 7.26 所示。

电解电容的引脚封装也由两部分组成，字母部分为 CAPPR 或 RB，其中 CAPPR 系列第一个数字表示焊盘间距（单位为 mm），有 1.27、1.5、2、5、7.5 等几种选择，第二和第三个数字表示元件外形轮廓尺寸。RB 系列第一个数字表示焊盘间距（单位为 mm），第二个数字表示电解电容的圆筒外径。如图 7.27 所示为电解电容的可选原理图符号和可选封装。

提示

RB5-10.5 没有正极标识“+”，因此可以用于电感等圆形无极性元件的封装，如果用于电解电容等有极性元件，必须在电路板上添加正极标识。

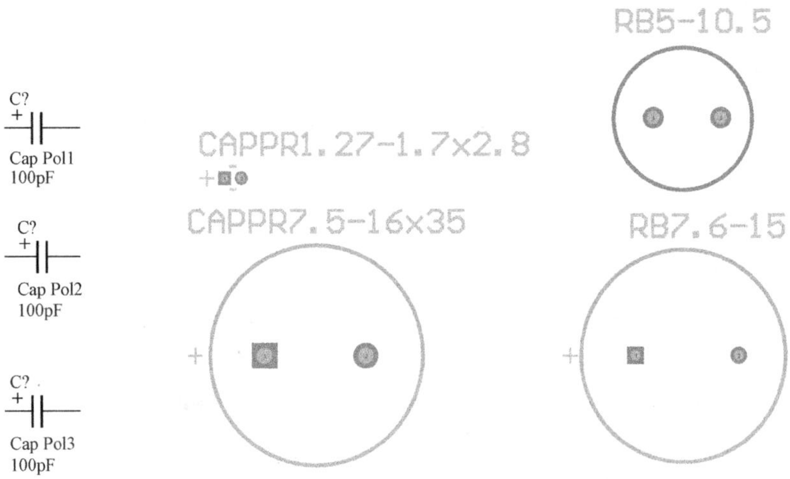

图 7.27　电解电容的原理图符号和封装

提示

DXP 为电容提供的专用封装库很多，如图 7.28 中所有以“Capacitor”开头的库均是各种类型的电容封装库。

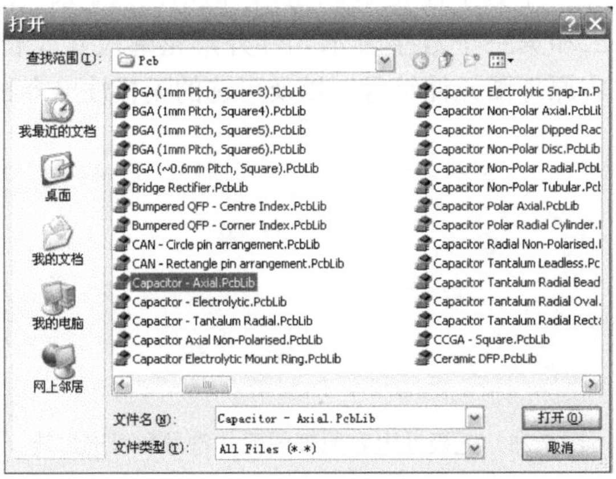

图 7.28　各种类型的专用电容封装库

三、二极管

二极管编号一般以 D 开头，根据功率不同，体积和外形差别很大，如图 7.29 所示。

二极管常用的封装有 DIODE0.4（小功率）、DIODE0.7（大功率）及 DIO*.*系列，其中 DIO*.*系列第一个数字表示焊盘间距（单位为 mm）。如图 7.30 所示为二极管原理图元件符号和封装。注意，二极管为有极性元件，封装外形上画有短线（或粗线）的一端代表负端，与实物二极管外壳上表示负端的白色或银色色环相对应。

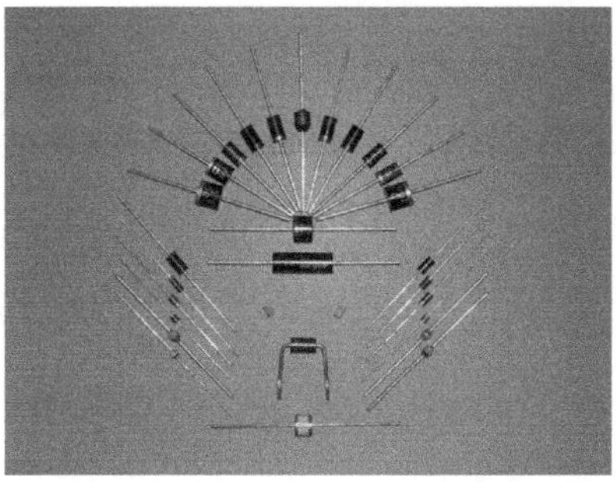

图 7.29　各种二极管实物

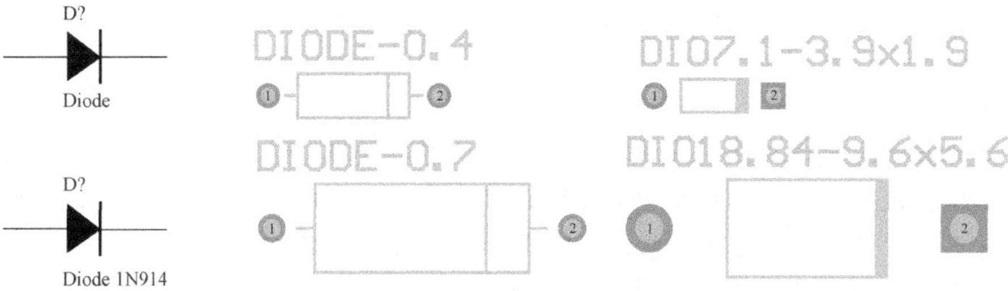

图 7.30　二极管原理图元件符号和封装

四、三极管

三极管在结构上分为两种类型，一种为 PNP 型，另一种为 NPN 型，在原理图库元件中常用名称为 PNP、PNP1 或 NPN、NPN1，标号一般以“Q”或“T”开头，根据功率不同，其体积和外形差别较大，常用的塑封外壳三极管如图 7.31 所示。小功率塑封三极管封装一般有 BCY-W3 系列，中、大功率的可采用 SFM 系列。

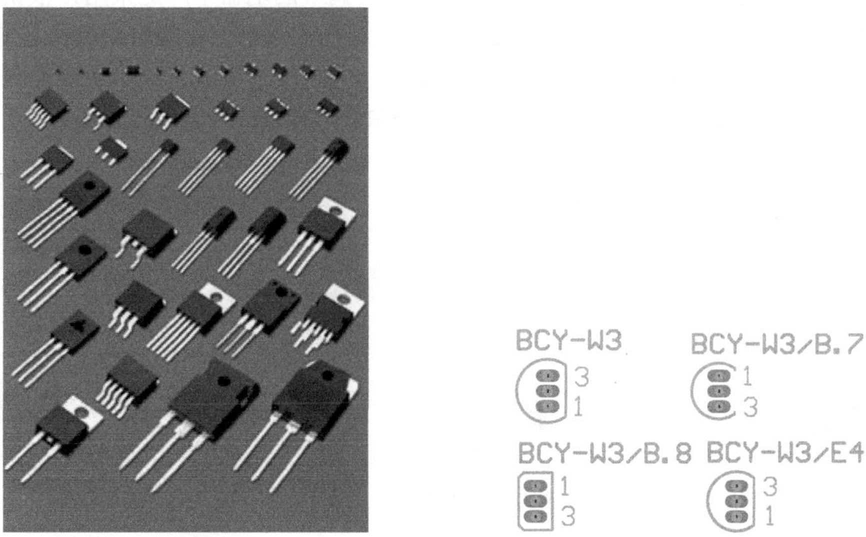

（a）外形　　（b）BCY 系列三极管封装

图 7.31　各种塑封外壳三极管及封装

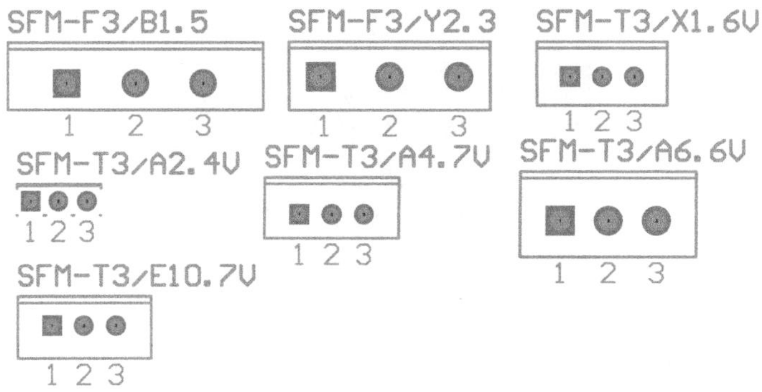

（c）SFM 系列三极管封装

图 7.31　各种塑封外壳三极管及封装（续）

提示

（1）三极管为有极性元件，应注意引脚之间的对应关系，原理图符号和 PCB 封装对于某些进口三极管是对应的，但对于一部分国产三极管则有可能不合适，可以采用修改引脚封装的方法对三极管的焊盘序号进行修改，使其和原理图、实物相一致。

（2）各元件在选择封装时主要考虑元件的安装、定位和焊接，不考虑其内部结构和材料，即不管三极管是 PNP 型或 NPN 型，是锗材料或是硅材料，只要焊盘参数、引脚序号对应，均可采用相同的三极管封装。

（3）三极管封装中的后缀数字不再像前面元件封装一样表示焊盘间距，而是用于表示外形的不同，只是封装中相互区分的代号而已。

五、电位器

电位器实际就是一个可调电阻，在电阻参数需要调节的电器中广泛采用，根据材料和精度不同，在体积外形差别很大，如图 7.32 所示。原理图库中电位器的常用名称是 RPOT1 和 RPOT2，常用的封装为 VR 系列，从 VR3～VR5，如图 7.33 所示，这里后缀的数字也只是表示外形的不同，而没有实际尺寸的含义，其中 VR5 一般为精密电位器封装。

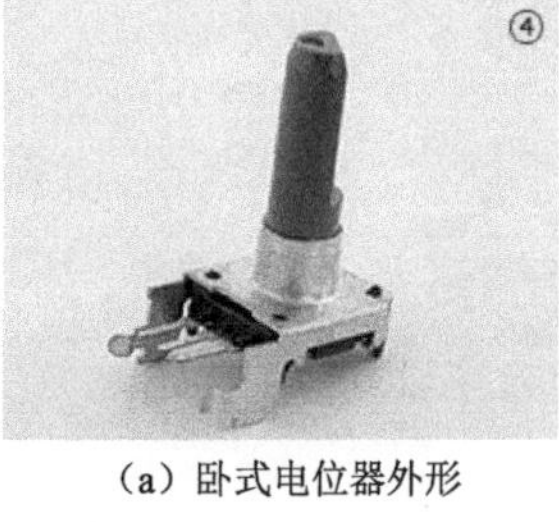

（a）卧式电位器外形

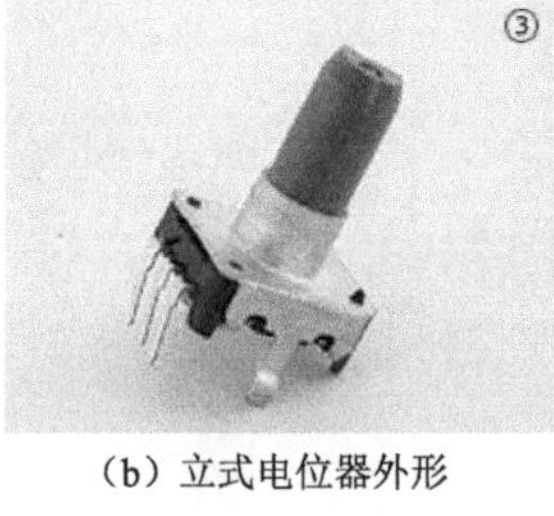

（b）立式电位器外形

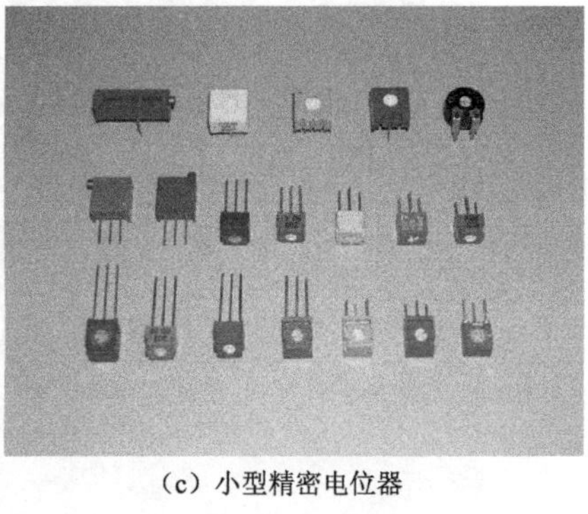

（c）小型精密电位器

图 7.32　各种电位器实物

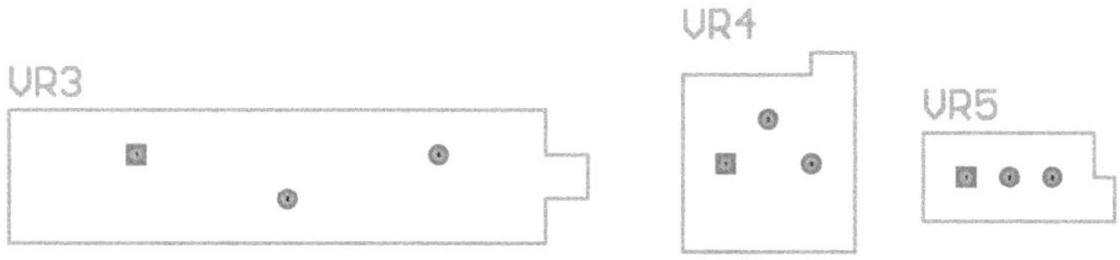

图 7.33 电位器封装

六、场效应管

场效应管在外形上和塑封三极管极为相似，如图 7.34 所示。在原理图库元件中场效应管的常用名称为 JFET-N（N 沟道结型管）、JFET-P（P 沟道结型管）、MOSFET-N（N 沟道增强型管）、MOSFET-P（P 沟道增强型管）等，常用的封装和塑封三极管一样，但应注意引脚序号和焊盘序号的对应问题。

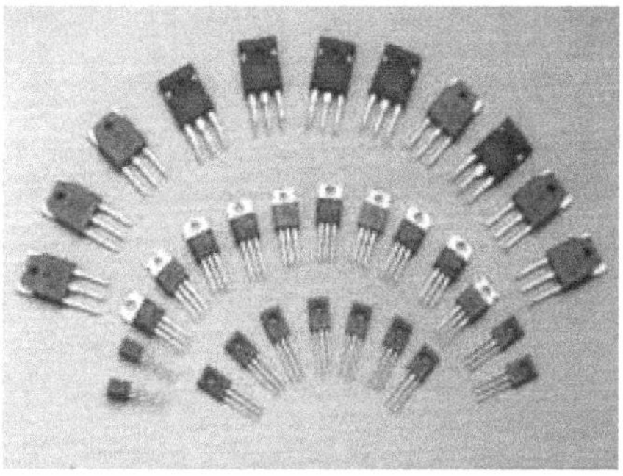

图 7.34 各种场效应管实物

七、单列直插元件

单列直插元件用于不同电路板之间电信号连接的单列插座、单列集成块等。如图 7.35（a）所示是单列集成块的外形。单列插座和插头的原理图符号如图 7.35（b）所示，位于 Miscellaneous Connectors.IntLib 接插件集成元件库中，它们常用的封装一般采用“HDR1×* ”系列，“*”表示引脚数量，如图 7.35（c）所示。

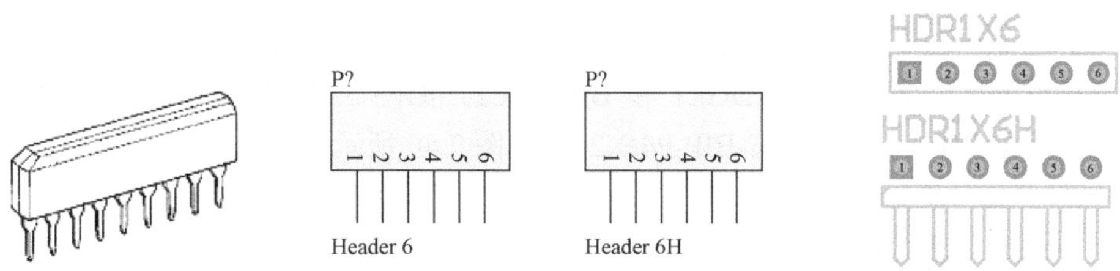

(a) 单列集成块　(b) 单列插座和插头的原理图符号　(c) 单列封装

图 7.35 单列直插元件和封装

八、双列直插元件

常见的双列直插元件如种类繁多的双列直插集成块和双列插座、插头。双列直插集成块依据功能不同，它们在原理图库元件中的名称也不尽相同，如数字电路中的与门 74LS20、模拟电路中的比较器 LM339 等。它们常用的封装一般采用“DIP－*”系列，“*”表示引脚数量，如图 7.36 所示为双列直插集成块和封装。

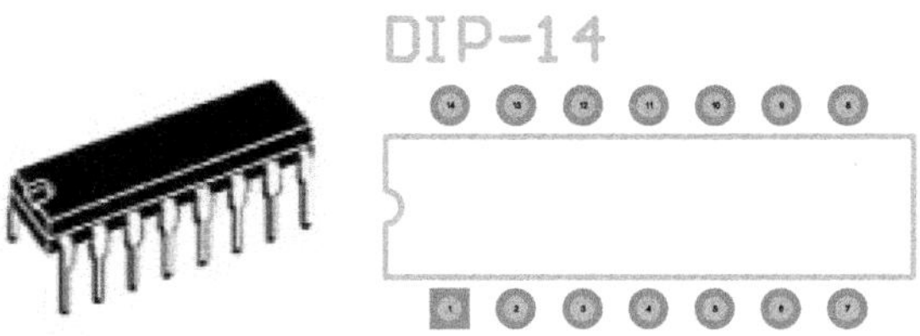

图 7.36 双列直插集成块和封装

双列插座和插头的原理图符号和封装如图 7.37 所示。

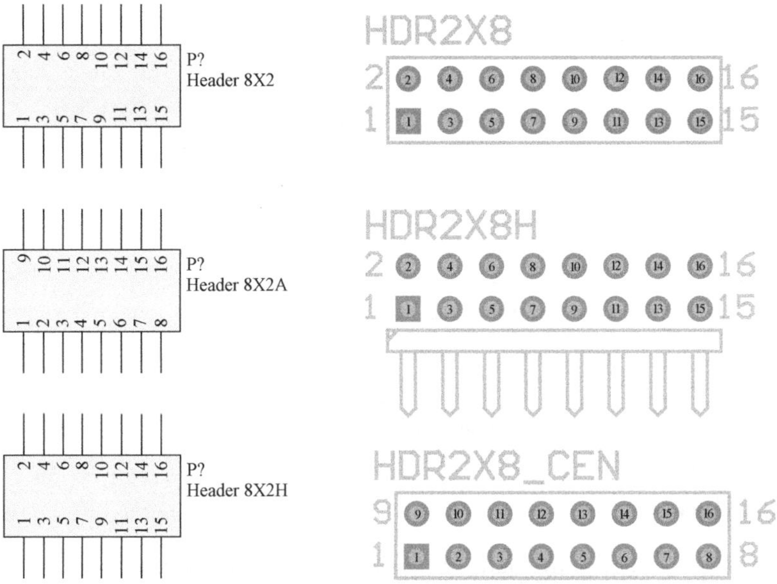

图 7.37 双列插座和插头的原理图符号和封装

九、整流桥堆

整流桥堆是电源电路中常用的整流元件。外形有方形和圆形，如图 7.38 所示。在原理图中整流桥堆的常用名称为 BRIDGE1 和 BRIDGE2，如图 7.39 所示。依据外形不同，常用的封装可选用 E-BIP-P4/D10 和 E-BIP-P4/X21，如图 7.40 所示。

图 7.38 各种整流桥堆

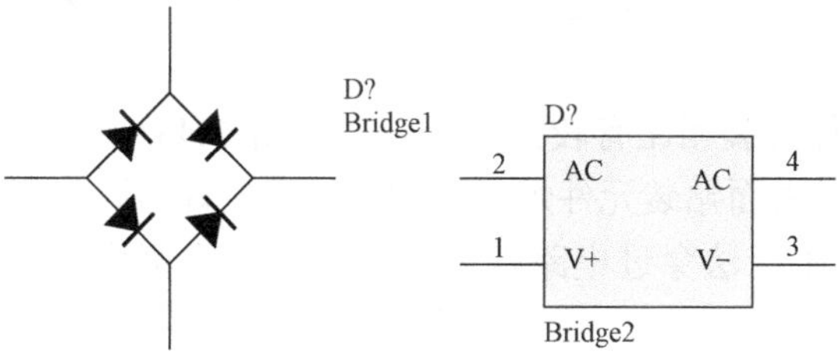

图 7.39　整流桥堆原理图元件

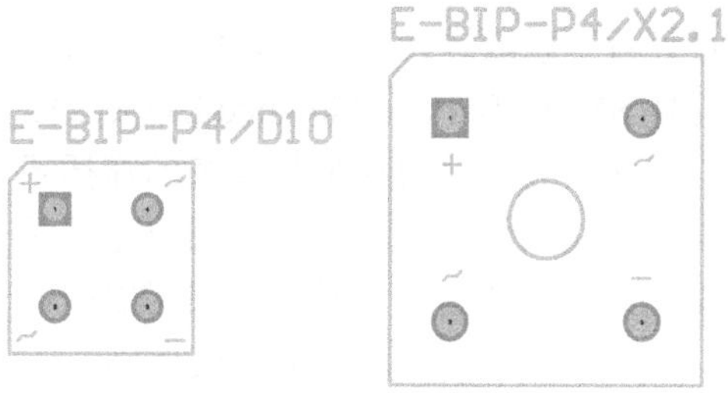

图 7.40　各种整流桥堆封装

提示

（1）应检查整流桥堆封装中焊盘序号和原理图元件中引脚序号的对应关系，如果不对应也要根据实际情况修改封装焊盘序号后才能使用。

（2）DXP 2004 的 PCB 封装库目录下，有一个专用的整流桥堆封装库 Bridge Rectifier.PcbLib。

十、晶体振荡器

晶体振荡器一般用于单片机等含振荡时钟的电路中，在原理图中名称为 XTAL，外形有圆柱形和长方形两种，如图 7.41 所示。依据外形不同，常用的封装可选用 BCY-W2/D3.1 等，如图 7.42 所示。

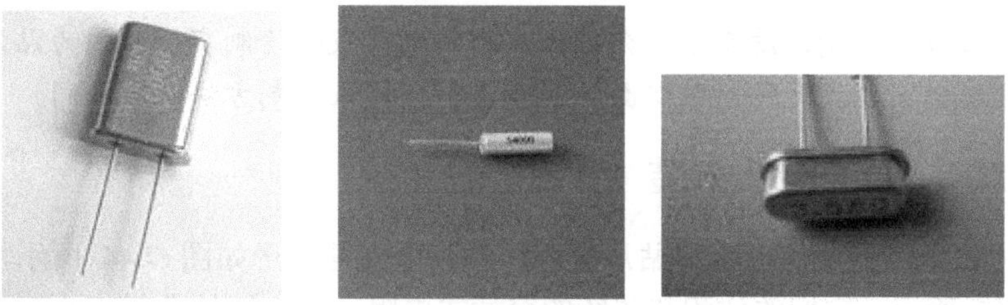

图 7.41　各种晶体振荡器

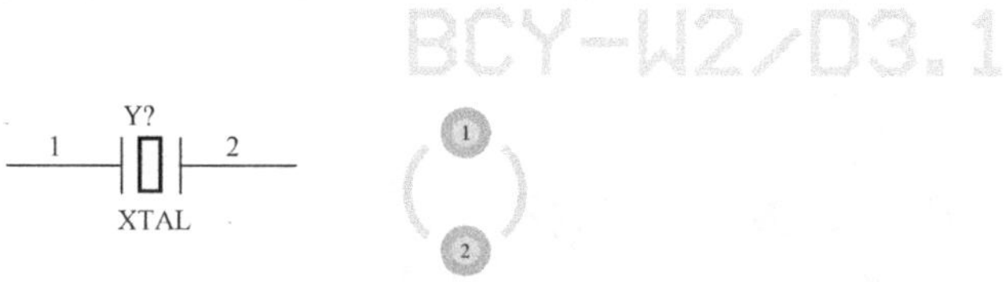

图 7.42　晶体振荡器原理图符号和封装

提示

DXP 2004 的 PCB 封装库目录下，有一个专用的晶体振荡器封装库 Crystal Oscillator.PcbLib。

任务六　认识常用表面贴装元件封装

知识链接：表面贴装元件

随着电子技术的发展，人们对于电子设备的便捷性和智能化要求越来越高，从而导致了电路板的复杂程度越来越高，但面积却越来越小，因此电路板的元件密度不断提高，促使芯片设计者不断改进元件的封装技术，缩小元件的体积，正是在这种技术要求下产生了表面贴装元件 SMD（Surface Mounted Devices）。

表面贴装元件的封装与传统的穿插式元件封装相比有较大的区别，如图 7.43 所示是采用表面贴装元件的电路板。由图中可以看出，表面贴装元件焊盘中间不再需要焊盘孔，因为表面贴装元件没有引脚或引脚非常细小，根本无法穿过电路板。另外，焊盘不再位于复合层，而直接位于信号层（顶层或顶层）。

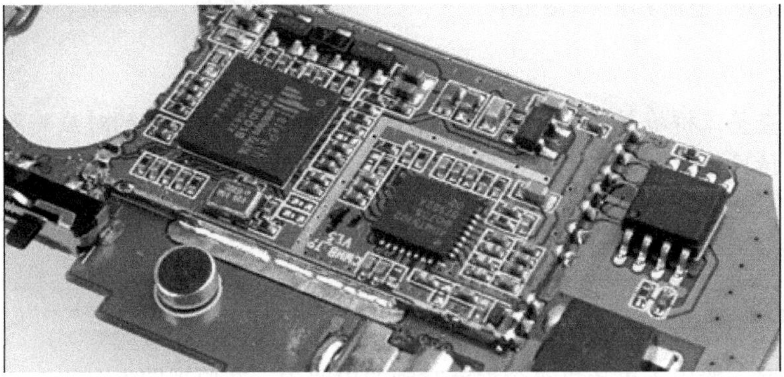

图 7.43　采用表面贴装元件的电路板

提示

本书由于篇幅的限制，没有专门介绍贴装元件电路板的绘制实例，因为贴装元件电路板绘制方法与传统的穿插式元件封装双面（或多层）电路板绘制方法基本相同。

一、片状元件（Chip）封装

常用的片状元件有贴片电阻和贴片电容，贴片电阻的外形如图 7.44 所示，贴片电容的外形如图 7.45 所示。它们的体积和传统的穿插式电阻、电容比较非常细小，小的甚至比芝麻还要小，已经没有元件引脚，两端白色的金属端直接通过锡膏与电路板的表面焊盘相连。

图 7.44　各种形状的贴片电阻

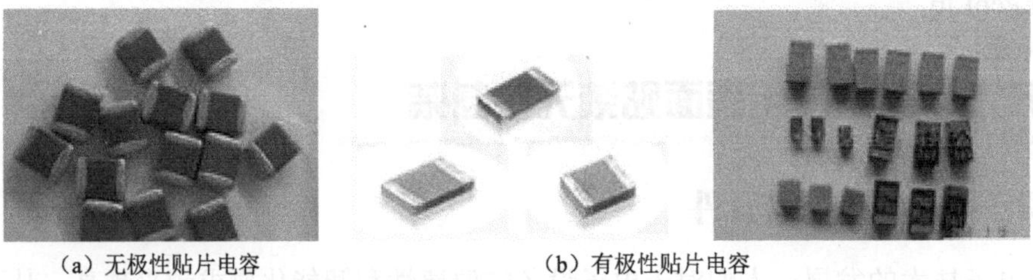

（a）无极性贴片电容　　（b）有极性贴片电容

图 7.45　各种形状的贴片电容

从图 7.44 和图 7.45 中可以看出，贴片电阻和贴片电容在外形上非常相似，因此封装外形上也非常相似，常用贴片电阻、电容的封装如图 7.46 所示。封装位于 DXP 2004 默认路径下的 Chip Capacitor - 2 Contacts.PcbLib 和 Miscellaneous Devices.IntLib 封装库中。

图 7.46　常用贴片电阻、电容的封装

其后面数字部分，如 2012-0805 表示的是封装的尺寸，2012 是公制单位，0805 是英制单位。一般数字前两位表示焊盘间距，后两位为焊盘大小，如 2012-0805 表示焊盘间距大约是 80mil（2mm），焊盘大小大约是 50mil（1.2mm），当然表示的只是大约的尺寸。

小技巧

一般情况下，贴片电容、电阻外形尺寸与封装可以按以下对应关系选取：

0402＝1.0×0.5　　0603＝1.6×0.8　　0805＝2.0×1.2　　1206＝3.2×1.6

1210＝3.2×2.5　　1812＝4.5×3.2　　2225＝5.6×6.5

而对于电阻而言，封装尺寸可以根据功率大小来选取：

0201 1/20W　　0402 1/16W　　0603 1/10W　　0805 1/8W　　1206 1/4W

二、贴片二极管封装

常用贴片二极管和封装图如图 7.47 所示。其中较尖的一头为二极管的负极。封装位于 DXP 2004 默认路径下的 Small Outline Diode - 2 Gullwing Leads.PcbLib 封装库中。

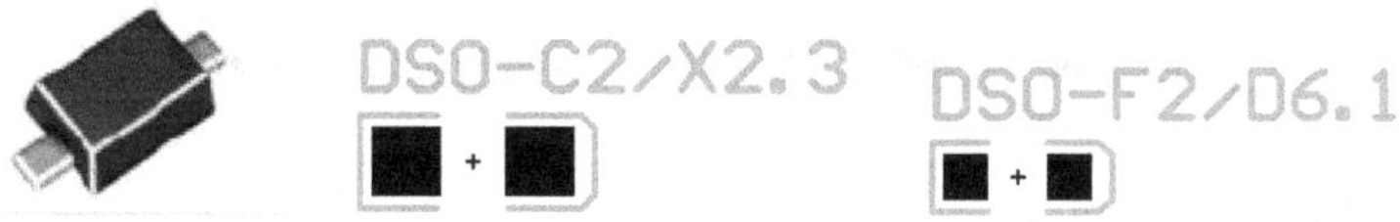

图 7.47　贴片二极管和封装图

三、贴片三极管、场效应管、三端稳压器等的封装

一般贴片三极管、场效应管、三端稳压器等元件外形非常相似，只要尺寸基本相同，引脚极性相配，就可以使用相同的封装。常用贴片三极管、场效应管、三端稳压器的外形和封装如图 7.48 所示。

（1）SOT 23 系列。一般小功率、小体积 3 引脚封装的可以采用 SOT23 系列封装，如图 7.48（a）所示。封装位于 DXP 2004 默认路径 PCB 库下的 SOT 23.PcbLib 封装库中。

（2）SOT 223 系列。功率、体积较大 4 引脚封装的可以采用 SOT223 系列封装，如图 7.48（b）所示。封装位于 DXP 2004 默认路径 PCB 库下的 SOT 223.PcbLib 封装库中。

（3）SOT 89 系列。另一种功率较大的 3 引脚封装为 SOT89 系列，如图 7.48（c）所示。封装位于 DXP 2004 默认路径 PCB 库下的 SOT 89.PcbLib 封装库中。

（4）SOT 143、SOT 343、SOT 23-5 和 SOT 23-6 系列，其封装如图 7.47（d）所示。

提示

以下封装为贴片集成元件封装。

（a） SOT23 系列

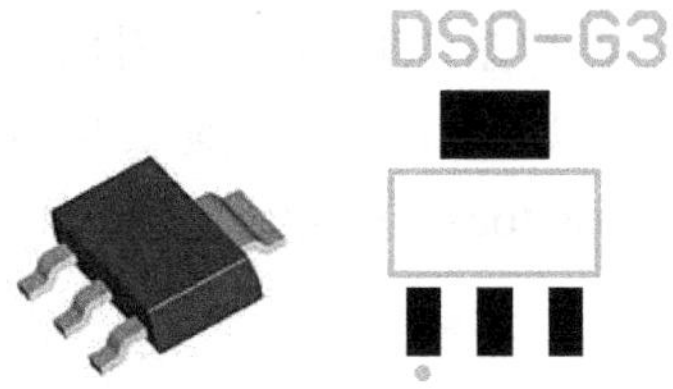

（b） SOT223

（c） SOT89

（d）SOT143、SOT343、SOT23-5 和 SOT23-6 系列

图 7.48　三极管、场效应管、三端稳压器等的封装

四、小尺寸封装（SOP）

小尺寸封装（Small Outline Package，SOP）的元件外形和封装图如图 7.49 所示，元件的两面有对称的引脚，引脚向外张开（一般称为鸥翼型引脚）。

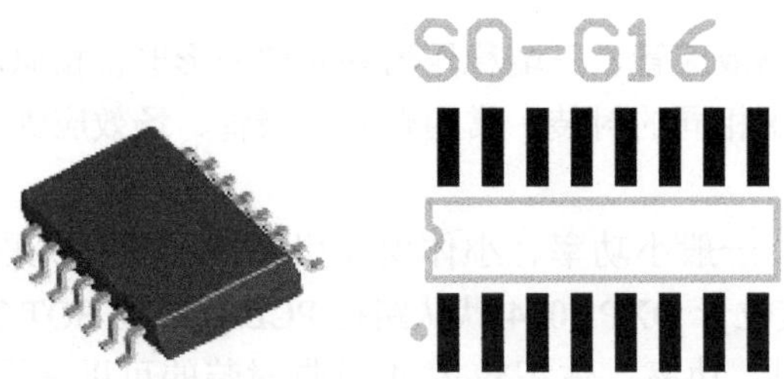

图 7.49　SOP 封装的元件外形和封装图

SOP 封装的应用范围很广，始于 20 世纪 70 年代末期，而且以后还派生出 J 型引脚小尺寸封装（SOJ）、薄小尺寸封装（TSOP）、甚小尺寸 SOP 封装（VSOP）、缩小型 SOP 封装（SSOP）、薄的缩小型 SOP 封装（TSSOP）及小尺寸集成电路（SOIC）等，在集成电路封装中起到了举足轻重的作用。

1. SOJ 封装

SOJ 封装的元件外形和封装图如图 7.50 所示，元件的两面有引脚，而且引脚向元件底部弯曲（称为 J 型引脚），其封装库位于 DXP 2004 默认路径下的 Small Outline with J Leads.PcbLib 封装库中。

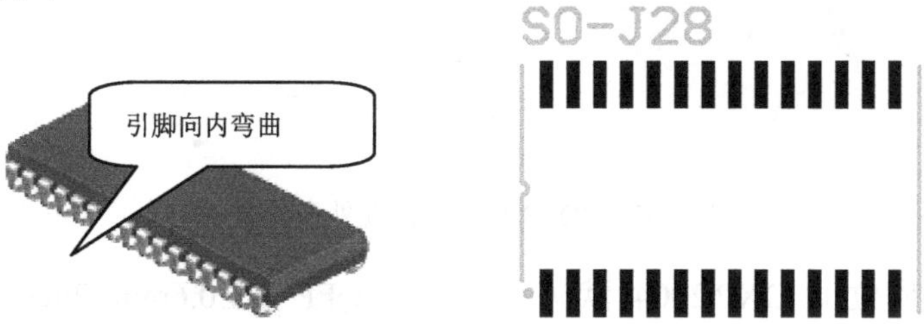

图 7.50　SOJ 封装的元件外形和封装图

2. 缩小型 SOP 封装（SSOP）

SSOP 封装的元件外形和封装图如图 7.51 所示，其封装库位于 DXP 2004 默认路径下的 Shrink Small Outline（±0.6mm Pitch）.PcbLib 封装库中，±0.6mm Pitch 表示引脚间距为 0.6mm。

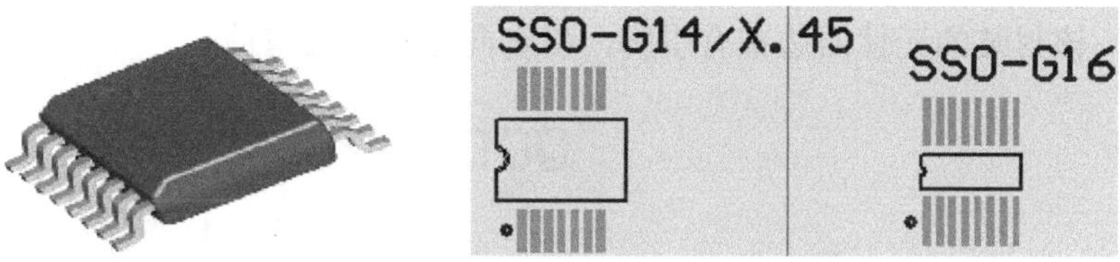

图 7.51　SSOP 封装的元件外形和封装图

3. 薄小尺寸封装（TSOP）

TSOP 封装的元件外形和封装图如图 7.52 所示，其中 12×20 表示封装尺寸，G48 表示引脚数，P.5 表示焊盘间距。其封装库位于 DXP 2004 默认路径下的 TSOP（0.4mm Pitch）.PcbLib、TSOP（0.5mm Pitch）.PcbLib、TSOP（±0.6mm Pitch）.PcbLib 封装库中。

图 7.52　TSOP 封装的元件外形和封装图

其他的 SOP 系列封装在外形上和以上几种基本相同。

五、塑料方形扁平式封装（PQFP）

塑料方形扁平式封装（Plastic Quad Flat Package，PQFP）的元件外形和封装图如图 7.53 所示。该封装的元件四边都有引脚，引脚向外张开，该封装在大规模或超大规模集成电路封装中经常被采用，因为它四周都有引脚，所以可以使引脚数目较多，而且引脚距离也很短。

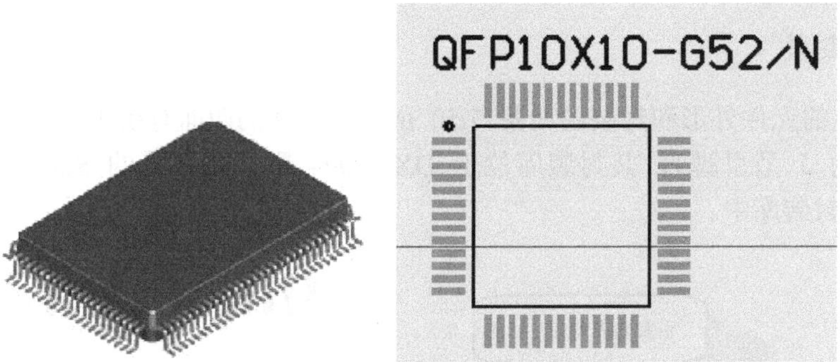

图 7.53 PQFP 封装的元件外形和封装图

PQFP 封装库位于 DXP 2004 默认路径下的 QFP（±0.6mm Pitch, Square）- Corner Index.PcbLib、QFP（±0.6mm Pitch, Square）- Centre Index.PcbLib、QFP - Rectangle.PcbLib 封装库中，Corner Index 表示第一脚从封装的左上角开始，而 Centre Index 表示第一脚从封装的顶边中心开始，Rectangle 表示封装为矩形，Square 表示封装为正方形。

六、塑料有引线芯片载体封装（PLCC）

塑料有引线芯片载体封装（Plastic Leaded Chip Carrier，PLCC）的元件外形和封装图如图 7.54 所示，该封装的元件四边都有引脚，引脚向芯片底部弯曲。

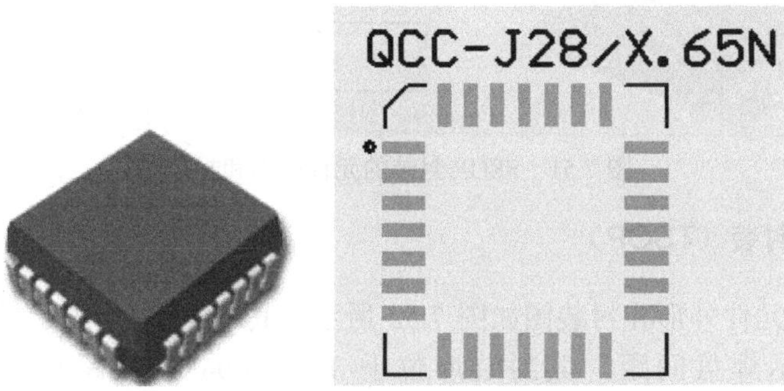

图 7.54 PLCC 封装的元件外形和封装图

PLCC 封装库位于 DXP 2004 默认路径下的 Leaded Chip Carrier（Square）- Corner Index.PcbLib、Leaded Chip Carrier（Square）- Centre Index.PcbLib、Leaded Chip Carrier - Rectangle.PcbLib 封装库中，Corner Index 表示第一脚从封装的左上角开始，而 Centre Index 表示第一脚从封装的顶边中心开始，Rectangle 表示封装为矩形，Square 表示封装为正方形。

任务七 了解 PCB 板设计流程

利用 DXP 2004 进行电路板设计的最终目的是设计出正确、可靠、美观的 PCB 电路板。在进行具体的 PCB 板设计前，我们有必要了解利用 DXP 2004 进行 PCB 板设计的一般工作流程，这样才能在具体设计制作过程中做到目的明确、提高效率、少走弯路。

PCB 板设计的整体流程是一个系统的过程，其中有些步骤和环节是环环相扣、相互影响的，有时还要和原理图一起综合考虑，如 PCB 设计时必须考虑元件引脚封装是否和原理图元件引脚序号一致等。总之，读者必须牢固树立一个观念，我们设计的是一块用来实际装配、焊接的电路板，而并非在计算机上画画图而已，一个小小的错误将可能导致成批的电路板失效报废。通常情况下，从接到设计要求到最后制成电路板，一般要经历以下几个步骤（带“*”为可选步骤），如图 7.55 所示。

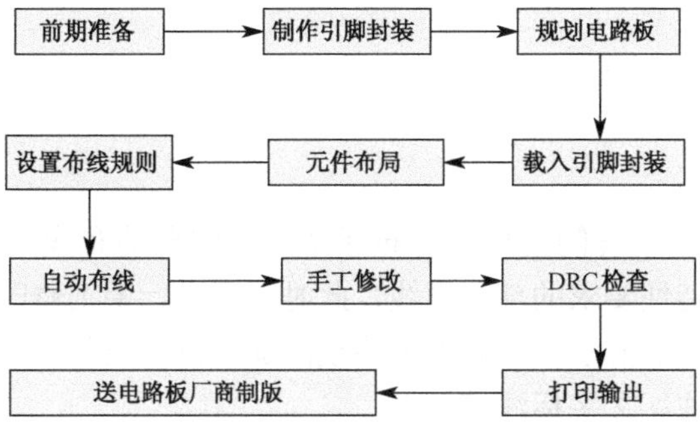

图 7.55 PCB 板设计流程

1. PCB 板制作前期准备

在进行 PCB 板实际制作之前，必须做好各方面的准备工作。例如，确保原理图绘制正确，根据实际元件为各原理图元件输入合适的引脚封装；根据电器外壳尺寸或设计要求规划电路板的形状和尺寸；根据电路板元件密度高低和布线复杂程度确定电路板的种类；测量电路中有定位要求元件的定位尺寸，如电位器、各种插孔距离、电路板边框的距离、安装孔的尺寸和定位等。

2. 制作 PCB 元件引脚封装（*）

对于较为特殊的元件，如果 PCB 封装库中找不到合适的封装，就必须设计、制作、调用自制的 PCB 元件封装。

3. 新建 PCB 文件，规划电路板

从该步骤起，正式进入 PCB 板设计阶段，应根据元件多少、产品尺寸、设计要求等规划电路板尺寸。电路板尺寸应尽量符合国家标准，可以采取向导和手工绘制的方法绘制电路板，一般采用向导的方法自动产生电路板可以降低设计难度。

4. 载入元件引脚封装和网络

在规划好电路板后，就可以载入元件引脚封装和网络，一般在载入元件引脚封装和网络时可能会碰到各种错误，此时应根据各错误提示，回到原理图中进行修改，再重新载入元件引脚封装和网络，直到错误排除。

5. 元件布局

载入元件引脚封装和网络后，就可以根据布局原则进行自动布局和手工调整，使元件的位置符合产品布局要求，并方便布线。

6. 设置布线规则

在元件布局完成后，就可以进行布线工作了，布线一般采取自动布线和手工布线相结合的方式。在自动布线前必须设置自动布线规则，确定布线层面、导线宽度等参数，为自动布线作准备。

7. 自动布线

设置好布线规则后，就可以运行自动布线命令。

8. 手工修改

一般自动布线过程中系统侧重导线的布通率，导致自动布线结果必然存在导线弯曲过多、过长等不符合电气特性要求的部分导线，此时必须进行手工修改，同时根据实际需要和提高抗干扰能力与可靠性的要求，可以给电路板添加敷铜、安装孔、补泪滴等，还要修改和添加元件标注、尺寸标注、文字标注等。

9. DRC 设计规则检查

在设计完成后，可以运行 DRC 设计规则检查，查看电路设计是否满足前面设置的布线等设计规则，如果有违反规则的对象，还必须进行修改。

10. 打印输出图纸和报表（*）

为了更好地制作电路板，方便元件采购、焊接和装配，可以打印出 PCB 板图，产生必要的报表文件。

11. 送电路板厂商制版

电路板设计完成后，可以根据制作的数量送电路板厂商制版。

上机实训：浏览 PCB 元件引脚封装

1. 上机任务

新建 PCB 文件，并添加、浏览 Miscellaneous Devices.IntLib 及其他封装库的引脚封装，理解和设置 DXP 2004 PCB 编辑器中各层面。

2. 任务分析

浏览并熟悉常用元件的封装非常重要，在浏览过程中最好结合任务五的内容分类型进行浏览。

3. 操作步骤和提示

（1）新建工程文件，并保存为“浏览封装.PrjPCB”。
（2）新建 PCB 文件，并保存为“浏览封装.PcbDoc”。
（3）分别浏览任务五介绍的 10 种常用直插式元件的引脚封装，并在 PCB 图纸中放置如

图 7.56 所示引脚封装，并说明各封装分别适用于哪些元件。

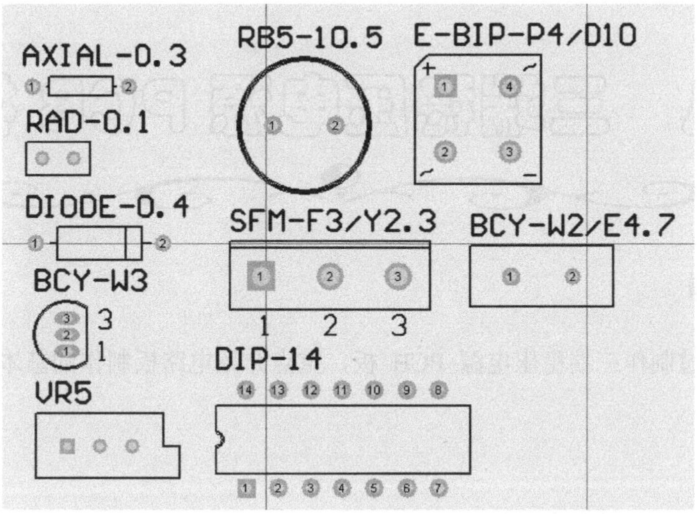

图 7.56　各种封装图

（4）理解 DXP 2004 PCB 编辑器中各层面的含义。

本项目小结

本项目是 PCB 板制作的前提和基础，对于 PCB 板实际制作起着至关重要的作用。本项目首先讲解了印制电路板的种类和结构，然后与实际电路板对照引出 DXP 2004 PCB 编辑器中层面的概念；其次与实际元件对照讲解了元件封装的含义，介绍了常用元件的封装；最后讲解了印制电路板的整体设计过程。

习题 7

7.1 简述丝印层、机械层、禁止布线层的作用。

7.2 打开 DXP 2004 PCB 编辑器，设置显示层面为底层信号层、丝印层、机械层和禁止布线层。

7.3 打开 DXP 2004 PCB 编辑器，添加和浏览 Miscellaneous Devices.IntLib 封装库，初步认识各常用元件封装。

7.4 找一块实际电路板，进一步理解各层面的概念及和实际电路板的对应关系，理解元件封装、焊盘、焊盘孔、过孔、导线等概念。

7.5 简述印制电路板的整体设计过程。

项目八　三端稳压电源 PCB 板设计

教学目标

本项目将通过制作三端稳压电源 PCB 板，重点介绍电路板制作的基本过程，以达到以下学习目标。

知识目标

- 理解主要布线规则的含义。

技能目标

- 掌握 PCB 元件引脚封装的更改方法。
- 掌握利用向导规划电路板的方法。
- 掌握引脚封装和网络的载入方法。
- 掌握元件布局的方法。
- 掌握主要布线规则的设置方法，自动布线的操作方法。

任务一　确定元件封装

本项目将通过制作项目二相对应的三端稳压电源 PCB 板，重点介绍电路板制作的基本过程，为设计制作较为复杂的电路板打下基础。在进行 PCB 板制作前，必须先绘制好原理图并确定合适的引脚封装。

一、绘制原理图

三端稳压电源原理图如图 8.1 所示，具体的绘制过程请参考项目二。读者先新建项目“三端稳压.PrjPCB”，并新建原理图文件“三端稳压.SchDoc”，添加常用的集成元件库 Miscellaneous Devices.IntLib 和常用接插件集成库 Miscellaneous Connectors.IntLib，利用前面项目二介绍的原理图绘制技能绘制图 8.1。

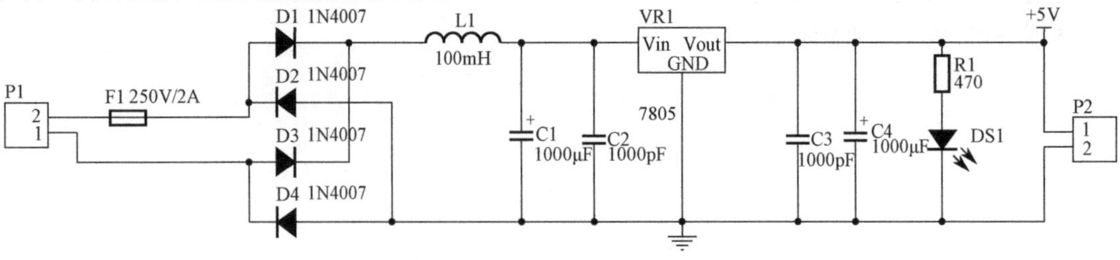

图 8.1　三端稳压电源原理图

提示

也可打开原来项目二绘制的原理图。

二、确定合适的元件封装

确定元件封装虽然是在原理图绘制过程中完成，但对于 PCB 板的制作至关重要。PCB 板中载入的 PCB 元件就是根据原理图中确定的引脚封装，从封装库中调出而形成的，因此原理图元件、原理图元件的连接关系与 PCB 的引脚封装、PCB 板铜箔走线是一一对应的。只是二者的表达方式和侧重点不同而已，原理图采用“原理图符号”和清晰明了的连线来表达电路的工作原理和信号处理过程，重点在于表达电路的结构、功能，便于电路讲解和分析。PCB 板通过“引脚封装”和实际铜箔导线来实现原理图的具体功能，重点在于元件的安装、焊接、调试等，所以在由原理图绘制逐步转入 PCB 板设计时，必须以原理图为依据，结合原理图综合考虑 PCB 元件的布局和布线。

误区纠正：在确定元件引脚封装时，不能采取死记硬套的方法。如部分初学者，死记硬背元件封装，遇到电阻，不管体积和功率大小都盲目地采用“AXIAL-0.4”，看到电解电容，不管大小，都采用“RB7.6-15”，这样势必导致制作的 PCB 板无法满足实际元件的装配需要。因此在确定引脚封装前，应对电路中的元件实物有充分的了解，必要时要采用卡尺进行实际测量，结合项目六中介绍的常用元件引脚封装合理选择。

对于三端稳压电源中各元件的引脚封装，综合考虑如下：

电阻：由于电源功率不大，限流电阻 R1 可采用 1/4W 的电阻，该系列电阻体积较小，可以采用编辑器默认的“AXIAL-0.4”封装。

电容：电容 C1、C4 为滤波电解电容，体积较大，可以采用编辑器默认的“RB7.6-15”封装，而电容 C2、C3 为瓷片电容，体积较小，且为无极性电容，采用编辑器默认的“CAPR2.54-5.1x3.2”。

二极管：电路中 D1～D4 为整流二极管，体积较小，可以采用编辑器默认封装“DIO10.46-5.3x2.8”。

熔断器：电路中 F1 为熔断器，可以采用编辑器默认封装“PIN-W2/E2.8”，如图 8.2 所示。

发光二极管：电路中 DS1 为发光二极管，可以采用编辑器默认封装“LED-1”，如图 8.3 所示。

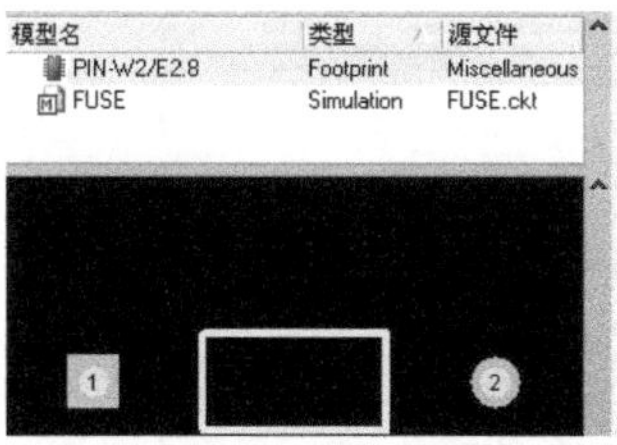

图 8.2　熔断器默认封装“PIN-W2/E2.8”

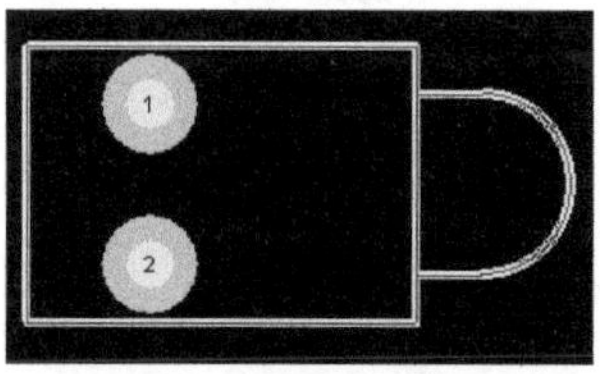

图 8.3　发光二极管默认封装“LED-1”

电感：滤波电感 L1 原编辑器默认封装为表面贴装式“INDC1005-0402”，该封装适合表面贴装元件，而本电路板中使用直插式电感。一般电感外形和体积与电解电容相似，而电感 L1 原理图符号中的引脚序号也为 1、2，与电解电容封装中的焊盘序号 1、2 完全对应，所以将原封装更改为常用的直插式电解电容封装“RB5-10.5”。

提示

此处电感选用电解电容封装，进一步说明选用元件封装时主要考虑原理图符号的引脚序号、元件封装的焊盘序号、实际元件的引脚与极性是否一一对应，是否元件外形、体积相近，如果以上条件符合，即可选用该封装，不要认为某种封装一定只适用某种类型的元件。

接插件：电路中接插件 P1 连接变压器，输入交流电压，接插件 P2 连接负载，输出稳定的直流 5V 电压，该元件属于常用接插件集成库 Miscellaneous Connectors.IntLib，采用默认封装 “HDR1X2”，如图 8.4 所示。

三端稳压块：电路中三端稳压块型号为“CW7805”，该管为塑封外壳的中功率管，外形和引脚如图 8.5 所示，编辑器默认的封装为“SIP-G3/Y2”，但该封装也是表面贴装形式，不符合实际使用的直插式三端稳压块，必须根据实际情况选择合适封装，方法如下。

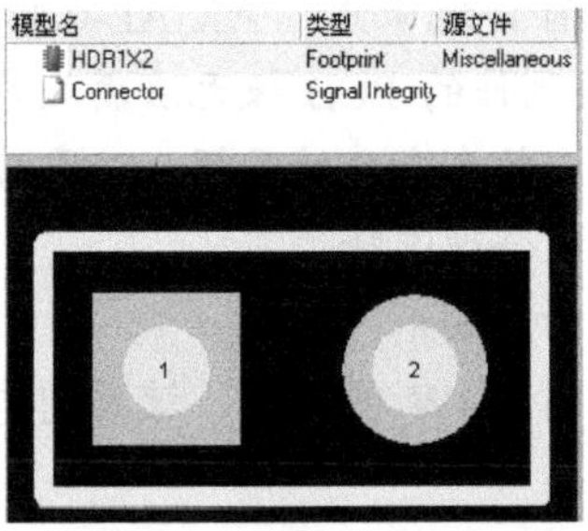

图 8.4 接插件默认封装“HDR1X2”

图 8.5 CW7805 的外形和引脚

（1）观察三端稳压块原理图符号中引脚序号与极性的对应关系。打开原理图文件，双击三端稳压块 VR1，弹出 VR1 的【元件属性】对话框，如图 8.6 所示，选中【显示图纸上全部引脚（即使是隐藏)】复选框,单击【确认】按钮。即可看到三端稳压块 VR1 引脚序号和引脚名称，如图 8.7 所示，1、2、3 脚极性依次为 Vin、GND、Vout。

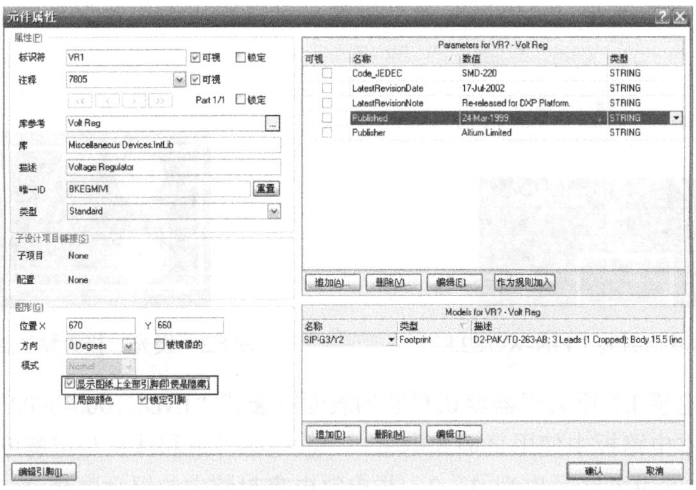

图 8.6 显示 VR1 引脚序号

（2）查看集成库 Miscellaneous Devices.IntLib 中三端稳压块 VR1 的默认封装“SIP-G3/Y2”，如图 8.8 所示，由默认封装可知，该封装是表面贴片形式，不符合实际元件的外形。

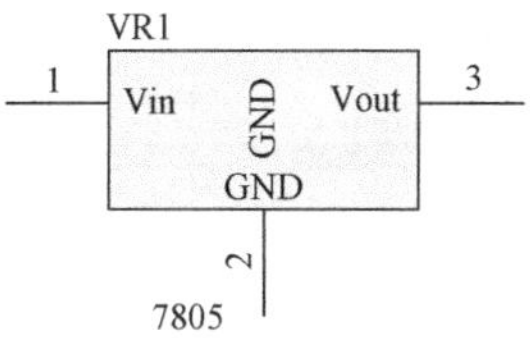

图 8.7　显示 VR1 引脚名称

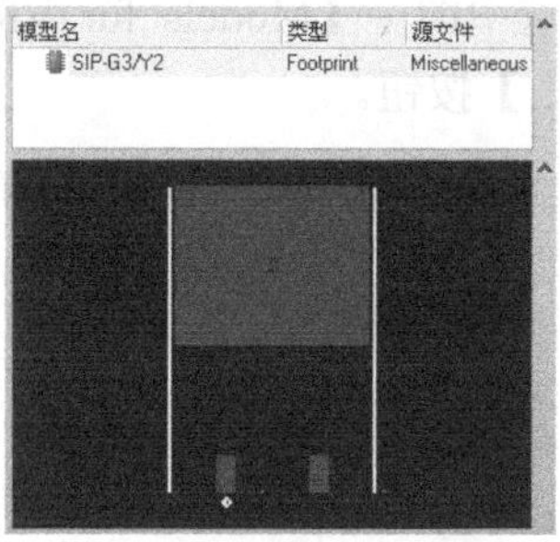

图 8.8　VR1 默认封装“SIP-G3/Y2”

（3）浏览集成库 Miscellaneous Devices.IntLib，为三端稳压块 VR1 确定合适封装。浏览集成库 Miscellaneous Devices.IntLib 的封装形式，可以看到“SFM-T3”系列的封装比较符合三端稳压块 VR1 的要求，最后通过综合考虑选定封装“SFM-T3/X1.6V”，如图 8.9 所示。选定该封装主要考虑该封装为穿插式，焊盘序号与原理图符号的引脚序号及实际元件的引脚作用和序号完全一致，且焊盘间距和实际元件的引脚间距相符。

小技巧

浏览封装库时怎样确定引脚封装的焊盘间距与实际元件的引脚间距是否相符呢？可以在 PCB 图纸中放置该引脚封装，再在焊盘之间放置尺寸标注，就可确定封装的焊盘间距，如图 8.10 所示。

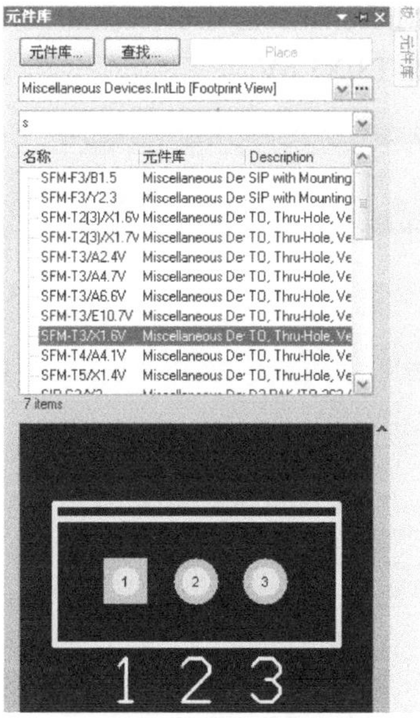

图 8.9　浏览封装库

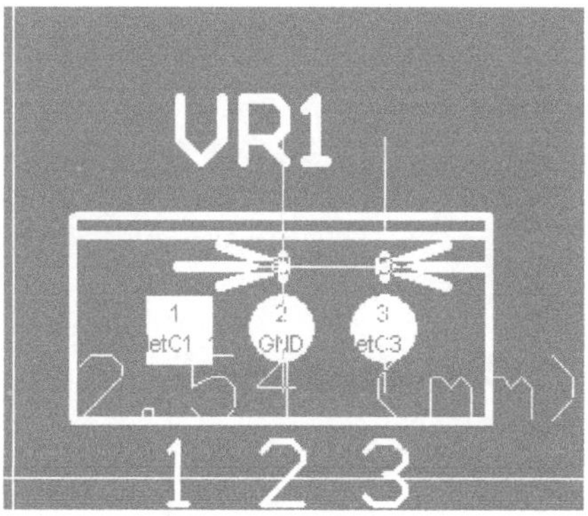

图 8.10　测量封装焊盘间距

三、更改元件引脚封装

由以上分析可知，三端稳压块 VR1、滤波电感 L1 的封装必须更改，下面以更改三端稳压块 VR1 的封装为例，讲解如何更改元件的封装。

（1）打开原理图文件，双击三端稳压块 VR1，打开 VR1 的【元件属性】对话框，如图 8.11 所示，选中图中【Models for VR1-Volt Reg】模型栏中的【Footprint】封装模型，然后单击【追加...】按钮。

图 8.11　更改三端稳压块 VR1 元件封装

（2）弹出如图 8.12 所示添加新模型类型选择对话框，在【模型类型】下拉列表框中选择【Footprint】，表示需要添加新封装模型，单击【确认】按钮。

（3）弹出如图 8.13 所示【PCB 模型】对话框，单击【浏览...】按钮，弹出【库浏览】对话框如图 8.14 所示，在【库】下拉列表框中选择“Miscellaneous Devices.IntLib[Footprint View]”，浏览并选择适合三端稳压块 VR1 的封装“SFM-T3/X1.6V”。

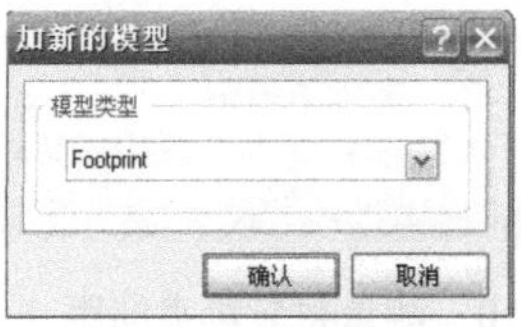

图 8.12　添加新模型类型

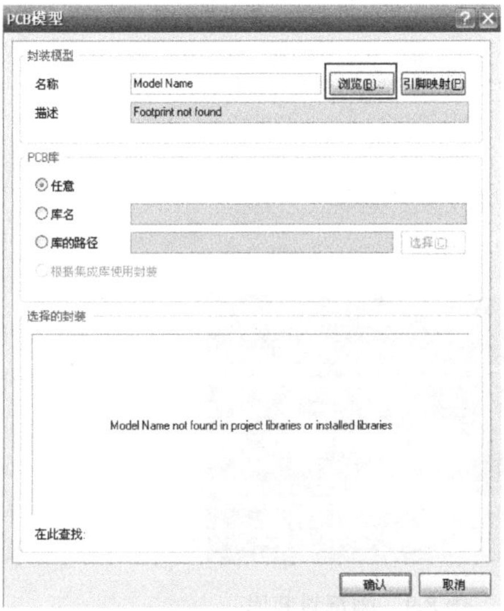

图 8.13　添加新封装

提示

可以在【屏蔽】文本框中输入字母“sfm”，以便快速找到该封装。

（4）通过浏览可以看到封装“SFM-T3/X1.6V”符合三端稳压块 VR1 的引脚极性要求，单击【确认】按钮，回到图 8.15 所示的对话框，可以看到对话框中已经添加了新的封装“SFM-T3/X1.6V”。

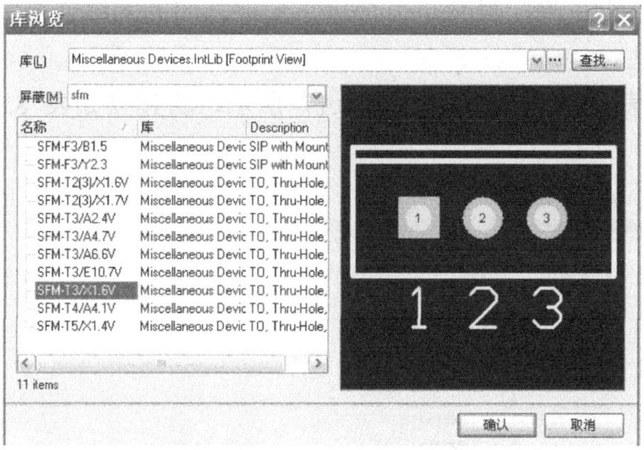

图 8.14　封装库浏览对话框

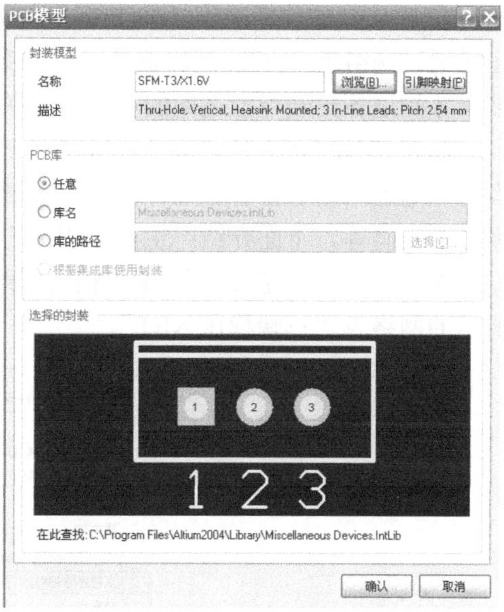

图 8.15　添加新封装

（5）在图 8.15 所示的对话框中单击【确认】按钮，回到图 8.16 所示的【元件属性】对话框，可以看到三端稳压块 VR1 的封装已经更改为“SFM-T3/X1.6V”，可以单击【确认】按钮完成设置。

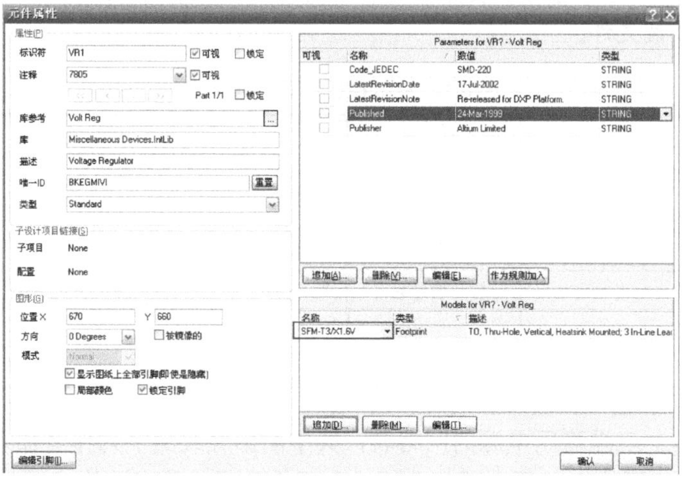

图 8.16　三端稳压块 VR1 封装已经更改

提示

如果添加了不合适的封装，也可以在图 8.16 中选中该封装后单击【删除】按钮移除。

依据相同的方法，可以将滤波电感 L1 的封装更改为“RB5-10.5”。

任务二　产生并检查网络表

在 Protel 的前期版本（如 Protel 98）中，网络表是原理图和 PCB 板之间的联系纽带，正是通过网络表，PCB 编辑器才能从封装库中调入和原理图元件相对应的 PCB 元件引脚封装，才知道各封装焊盘之间的相互连接关系（该连接关系就称为网络）。

而在 DXP 2004 中，并不一定要通过载入网络表才能调入 PCB 元件封装和网络，但读者可以通过网络表查看各元件编号、参数是否正确，封装是否合适，元件之间的网络连接关系是否正确等，下面介绍产生网络表的方法。

执行菜单命令【设计】/【文档的网络表】/【Protel】，如图 8.17 所示，将建立如表 8.1 所示的网络表“三端稳压.NET”。

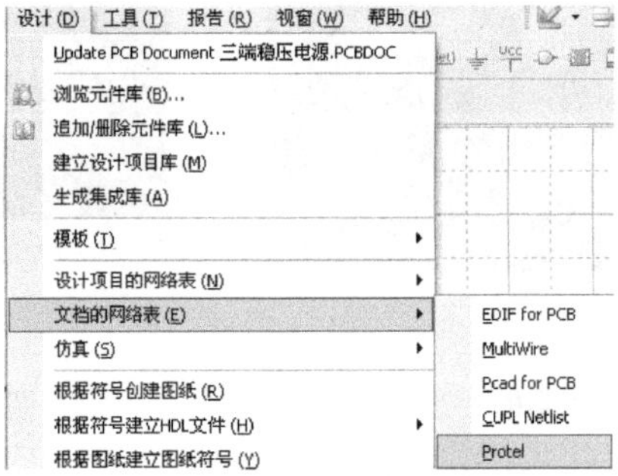

图 8.17　创建网络表菜单

提示

在 DXP 2004 中创建的网络表并不会自行打开，而是位于项目栏中，如果设计者要查看，必须自己打开该文件。

表 8.1　三端稳压电源的网络表

[	元件声明开始	(	网络声明开始
C1	元件标识符	NetDS1_1	网络名称
RB7.6-15	元件封装	DS1-1	连接的元件引脚
Cap Pol1	原理图参考名称	R1-1	
]	元件声明结束	)	网络声明结束
……		……	
]			

表 8.1 为图 8.1 三端稳压电源的网络表，其中阴影底纹文字为作者加入的说明性辅助文字。如表 8.1 所示，网络表主要由两部分组成：元件声明部分和网络声明部分。

元件声明部分必须重点检查元件的标识符是否输入，各元件的标识符是否重复，元件封装是否正确。网络声明部分包含元件引脚之间的连接关系，任何元件引脚之间的电气连接均称为网络，如果原理图中指定了网络名（即原理图中该导线上添加了网络标签），则使用原理图中指定的网络名，如本例中的“GND”；如果没有指定网络名，则由软件自己定义。处于同一网络中的元件引脚是连接在一起的。

如果网络表没有错误，可以开始进行下一步的 PCB 板制作，但一旦查出错漏之处，则必须回到原理图文件修改，重新产生网络表，再次检查无误才能进入下一步操作。

任务三　新建 PCB 文件并规划电路板

必须根据元件的多少、大小，以及电路板的外壳限制等因素确定电路板的形状、尺寸大小。本例电路板元件不多，但为了讲解演示方便，采用了较大的电路板尺寸：100mm（宽）×40mm（高）。

确定电路板的尺寸大小后，就可新建 PCB 文件并规划电路板了。规划电路板有两种方法：一种为采用 PCB 板向导规划，此方法快捷方便，易于操作，是一种较为常用的方法。另一种为新建 PCB 文件后，在机械层手工绘制电路板边框，在禁止布线层手工绘制布线区，标注尺寸，该方法比较复杂，但灵活性较大，可以绘制较为特殊的电路板。本电路板采用较为简单的第一种方法，操作步骤如下。

（1）单击【Files】标签，将出现如图 8.18 所示的文件面板，选择【PCB Board Wizard…】，弹出如图 8.19 所示的 PCB 板向导欢迎界面。

提示

如果文件面板中各项伸展开来，可能看不到最下方的【PCB Board Wizard …】项，可以单击图 8.18 中其他各项的向上收缩按钮，将其他各项暂时收缩起来。

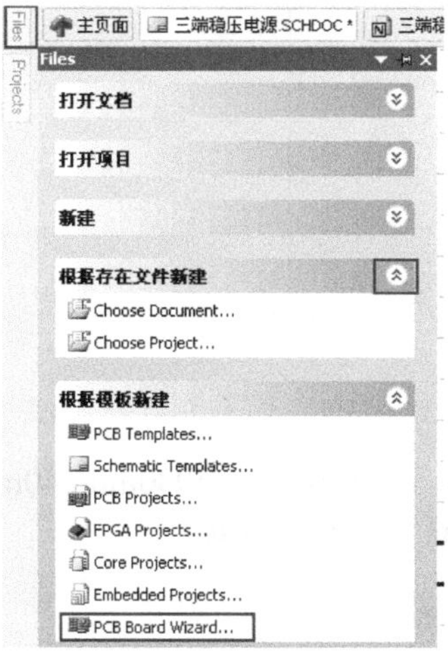

图 8.18　选择 PCB 板向导

图 8.19　PCB 板向导欢迎界面

（2）单击【下一步】按钮，进入如图 8.20 所示的尺寸单位选择对话框，有英制（mil）和公制（mm）两种选择，读者可以根据兴趣选择尺寸类型，本例选择公制单位。

（3）单击【下一步】按钮，进入如图 8.21 所示的 PCB 板类型选择对话框，该框中有许多较为复杂的板型可供选择，如 PCI short card 5V-32 BIT（PCI 短卡 5V 32 位）等，由于本例元件较少，采用 Custom（用户定义）类型，自己定义板型和尺寸。

（4）单击【下一步】按钮，出现如图 8.22 所示的 PCB 板用户自定义对话框，先选择电路板【轮廓形状】为【矩形】；再根据前面选择的尺寸单位输入电路板尺寸。

在【电路板尺寸】栏输入尺寸：【宽】：100mm，【高】：40mm，其他各项含义如图 8.22 所示，一般采用默认设置。

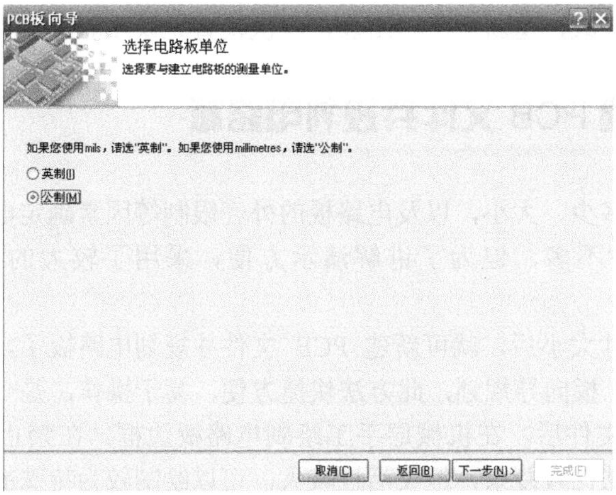

图 8.20　尺寸单位选择对话框

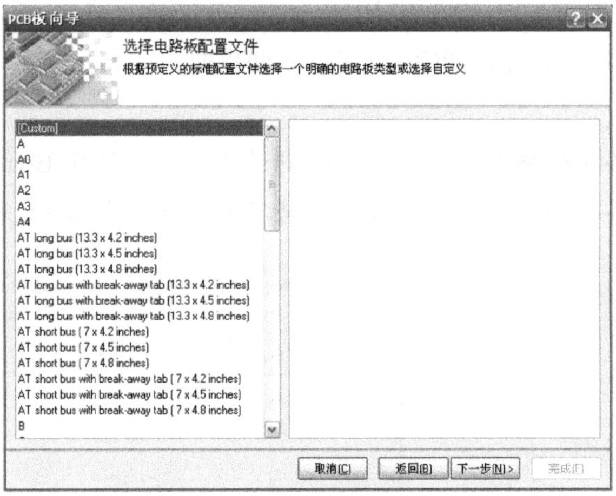

图 8.21　PCB 板类型选择对话框

提示

公制和英制单位可以进行相互转化（100mil = 2.54mm），则 100mm ≈ 4000mil，40mm ≈ 1580mil;【角切除】和【内部切除】两个复选框用于制作特殊形状的电路板。

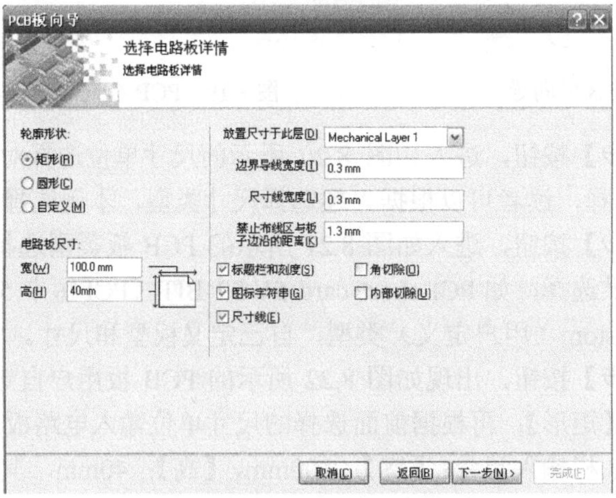

图 8.22　PCB 板用户自定义对话框

(5) 单击【下一步】按钮，出现如图 8.23 所示的信号层、内部电源层选择对话框，其中【信号层】默认为 2 层，可以不必修改，而【内部电源层】默认为 2 层，由于本例电路较简单，不必使用内部电源层，将其修改为 0。

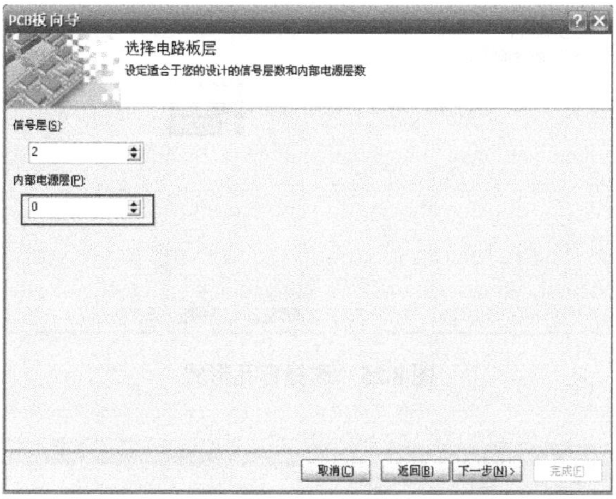

图 8.23　信号层、内部电源层选择对话框

(6) 单击【下一步】按钮，弹出如图 8.24 所示的过孔风格选择对话框，选择【只显示通孔】类型（默认项），因为没有内电源/接地层，所以不选用【只显示盲孔或埋过孔】项。

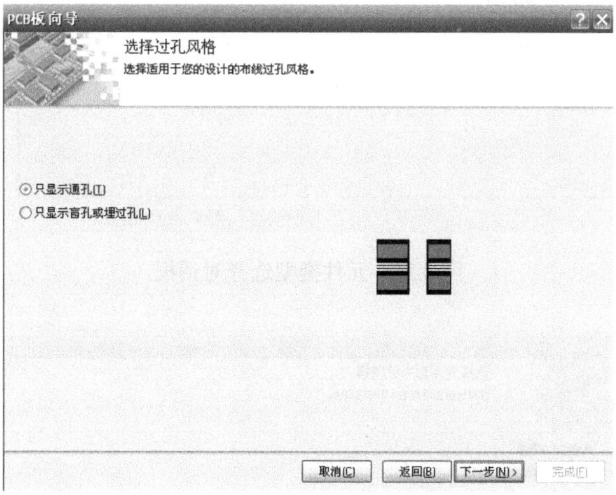

图 8.24　选择过孔风格对话框

提示

如果有内电源/接地层，则可使用盲孔形式，如图 8.25 所示。

(7) 单击【下一步】按钮，在图 8.26 所示的元件类型选择对话框中，在【此电路板主要是】栏中选择【通孔元件】。因为三端稳压电源中使用的元件全部为穿插式封装的通孔元件；在【邻近焊盘间的导线数】栏选【一条导线】，因为该板布线密度并不高。

提示

如果电路图中大部分为表面贴装元件，则应选【表面贴装元件】，如图 8.27 所示，而且根据实际情况确定是否需要双面放置贴片元件。

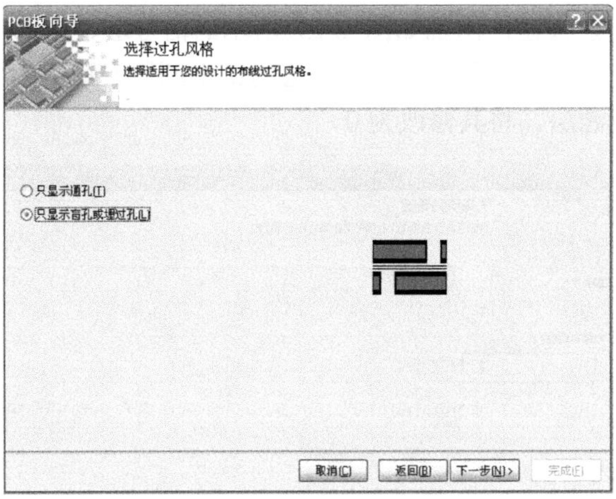

图 8.25　选择盲孔形式

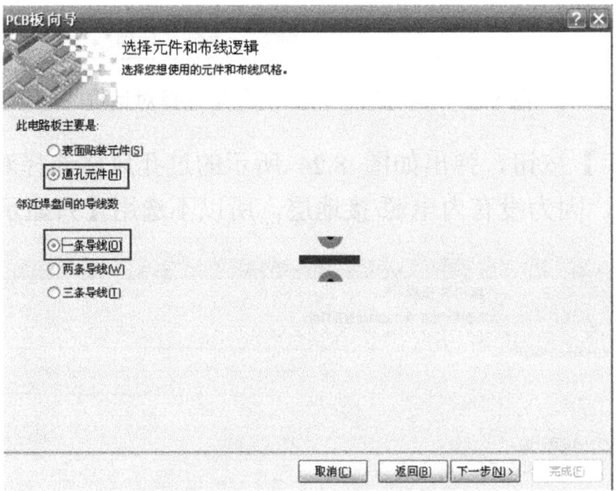

图 8.26　元件类型选择对话框

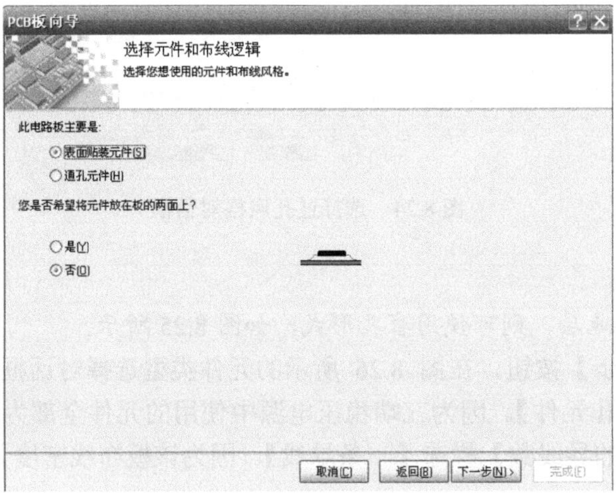

图 8.27　选择表面贴装元件方式

（8）单击【下一步】按钮，在如图 8.28 所示的导线、过孔、安全间距设置对话框中，选择默认参数。导线的最小尺寸、最小过孔参数采用默认值一般厂家都可满足要求；最小安全间距指不同网络间导线、焊盘之间的最小距离，它可防止不同网络导线、焊盘之间靠得太近而导致打火或短路，由于三端稳压电源的电源供电电压不高，采用默认值即可。

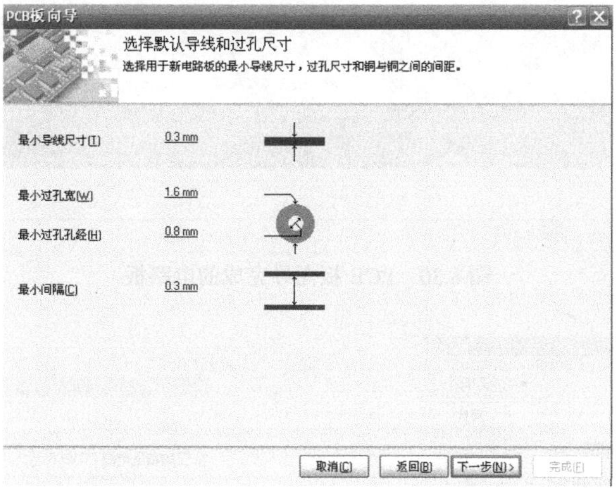

图 8.28　导线、过孔、安全间距设置对话框

（9）单击【下一步】按钮，弹出如图 8.29 所示的 PCB 板向导结束对话框。

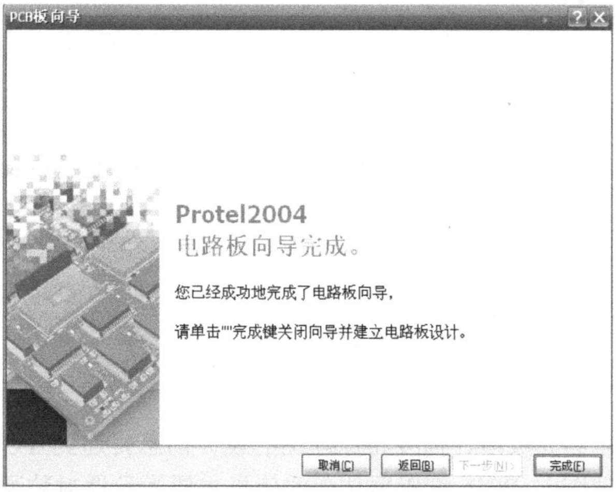

图 8.29　PCB 板向导结束对话框

提示

在 PCB 板向导的操作过程中，可以单击【返回】按钮回到前面的操作步骤修改设置。

（10）在如图 8.29 所示的 PCB 板向导结束对话框中，单击【完成】按钮，将出现一个由 PCB 板向导制作完成的电路板，默认文件名为“PCB1.PcbDoc”，如图 8.30 所示，其中布线框在禁止布线层，距离板边 0.3mm。

提示

由向导产生的 PCB 文件可能不在原项目文件下，如图 8.31 所示，此时必须将其拖入原项目文件下（将光标移到文件“PCB1.PcbDoc”上，按下鼠标左键不放的同时，移动鼠标到项目文件中即可），如图 8.32 所示，否则后面将无法载入元件封装和网络。

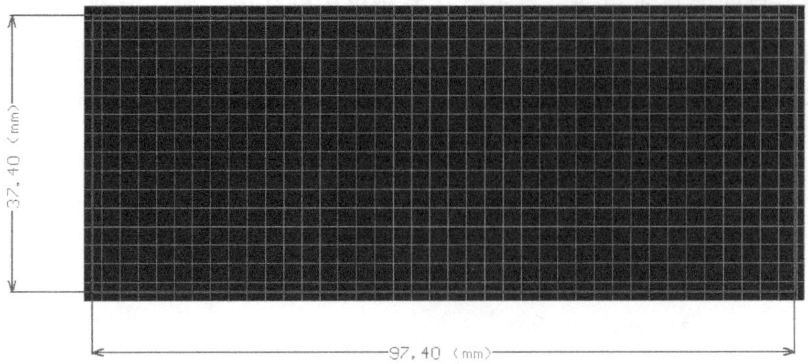

图 8.30 PCB 板向导完成的电路板

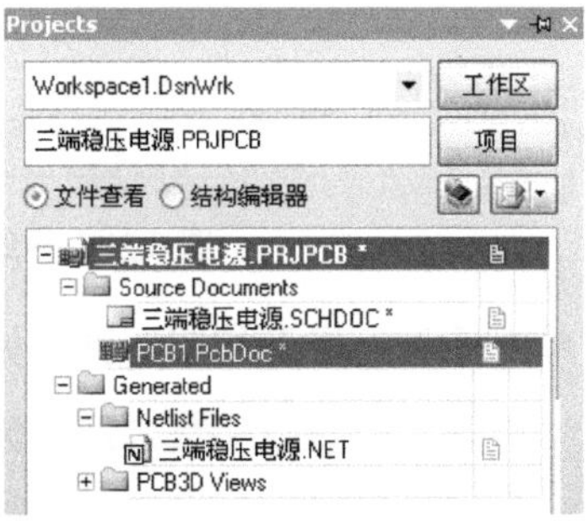

图 8.31 向导产生的 PCB 文件不在原项目文件下 图 8.32 将向导产生的 PCB 文件拖入原项目文件下

（11）单击【保存】按钮将产生的 PCB 板保存为“三端稳压电源.PcbDoc”。

提示

很多读者没有保存 PCB 文件，导致后面的任务无法完成。

任务四 载入元件封装与网络

原理图和电路板规划完成后，需要将原理图的设计信息传递到 PCB 编辑器中，进行电路板的具体设计，原理图向 PCB 编辑器传递的信息主要为元件封装和网络（即元件引脚之间的电气连接关系）。

DXP 2004 实现了真正的双向同步设计，元件封装和网络信息即可通过在原理图编辑器中更新 PCB 文件来实现，也可通过在 PCB 编辑器中导入原理图的变化来实现。下面介绍第二种方法，即在 PCB 编辑器中如何利用系统提供的同步功能导入元件封装和网络。

（1）打开由向导新建的 PCB 文件，如图 8.33 所示，执行菜单命令【设计】/【Import Changes From *.PcbDoc】。

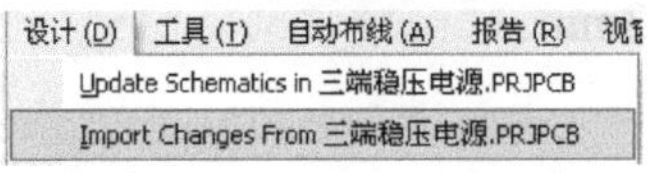

图 8.33 载入工程变化菜单

将出现如图 8.34 所示的【工程变化订单】对话框，主要由【Add Components】添加引脚封装和【Add Nets】添加网络连接两大部分。

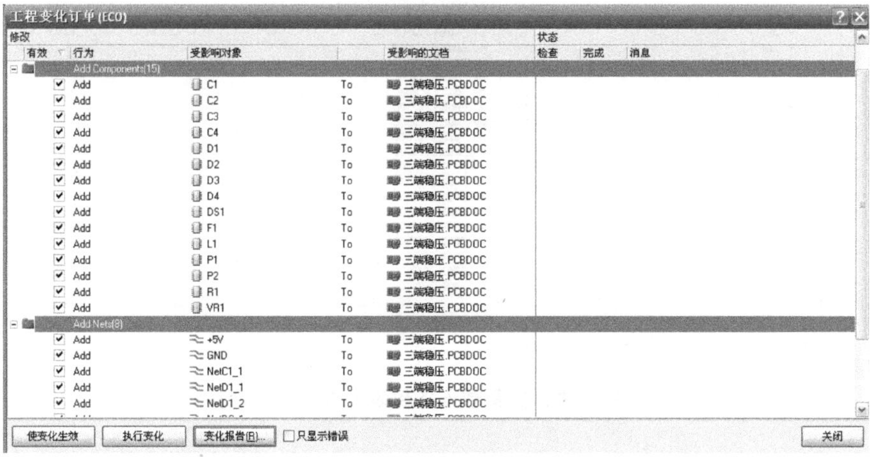

图 8.34　更新 PCB 文件

（2）在图 8.34 所示的【工程变化订单】对话框中，单击【使变化生效】按钮，操作过程中将在【状态】栏中的【检查】列中显示各操作是否能正确执行，其中正确标志为绿色的“√”，错误标志为红色的“×”，如图 8.35 所示。

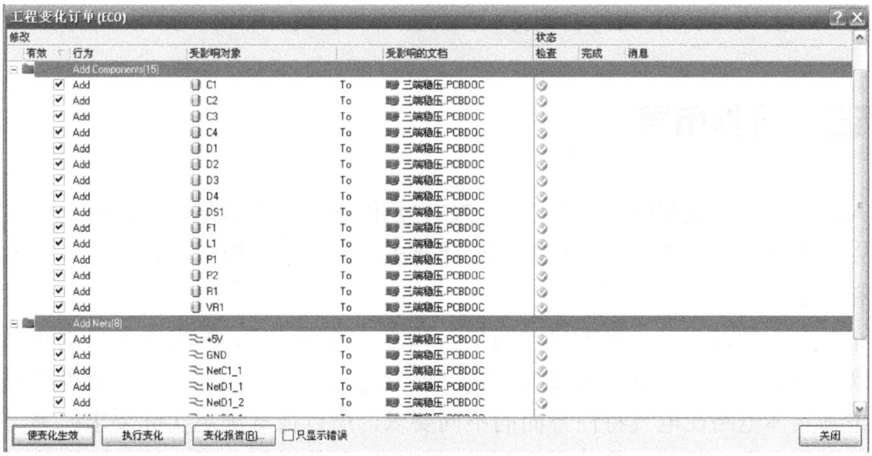

图 8.35　检查更新是否有效

（3）在图 8.35 所示的元件更新对话框中，如果有效更新标志全部正确，说明 PCB 编辑器可以在 PCB 封装库中找到所有元件的引脚封装，网络连接也正确，可以单击【执行变化】按钮，将各封装元件和网络连接载入 PCB 文件中。操作过程中将在【状态】栏中的【完成】列中显示各操作是否已经正确执行，如图 8.36 所示。完成后单击【关闭】按钮，可以看到 PCB 编辑器中已经载入了各封装元件及它们之间的网络连接，如图 8.37 所示。

提示

如果在检查或执行更新过程中出现错误标志，说明 PCB 编辑器在当前的 PCB 封装元件库中找不到该元件的引脚封装或封装有错，应该分析该元件错误原因，并回到原理图中修改，直到错误排除，否则该封装元件或网络连接将无法载入 PCB 文件中。

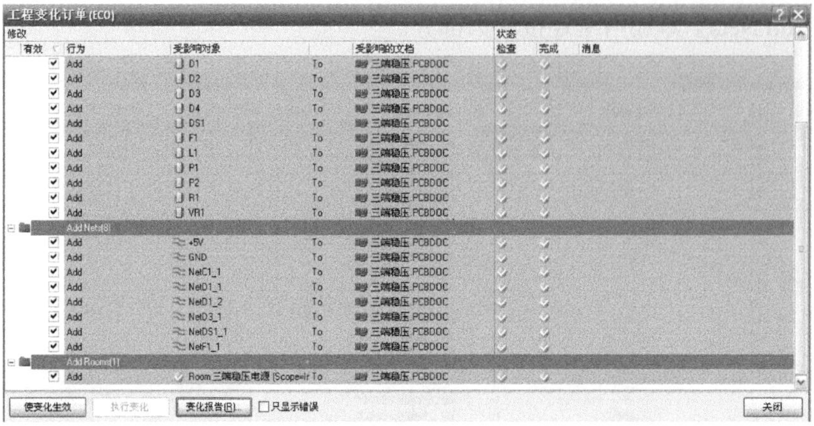

图 8.36　执行更新载入各封装元件和网络连接

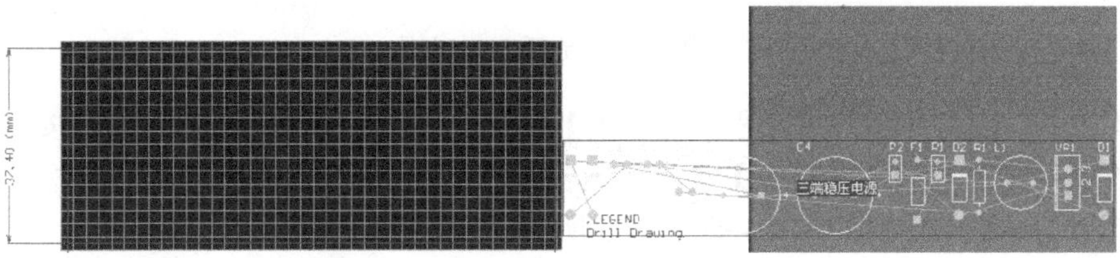

图 8.37　装入电路板的 PCB 封装元件

任务五　元件布局

在载入元件引脚封装和网络连接后， PCB 元件排列不能满足电气要求，无法直接进行布线，所以在布线之前，必须将元件按照设计要求分布在电路板上，以便于元件的布线、安装、焊接和调试。

元件布局有两种方法，一种为自动布局，该方法利用 PCB 编辑器的自动布局功能，按照一定的规则自动将元件分布于电路板框内，该方法简单方便，但由于其智能化程度不高，不可能考虑到具体电路在电气特性方面的不同要求，所以很难满足实际要求；另一种为手工布局，设计者根据自身经验、具体设计要求对 PCB 元件进行布局，该方法取决于设计者的经验和丰富的电子技术知识，可以充分考虑电气特性方面的要求，但需花费较多的时间。一般情况下可以采用二者结合的方法，先自动布局，形成一个大概的布局轮廓，然后根据实际需要再进行手工调整。

一、自动布局

（1）执行菜单命令【工具】/【放置元件】/【自动布局...】，如图 8.38 所示。

（2）出现如图 8.39 所示的【自动布局】对话框，选择【分组布局】方式，单击【确认】按钮，启动自动布局过程，自动布局完成后的布局结果如图 8.40 所示，可以看到自动布局的结果很不理想，必须进行手工调整。

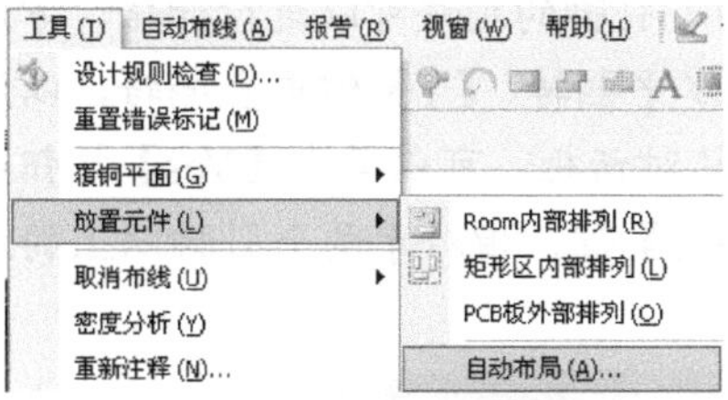

图 8.38　自动布局菜单命令

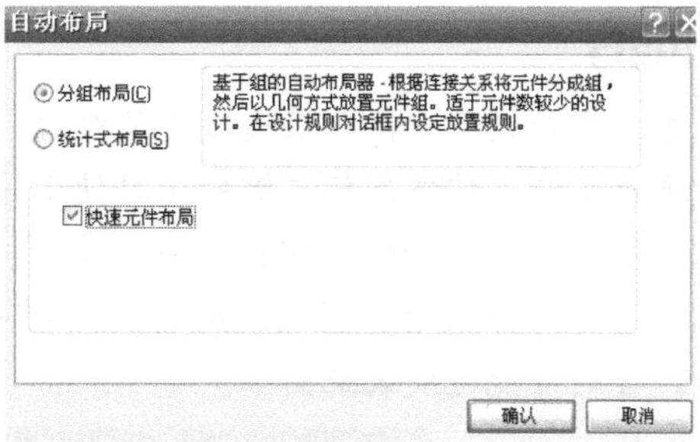

图 8.39　【自动布局】对话框

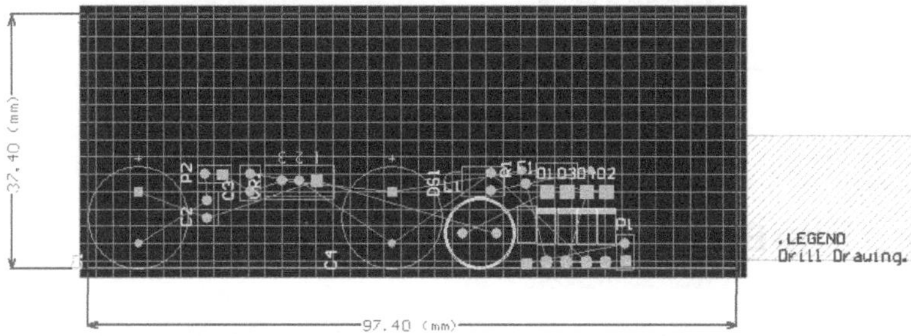

图 8.40　自动布局完成后的布局结果

二、手工调整元件布局

根据原理图和电子线路方面的知识可以进一步对自动布局结果进行手工调整，手工布局时一般优先考虑电路中的核心元件和体积较大的元件，如本例中可先确定三端稳压块 VR1 和电解电容 C1、C4 的位置。

提示

PCB 板中连接各元件引脚之间的细线称为“飞线”，如图 8.41 所示，表示封装元件焊盘之间的电气连接关系，飞线连接的焊盘在布线时将由铜箔导线连通，它和原理图中引脚之间的连线、网络表中的连接网络相对应。

手工布局过程中对元件的操作方法（如移动、旋转等）与原理图中的方法基本一样。

手工布局过程中注意各元件不要重叠，功率较大元件的位置不能靠得太近，尽量使飞线不要交叉，飞线长度较短；电路板中元件尽量均匀分布，不要全部挤到一角或一边；便于和原理图对照分析，便于安装、维修、调试等电气方面的要求。对三端稳压电源进行手工布局调整，布局结果如图 8.41 所示。

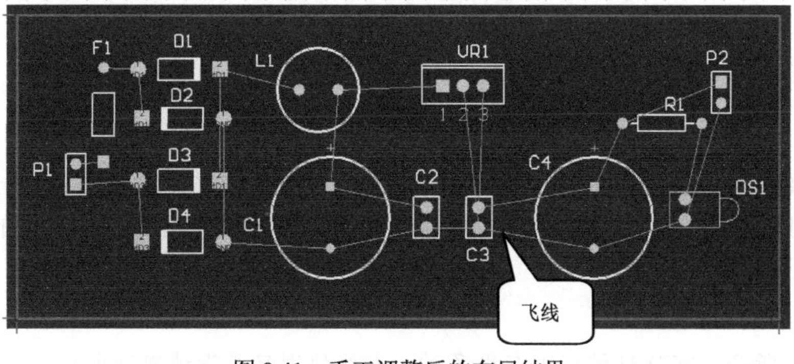

图 8.41　手工调整后的布局结果

小技巧

在手工布局过程中，如果飞线交叉缠绕，对于两个引脚的元件可以进行翻转，方法为将光标对准该元件，按住鼠标左键的同时使用【X】键水平翻转、【Y】键垂直翻转，以满足布局要求，同时 DXP 2004 会弹出如图 8.42 所示的确认对话框，可以单击【Yes】按钮确认。对于贴片元件，如果想将其放到焊锡面，则可使用【L】键。但对于两个引脚以上的元件不可翻转，否则可能造成装配困难。

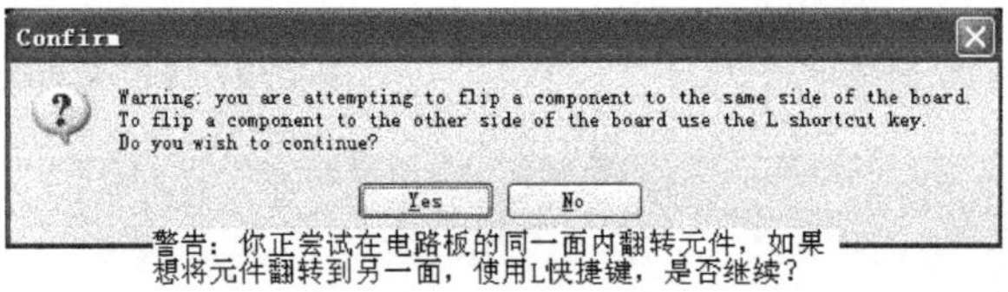

图 8.42　元件翻转确认对话框

任务六　设置自动布线规则

元件布局完成后，接下来就可考虑布线了。布线也有两种方式：自动布线和手工布线。与自动布局和手工布局一样，它们各有各的优缺点，自动布线方便快捷，但不一定满足电气特性方面的要求。手工布线要求布线者具有较丰富的实际经验，且工作量较大，耗时较多。所以一般也采用二者结合的方法，先进行自动布线，然后手工修改不合理的导线，甚至可以采用先预布一定导线锁定后，再采取自动布线与手工调整相结合的方法。

如果要采用自动布线，必须首先设置好布线规则，然后 PCB 编辑器才能按照预设的布线规则自动完成导线的绘制，具体步骤如下。

（1）选择 PCB 编辑器测量单位。可以使用键盘上的【Q】键，每按一次【Q】键，测量单位在【mil】和【mm】之间进行转换，可以在屏幕的左下角看到当前的测量单位，如图 8.43 所示。

图 8.43　按【Q】键转换 PCB 编辑器测量单位

（2）如图 8.44 所示，执行菜单命令【设计】/【规则…】，出现如图 8.45 所示【PCB 规则和约束编辑器】对话框。

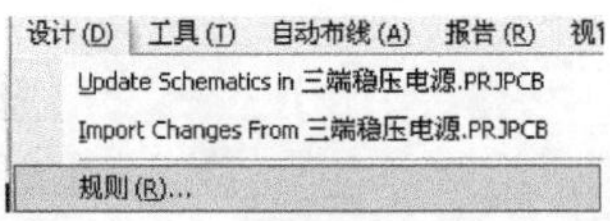

图 8.44　PCB 设计规则设置菜单

在如图 8.45 所示的【PCB 规则和约束编辑器】中，单击左边栏中【Routing】项左侧⊞展开按钮，可以看到右边栏中【Routing】项下展开来的导线宽度等几项具体的布线规则，如图 8.46 所示。

提示

如图 8.45 所示，PCB 设计规则有很多种，布线规则只是设计规则中的一种。

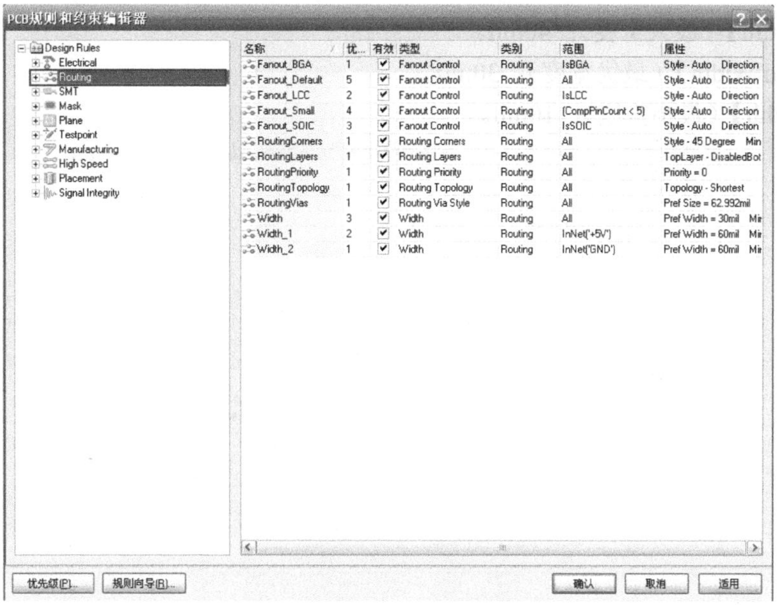

图 8.45　PCB 规则和约束编辑器

并非所有的布线规则都需要重新设置，在一般电路板中，只需依据实际情况或设计要求对主要的布线规则进行设置，而其他规则可以采用默认参数。一般主要的布线规则有导线宽度设置【Width】和布线层面选择【Routing Layers】。本项目的主要目的是使读者理解电路板的制作过程和步骤，所以本任务暂时只介绍几项主要的布线规则设置方法。

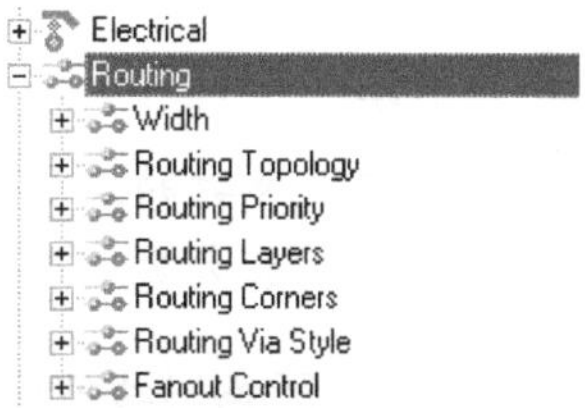

图 8.46　布线规则

一、设置导线宽度规则 Width

在电路板中，导线宽度关系到电路板的可靠性和布线难度，导线宽度太窄，一方面铜箔导线在焊接及长期的使用过程中容易脱落、断裂，特别对于高压、大电流的导线，如电源、接地线太窄，可能造成铜箔导线电流过大而烧毁电路板等后果，严重时可能引起火灾；另一方面导线太窄也造成电路板厂家制作困难，成本提高。但导线宽度也不是越宽越好，导线越宽，自动布线时走线越困难，布通率越低，因此在自动布线前，必须根据实际情况和具体设计要求合理设置自动布线时的导线宽度。

为了满足不同网络导线宽度的不同要求，同时不使电路板面积过大，可以采取同时设置几个导线宽度规则的办法：一般先设置一个整体电路板导线宽度的普通规则，然后根据实际情况对大电流的个别网络导线分别设置较大的导线宽度。导线宽度规则设置的具体方法如下。

1．设置整体电路板导线规则

在如图 8.46 所示的布线规则中，展开【Width】导线宽度选项，可以看到对话框右栏中已经有了一个默认的导线规则，用于设置，电路板中的一般导线，如图 8.47 所示。

【第一个匹配对象位置】栏默认【全部对象】，即对所有导线有效。导线宽度默认值为 0.3mm，如果合适，可以不必修改。本例三端稳压电源中电路板面积较大，元件较少，导线宽度可以设置较宽。具体参数设置如下：

【Max Width】(最大宽度)：40mil。

【Preferred Width】(最优宽度)：30mil。

【Min Width】(最小宽度)：10mil。

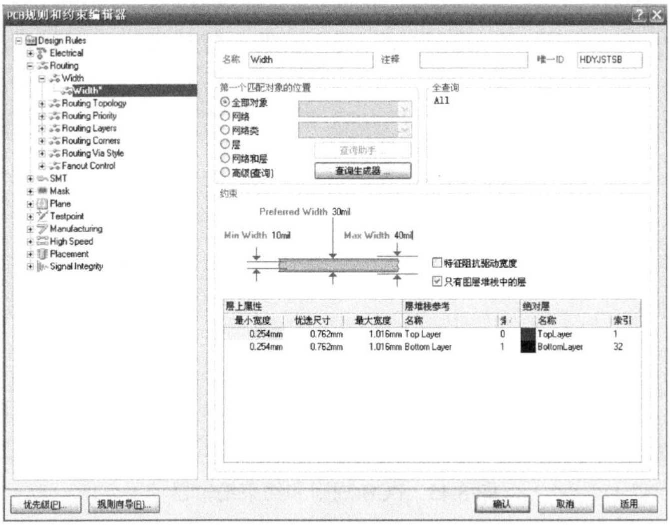

图 8.47 设置一般导线宽度

提示

导线宽度参数的设置顺序为：Max（最大宽度）、Preferred（最优值）、Min（最小）、否则由于 Max（最大宽度）的限制，可能导致设置错误。

2．特殊网络导线宽度设置

一般对于大电流网络必须单独设置导线宽度规则，如电源、接地网络等，本例中设地线 GND 和电源＋5V 导线宽度为 60mil（最大 80mil，最小 50mil），操作方法如下。

（1）在如图 8.47 所示的导线宽度设置对话框中，选中【Width】规则项，单击鼠标右键，将弹出如图 8.48 所示的快捷菜单。

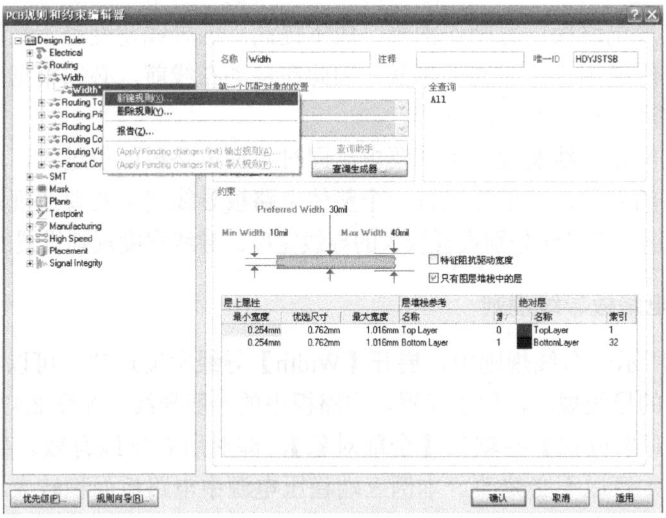

图 8.48 添加导线宽度规则对话框

（2）选中【新建规则】菜单，将在原【Width】规则项上增加一个【Width1】新导线宽度规则设置项，如图 8.49 所示。

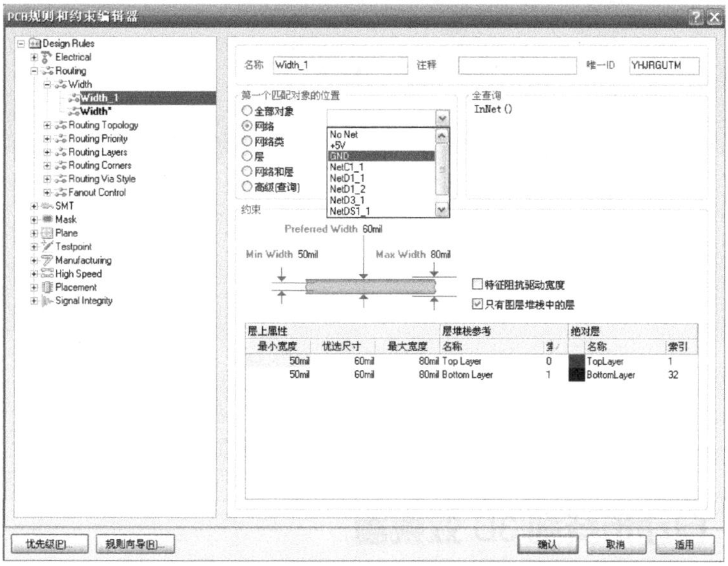

图 8.49　新增 Width1 导线宽度规则设置项

下面对地线 GND 网络进行具体设置：

设置【第一个匹配对象位置】为【网络】，在右侧的网络名称下拉列表框中选取“GND”，从而使本规则只改变 GND 地线的宽度，然后在下部的参数栏中输入具体数值，单击【适用】按钮完成设置。

相同的方法可以完成电源+5V 网络的设置。

二、设置布线层面规则 Routing Layers

该规则用于设置电路板布线的信号层及各信号层布线的方向，即通过该规则可以决定电路板的种类——双面板或单面板，系统默认设置为双面板，即信号层为顶层和底层，其中顶层布线方向默认为水平方向，底层布线方向默认为垂直方向。

在图 8.46 所示的自动布线规则设置对话框中，展开【Routing Layers】布线层面选项，将弹出如图 8.50 所示的布线层面设置对话框。

布线层面设置对话框各参数如下：

【第一个匹配对象位置】：该参数可确定该规则的适用范围，可选项为【全部对象】、【网络】等，对于布线层面选择规则，该项选【全部对象】。

【有效的层】：有【Top Layer】顶层和【Bottom Layer】底层两个信号层可供选择。勾选后面的复选框表示选择该层面。默认情况下为全部处于勾选状态，表示制作双面板。

本例中由于元件较少，电路板面积较大，为降低成本，所以设置为单面板，因此将【Top Layer】勾选状态去掉，如图 8.50 所示。

完成各项规则的设置后，单击【确认】按钮，关闭设计规则设置对话框。

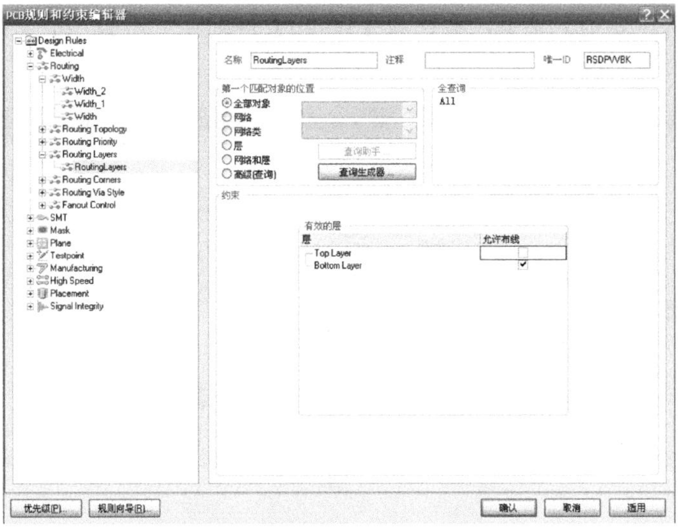

图 8.50　布线层面设置对话框

任务七　自动布线和 3D 效果图

在依次完成了前面任务的设计步骤后，就可以启动自动布线了，对于初学者而言，这是一个激动人心的步骤，前面所有的努力，到这一步终于有了初步成果，自动布线的操作方法如下。

图 8.51　自动布线菜单

（1）如图 8.51 所示，执行菜单命令【自动布线】/【全部对象】。

（2）弹出如图 8.52 所示的【Situs 布线策略】对话框，一般采用默认的第二项【Default 2 Layers Board】即可。

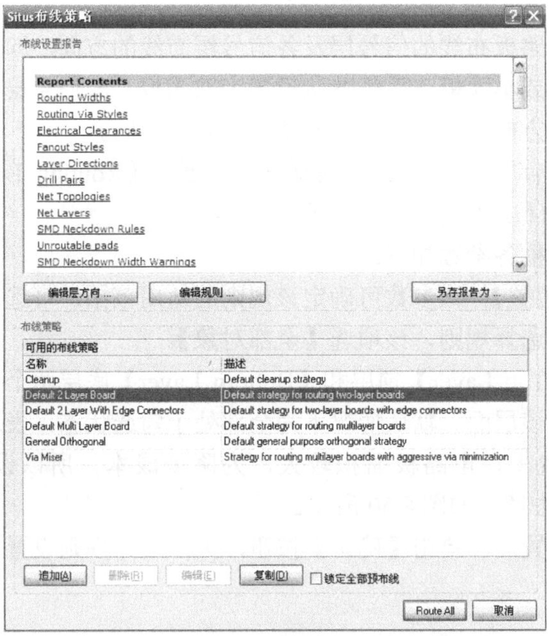

图 8.52　【Situs 布线策略】对话框

（3）在图 8.52 所示的【Situs 布线策略】对话框中，单击【Route All】所有导线按钮，将启动自动布线过程，本例中元件较少，布线速度很快，自动布线过程中弹出如图 8.53 所示的自动布线信息报告。

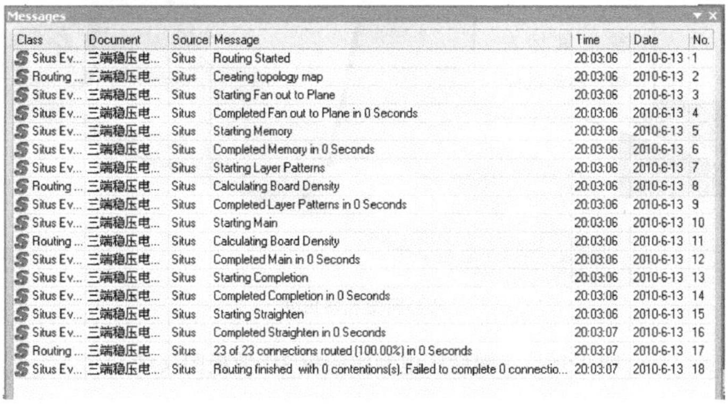
Messages

Class	Document	Source	Message	Time	Date	No.
Situs Ev...	三端稳压电...	Situs	Routing Started	20:03:06	2010-6-13	1
Routing ...	三端稳压电...	Situs	Creating topology map	20:03:06	2010-6-13	2
Situs Ev...	三端稳压电...	Situs	Starting Fan out to Plane	20:03:06	2010-6-13	3
Situs Ev...	三端稳压电...	Situs	Completed Fan out to Plane in 0 Seconds	20:03:06	2010-6-13	4
Situs Ev...	三端稳压电...	Situs	Starting Memory	20:03:06	2010-6-13	5
Situs Ev...	三端稳压电...	Situs	Completed Memory in 0 Seconds	20:03:06	2010-6-13	6
Situs Ev...	三端稳压电...	Situs	Starting Layer Patterns	20:03:06	2010-6-13	7
Routing ...	三端稳压电...	Situs	Calculating Board Density	20:03:06	2010-6-13	8
Situs Ev...	三端稳压电...	Situs	Completed Layer Patterns in 0 Seconds	20:03:06	2010-6-13	9
Situs Ev...	三端稳压电...	Situs	Starting Main	20:03:06	2010-6-13	10
Routing ...	三端稳压电...	Situs	Calculating Board Density	20:03:06	2010-6-13	11
Situs Ev...	三端稳压电...	Situs	Completed Main in 0 Seconds	20:03:06	2010-6-13	12
Situs Ev...	三端稳压电...	Situs	Starting Completion	20:03:06	2010-6-13	13
Situs Ev...	三端稳压电...	Situs	Completed Completion in 0 Seconds	20:03:06	2010-6-13	14
Situs Ev...	三端稳压电...	Situs	Starting Straighten	20:03:06	2010-6-13	15
Situs Ev...	三端稳压电...	Situs	Completed Straighten in 0 Seconds	20:03:07	2010-6-13	16
Routing ...	三端稳压电...	Situs	23 of 23 connections routed (100.00%) in 0 Seconds	20:03:07	2010-6-13	17
Situs Ev...	三端稳压电...	Situs	Routing finished with 0 contentions(s). Failed to complete 0 connectio...	20:03:07	2010-6-13	18

图 8.53　自动布线信息报告

（4）在图 8.53 所示的自动布线信息报告中，单击【关闭】按钮，将可看到本例三端稳压电源自动布线的结果如图 8.54 所示。因为计算机配置不同，元件布局差异将导致布线结果可能差别较大。

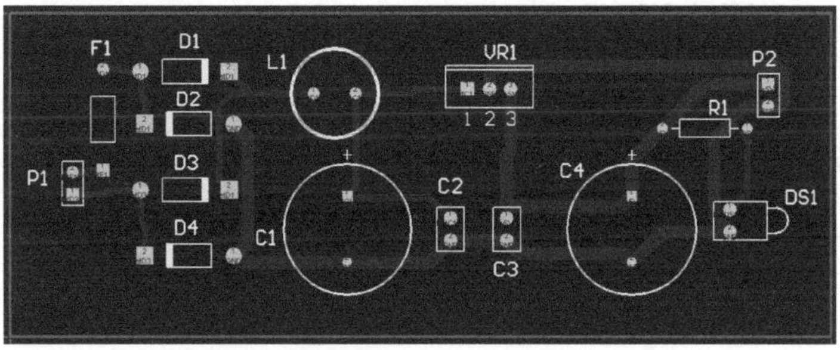

图 8.54　三端稳压电源自动布线结果

（5）观看电路板 3D 效果图。执行菜单命令【查看】/【显示三维 PCB 板】，可以观看到电路板的立体效果图，如图 8.55 所示。当然它只是一种模拟的三维电路板图，并不能完全等同于实际电路板和实际元件，但通过该图可以从立体三维空间的角度较为直观地观察到电路板的一些有用信息，如元件布局上是否有元件重叠，是否有元件之间距离太近等。

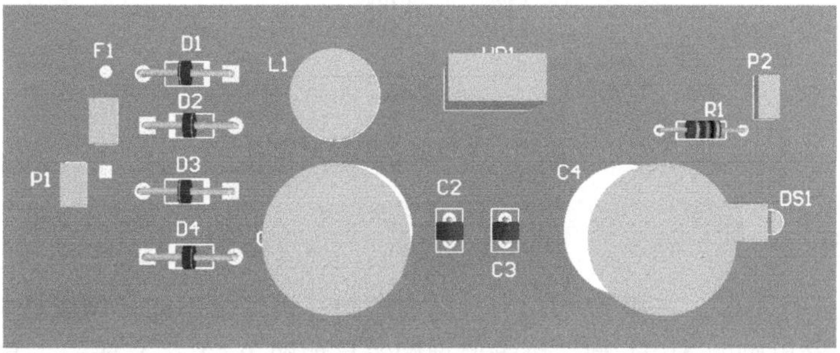

（a）默认状态

图 8.55　三端稳压电源实验板 3D 效果图

（b）转变观察角度

图 8.55　三端稳压电源实验板 3D 效果图（续）

现在终于初步制作出了一个简单的三端稳压电源电路板，体验了利用 DXP 2004 制作电路板的基本过程，当然该板中还存在着较多的不足之处，如自动布线后部分导线存在弯曲太多，绕行太远等缺陷，如图 8.54 所示。所以将在后面的项目中学习该电路板的进一步改进和完善，包括手工修改导线等 PCB 板制作过程中的常用技巧。

上机实训：制作单管放大电路 PCB 板

1. 上机任务

制作如图 8.56 所示的单管放大电路 PCB 板，要求制作单面板，PCB 板尺寸为 60mm（2380mil）×40mm（1580mil）。

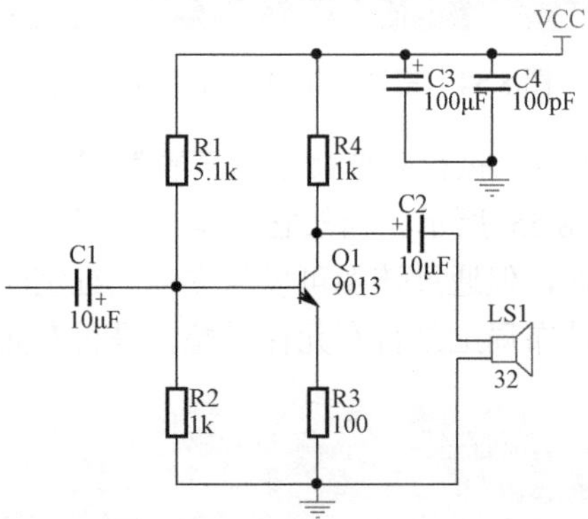

图 8.56　单管放大电路原理图

2. 任务分析

该 PCB 板元件不多，三极管 Q1 为直插式塑封三极管，不能使用默认封装 BCY-W3。这是因为显示隐藏引脚的 NPN 型三极管原理图符号如图 8.57（a）所示，其第 1 引脚为 C 极，第 3 引脚为 E 极。而实际三极管的引脚排列如图 8.57（b）所示，第 1 脚为 E 极，第 3

脚为 C 极，默认封装 BCY-W3 的焊盘排列如图 8.57（c）所示，所以如果采用默认封装，将导致安装的三极管 C、E 极倒置，造成 PCB 板严重错误，所以必须将引脚封装更改为“BCY-W3/B.7”，如图 8.57（d）所示。

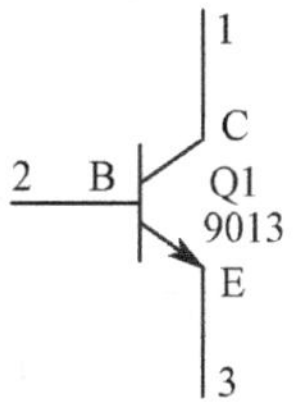

（a）NPN 型三极管原理图符号

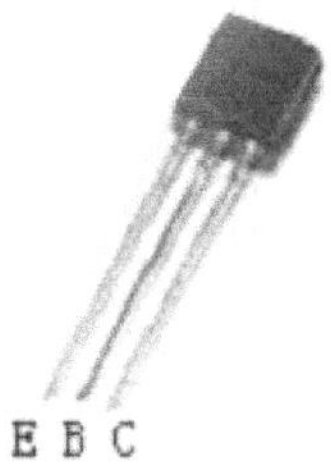

（b）9013 实际三极管的引脚排列

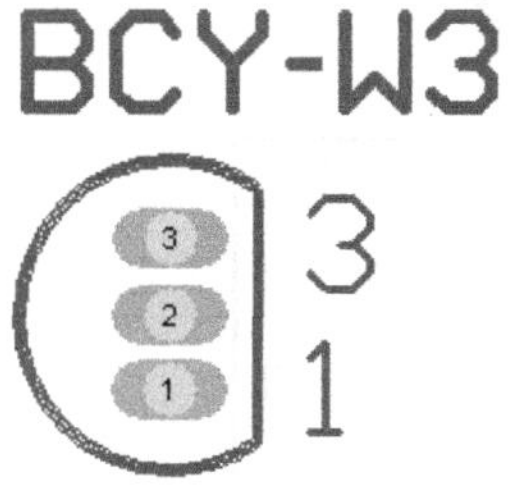

（c）原默认封装 BCY-W3

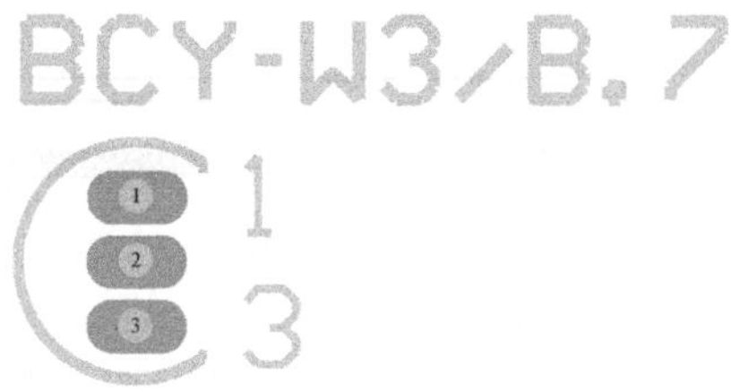

（d）更改后的封装 BCY-W3/B.7

图 8.57　三极管的封装

提示

也可采用后面项目十所讲的方法对原三极管封装进行修改，或采用项目三介绍的直接修改原理图元件的方法，对三极管引脚进行修改，将第 1 脚和第 3 脚位置对调。

扬声器 LS1 的引脚封装采用 PIN2。电解电容 C1、C2 的封装采用 RB5-10.5，滤波电容 C3 的封装采用 RB7.6-15，电阻封装采用 AXIAL-0.4，无极性电容封装采用 RAD-0.3。

3. 操作步骤和提示

（1）绘制单管放大原理图，并为各元件确定合适的引脚封装，其中将三极管 Q1 的封装更改为“BCY-W3/B.7”。

（2）产生网络表，并检查各元件编号、参数、引脚封装是否正确。

（3）利用向导新建 PCB 板。

（4）利用更新载入 PCB 元件和连接网络。

（5）元件布局，先自动布局，然后手工调整，完成后的效果如图 8.58 所示。

（6）设置自动布线规则。其中一般导线宽度为：【Maximum】40mil，【Preferre】30mil，【Minimum】10mil。电源和接地线宽度为：【Maximum】80mil，【Preferre】60mil，【Minimum】40mil。

（7）自动布线，效果如图 8.59 所示。

（8）观看 PCB 板 3D 效果。

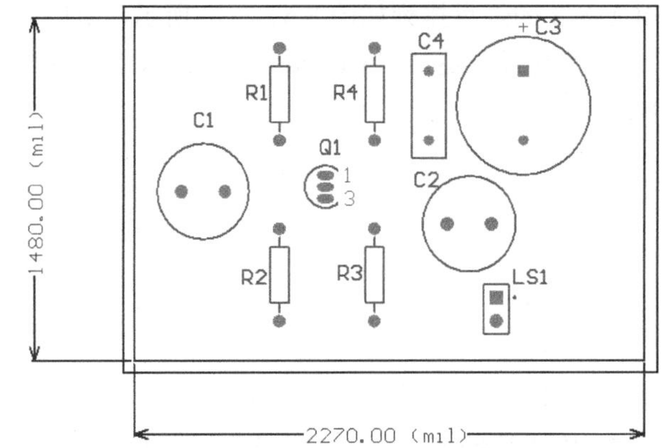

图 8.58　单管放大 PCB 板布局效果图

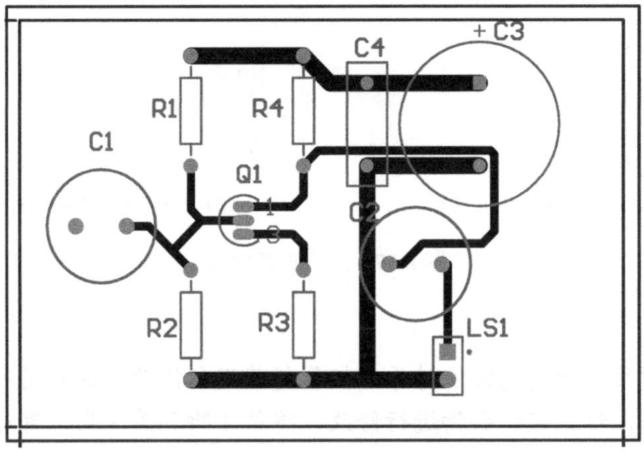

图 8.59　自动布线效果图

本项目小结

本项目通过制作一个较为简单的三端稳压电源 PCB 板，使读者初步体验电路板制作的主要过程，增强电路板制作的信心，重点讲解了 PCB 元件封装的确定，利用向导产生 PCB 板的步骤，自动布线规则的含义和设置方法，以及自动布局和自动布线等操作。同时读者也必须充分的认识到，本项目所选的实例电路板非常简单，布线的结果也并不十分理想，在后面的项目中还需继续学习电路板的进一步改进和完善。

习题 8

8.1 制作如题图 8.1 所示功率放大器的 PCB 板，PCB 板尺寸为 80mm×60mm。

8.2 绘制如题图 8.2 所示的电源电路 PCB 板，PCB 板尺寸为 60mm×40mm。

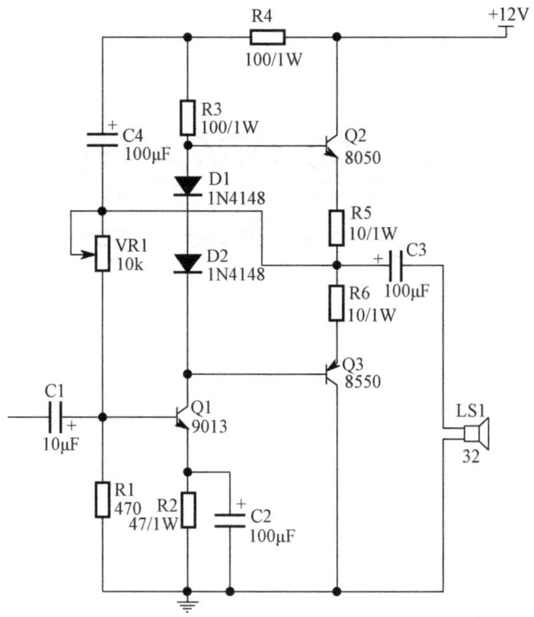

题图 8.1　功率放大器原理图

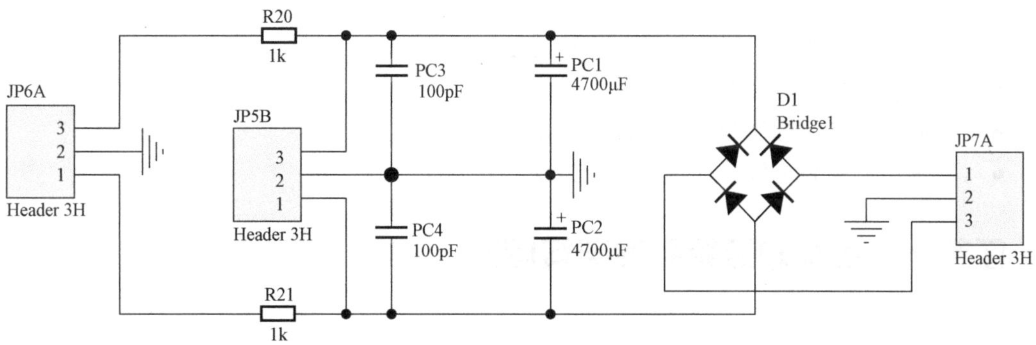

题图 8.2　电源电路原理图

项目九　PCB 板的编辑和完善

教学目标

本项目将继续以三端稳压电源 PCB 板为例，进一步介绍 PCB 板的常用编辑和完善技巧，以达到以下学习目标。

知识目标

- 理解常用的布线原则。

技能目标

- 理解手工修改导线的必要性和操作方法。
- 了解添加电源端点的方法。
- 掌握添加文字标注和尺寸标注的方法。
- 掌握添加安装定位孔、敷铜区的方法。

任务一　布线规律检查和走线修改

知识扩展：布线原则

所谓“布线”，就是利用印制导线完成原理图中各元件的连线关系。和布局类似，布线也是印制电路板设计过程中的关键环节，不良的布线可能严重降低电路系统的抗干扰性能，甚至完全不能工作。因此，布线技能对操作者要求较高，除了能灵活运用布线软件功能之外，还必须牢记并灵活运用一般的布线规律，可以说布线设计过程是整个 PCB 板设计过程中技巧性最强，工作量最大，最体现设计水平的步骤。本节将介绍布线的一般原则和规律，希望读者在设计过程中能自觉遵守，灵活运用。

在 PCB 板布线过程中，必须遵循如下一些原则和规律。

1. 安全工作原则

PCB 板的铜箔导线要保证 PCB 板在长期的工作环境中能安全工作，主要包含以下几点。

（1）安全间距原则。要保证两网络走线最小间距能承受所加电压的峰值，特别是高压线应圆滑，不得有尖锐的倒角，否则容易造成电路板打火击穿，甚至发生火灾等严重后果。

（2）安全载流原则。走线宽度应以其所能承载的电流峰值为基础进行设计，并留有一定的余量。走线的载流能力取决于以下因素：线宽、线厚（铜箔厚度）、容许温升等，如表9.1所示给出了铜导线的宽度和导线面积及导电电流的关系（军品标准），读者可以根据这个基本的关系对导线宽度进行适当的选取。

表9.1 印制导线最大允许工作电流（导线厚50μm，允许温升为10℃）

导线宽度（Mil）	导线电流（A）	导线宽度（Mil）	导线电流（A）
10	1	50	2.6
15	1.2	75	3.5
20	1.3	100	4.2
25	1.7	200	7.0

2. 导线精简原则

在满足安全原则等电气要求的前提下，导线要精简，尽可能短，尽量少拐弯，力求导线简单明了，特别是场效应管栅极、晶体管基极、时钟电路等小信号导线。当然为了达到阻抗匹配而需要进行特殊延长就另当别论了，如蛇行走线等。

3. 电磁抗干扰原则

电磁抗干扰原则涉及的知识点比较多，主要包含以下几点。

（1）导线拐角。印制导线转折点内角不能小于90°，一般选择135°或圆角，特别在高频电路中尖角的拐弯会影响电气性能，导线与焊盘、过孔的连接处要圆滑，避免出现小尖角和毛刺。由于工艺原因，在印制导线的小尖角处，印制导线有效宽度减小，电阻增大；另外，小于90°的转角，会使印制导线总长度增加，也不利于减小印制导线的寄生电阻和寄生电感。同时注意导线与焊盘、过孔也必须以135°或90°相连。

（2）布线方向。在双面、多面印制板中，上下两层信号线的走线方向要尽量相互垂直或斜交叉，尽量避免平行走线，减小寄生耦合；对于数字、模拟混合系统来说，模拟信号走线和数字信号走线应尽量分别位于不同层面内或同层面的不同区域内，且走线方向垂直，以减少相互间的信号耦合，在高频电路中必须严格限制平行走线的最大长度。

（3）就近接地和隔离。为了提高抗干扰能力，小信号线和模拟信号线应尽量靠近地线，远离大电流和电源线；数字信号既容易干扰小信号，又容易受大电流信号的干扰，布线时必须认真处理好数据总线的走线，必要时可加电磁屏蔽罩或屏蔽板。时钟信号引脚最容易产生电磁辐射，因此走线时，应尽量靠近地线，并设法减小回路长度，应尽量避免在时钟电路下方走线；在微机、单片机印制板数据总线间，可以添加信号地线，来实现彼此的隔离；数字电路、模拟电路及大电流电路的电源线、地线必须分开走线，最后再接到系统电源线、地线上，形成单点接地形式。

4. 环境效应原则

PCB板走线要注意所应用的环境，高压或大功率元件尽量与低压小功率元件分开走线，即彼此电源线、地线分开走线，以避免高压大功率元件通过电源线、地线的寄生电阻（或电感）干扰小元件；避免在振动或者其他容易使电路板变形的环境中采用过细的铜膜导线，否则很容易出现铜箔导线起皮拉断等不良后果。

5. 组装方便、规范原则

走线设计要考虑组装是否方便，如跳线的位置要便于人们焊接等。

6. 美观、经济原则

美观原则要求设计者较充分地利用电路板空间，均匀分布走线密度，力求走线美观精简。好的 PCB 板布线美观，做功精细，看上去就像一件艺术品。经济原则要求设计者对组装的工艺有一定的认识和了解，如 5mil 的走线比 8mil 难于腐蚀，所以价格要高，过孔越小越贵等。

以上是一些基本的布线原则，当然，布线很大程度上还与设计者的经验有关，读者应该在今后的学习和实训中不断积累经验，提高制版技巧。

为了便于比较、检查和修改，表 9.2 列举了部分正确与不正确的走线方式。

表 9.2　部分正确与不正确的走线方式列表

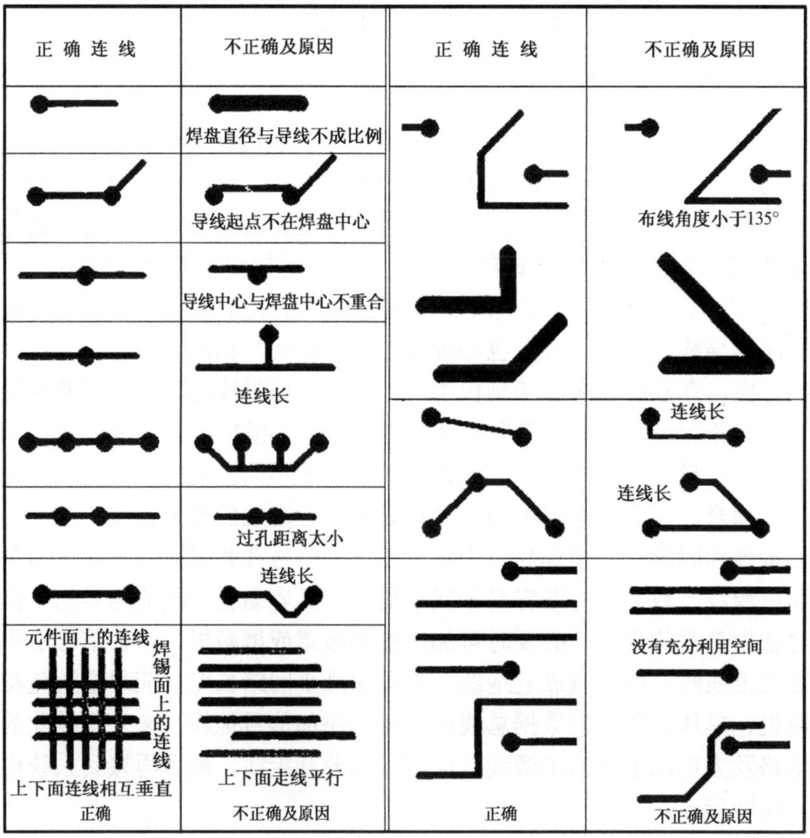

下面结合前面项目绘制的三端稳压电源 PCB 板，介绍走线的检查和修改方法。

打开三端稳压电源 PCB 板，根据上面所讲的布线规律仔细检查电路板连线，发现图中至少存在三处较为明显的违反布线规律的导线，如图 9.1 所示。

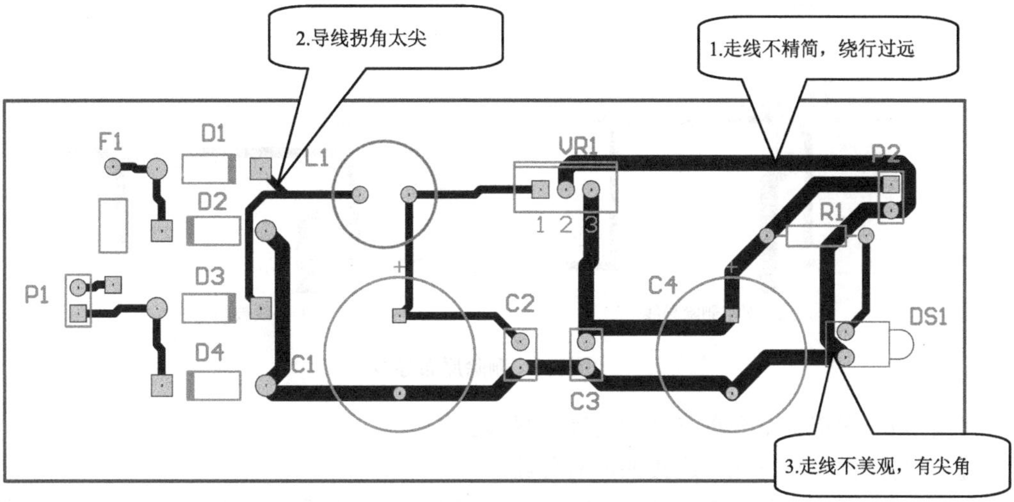

图 9.1　三端稳压电源 PCB 板走线违反布线规律示意图

图 9.1 中序号 1 处导线违反了导线精简原则，绕行过远，可以从 C2、C3 的中点处连接到 GND 地线即可。序号 2 处导线违反了走线拐角规律，即导线转折处内角不能小于 90°。图中序号 3 处导线不够美观精简，且也存在尖角。针对以上导线进行手工修改，具体修改方法如下。

（1）认识 PCB 板配线工具。PCB 板配线工具栏如图 9.2 所示，各工具作用如表 9.3 所示。

图 9.2　PCB 板配线工具栏

表 9.3　配线工具栏中各工具的作用

工具符号	作　用	工具符号	作　用
	交互式布线		放置焊盘
	放置过孔		边缘法放置圆弧
	放置矩形填充		放置铜区域
	放置敷铜平面		放置字符串
	放置元件		

（2）删除或取消原布导线。

① 删除导线：执行菜单命令【编辑】/【删除】，出现十字光标，将其对准要删除的导线，单击鼠标即可删除该导线，如图 9.3 所示。

② 取消原布导线：删除命令一次只能删除一段导线，如果想整条导线取消或将 PCB 板所有导线取消，必须执行如图 9.4 所示的【取消布线】菜单命令，各子菜单含义如下。

【全部对象】：撤销所有导线。

【网络】：以网络为单位撤销布线。如选择【网络】命令后单击 GND 网络的导线，则撤销所有接地导线。

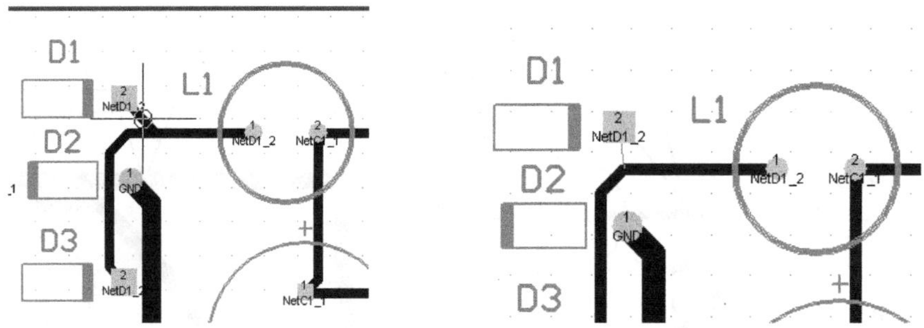

（a）对准删除导线　　（b）导线被删除

图 9.3　删除原布导线

【连接】：撤销两个焊盘点之间的连接导线。

【元件】：撤销与该元件连接的所有导线。

用户可以根据需要，确定撤销导线的方式和范围，选择合适的撤销命令。此处要撤销 VR1 第 2 脚与插座 P2 第 2 脚之间的连接走线，所以执行菜单命令【取消布线】/【连接】，出现十字光标，将其对准该导线，单击鼠标左键即可，如图 9.5 所示。

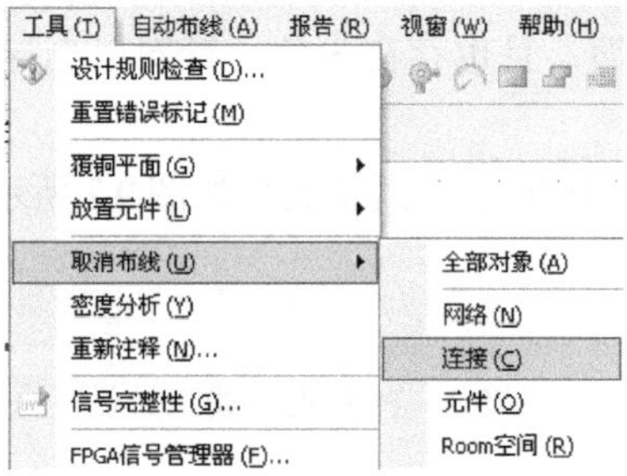

图 9.4　取消布线命令菜单

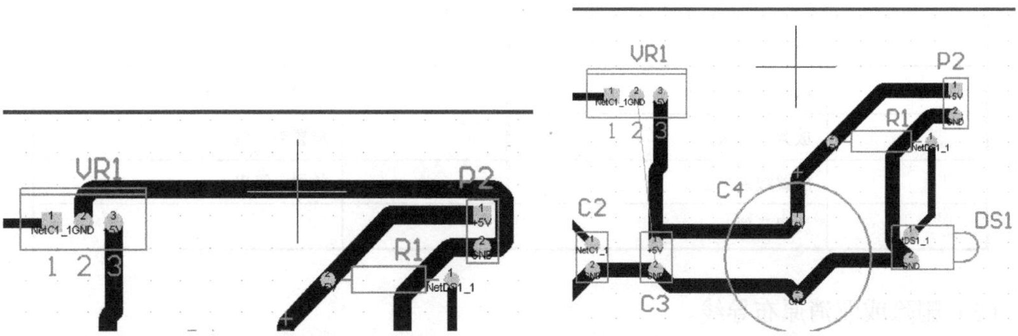

（a）对准要取消的导线　　（b）导线被取消

图 9.5　取消 VR1 第 2 脚与插座 P2 第 2 脚之间的连接走线

（3）选择底层信号层为当前工作层面。因为单面板导线位于【Bottom Layer】底层信号层，所以利用鼠标选择当前工作层面为该层，如图 9.6 所示，这一步非常重要，因为不同层面绘制的导线具有不同的电气特性。

图 9.6　选择底层信号层

（4）手工重新布线。选择 PCB 板配线工具栏中的交互式布线工具，将十字光标对准要连接导线的焊盘点中心，当完全对准时光标中心出现八边形圆圈，表明可以连线。此时单击鼠标左键作为导线起点，移动鼠标，可带出绘制的导线，如图 9.7（a）所示。如果想修改导线属性，可以按下【Tab】键，弹出【交互式布线】对话框，如图 9.8 所示。在该对话框中，读者可以修改【Trace Width】、【层】、【过孔】等属性。在导线绘制过程中，在每一个需要拐弯的位置单击一次鼠标左键，直到导线绘制完成，单击鼠标右键结束。

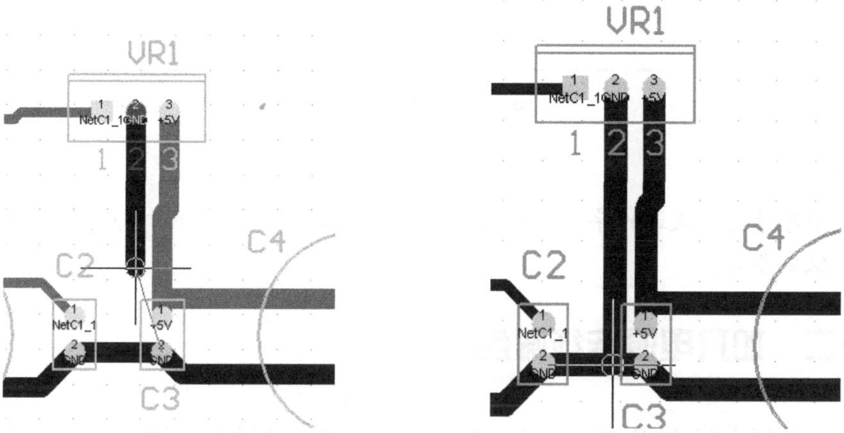

（a）绘制导线起点　　　　（a）绘制导线终点

图 9.7　手工绘制导线

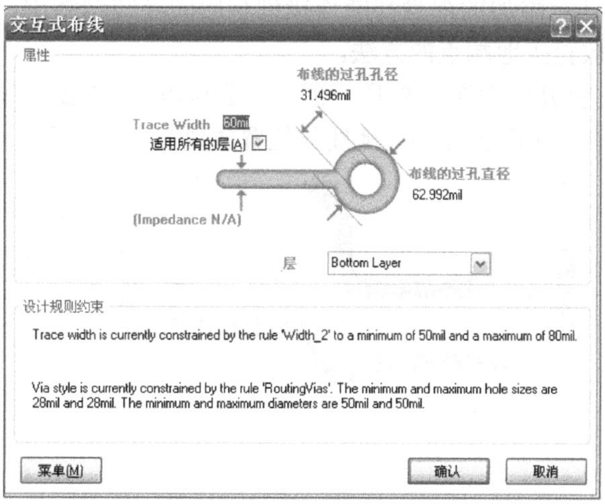

图 9.8　修改导线属性

（5）依据同样的方法，修改好图 9.1 中其他需要修改的导线，完成后的效果如图 9.9 所示。

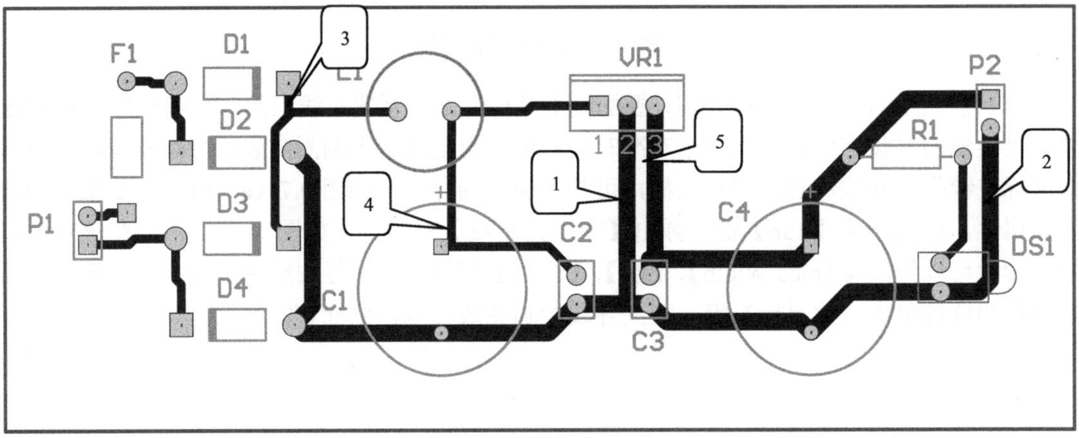

图 9.9 修改其他导线

提示

图 9.9 中序号为修改过的导线。导线修改由于各设计者思路和侧重点不同，最终效果也不同，本图仅供参考。

任务二 加入电源连线端点

在初步布线完成的 PCB 板中，有时为了便于电器的金属外壳接地，或给电路板提供电源、加入输入信号或测试信号等，需要在电路板中放置额外的焊盘。

在三端稳压电源 PCB 板中，为方便电源外壳接地，可以添加额外的接地端点。但在 PCB 编辑器中，并非任意添加的焊盘都能连接到相应的导线网络中，下面仍以三端稳压电源 PCB 板为例，介绍放置接地端点的方法。

（1）放置新焊盘。打开前面图 9.9 所示的三端稳压电源 PCB 板文件，然后选择配线工具中的放置焊盘工具，在准备焊接接地线的位置放置焊盘，如图 9.10 所示。

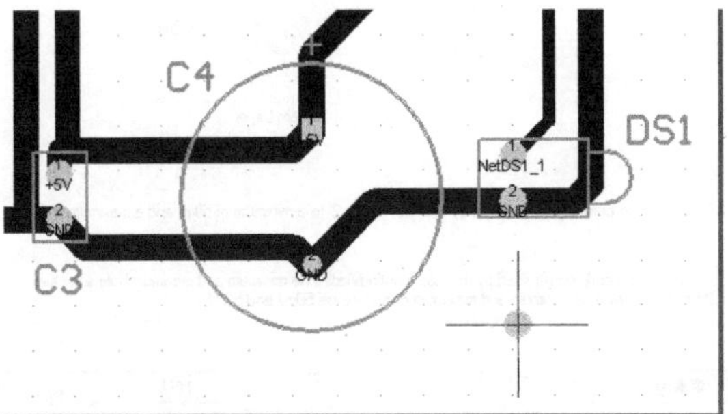

图 9.10 放置新焊盘

（2）修改焊盘网络属性。因为该焊盘用于焊接地线，为了连接到该网络，必须修改焊盘的网络属性。双击新放置的焊盘，弹出【焊盘】属性对话框，如图 9.11 所示，在焊盘【网络】下拉列表中，选择准备接入的网络名称 GND，并修改焊盘的尺寸参数，由于接地线一般较粗，所以焊盘的尺寸设置较大，单击【确认】按钮，就可以看到新放置的焊盘 1 已经有飞线连接到地线网络上。

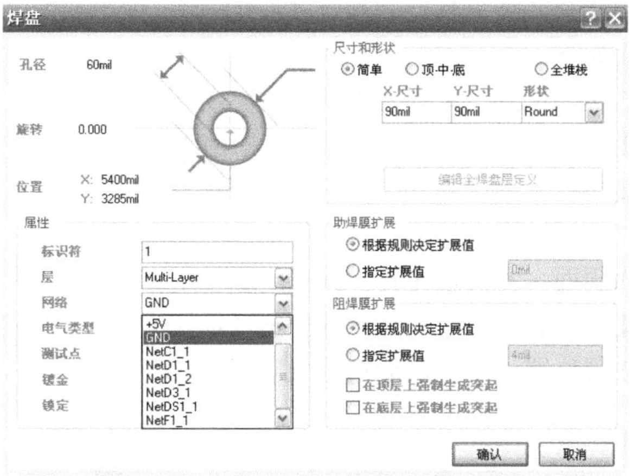

图 9.11　修改焊盘的网络属性

（3）连接导线。可以利用前面手工布线的方法连接新添加的焊盘，如图 9.12 所示。

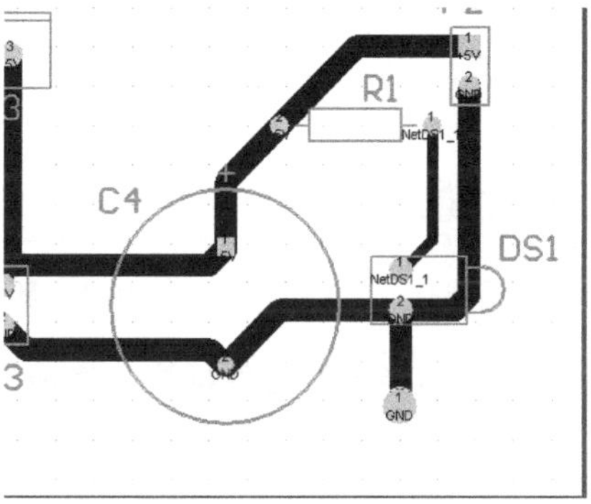

图 9.12　连接好的焊盘

任务三　添加标注和说明性文字

在电路板中，为了便于装配、焊接和调试，一般需要额外加入标注和说明性文字。例如，电路板上的测试点、信号连接端、电源端、电路板与电路板之间的接插线和插座连接关系，跳接线连接的含义等。下面仍以三端稳压电源 PCB 板为例，在新添加的焊盘旁添加文字标注“GND”，介绍在 PCB 板中添加标注和说明性文字的方法。

（1）标注和说明性文字一般添加在信号层的丝印层上，如本例要在顶层丝印层添加文字标注“GND”，所以选择【Top Over Layer】顶层丝印层，如图 9.13 所示。

图 9.13　选择顶层丝印层

小技巧

如果 PCB 文件中使用的层面较多，可能看不到所有层面，可以单击层面左移、右移按钮，显示出该层后再选择该层。

（2）在实用工具中选择文字工具A，按下【Tab】键，弹出如图 9.14 所示的文字工具属性对话框，各属性含义如下。

【文本】：要添加的文字标注，本例为接地标注“GND”。

【宽】：文字的笔画宽度，默认为 10mil，本例采用默认值。

【旋转】：文字旋转角度，默认为 0，本例采用默认值。

【高】：文字高度，本例设为 60mil。

【层】：文字所在的层面，本例选【Top Overlay】。

设置完成后单击【确认】按钮，此时光标处出现标注文字“GND”。

（3）移动光标到放置位置，单击鼠标左键放置“GND”文字标注，如图 9.15 所示。

图 9.14 文字工具属性对话框

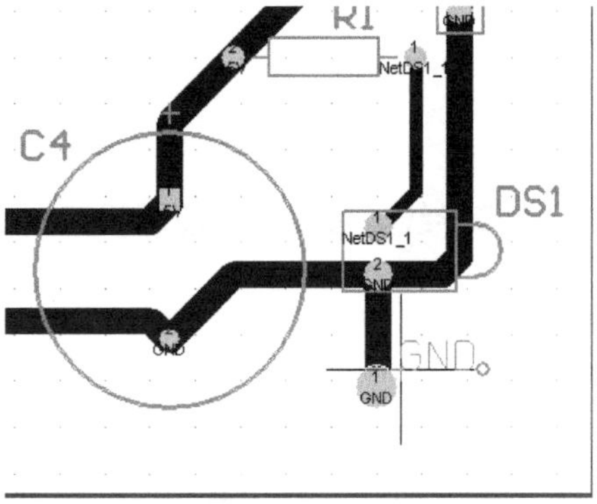

图 9.15 新添加的“GND”标注

（4）依次添加其他文字标注，并适当调整元件标注，完成后的效果如图 9.16 所示。

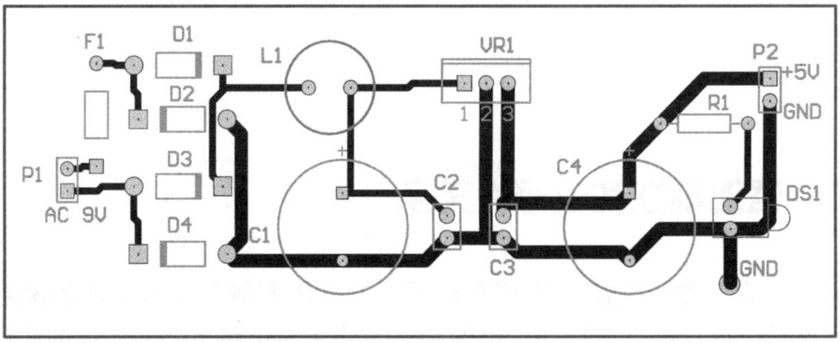

图 9.16 添加其他文字标注

任务四 添加安装孔和标注尺寸

为了便于装配、焊接、调试电路板，一般需要添加安装孔和标注必要的尺寸。下面仍以三端稳压电源 PCB 板为例，介绍安装孔的制作和尺寸标注方法。

（1）打开三端稳压电源 PCB 板图，选择机械层。电路板尺寸标注、边框、安装孔等有关机械安装、电路板制作尺寸方面的标注和图件，一般添加在【Mechanical】机械层，因此在制作安装孔前先选择该层，如图 9.17 所示。

（2）认识 PCB 板实用工具。PCB 板实用工具栏如图 9.18 所示，各工具作用如表 9.4 所示。

图 9.17 选择机械层

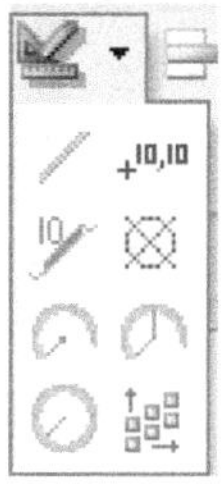

图 9.18 PCB 板实用工具栏

表 9.4 实用工具栏中各工具的作用

工 具 符 号	作　用	工 具 符 号	作　用
	放置直线	+10,10	放置坐标
	放置标准尺寸		设定原点
	中心法放置圆弧		边缘法放置任意角度圆弧
	放置圆		粘贴队列

（3）确定安装孔放置位置。利用实用工具中的放置标准尺寸工具和放置直线工具确定安装孔位置，如图 9.19 所示，图中的中心辅助定位线由直线绘制工具绘制，直线的宽度属性为 10mil 左右。

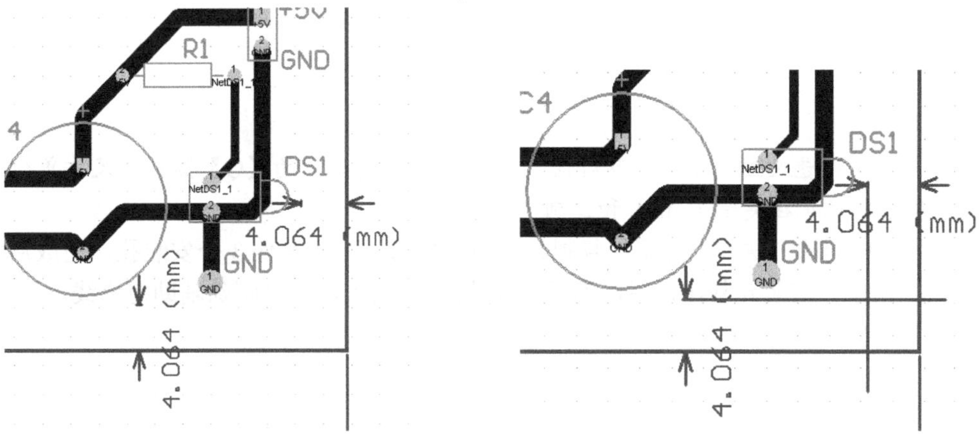

（a）放置标准尺寸　　（b）绘制直线确定安装孔位置

图 9.19 定位安装孔

（4）绘制安装孔。选择实用工具中的放置圆工具，光标变为十字形，具体绘制过程如图 9.20 所示。移动光标到放置位置，在圆心位置按下鼠标左键，如图 9.20（a）所示。按下鼠标左键不放，移动鼠标带出一个圆，在圆半径大小合适时松开鼠标左键，以确定圆环的半径大小，如图 9.20（b）所示。

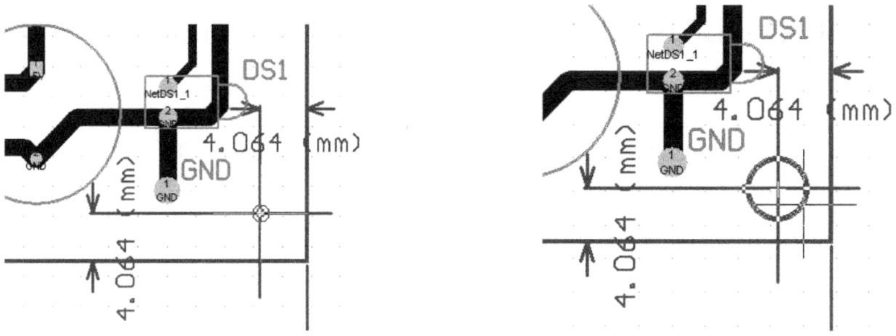

(a) 确定圆心　　　　(b) 确定半径

图 9.20　绘制安装孔的步骤

(5) 精确设置定位孔尺寸属性。由于在手工绘制过程中，难于做到安装孔尺寸的精确控制，所以初步制作完成后，还必须进行属性修改。双击刚绘制好的圆形，弹出如图 9.21 所示的属性对话框，根据安装螺钉大小进一步修改圆弧【半径】为 2mm，注意安装孔在电路板制作时将挖空，以便安装螺钉，所以不能有导线穿过。

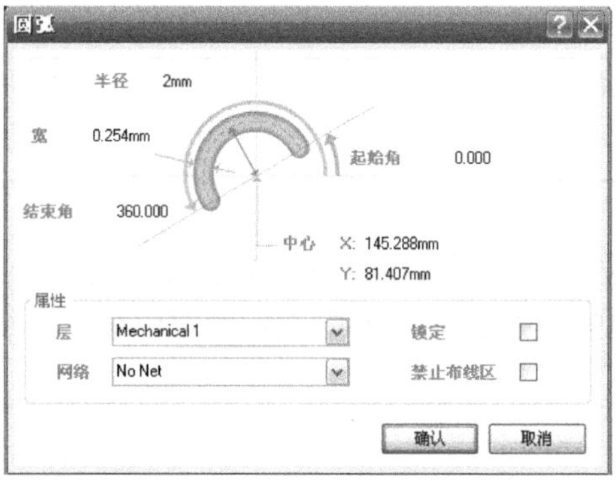

图 9.21　设置定位孔尺寸属性

提示

在双击安装孔进入圆弧属性修改对话框前，可以按键盘上的【Q】键转换尺寸单位，每按一次，尺寸单位就在英制（mil）和公制（mm）间转换一次。

(6) 依据相同的方法（也可采用复制、粘贴的办法）制作其他 3 个安装孔，完成后的效果如图 9.22 所示，安装孔制作好后，为了 PCB 板清晰明了，可以删除辅助定位线。

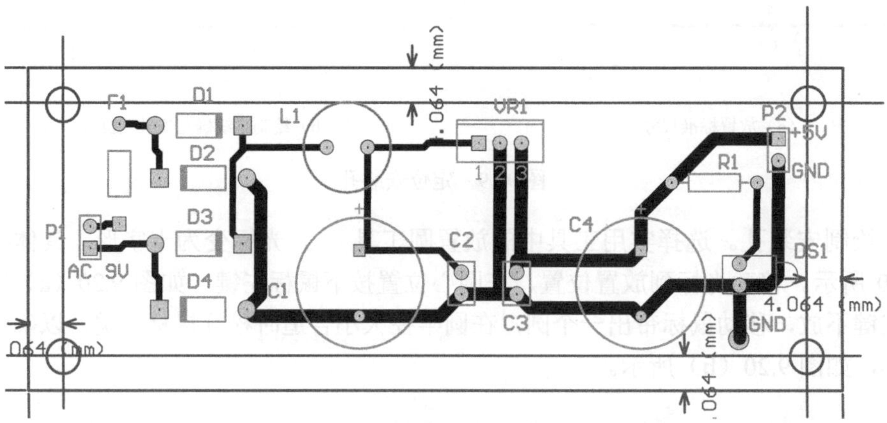

(a) 制作其他 3 个安装孔

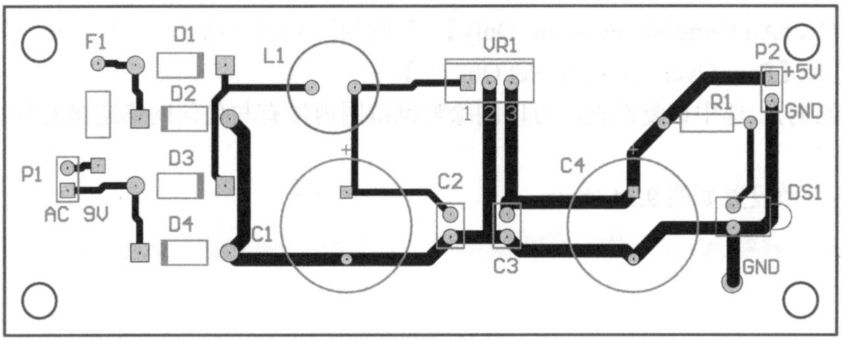

（b）删除辅助定位线

图 9.22　制作完成的安装定位孔

提示

安装孔也可以用放置焊盘的方法制作，只是将焊盘内孔径按要求进行设置即可。

任务五　添加敷铜区

布线完成后，在较大面积的无导线区域，可以添加连接到地线、电源或其他网络的敷铜区，一方面可以提高电路板的抗干扰和导电能力，另一方面也可提高电路板导线铜箔对电路板基板的附着力，以免在较长时间的焊接过程中焊盘翘起和脱落。下面仍以三端稳压电源PCB板为例，介绍敷铜区的制作方法。

（1）打开三端稳压电源PCB板图，选择底层信号层。敷铜区位于【Bottom Layer】底层信号层，利用鼠标选择底层信号层，如图9.23所示。

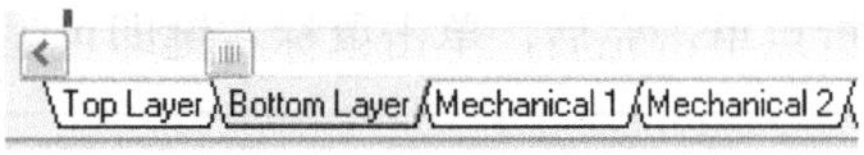

图 9.23　选择底层信号层

（2）选择敷铜工具，修改敷铜区属性。在PCB板配线工具栏中，选择放置敷铜平面工具，按下【Tab】键，弹出【敷铜】属性对话框，如图9.24所示，各参数含义如下。

【填充模式】：敷铜平面内部的填充模式。

【实心填充（铜区）】：敷铜没有开孔，填充区为整块铜箔，如图9.24所示。

【影线化填充（导线/弧）】：因为较大的整块铜箔受热时可能导致翘起爆裂，所以可以在较大铜箔敷铜中开孔，如图9.25所示。

【无填充（只有边框）】：敷铜区只有边缘边框。

【层】：敷铜位于哪一个层面。如本例单面板为底层【Bottom Layer】。

【连接到网络】：连接导线的网络名称，该选项用于选择敷铜要连接的导线所在的网络，如本例连接到GND网络。

包围相同网络方式：敷铜与相同网络的包围方式，有以下3种。

【Don't Pour Over Same Net Objects】：不包围相同网络走线。导线和敷铜只是以小导线连接，没有完全融合在一起。

【Pour Over All Same Net Objects】：包围所有相同网络对象（含导线、铜区域、矩形填充等），选中该选项，可以使敷铜和导线融为一体，完全融合。

【Pour Over All Same Net Polygons Only】：包围相同网络的铜区域、矩形填充等。

本例选择【Pour Over All Same Net Objects】。

【删除死铜】：选中该复选框，可以删除敷铜范围内没有与任何网络连接的导线（即所谓的死铜）。

本例各参数设置如图 9.24 所示。

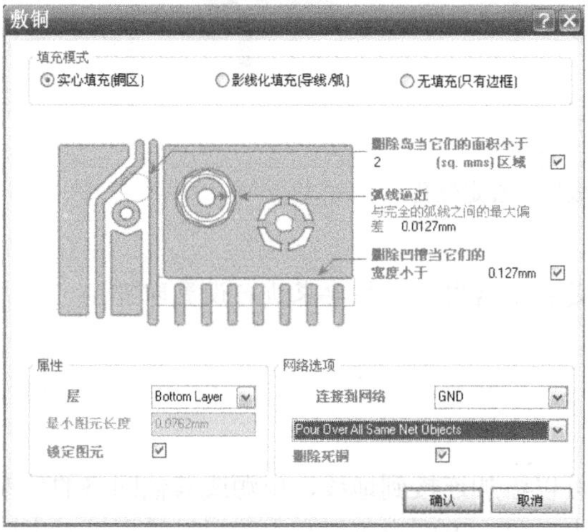

图 9.24 敷铜区属性设置对话框

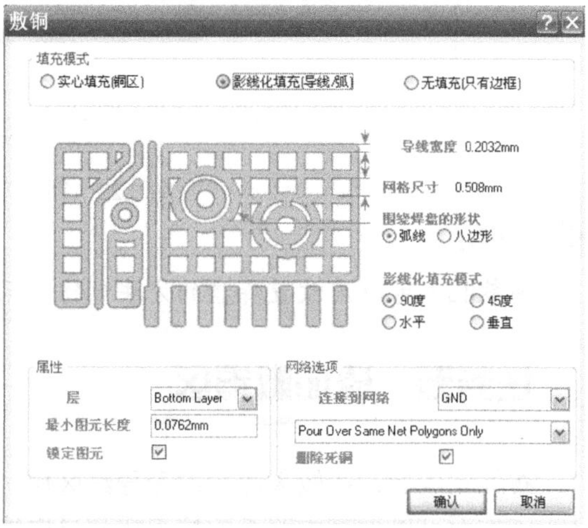

图 9.25 影线化填充示意图

（3）设置好敷铜参数后，单击【确认】按钮，光标变为十字形，分别在需添加敷铜区的位置绘制敷铜区的形状，利用鼠标左键设置起点和其他转折点，如图 9.26 所示，图中的序号表示鼠标单击的顺序，沿着敷铜区的外围轮廓依次单击即可。

（4）在敷铜区的所有转折点单击完后，单击鼠标右键即可生成敷铜，如图 9.27 所示。

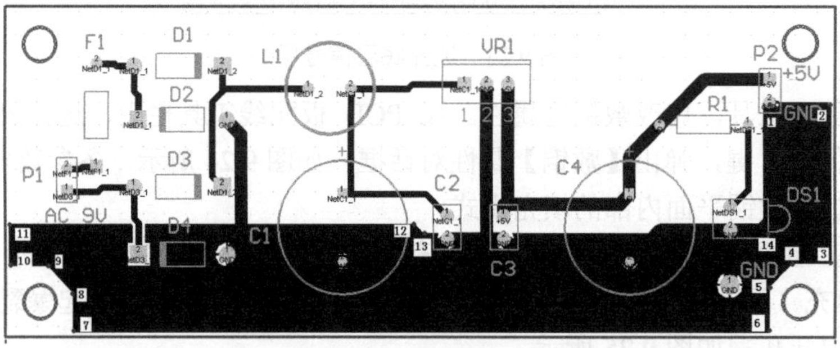

图 9.26 绘制敷铜区的轮廓和步骤

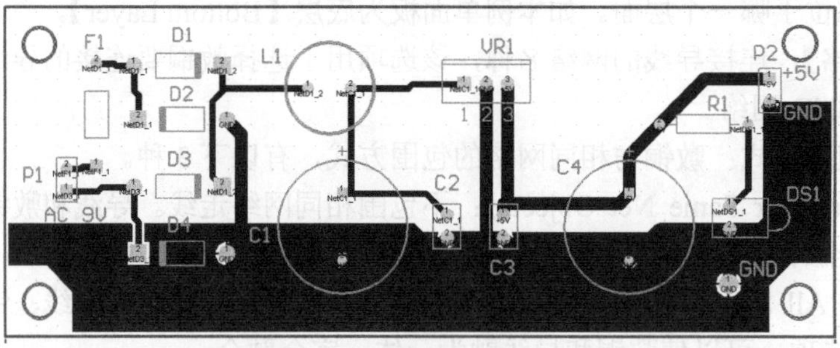

图 9.27 GND 敷铜完成后的效果

（5）依据前面方法，继续添加电源＋5V 等网络的敷铜，完成后的效果如图 9.28 所示。

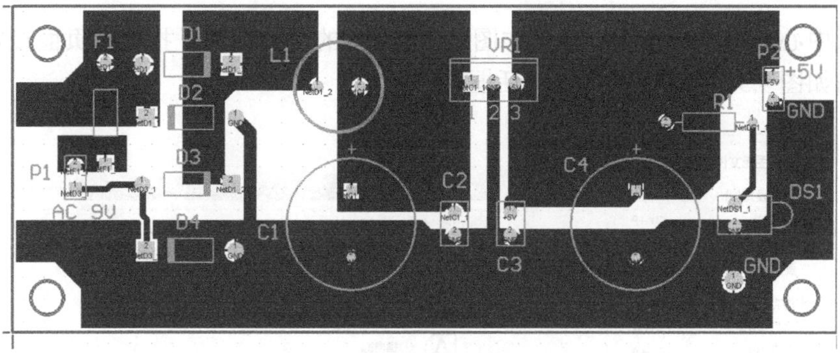

图 9.28　敷铜完成后的整体效果图

提示

在绘制敷铜的过程中可以单击空格键改变敷铜的拐角模式，从而可以形成特殊形式的敷铜拐角（如圆形拐角）。敷铜过程中尽量避免形成尖角和毛刺，因为尖角和毛刺容易产生干扰或造成打火等不良后果。

任务六　打印输出 PCB 文件

PCB 文件的打印输出和原理图文件的打印输出操作基本相似，但由于 PCB 板存在板层的概念，在打印 PCB 文件时可以将各层一起打印输出，也可由用户自己选择打印的层面，以方便制版和校对。

1. 打印预览

当 PCB 板设计完成后，DXP 2004 可以方便的将 PCB 文件打印或导出。执行菜单命令【文件】/【打印预览】将弹出打印预览对话框，可以预览和设置 PCB 板层的打印效果，如图 9.29 所示。

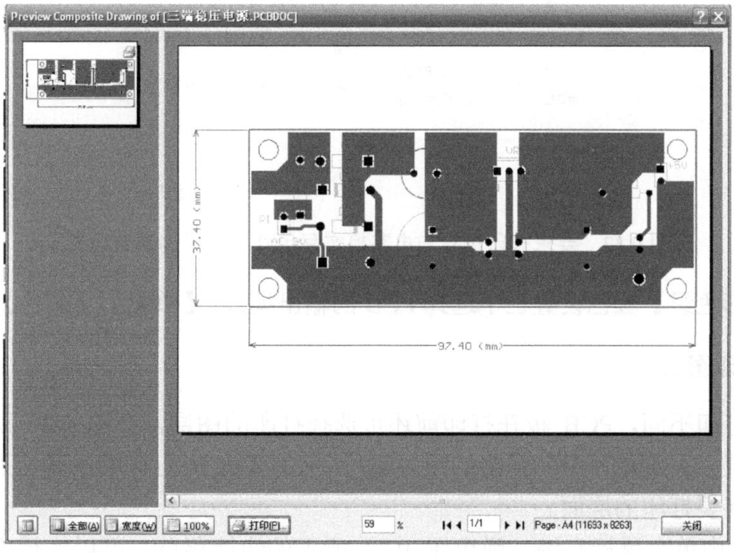

图 9.29　PCB 文件打印预览对话框

2. 设置纸张

在图纸中心单击鼠标右键，弹出如图 9.30 所示的快捷菜单，执行【页面设定...】菜单命令，弹出如图 9.31 所示设置纸张对话框。

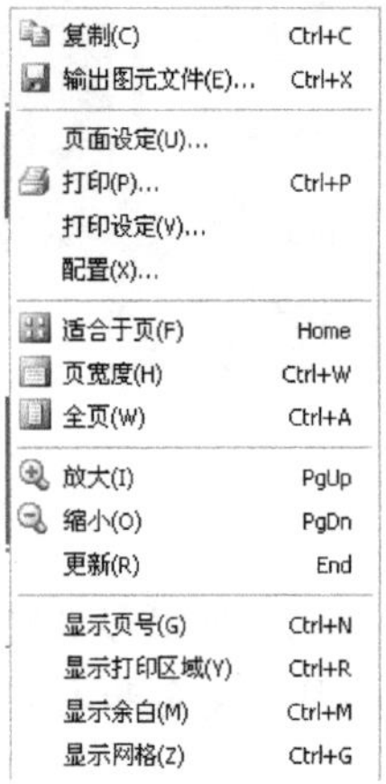

图 9.30 鼠标右键菜单

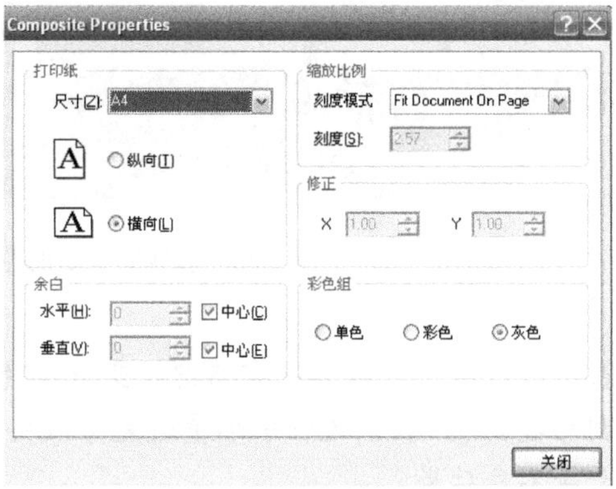

图 9.31 设置纸张

【尺寸】：设置纸张的大小，在其下方选择图纸的方向。

【刻度模式】：采用默认项【Fit Document On Page】，将自动调整 PCB 图层比例,使其适合于纸张大小，如果只是用于校对等用途，不要求与实际尺寸一致，则可以选择此模式。

但如果要求打印大小与实际尺寸相符，如手工制作电路板等场合，则【刻度模式】必须选择【Scaled Print】项，并且将【刻度】、【修正 X】、【修正 Y】修改为 1，如图 9.32 所示。

图 9.32 要求打印尺寸与电路板实际尺寸一致时的参数设置

还可在【彩色组】颜色设置栏中选择 PCB 的输出模式：【单色】、【彩色】、【灰色】。

3. 设置打印图层

与原理图打印不同，PCB 板在打印前还可选择打印的图层，在图 9.30 所示的右键菜单中，执行【配置...】菜单命令，弹出如图 9.33 所示的【PCB 打印输出属性】设置对话框，在图中列出了将要打印的层面。

在图 9.33 中单击鼠标右键，弹出图 9.34 所示的快捷菜单，可以执行【删除】菜单命令，删除被选中的层。也可执行【插入层】菜单命令，弹出如图 9.35 所示的【层属性】对话框，在【打印层次类型】下拉列表框中选择要添加的层面。

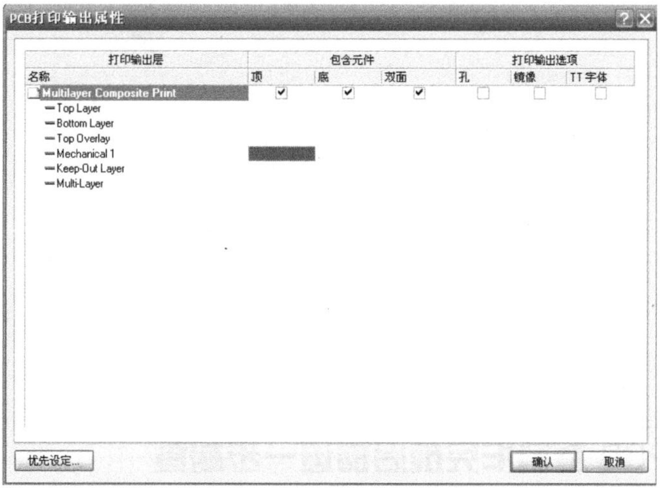

图 9.33　打印层面对话框

图 9.34　鼠标右键菜单

图 9.35　添加图层

4. 设置打印机和打印

在图 9.29 中单击【打印...】按钮将弹出如图 9.36 所示的打印设置对话框，可以进一步设置打印参数，设置好后单击【确认】按钮开始打印。

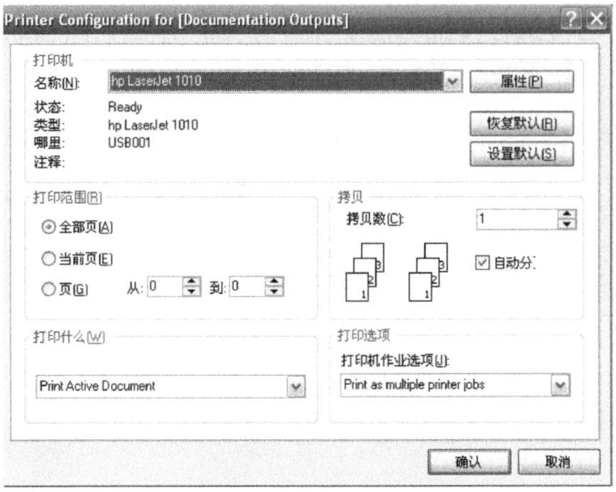

图 9.36　设置打印参数

任务七　PCB 板制作完成后的进一步检查

PCB 板初步制作完成后，在制作过程中没有发生错误，或者发生的错误修改后，原理图和 PCB 编辑器都没有报告错误，是否 PCB 板就一定制作成功了呢？

答案是否定的，因为原理图和 PCB 编辑器只能从线路连接等角度对原理图和 PCB 板进行对照和查错，报告较简单的错误，而不能从电路的电气特性方面进行检查。即使 PCB 板图存在较严重的电气错误（如元件封装不对、焊盘孔径过小、元件安装位置不对等），它是无法自动检查出来的。所以在 PCB 板制作完成后，一定要从实际元件出发，仔细检查，力争将错误排除在将 PCB 板送厂家制版之前。一般对于大批量的生产，必要时可以采取按 1∶1 比例先打印出 PCB 板图纸，然后拿实际元件在 PCB 图纸上模拟安装的方法检查 PCB 板的正确性，在条件允许的情况下，甚至可以先制作几块样板进行安装、调试，在没有错误的情况下再进行大批量生产。总之，PCB 制版人员必须以严谨的工作态度在大量制版前认真检查，排除错误，否则可能造成严重的经济损失和板材浪费。

PCB 板完成后的检查可以从以下几方面进行：

（1）元件封装检查。元件封装对于 PCB 板制作和元件安装至关重要，一般应重点检查三极管、二极管、桥堆、电解电容等有极性元件的引脚排列是否和实际元件一致，如二极管的正负极性连接是否颠倒，三极管的 B、C、E 极性是否连错，桥堆焊盘序号是否和实物一致，电解电容极性是否正确等。

（2）电气连接检查。以实际电路结构和原理图为依据，逐步检查电源、接地、元器件引脚间的连接情况。

（3）元器件安装位置、定位尺寸检查、安装空间检查。

上机实训：单管放大电路 PCB 板改进和完善

1. 上机任务

打开项目八上机实训过程中制作的单管放大电路 PCB 板，如图 9.37 所示，完成以下操作。

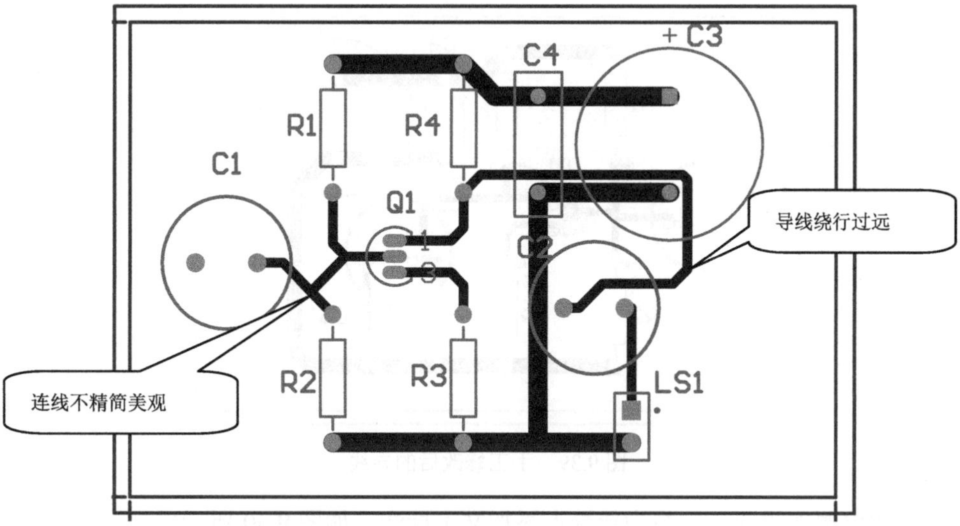

图 9.37　单管放大电路 PCB 板自动布线结果

（1）分析图 9.37 自动布线结果，手工修改不合理导线。

（2）添加电源连线端点，并为新端点添加文字标注。

（3）制作安装孔，并标注尺寸。

（4）添加敷铜。

2. 任务分析

对图 9.37 所示的自动布线结果进行分析，发现至少存在两处导线需要修改。

3. 操作步骤和提示

（1）打开原 PCB 文件，执行菜单命令【工具】/【取消布线】/【连接】，撤销原布导线，如图 9.38 所示。

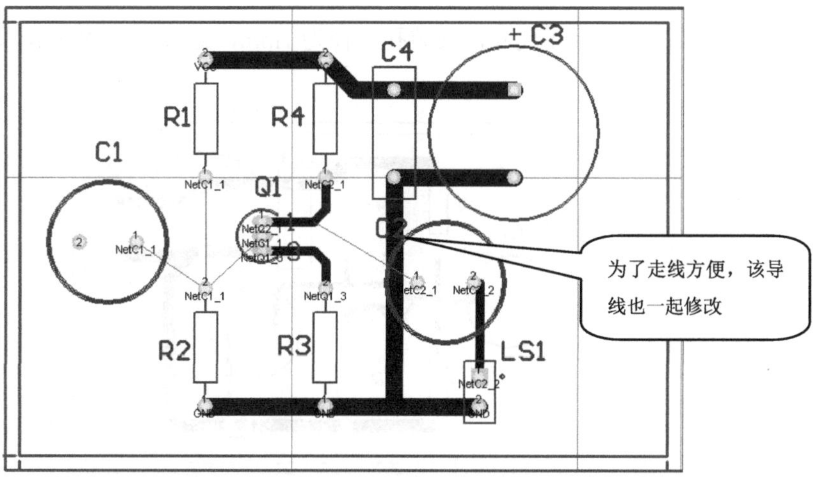

图 9.38　撤销原导线

（2）手工重新走线。如图 9.39 所示，为了走线的方便，图中还修改了其他导线。

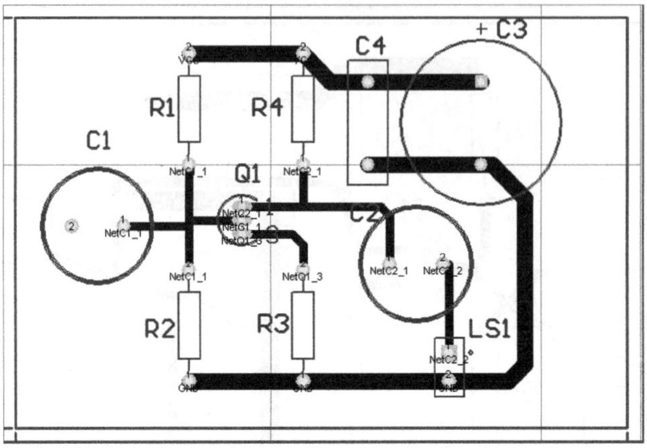

图 9.39　手工修改后的导线

（3）添加电源连线端点，并为新端点添加文字标注，如图 9.40 所示。

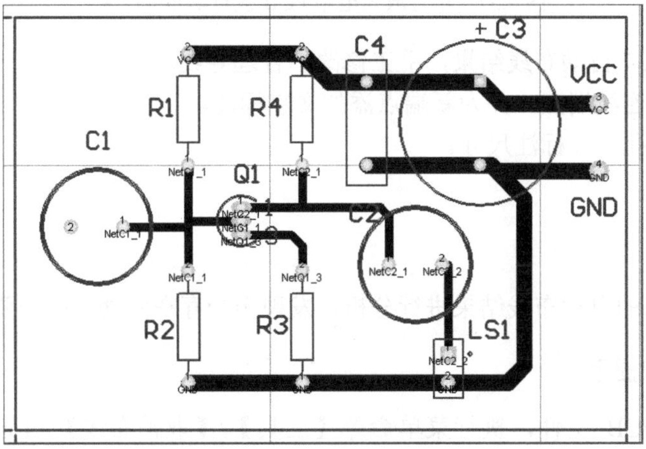

图 9.40　添加电源连线端点

（4）制作安装孔，并标注尺寸，安装孔半径为 1mm，距边框 5.08mm，如图 9.41 所示。

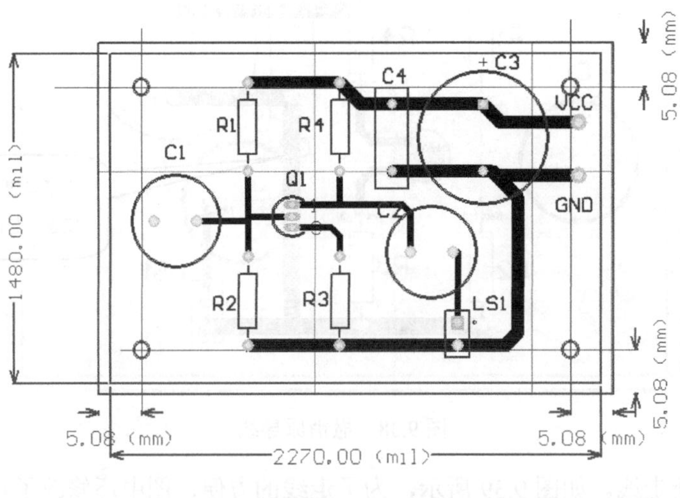

图 9.41　制作安装孔，并标注尺寸

（5）添加敷铜。分别为电源 VCC、接地 GND、三极管基极网络 NetC1_1 添加敷铜，效果如图 9.42 所示。

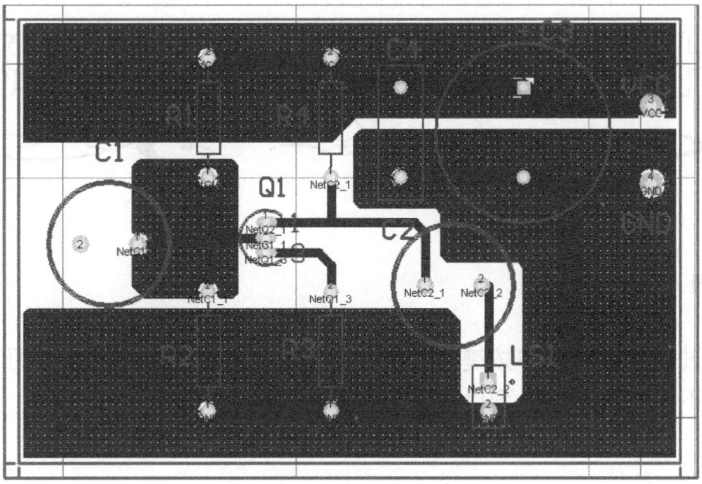

图 9.42　添加敷铜效果图

本项目小结

本项目通过对三端稳压电源 PCB 板的不断改进和完善，重点介绍了手工修改导线的必要性和操作方法，同时还讲解了添加电源端点、文字标注和尺寸标注、添加安装定位孔、敷铜的具体操作方法。

习题 9

9.1 对项目八习题 8.1 制作的功率放大器 PCB 板进行改进，要求如下：

（1）分析自动布线结果，手工修改不合理导线。

（2）添加电源连线端点，并为新端点添加文字标注。

（3）制作安装孔，并标注尺寸。

（4）添加敷铜。

9.2 对项目八习题 8.2 制作的电源电路 PCB 板进行改进，要求如下：

（1）分析自动布线结果，手工修改不合理导线。

（2）制作安装孔，并标注尺寸。

（3）添加敷铜。

项目十　创建 PCB 元件引脚封装

教学目标

本项目将通过创建数码管和按键开关的 PCB 元件引脚封装，重点介绍编辑、创建 PCB 元件引脚封装的不同方法，以达到以下学习目标。

知识目标

- 理解为什么要自制 PCB 元件引脚封装。

技能目标

- 掌握创建 PCB 引脚封装库文件的方法。
- 掌握 PCB 元件引脚封装的编辑方法。
- 掌握利用向导和手工两种方法创建 PCB 元件引脚封装。

任务一　创建 PCB 元件封装库文件

知识链接：为什么要自制 PCB 元件引脚封装

电子元器件种类繁多，随着电子技术的不断发展，新封装元件和非标准封装元件将不断涌现，DXP 2004 的 PCB 封装库中不可能包含所有元件的引脚封装，更不可能包含最新元件或非标准封装元件的引脚封装，为了制作含有这些元件的 PCB 板，必须自制 PCB 元件的引脚封装。

提示

DXP 2004 软件的开发商们和各元件供应商们也不断地提供最新的 PCB 元件封装库，以尽量满足 PCB 板设计者的要求，可以通过网络下载的方式获得并加载到 DXP 2004 封装库中。

一、自制 PCB 元件引脚封装的方法

一般自己制作 PCB 元件引脚封装有以下几种方法：

（1）利用向导的方法制作，该方法操作较为简单，适合于外形和引脚排列比较规范的元件。

（2）采用手工绘制的方法，操作较为复杂，但能制作外形和引脚排列较为复杂的元件封装。

（3）对封装库中原有的引脚封装进行编辑修改，使其符合实际的需要，该方法适合于所需引脚封装和原封装库中已有的引脚封装差别不大的情况，如三极管、二极管的封装改进等。

元件引脚封装一般指在 PCB 编辑器中，为了将元器件固定、安装于电路板而绘制的与元器件引脚距离、大小相对应的焊盘，以及元件的外形边框等。由于它的主要作用是将元件固定、焊接在电路板上，因此它在焊盘的大小、焊盘间距、焊盘孔径大小、焊盘序号等参数上有非常严格的要求，元器件的封装和元器件实物、电路原理图元件引脚序号三者之间必须保持严格的对应关系，为了制作正确的封装，必须参考元件的实际形状，测量元件引脚距离、引脚粗细等参数。

二、创建 PCB 元件封装库文件

在 DXP 2004 中，为了便于文件的保存和管理，PCB 元件的引脚封装并非以独立文件形式保存，而是较多的 PCB 元件引脚封装组合在一起形成一个 PCB 元件封装库文件，所以在自制 PCB 元件引脚封装前，必须先新建一个 PCB 元件封装库文件，然后在该封装库文件的基础上，新建各 PCB 元件引脚封装。下面介绍创建 PCB 元件封装库文件的具体方法。

（1）新建 PCB 元件封装库文件。执行如图 10.1（a）所示的菜单命令，可进入如图 10.2 所示的 PCB 封装库文件编辑器，同时可以看到项目窗口中多了一个默认文件名为 PcbLib1.PcbLib 的文件，如图 10.1（b）所示。

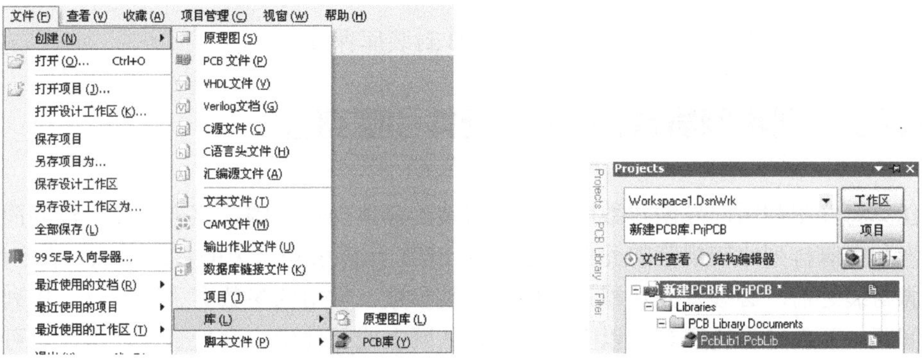

（a）新建 PCB 元件封装库文件菜单　　（b）新建的 PCB 封装库文件

图 10.1 新建 PCB 封装库文件

（2）在图 10.2 所示的 PCB 封装库编辑器中，单击左边工作区面板窗口左上角的【PCB Library】标签，将当前面板转换为 PCB 封装库工作面板，如图 10.3 所示。后面就可以新建各 PCB 元件引脚封装了。

图 10.2 PCB 封装库编辑器

图 10.3　转换为 PCB 封装库工作面板

（3）单击【保存】按钮，将新建的 PCB 封装库保存。

任务二　利用向导创建 PCB 元件引脚封装

本任务将介绍利用向导创建数码管引脚封装的具体操作步骤，该方法操作较为简单，适合于外形和引脚排列比较规范的元件，是自制 PCB 元件引脚封装的首选方法。在自制 PCB 元件引脚封装之前，必须首先获得该元件的封装参数，常用的参数有引脚数目、排列顺序、粗细、间距，元件外形轮廓等，以上参数可以从网上或元件供应商处查阅获得，也可以直接利用游标卡尺等测量得到。

一、确定元器件封装参数

为了精确测量元件的引脚粗细及间距参数，一般选用卡尺进行测量，如图 10.4 所示的机械卡尺，读数需要用户自己根据标尺位置计算，操作比较麻烦。也可采用如图 10.5 所示的数码卡尺，读数在液晶屏上直接显示，方便直观。

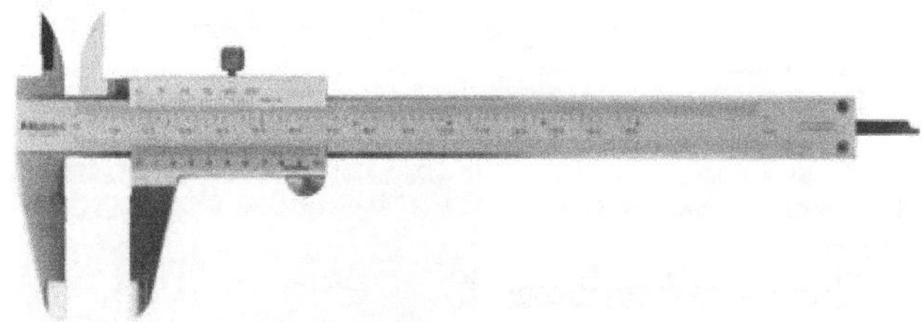

图 10.4　机械卡尺

本例中使用的数码管为共阴数码管，外形如图 10.6 所示。

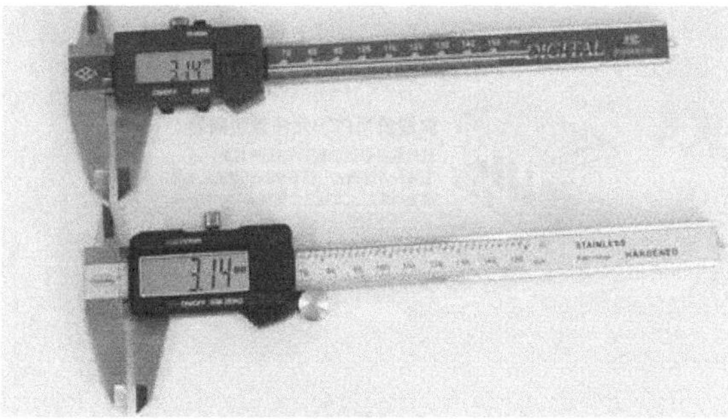

图 10.5　数码卡尺

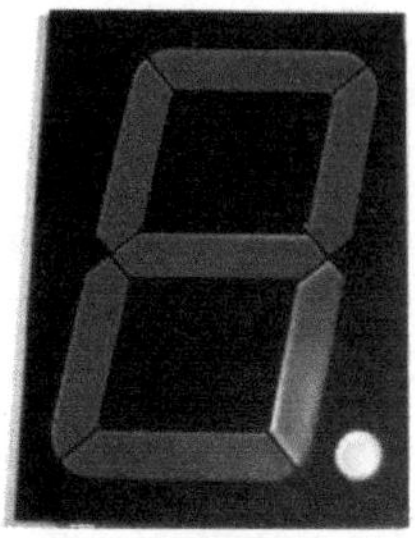

图 10.6　共阴数码管外形

利用卡尺可以测量该数码管的引脚尺寸如图 10.7 所示。其中关键尺寸有：同一列引脚间距为 2.54mm，列间距为 15.24mm，引脚粗细为 0.5mm。

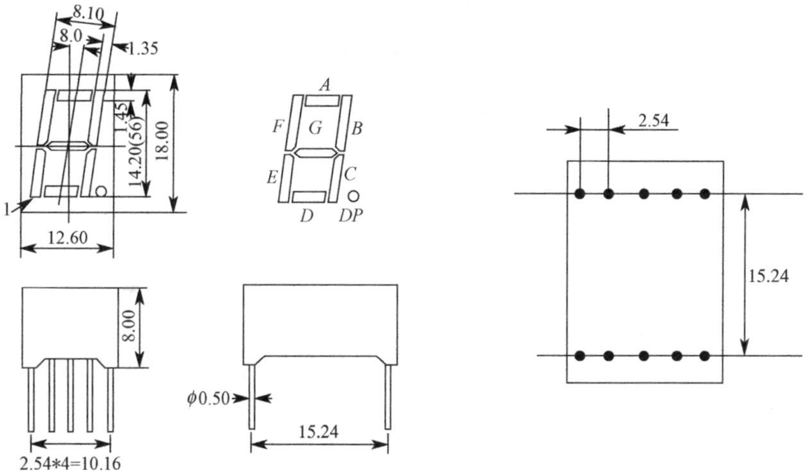

图 10.7　数码管尺寸（单位：mm）

二、利用向导创建 PCB 元件引脚封装

获得了元件的封装参数并新建了 PCB 元件封装库文件后，就可以绘制 PCB 元件引脚封装了，下面介绍利用向导创建 PCB 元件引脚封装的具体步骤。

（1）要利用向导方法制作 PCB 元件引脚封装，必须在图 10.3 的基础上，执行如图 10.8 所示的菜单命令，将弹出如图 10.9 所示的欢迎界面。

（2）选择封装种类和尺寸单位。单击【下一步】按钮，将弹出如图 10.10 所示的新建 PCB 元件种类选择对话框，在该对话框中根据元件的外形和引脚排列等因素选择一种相近的封装。如本例中选【Dual in-line Package（DIP）】双列直插封装，在尺寸单位栏中选择【Metric（mm）】，即焊盘、引脚间距等参数使用公制 mm 为单位，当然也可选用【Imperial（mil）】单位。

图 10.8 新建 PCB 元件引脚封装菜单

图 10.9 新建 PCB 元件引脚封装向导欢迎界面

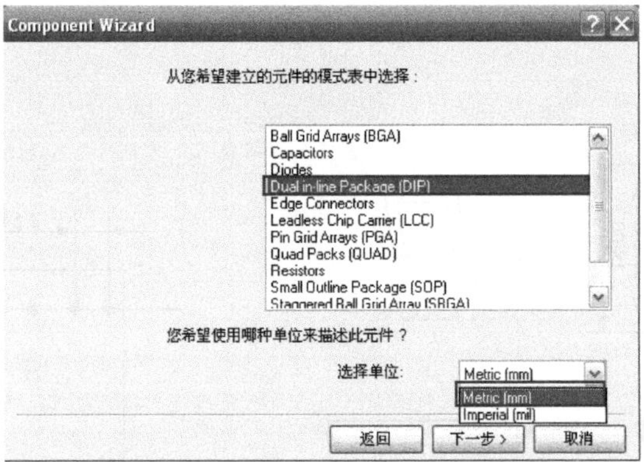

图 10.10 选择新建 PCB 元件种类

提示

在向导中有较多的封装库种类，如较为常见的二极管、电阻、电容、DIP 封装，也有 BGA、FGA、SPGA、SBGA 等大规模芯片封装，还有 LCC、QUAD、SOP 专用贴片元件封装，另外还有专用于 PCB 板卡连接的 Edge Connectors 封装，即微机声卡、显卡接口中所谓的“金手指”。

（3）选择焊盘参数。单击【下一步】按钮，将弹出如图 10.11 所示的焊盘参数设置对话框，其中系统会给出默认参数，如果不符合要求可以根据实际需要进行设置。

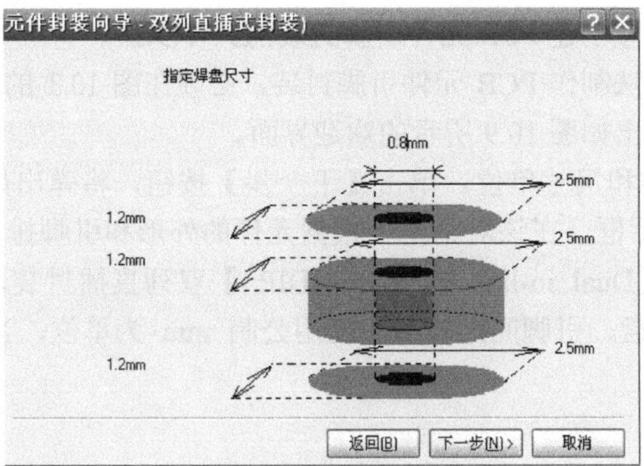

图 10.11 设置焊盘参数

提示

其中焊盘孔径必须留有一定的余量，否则将造成元件安装困难，可以根据元件大小和引脚大小确定余量，元件体积和引脚较大的留较多的余量，一般比元件引脚大 0.2～0.8mm。

（4）设置焊盘间距。根据前面测量的引脚之间的距离参数设置焊盘间距。单击【下一步】按钮，将弹出如图 10.12 所示的设置焊盘间距对话框，同列引脚之间的引脚间距设置为 2.54mm，而两列引脚之间的列距离为 15.24mm。

（5）设置外围边框导线宽度。单击【下一步】按钮，将弹出如图 10.13 所示的设置外围边框导线宽度对话框，外围边框一般用于指示元件的外形和所占电路板面积，方便绘制电路板时元件布局，元件焊接时插件装配。外围边框相似于元件的俯视外形，线宽一般采用默认值即可。

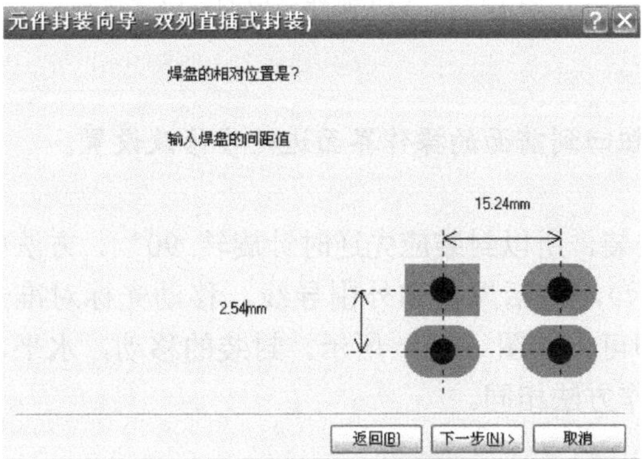

图 10.12　设置焊盘间距

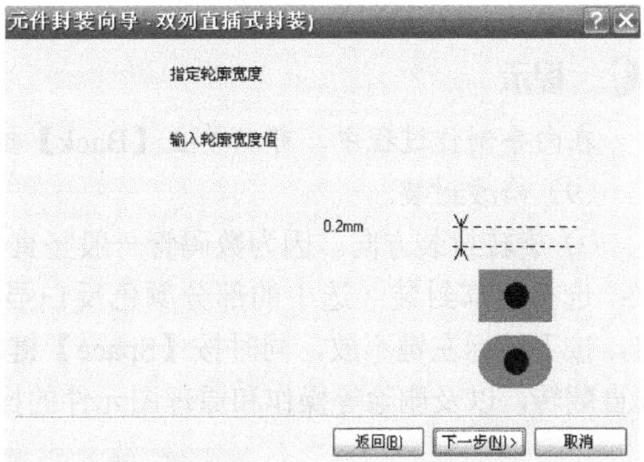

图 10.13　设置外围边框导线宽度

（6）设置焊盘数量。单击【下一步】按钮，将弹出如图 10.14 所示的设置焊盘数量对话框，根据元件的引脚数目设置封装的焊盘数量，此时可以基本看到封装的形状，但此处只是一个示意图而已，不是实际的元件封装，只用于设置焊盘数目。

（7）元件封装命名。单击【下一步】按钮，将弹出如图 19.15 所示的封装命名对话框，封装名称以字母和数字组成，一般尽量避免和原封装库中已有的封装重名，以便于调用和区分。

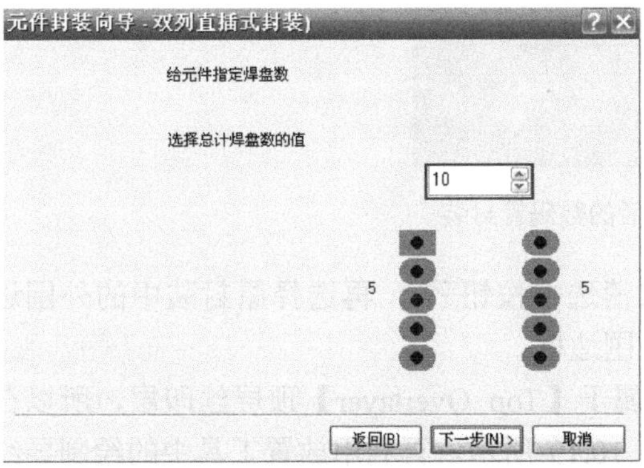

图 10.14　设置焊盘数量

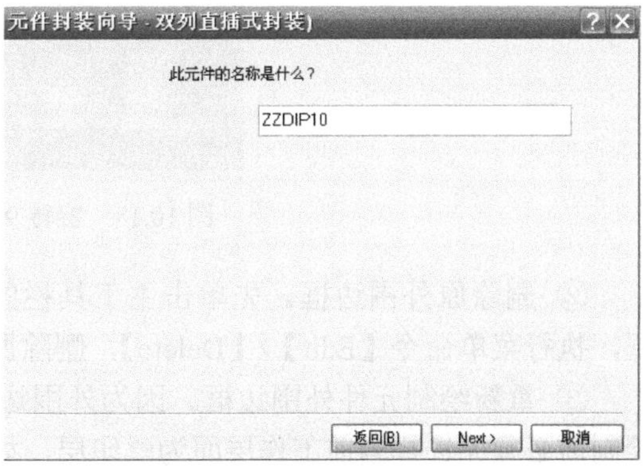

图 10.15　封装命名

（8）封装制作完成。当完成前面的操作，再单击【下一步】按钮，将出现如图 10.16 所示的完成对话框，单击【Finish】按钮，将弹出初步制作完成的封装，如图 10.17 所示。

图 10.16　结束对话框

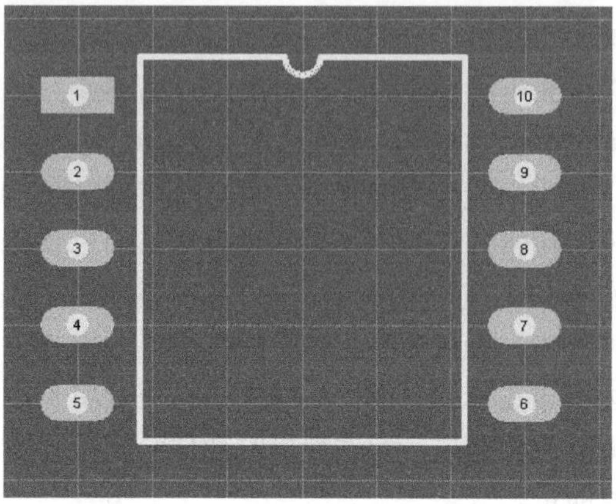

图 10.17　初步制作完成的数码管封装

提示

在向导制作过程中，可以单击【Back】按钮回到前面的操作界面进一步修改设置。

（9）修改封装。

① 旋转封装方向。因为数码管一般竖直安装，所以封装应先逆时针旋转 90°。方法如下：选择全部封装（选中的部分颜色反白显示），包括焊盘和外围导线，移动光标对准封装，按下鼠标左键不放，同时按【Space】键即可，如图 10.18 所示。封装的移动，水平、垂直翻转，以及删除等操作和原理图元件的操作方法相同。

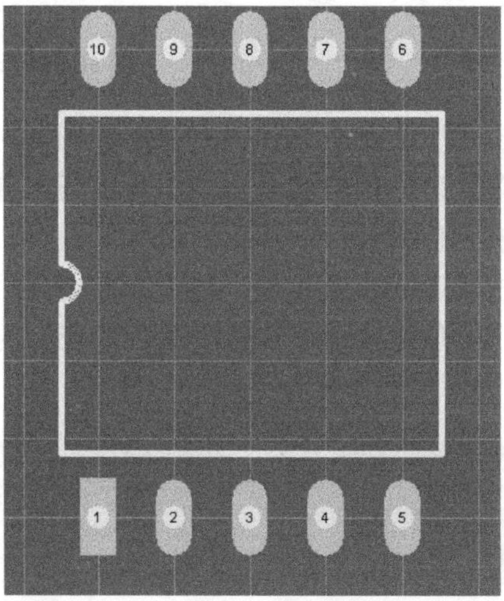

图 10.18　旋转 90° 后的数码管封装

② 删除原外围边框。先单击主工具栏的取消选中按钮，再选择原封装中的外围边框，执行菜单命令【Edit】/【Delete】，删除原外围边框。

③ 重新绘制元件外围边框。因为外围边框属于【Top Overlayer】顶层丝印层，所以在绘制前必须先选择当前工作层面为丝印层，如图 10.19 所示。再利用放置工具中的绘制导线工具，手工绘制外围边框，如图 10.20 所示，绘制过程中直线的每一个转折点处要双击鼠标左键。

图 10.19　选中顶层丝印层

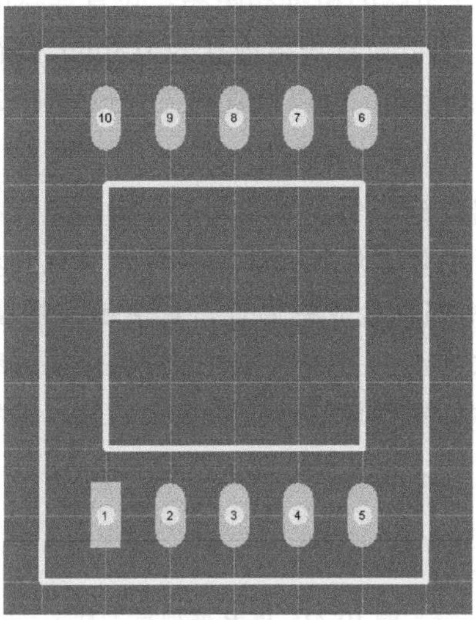

图 10.20　制作完成的数码管外形边框

提示

（1）封装中的边框一定要在【Top Overlay】顶层丝印层绘制（绘制时导线颜色默认为黄色），不要在【Top Layer】顶层或【Bottom Layer】底层绘制，特别不能在【Keep Out Layer】禁止布线层上绘制，不然将导致 PCB 板该封装元件焊盘完全不能布线，因为布线导线无法穿过禁止布线层上绘制的元件外围边框，这是初学者较容易犯的错误之一。

（2）元件封装中，一般以方形焊盘表示第一脚。

任务三　手工创建 PCB 元件引脚封装

知识链接：手工创建 PCB 元件引脚封装的必要性

利用向导制作封装的方法一般要求元件的外形和引脚排列较为规范，对于某些外形和引脚排列不规范的元件（如开关电源中的变压器、音频输出插座、某些电位器等），引脚位置、间距等参数很不规范，采用向导制作较难完成，必须采用手工制作封装的方法。下面以本例中的按键开关为例讲解手工绘制元件封装的具体步骤，按键开关的外形及用卡尺测量的引脚参数如图 10.21 所示，其中引脚粗 0.5mm。

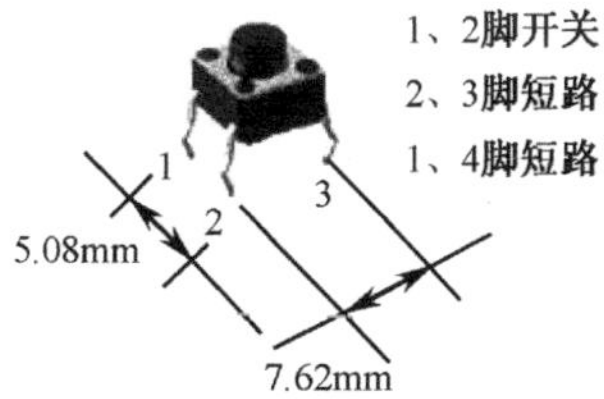

图 10.21　按键开关的外形和参数

手工创建 PCB 元件引脚封装的具体步骤如下：

（1）新建一个 PCB 元件引脚封装。在图 10.3 中，执行菜单命令【工具】/【新元件】，弹出如图 10.9 所示的新建元件对话框。

（2）在图 10.9 所示的欢迎向导对话框中，单击【取消】按钮，将中止向导操作，直接进入 PCB 元件引脚封装编辑器。

（3）选择放置工具中的焊盘工具，如图 10.22 所示，按【Tab】键弹出如图 10.23 所示的【焊盘】属性对话框，根据元件引脚的粗细和距离，设置焊盘的内孔和外径参数，本例中因为按键的引脚直径为 0.5mm，所以设置焊盘内孔为 0.8mm，留有 0.3mm 的余量，便于元件安装，同时因为焊盘间距为 5.08mm，所以设置焊盘外径为 1.524mm。

提示

焊盘外径的选择受焊盘间距的限制，不能大于引脚间距，否则相邻焊盘会相连在一起造成短路，如图 10.24 所示，所以焊盘外径必须小于焊盘间距且要留一定的余量，如本例中留有 1mm 左右的余量。另外相邻焊盘靠得太近，也会造成焊接困难和影响焊盘间的安全间距，但焊盘外径太小，将导致焊盘铜箔面积过小，焊盘焊接过程中容易脱落，所以一般采用长方形焊盘，如图 10.25 所示，既保证了一定的安全间距，又增加了铜箔面积，防止焊盘焊接时脱落。

图 10.22　PCB 库放置工具

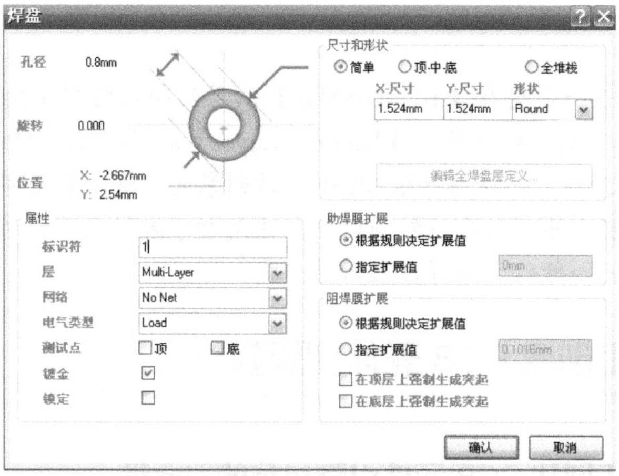

图 10.23　焊盘属性设置对话框

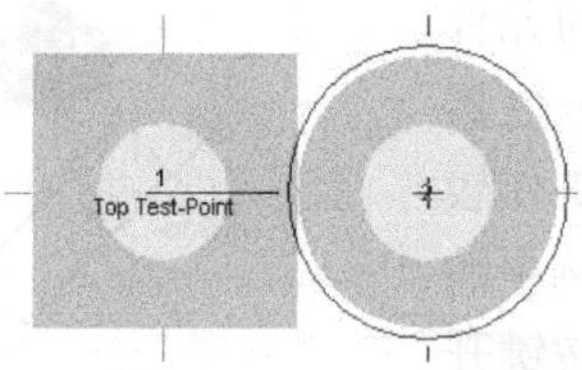

图 10.24　焊盘外径过大，造成焊盘短路

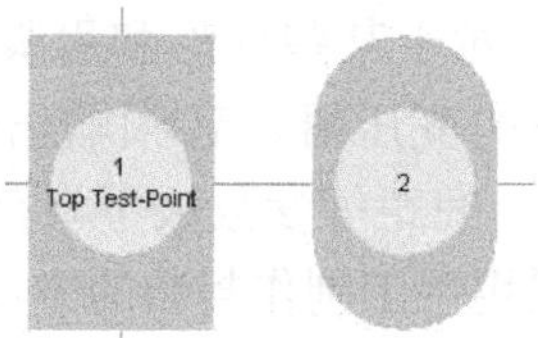

图 10.25　长方形焊盘

在放置焊盘的过程中，还必须注意焊盘的序号（即参数【标识符】），它必须和原理图元件的引脚序号、元件引脚序号相一致，否则在制作 PCB 板时将发生元件引脚连线错误，或发生引脚连不上导线等严重错误。

（4）在图纸中放置第一个焊盘，然后再双击弹出【焊盘】属性对话框，修改 X 坐标、Y 坐标全为 0，使其成为参考定位焊盘。

提示

因为在没有放置焊盘前设置的 X 坐标、Y 坐标是无效的，所以必须先放置焊盘，再双击弹出【焊盘】属性对话框重新设置坐标。设置好后单击【确认】按钮，焊盘即可放置到指定位置。

设置了焊盘坐标后，有可能在当前工作区中找不到，可以执行如图 10.26 所示的【显示全部对象】菜单命令，显示出第一个焊盘，此时焊盘处于工作区中心且被放大，可以将光标放在焊盘中心，按【Page Down】键缩小显示比例。

（5）继续放置焊盘，注意焊盘的定位。先在大约位置上放置其他焊盘，然后双击各焊盘，在属性对话框中分别设置各自的坐标和标识符，因为第一个焊盘的坐标已经设置为 X＝0mm，Y＝0mm，根据图 10.21 所示的按键开关尺寸参数， 1、2 脚距离为 5.08mm，所以第二个焊盘的坐标为 X＝5.08mm，Y＝0mm。因为 2、3 脚的距离为 7.62mm，所以第三个焊盘的坐标为 X＝5.08mm，Y＝7.62mm，第四个焊盘的坐标为 X＝0mm，Y＝7.62mm，修改好的焊盘位置如图 10.27 所示。

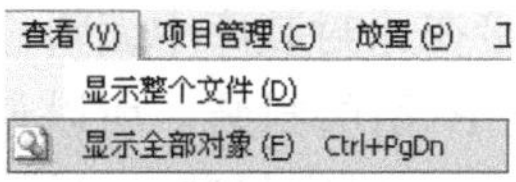

图 10.26　显示所有图件

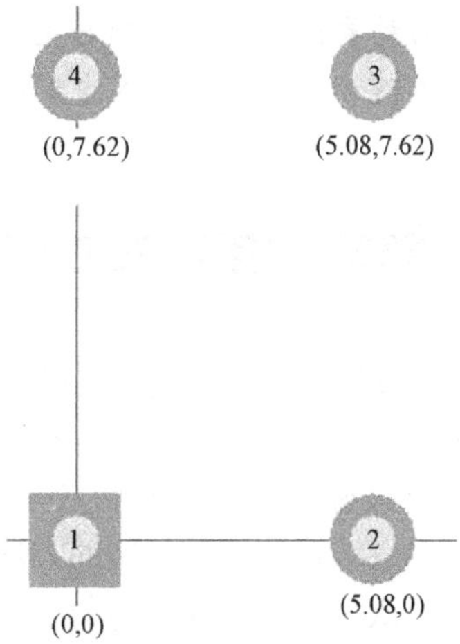

图 10.27　焊盘位置和坐标示意图

小技巧

可以执行如图 10.28 所示的【测量距离】菜单命令，检查焊盘间的间距是否和元件引脚间距一致，执行该菜单后光标变为十字形，鼠标左键单击第一个焊盘中心，移动光标到第二个焊盘中心（当光标对准中心时，光标中心有小八角圆圈表示已经对准），再次单击鼠标左键，如图 10.29 所示，将弹出如图 10.30 所示的测量距离结果报告，由此可以判断焊盘间距是否正确。

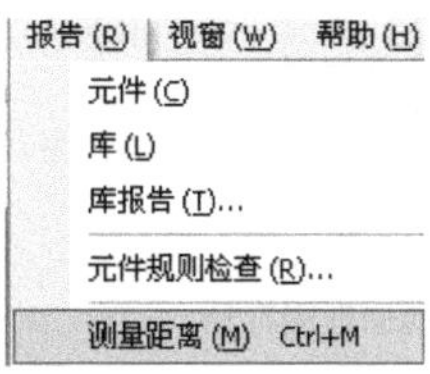

图 10.28　测量距离菜单

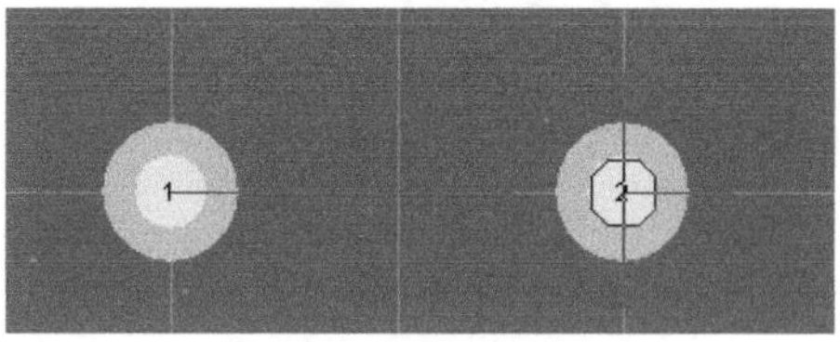

图 10.29　测量焊盘间距

（6）绘制封装的外围边框。选择【Top Overlayer】顶层丝印层，再利用实用工具中的放置直线工具，手工绘制按键开关外围边框，如图 10.31 所示。

（7）修改封装名称。执行菜单命令【工具】/【元件属性…】，在弹出的对话框中，在【名称】栏给元件重命名，如修改封装名称为“AJ1”。

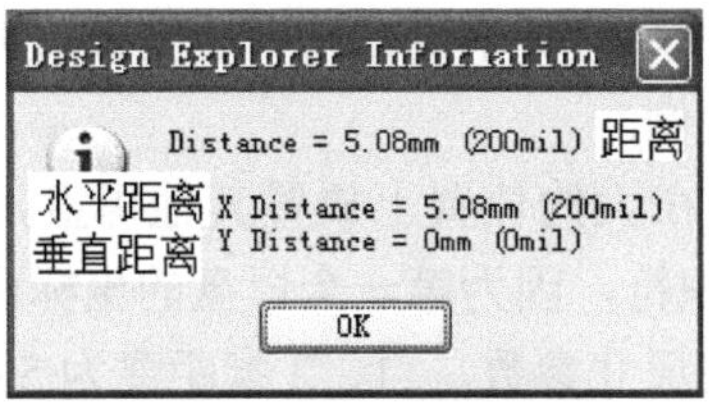

图 10.30　测量距离结果报告

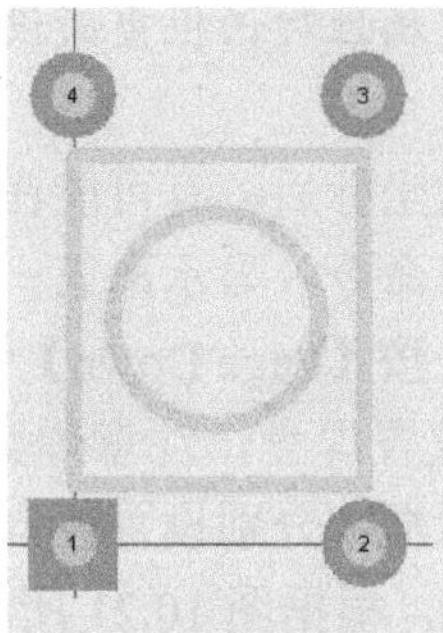

图 10.31　制作完成的按键封装

提示

自制的封装名称要记清楚，绘制好元件封装后，必须回到原理图中，给相应的原理图元件（如本例中的按键和数码管）输入自制的封装名称。

任务四　复制、编辑 PCB 元件引脚封装

在绘制 PCB 板时，有时可能遇到以下情况，既 DXP 2004 封装库中虽然有该类型的引脚封装，可引脚封装和实际元件之间存在一定差异。该情况当然可以采用创建 PCB 元件引脚封装的方法重新创建，但需要花费较多的时间，特别是对于引脚较多，封装较复杂的元件。此时，可以采取编辑该引脚封装的方法。但如果直接在原封装库中编辑修改，可能破坏原封装库，同时下次可能又要使用该封装未编辑前的 PCB 引脚封装，所以最好将引脚封装复制，再进行编辑修改，这样既不破坏原封装库，保持了原引脚封装，又满足了本次 PCB 板的要求。下面以修改三极管的封装为例讲解具体的操作步骤。

图 10.32（a）为原封装库中三极管封装 BCY-W3，图 10.32（b）为 PNP 三极管的原理图符号 PNP，图 10.32（c）为使用的 9012 三极管的引脚极性，按照实际三极管的极性要求和原理图符号的引脚序号，需要将原三极管封装修改为图 10.32（d）所示形式。

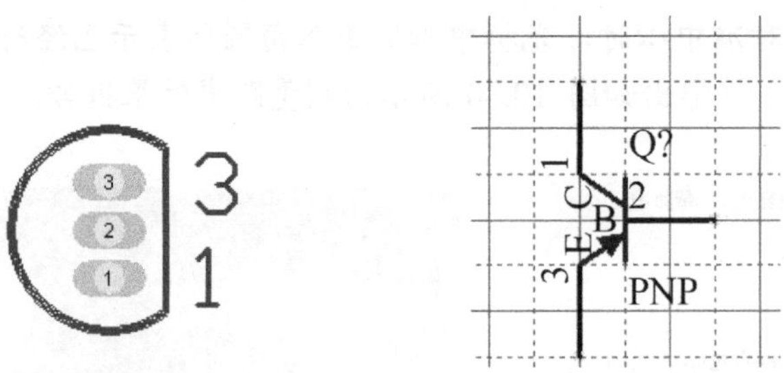

（a）原三极管封装 BCY-W3　　（b）三极管的原理图符号

图 10.32　三极管封装与极性之间的关系

（c）9012 三极管的的引脚极性　　（d）需要的三极管封装

图 10.32　三极管封装与极性之间的关系（续）

1. 复制原三极管封装 BCY-W3

（1）将原三极管封装 BCY-W3 通过库文件面板放置到 PCB 板中，并双击打开其属性对话框，将元件标识符 Designator 清空，只留下三极管的引脚封装。

（2）选取该三极管引脚封装，并按【Ctrl】+【C】组合键将其复制到剪贴板。

（3）将放置到 PCB 板中的原三极管封装 BCY-W3 删除。

2. 在自制元件库中粘贴原引脚封装

（1）打开新建的 PCB 封装库文件。

（2）新建一个 PCB 元件引脚封装。执行菜单命令【工具】/【新元件】，弹出新建元件引脚封装对话框。

（3）在欢迎向导对话框中，单击【取消】按钮，将中止向导操作，直接进入 PCB 元件引脚封装编辑器。

（4）在图纸中心按【Ctrl】+【V】组合键粘贴原复制的三极管封装，如图 10.33 所示。

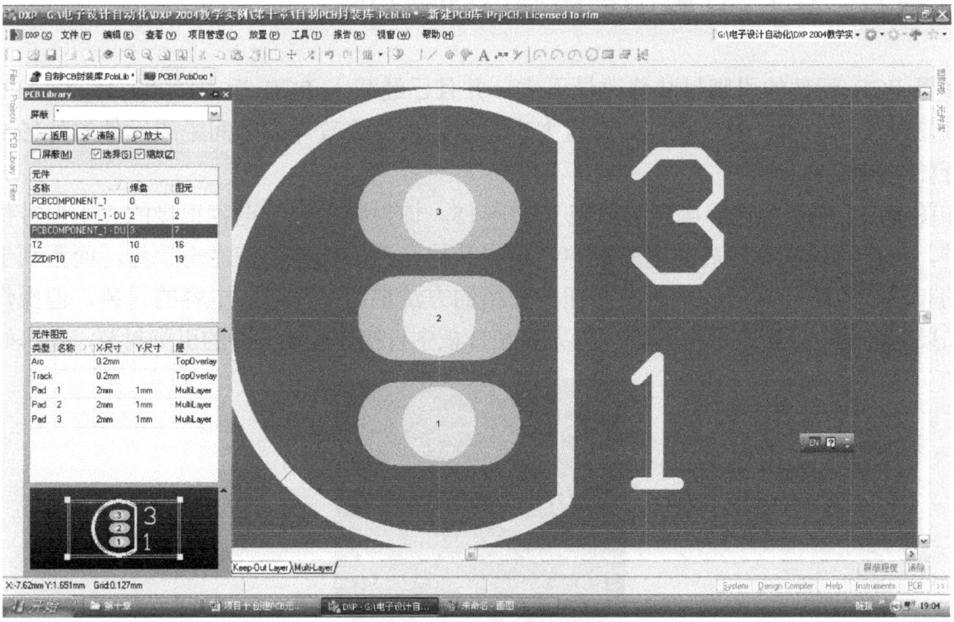

图 10.33　粘贴原三极管封装

3. 编辑原引脚封装

（1）双击 1 号焊盘，在弹出的属性对话框中将【标识符】修改为 3。

（2）相同方法将 3 号焊盘修改为 1。

（3）将文字 1 修改为 E，文字 3 修改为 C，如图 10.34 所示。

（4）执行菜单命令【工具】/【元件属性】，在弹出的对话框中，修改封装名称为“ZZBCY1”。

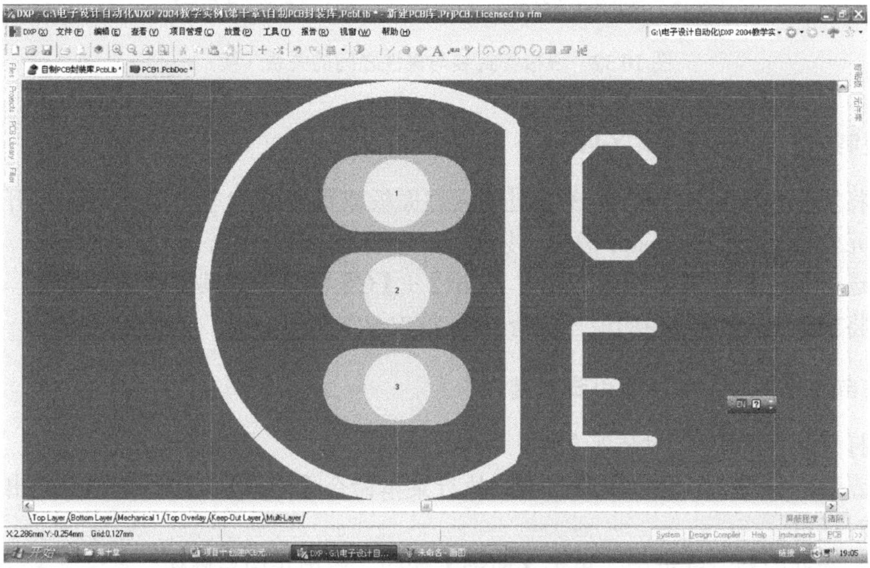

图 10.34 修改好的三极管封装

任务五 在 PCB 板中直接修改引脚封装

如果 PCB 元件的引脚封装修改量不大，并且已经载入 PCB 板中，此时可以在 PCB 板中直接修改该元件的引脚封装，如焊盘大小，但如果要修改焊盘的间距或元件的外形，则必须执行如下操作。

如图 10.35 所示为电解电容的封装 RB7.6-15，该封装中表示电容正极的“＋”号位于圆圈之外，这在元件密度较高的电路板中，使得其他元件不能挨近该“＋”号，而不利于其他元件的布局。此时当然可以采取前面任务介绍的方法重新制作电解电容的封装，但操作较麻烦。如果电路板中该封装元件不多，可以在 PCB 板中直接修改该元件的引脚封装，操作如下。

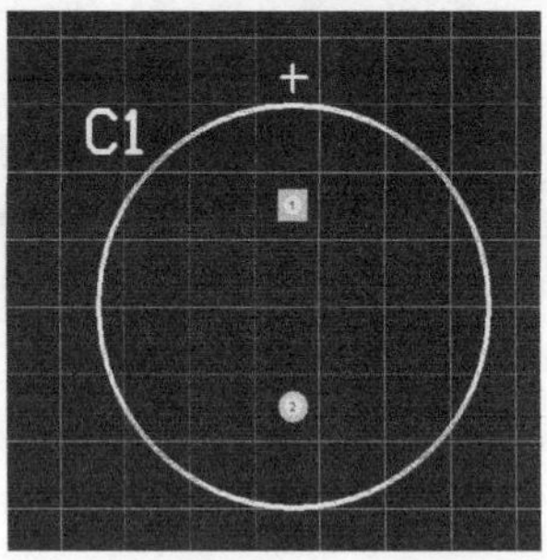

图 10.35 电解电容的封装 RB7.6-15

（1）取消元件的封装锁定状态。双击该元件封装，弹出如图 10.36 所示的属性对话框，取消【锁定图元】复选框的选中状态，单击【确认】按钮，后面就可以对 C1 的封装进行修改了。

（2）修改封装。将封装 RB7.6-15 中的“＋”号移到圆圈之中，如图 10.37 所示。

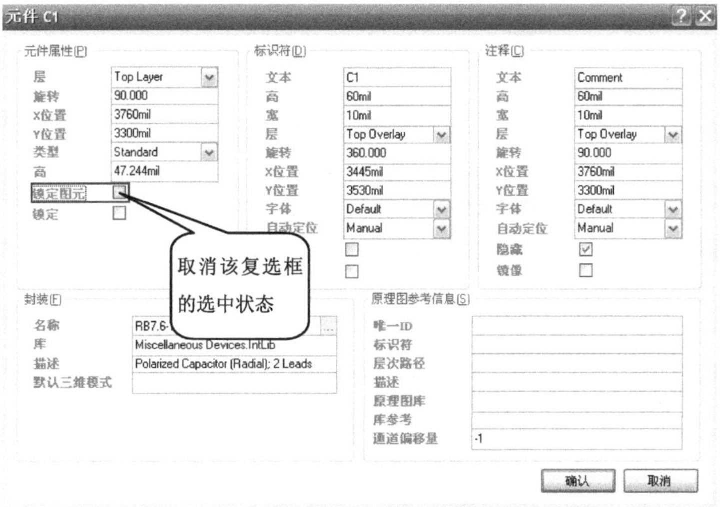

图 10.36　元件 C1 引脚封装的属性对话框

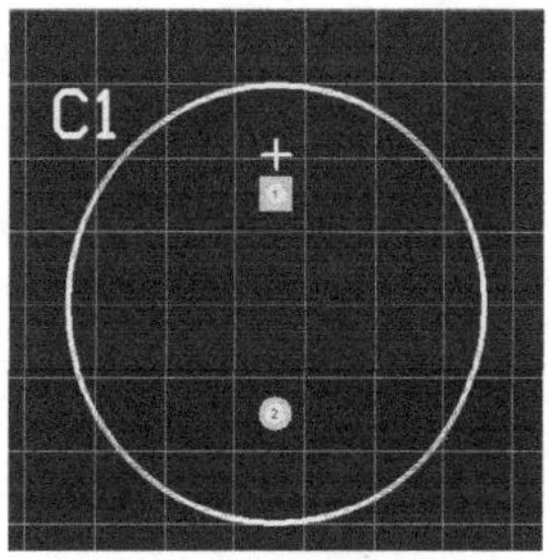

图 10.37　修改封装 RB7.6-15

（3）再次锁定封装。再次双击该元件，弹出如图 10.36 所示的属性对话框，选中【锁定图元】复选框，单击【确认】按钮，重新对 C1 的封装锁定。

上机实训：制作开关变压器的引脚封装

1. 上机任务

制作如图 10.38 所示的开关变压器的引脚封装，焊盘间距尺寸如图所示，其中焊盘参数如下：X-尺寸＝2.5mm，Y-尺寸＝1.2mm，孔径＝0.9mm。

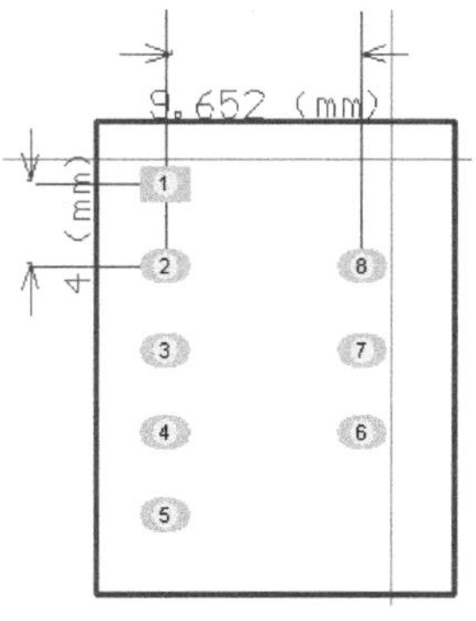

图 10.38　开关变压器的引脚封装

2. 任务分析

该封装引脚排列基本规范，分为两列，列间间距为 9.652mm，同列焊盘间距为 4mm，但右边列的焊盘少两个，所以可以采取先由向导产生双列 10 焊盘的封装，再对其进行手工修改。

3. 操作步骤和提示

（1）新建 PCB 封装库文件，保存为“MYPCBLIB1.PcbLib”。

（2）执行菜单命令【工具】/【新元件】，弹出新建元件向导对话框，依据提示制作出双列 10 焊盘的封装，主要的制作步骤和参数如图 10.39 所示，向导完成后的封装效果如图 10.40 所示。

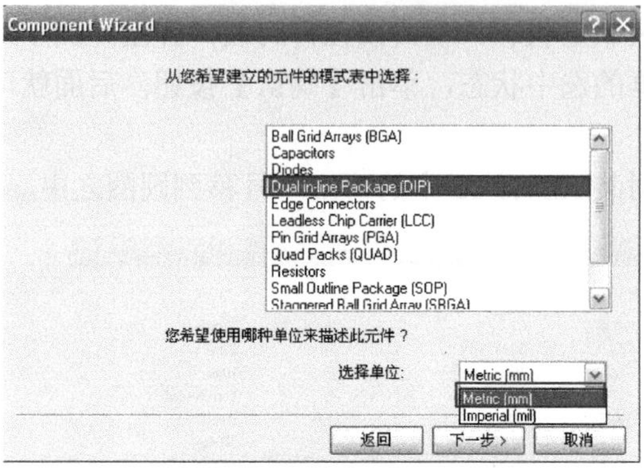

（a）选择制作元件类型

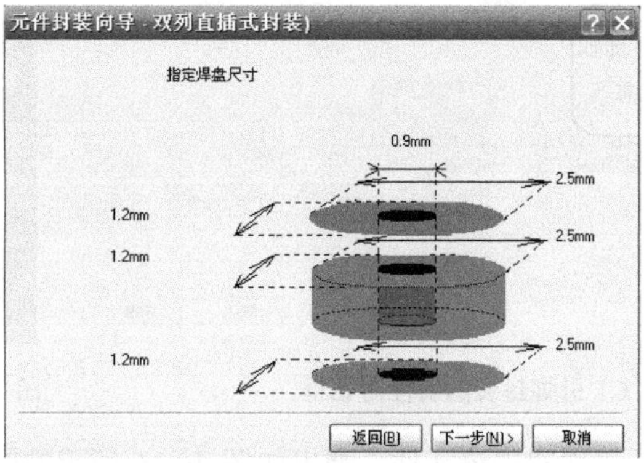

（b）确定焊盘参数

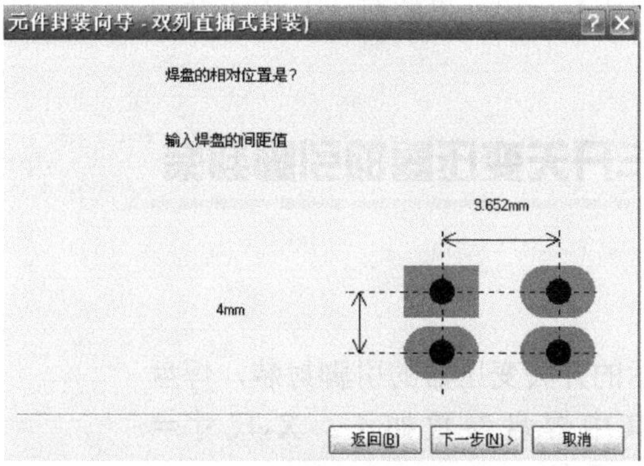

（c）确定焊盘间距

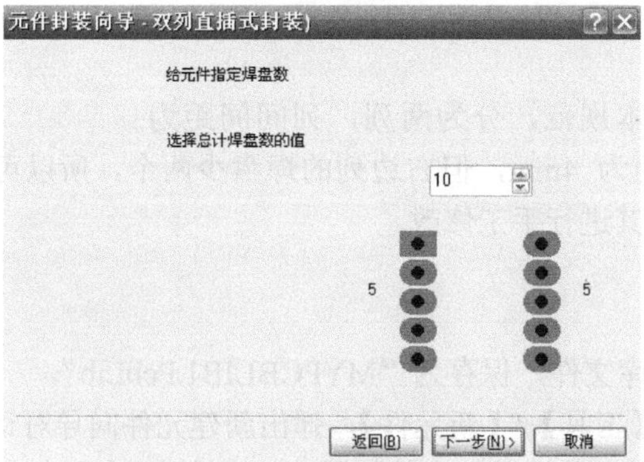

（d）确定焊盘数量

图 10.39 利用向导制作 T2 初步封装的主要过程

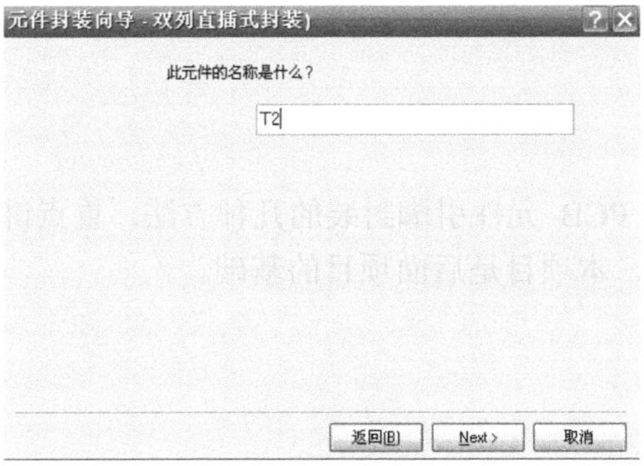

（e）确定封装名称

图 10.39　利用向导制作 T2 初步封装的主要过程（续）

（3）删除多余焊盘。将第 6 号、第 10 号焊盘删除，如图 10.41 所示。

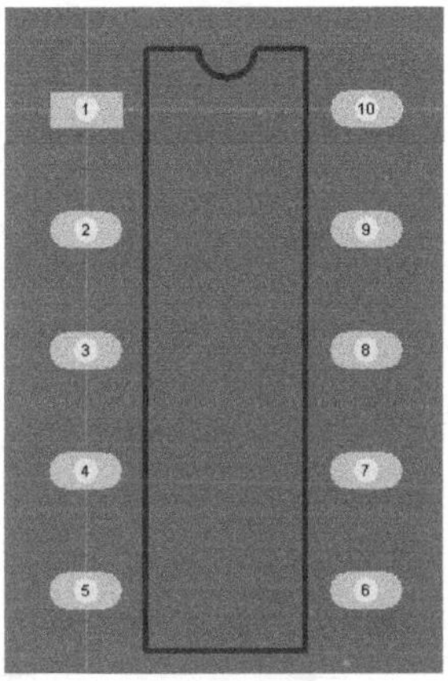

图 10.40　由向导产生的封装

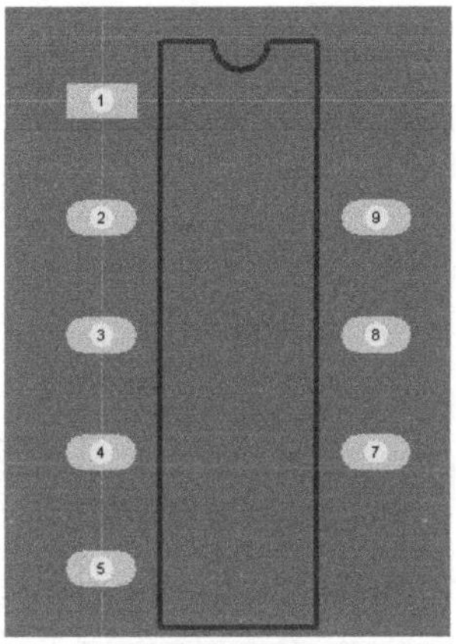

图 10.41　删除第 6 号、第 10 号焊盘

（4）修改焊盘编号。分别将 7、8、9 号焊盘修改为 6、7、8 号焊盘，如图 10.42 所示。

（5）修改封装外形。删除原封装外形，利用画线工具重新绘制封装的外围边框，如图 10.43 所示。至此开关变压器的封装 T2 已经全部完成。

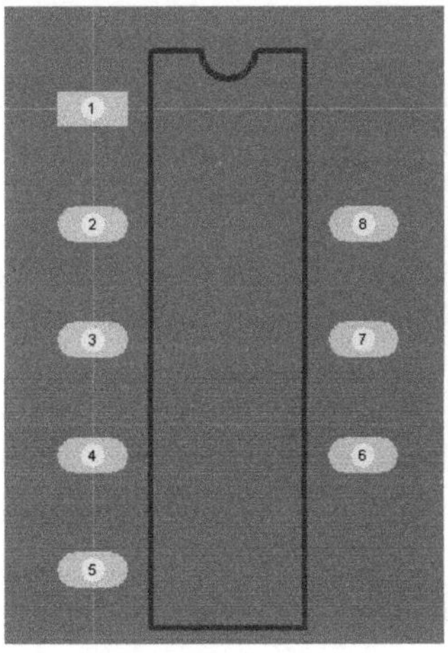

图 10.42　修改焊盘编号

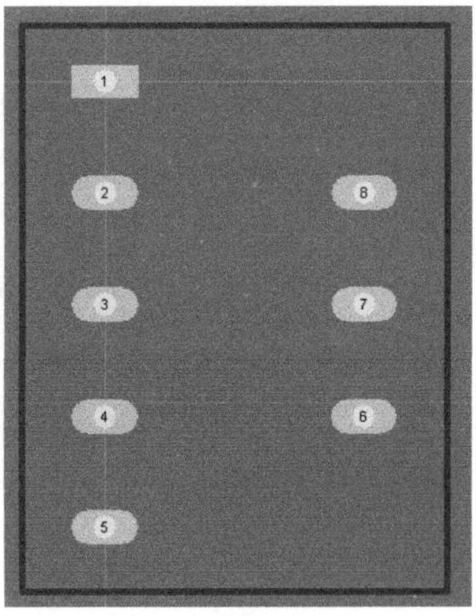

图 10.43　修改封装外形

本项目小结

本项目主要介绍制作 PCB 元件引脚封装的几种方法，重点讲解了利用向导产生元件引脚封装并进行必要的修改，本项目是后面项目的基础。

习题 10

10.1 利用向导制作如题图 10.1 所示的电感封装 L201，其中焊盘参数如下：X-尺寸＝2.5mm，Y-尺寸＝1.2mm，孔径＝0.9mm。

10.2 手工制作如题图 10.2 所示的电感封装 IN5，其中焊盘参数如下：X-尺寸＝2.5mm，Y-尺寸＝1.2mm，孔径＝0.9mm。

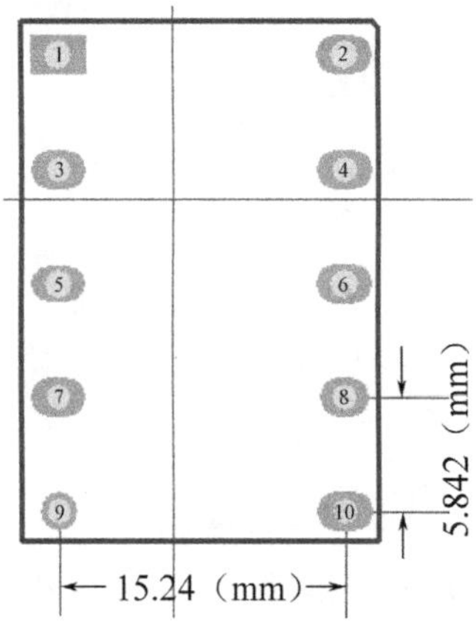

题图 10.1　电感封装 L201

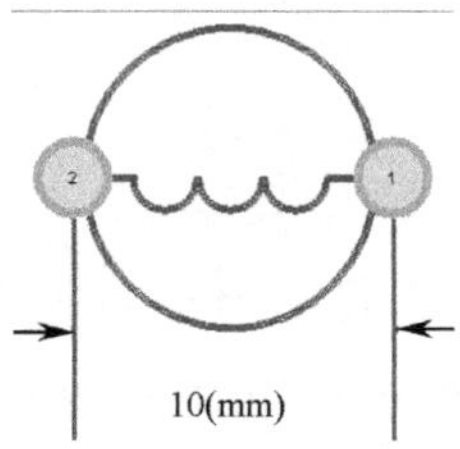

题图 10.2　电感封装 IN5

10.3 制作如题图 10.3 所示的 USB 接口引脚封装，焊盘参数如下：1～4 号焊盘位于顶层 Top Layer，形状为矩形 Rectangle，孔径＝0，焊盘直径 X-尺寸＝2.54mm，Y-尺寸＝1.2mm，而 0 号焊盘有两个，尺寸为：X-尺寸＝2.54mm，Y-尺寸＝1.2mm，孔径＝1mm。

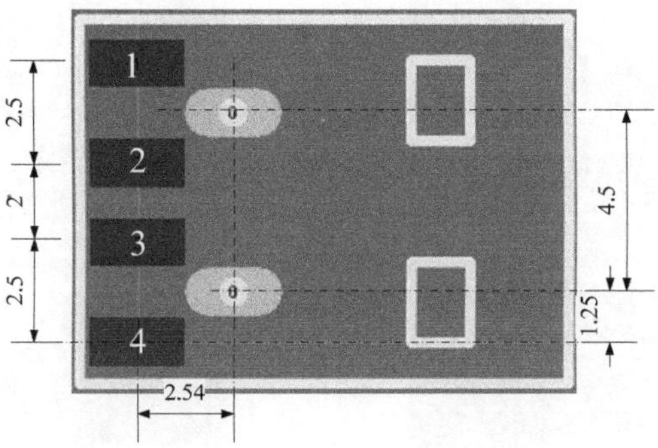

题图 10.3　USB 接口引脚封装

项目十一　单片机数据采集系统 PCB 板制作

教学目标

本项目以制作单片机多路数据采集系统 PCB 板为例，介绍双面板的制作技巧和编辑修改方法，以达到以下学习目标。

知识目标

- 理解补泪滴的目的。

技能目标

- 掌握自制元件库的添加和自制封装元件的调用方法。
- 掌握补泪滴的操作方法。
- 掌握 PCB 制版技能的综合应用，提高实际制版能力。

本项目将综合前面项目所学知识和技能，以实例形式讲解 PCB 双面板制作的完整过程，包括从原理图制作出发，一直到 PCB 板最终制作完成。要求在原理图中调用自己制作的原理图元件，在 PCB 板中使用自己制作的元件引脚封装，是对前面各项目知识和技能的一次综合和演练。

本项目将制作单片机多路数据采集系统 PCB 板，整体原理图已经在项目五层次原理图中讲解过，在此不再重复，本项目主要讲解 PCB 板的制作过程。

任务一　确定和添加元件封装

根据前面项目的介绍，并结合元件的实际外形和引脚排列情况，在常用集成元件库 Miscellaneous Devices.IntLib、Miscellaneous Connectors.IntLib 和双列直插封装库 Dual-In-Line Package.PcbLib 中确定合适的元件封装，如表 11.1 所示。

表 11.1　单片机多路数据采集系统元件封装表

元件类型	元件封装	封装库	元件类型	元件封装	封装库
电阻 R	AXIAL-0.3	Miscellaneous Devices.IntLib	U1、U3	DIP-20	Dual-In-Line Package.PcbLib
无极性电容 C	RAD-0.1		U2	DIP-40	
无极性电容 C（较大）	RAD-0.3		U4、U5	DIP-14	

续表

元件类型	元件封装	封装库	元件类型	元件封装	封装库
电位器 VR1	VR5		U6、U7	DIP-28/D38.1	
电解电容 C	RB5-10.5		三极管 Q	ZZBCY1	自制
稳压管 U8	SFM-T3/X1.6V		数码管 DLED	ZZDIP10	
晶体振荡器 Y	BCY-W2/D3.1		按键开关 S1	AJ1	
连接座 JP1	HDR1X10H	Miscellaneous Connectors.IntLib			
拨动开关 S2	HDR1 X3				

其中晶体振荡器外形如图 11.1 所示，封装为 BCY-W2/D3.1。

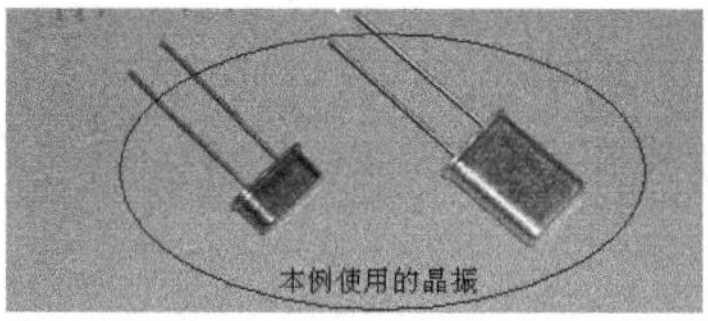

图 11.1　本例中使用的晶体振荡器外形

按键开关 S、数码管 DLED 和三极管 Q 采取项目十介绍的方法自己制作。

任务二　引用自制 PCB 元件引脚封装

一、单个元件引用自制 PCB 元件引脚封装

对于自己制作的 PCB 元件引脚封装，必须在原理图元件的【元件属性】对话框中添加该元件的引脚封装模型，其方法和项目八更改元件引脚封装相似。下面以添加数码管的引脚封装为例，具体步骤如下。

（1）打开原理图【元件属性】设置对话框。打开原理图文件，双击数码管 DLED1，打开 DLED1 的属性设置对话框，如图 11.2 所示，然后单击【追加...】按钮。

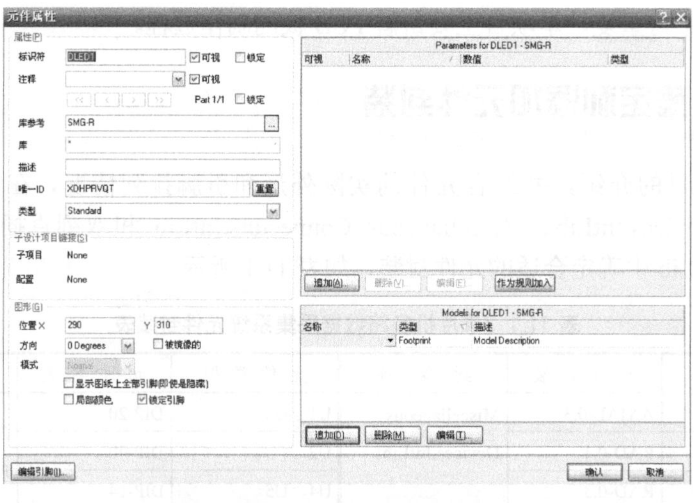

图 11.2　数码管 DLED1 的属性设置对话框

（2）选择添加新模型类型。弹出如图 11.3 所示【加新的模型】对话框，在【模型类型】下拉列表框中选择【Footprint】，添加引脚封装模型，单击【确认】按钮。

（3）浏览封装库。弹出如图 11.4 所示【PCB 模型】对话框，单击【浏览】按钮，弹出【库浏览】对话框，如图 11.5 所示，在【库】下拉列表框中选择自建的 PCB 封装库文件 SHUMAGUAN.PCBLIB，浏览并选择数码管的封装“ZZDIP10”，如图 11.6 所示。

图 11.3　【加新的模型】对话框

图 11.4　【PCB 模型】对话框

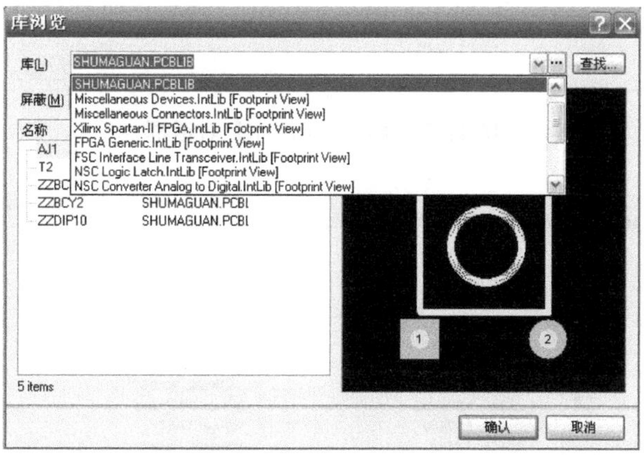

图 11.5　【库浏览】对话框

提示

如果在图 11.6 的【库】下拉列表框中找不到自己新建的 PCB 库文件，说明该库还没有添加到当前 PCB 库中，可以单击图 11.5 中的封装库按钮，弹出如图 11.7 所示的【可用元件库】对话框，单击图中的添加封装库按钮【安装...】，弹出如图 11.8 所示的【打开】对话框，按照自己封装库的保存路径，选中自制的封装库文件 SHUMAGUAN.PCBLIB，单击【打开】按钮将其添加到当前库中，如图 11.9 所示。

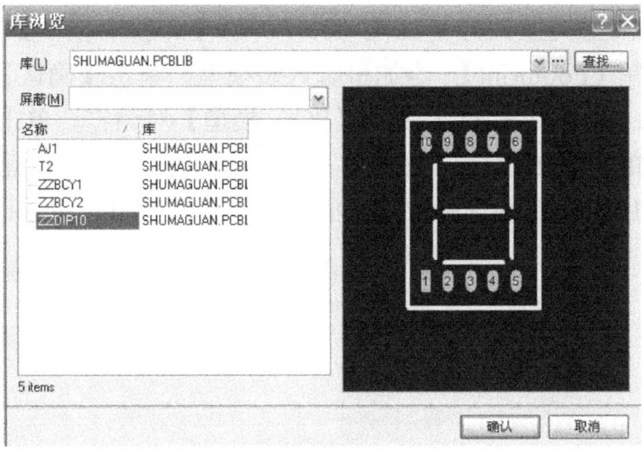

图 11.6　选择数码管封装库

图 11.7　【可用元件库】对话框

图 11.8　添加自制封装库

（4）选定新封装。在图 11.6 中选中数码管封装“ZZDIP10”后，单击【确认】按钮，回到图 11.10 所示的【PCB 模型】对话框，可以看到对话框中已经添加了新的封装“ZZDIP10”。

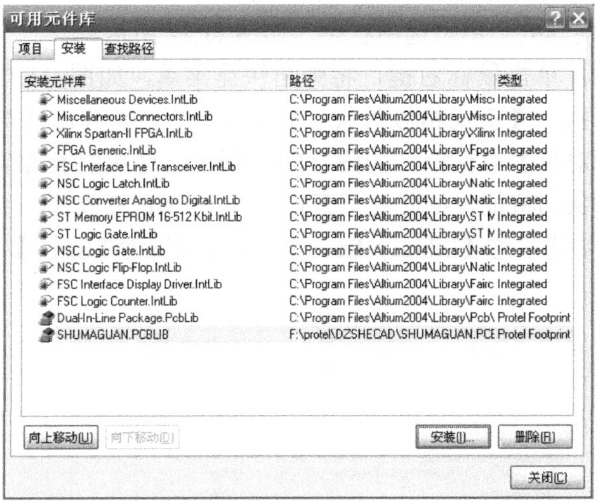

图 11.9　添加了自制的 SHUMAGUAN.PCBLIB 封装库

图 11.10　【PCB 模型】对话框

（5）返回【元件属性】设置对话框。在图 11.10 所示的【PCB 模型】对话框单击【确认】按钮，回到图 11.11 所示的【元件属性】设置对话框中，可以看到数码管 DLED1 的封装已经修改为自制的引脚封装“ZZDIP10”，可以单击【确认】按钮完成设置。

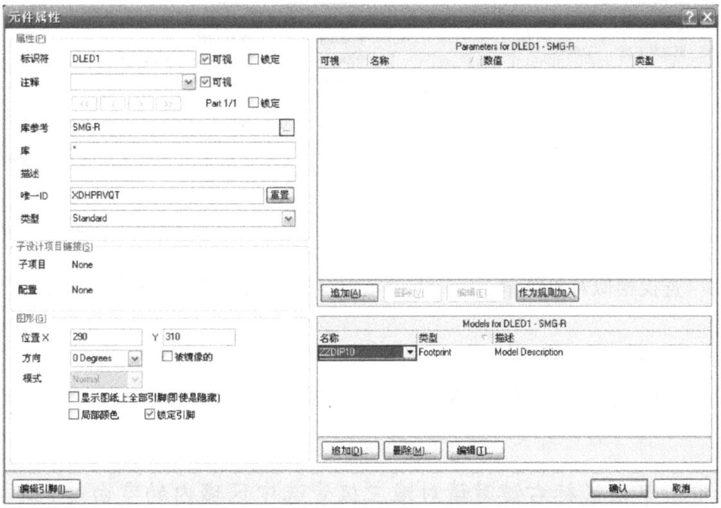

图 11.11　数码管已经修改为自制的引脚封装“ZZDIP10”

二、利用全局修改功能修改多个元件引脚封装

如果要同时修改很多元件的引脚封装，再采取以上方法逐个进行修改，势必速度很慢，效率不高。此时，可以利用 DXP 2004 提供的全局修改功能，一次性修改同一类元件的引脚封装。

DXP 2004 提供的全局修改功能可以先选取具有某些特征的同一类元件，然后对选取的元件进行某些参数的修改。此处利用全局修改功能，同时修改三极管的引脚封装，方法如下。

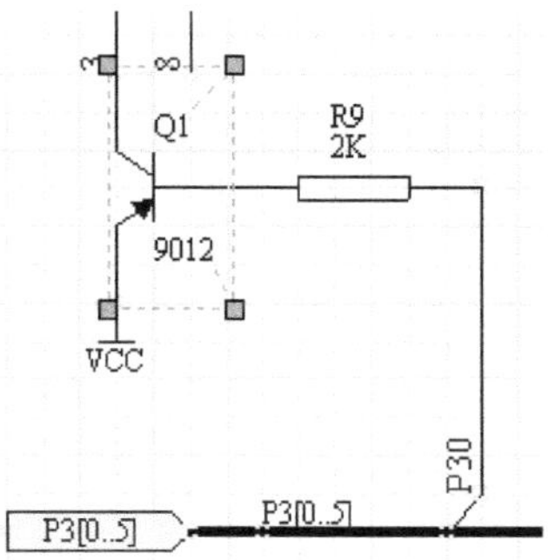

图 11.12　单击选中三极管 Q1

（1）打开原理图文件，单击其中的一个三极管（如 Q1），使其处于单击选中状态，如图 11.12 所示。

（2）单击鼠标右键，将弹出快捷菜单，如图 11.13 所示，执行【查找相似对象…】菜单命令，将弹出【查找相似对象】对话框，如图 11.14 所示，在图中设置欲查找对象的特征，如此处想查找所有的 PNP 三极管，所以将库参考名称【Library Reference】项设置为【Same】，表示将查找所有的 PNP 三极管。

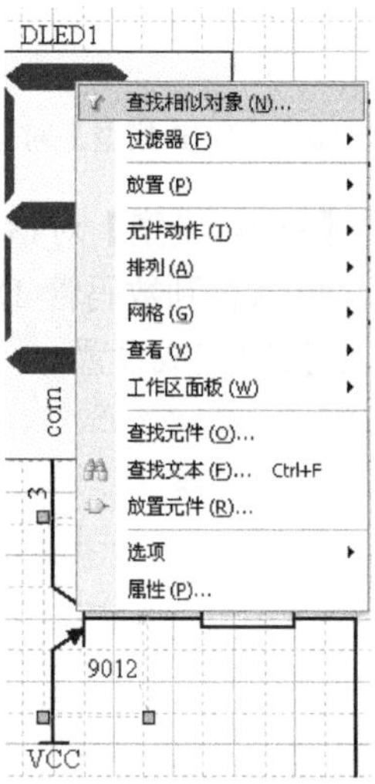

图 11.13　查找相似对象菜单

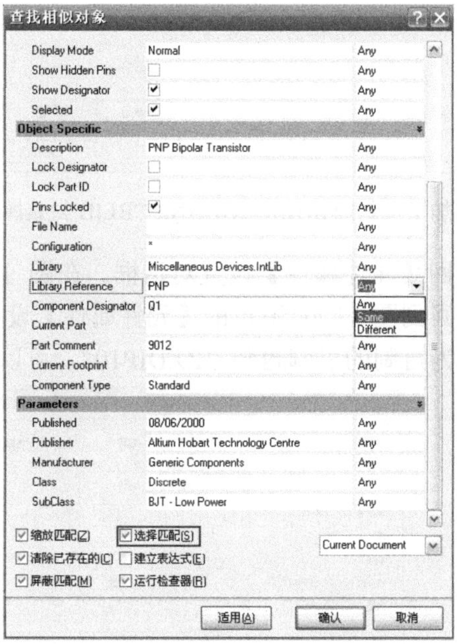

图 11.14　【查找相似对象】对话框

提示

一定选中【选择匹配】复选框，表示查找结束时选中匹配对象。

小技巧

在图 11.12 中，单击鼠标右键时请对准三极管选中区域内的空白处，不要对准三极管的某部位（如引脚），否则可能弹出查找引脚对象 Pin 对话框，无法完成三极管的查找修改功能。

（3）单击【确认】按钮，进行全局查找后，可以看到所有 PNP 型三极管处于选中状态，被突出显示，而其他元件被蒙版覆盖，如图 11.15 所示，以便于后面的修改操作。

（4）弹出如图 11.16 所示的【Inspector】对话框，在当前封装【Current Footprint】栏中输入自制的三极管封装“ZZBCY1”，然后按回车键进行修改操作。

（5）关闭【Inspector】对话框。双击图 11.15 中任意一个三极管（如 Q4），弹出如图 11.17 所示的【元件属性】对话框，可以看到封装已经全部修改为自制的引脚封装“ZZBCY1”。

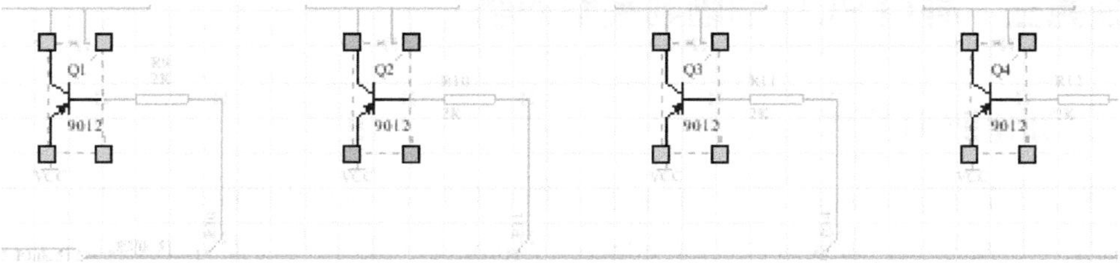

图 11.15　匹配对象处于选中和遮罩状态

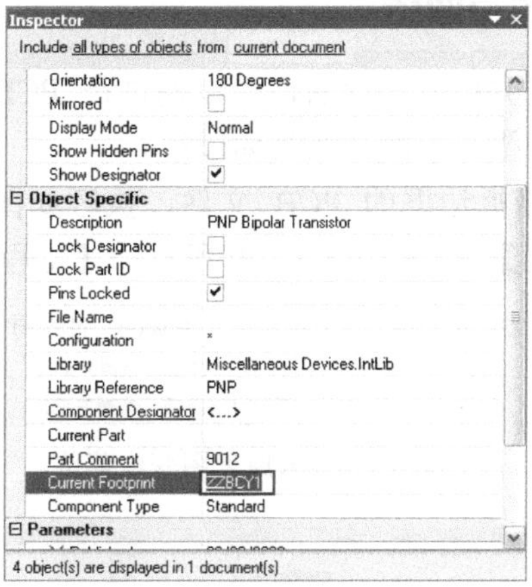

图 11.16　修改三极管封装

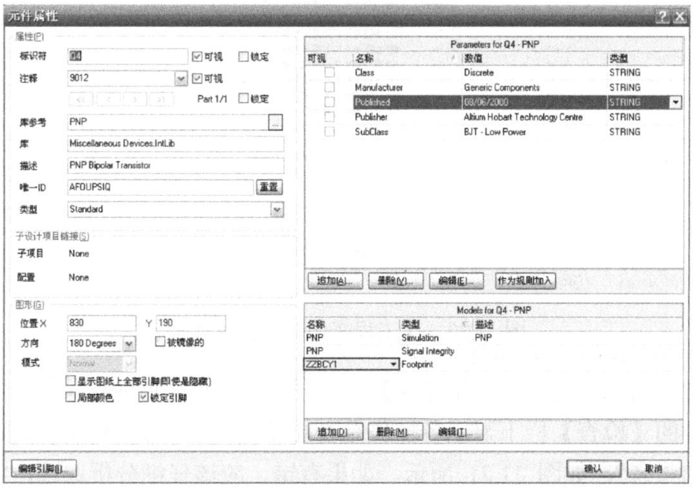

图 11.17　修改好的三极管封装

（6）单击图 11.18 中的【清除】按钮，取消其他元件的蒙版覆盖状态。

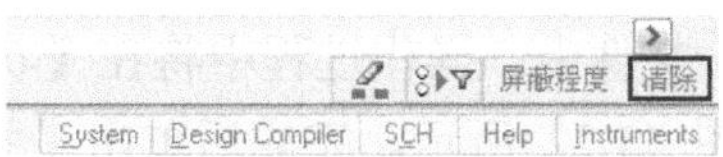

图 11.18　清除蒙版覆盖状态

根据同样的方法，可以将所有电阻的封装修改为 AXIAL-0.3。

任务三 载入 PCB 引脚封装和网络

一、新建 PCB 文件

根据元件的数量和体积，可以大约估算电路板的面积，确定电路的长、高尺寸，经过分析，确定本电路板长、高参考尺寸为 80mm×140mm。可以利用前面介绍的向导方法新建 PCB 文件和规划电路板尺寸。

二、载入元件引脚封装与网络

在原理图中产生网络表，并检查无误后，可以通过在 PCB 编辑器中导入工程变化菜单来实现载入元件引脚封装与网络，下面介绍具体过程。

（1）打开已经绘制好电路板边框的 PCB 文件，执行如图 11.19 所示的菜单命令【设计】/【Improt Changes From…】，弹出如图 11.20 所示的【工程变化订单】对话框。

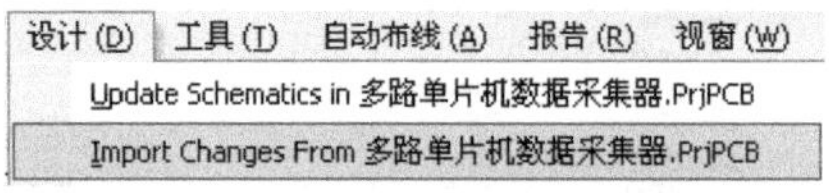

图 11.19 导入原理图变化菜单

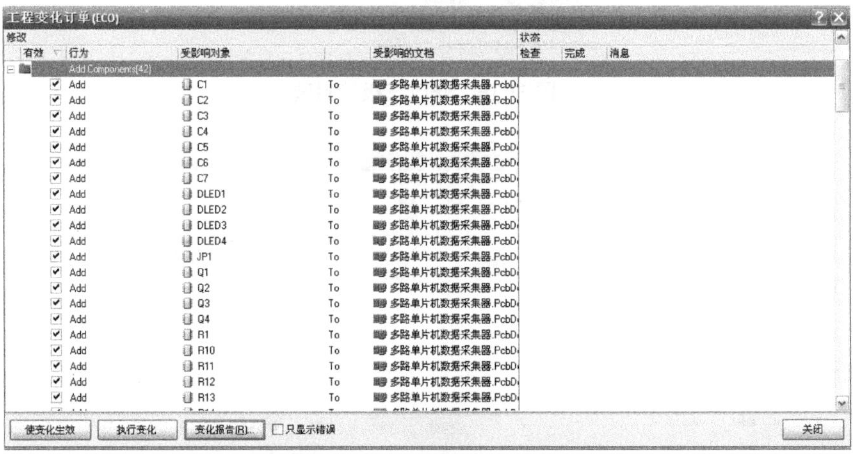

图 11.20 【工程变化订单】对话框

（2）在图 11.20 所示的【工程变化订单】对话框中，单击【使变化生效】按钮，操作过程中将在【状态】栏中的【检查】栏下显示各操作是否能正确执行，其中正确标志为绿色的“√”，错误标志为红色的“×”，如图 11.21 所示。如果有错，应该仔细分析原因，如封装库是否已经载入，引脚封装是否正确等，找到原因回到原理图修改好后，重新再次导入原理图变化。

（3）在图 11.21 中，如果有效更新标志全部正确，说明 PCB 编辑器可以在 PCB 封装元件库中找到所有的元件封装，网络连接也正确，可以单击【执行变化】按钮执行更新，将各封装元件和网络连接载入 PCB 文件中。操作过程中将在【状态】栏中的【完成】栏下显示各操作是否已经正确执行，如图 11.22 所示。完成后单击【关闭】按钮，可以看到 PCB 编辑器中已经载入了各封装元件及它们之间的网络连接，如图 11.23 所示。

图 11.21　检查更新是否有效

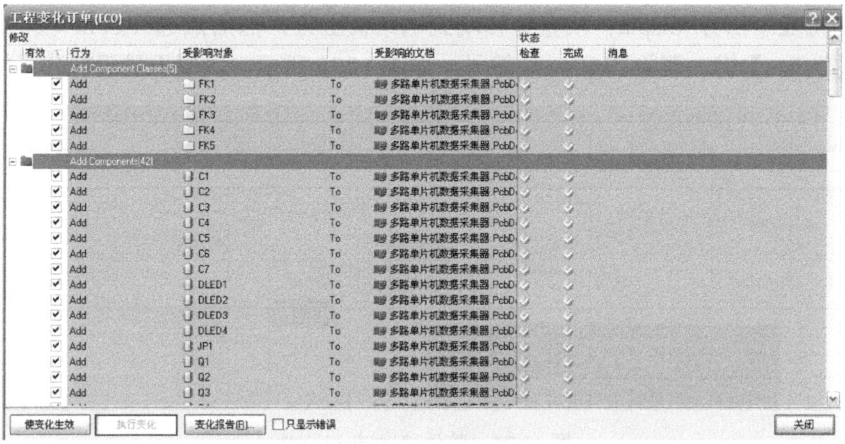

图 11.22　执行更新载入各封装元件和网络连接

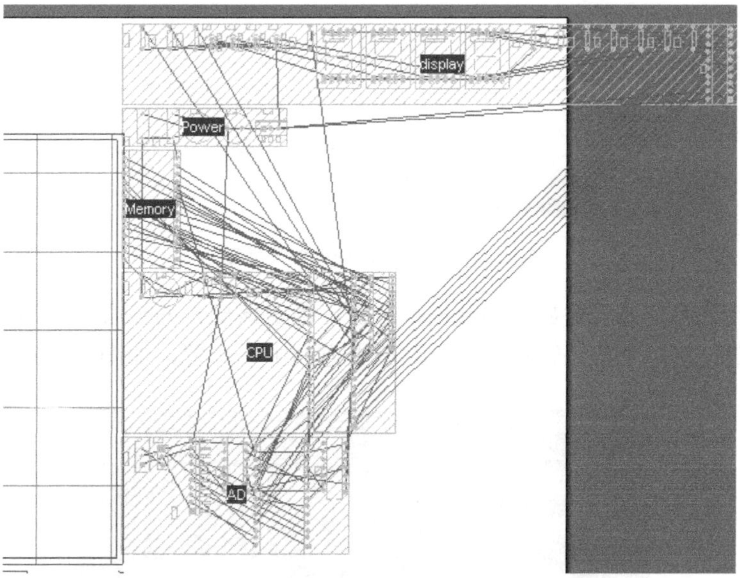

图 11.23　载入电路板的 PCB 引脚封装

提示

由于是层次原理图，所以载入的引脚封装按照各子电路分块载入，如图 11.23 所示。

任务四　元件布局

元件载入 PCB 板后，就可以根据元件的布局规律仔细调整元件的位置了，一般采取先自动布局再手工调整的方法，但由于本项目元件较多，自动布局的效果不理想，所以直接采取手工布局的方法分部分进行，先对显示部分 display 块进行布局。PCB 板元件位置的调整方法和原理图中元件位置的调整方法基本相同。

一、显示部分元件布局

（1）先将显示部分 display 块整体移动到电路板上方，然后点选 Room 块，如图 11.24 所示，按【Delete】键，删除 display 块符号，如图 11.25 所示，以便于显示部分元件的布局。

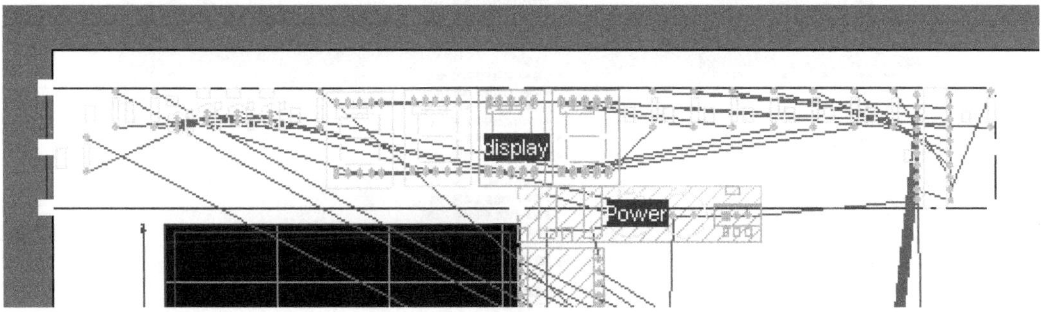

图 11.24　整体移动 display 块

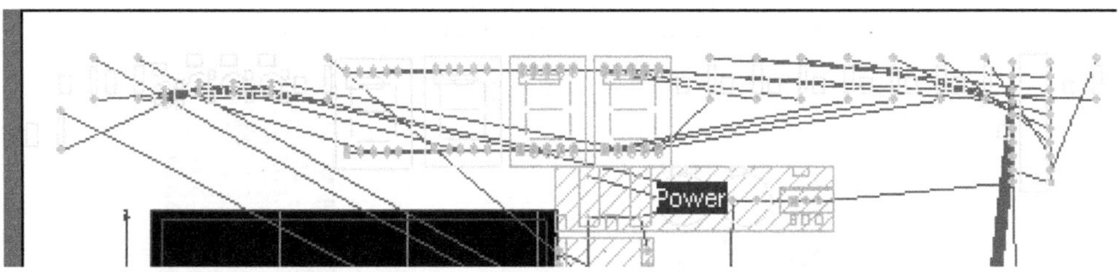

图 11.25　删除 display 块符号

（2）核心元件的布局。对显示部分进行分析，确定该部分的核心元件为数码管，所以先确定它们的位置。将 4 个数码管移动到电路板上方的中心位置，如图 11.26 所示。

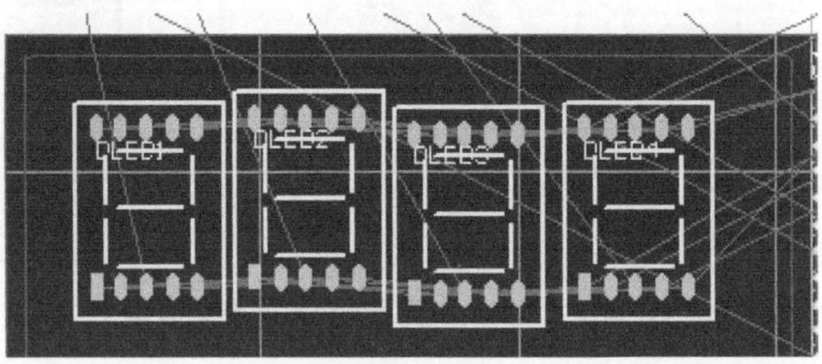

图 11.26　对数码管进行初步布局

在图 11.26 中可以看到 4 个数码管垂直方向没有对齐，水平方向也没有均匀分部，为了制作的电路板美观，还必须进行调整。当然可以采取手工方法调整，但较费时，为了提高效率，可以利用编辑器提供的交互式布局功能实现元件的对齐和均匀分部。下面简单介绍元件对齐和均匀分布的操作方法。

① 初步调整元件的位置和排列顺序。由于自动对齐和均匀分布不考虑元件的编号顺序，所以在利用自动对齐和均匀分布功能前，必须先按顺序初步调整元件的位置及起始元件和结束元件的位置，如图 11.26 所示。

② 全部选中要调整的元件，按鼠标右键弹出快捷菜单，如图 11.27 所示，执行菜单命令【排列】/【排列…】，将弹出如图 11.28 所示的【排列对象】对话框，分别在水平和垂直方向设置操作命令。如本例中设置水平方向为【等距】，即均匀分布；垂直方向为【底】，即底部对齐，单击【确认】按钮后，排列效果如图 11.29 所示。

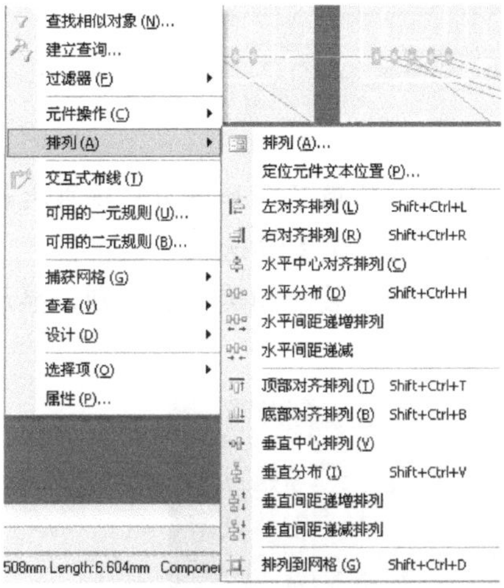

图 11.27 排列元件菜单命令

图 11.28 【排列对象】对话框

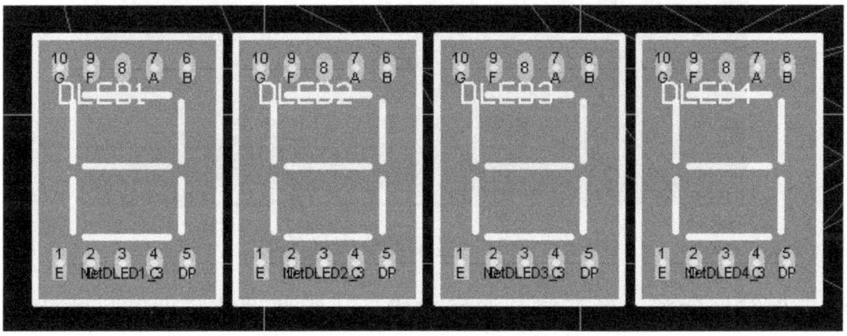

图 11.29 数码管排列效果

依据以上方法，同样可以对电阻 R1～R8 进行位置排列。

提示

图 11.27 和图 11.28 中还有很多其他的对齐和分布方式，请读者自己验证其功能。

（3）锁定元件。对于已经调整好的关键元件，如关键的定位元件，在排列好位置后，可以利用元件属性对话框中的【锁定】复选框锁定元件，如图 11.30 所示。这样在以后的操作中可以避免不小心时改变原来已经调整好的元件。

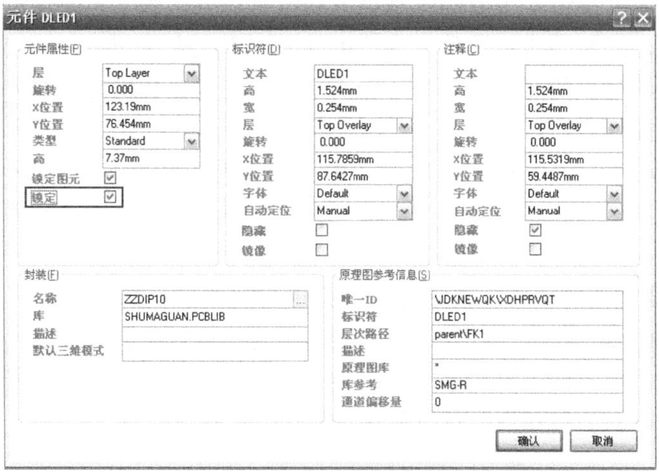

图 11.30　锁定元件位置

提示

元件位置锁定后，在工作区中对该元件的操作就不起作用了。如果用户要再次移动该元件的位置，只有再次双击打开该元件的属性对话框，将【锁定】复选框不选中。

（4）对显示部分的其他元件进行布局。布局中本着便于装配和美观的原则，显示部分布局效果如图 11.31 所示。

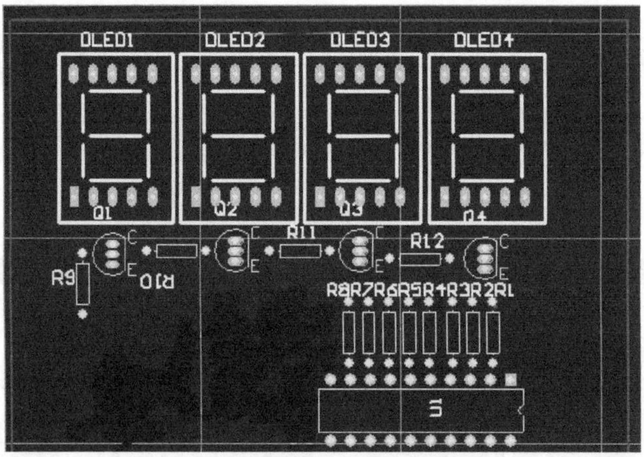

图 11.31　显示部分布局效果

（5）调整元件编号位置。显示部分布局完成后，需要调整元件编号的位置，以保证编号清晰明了，位置上不要和其他元件发生混淆，以免装配人员误装。调整后的效果如图 11.32 所示。

小技巧

自动调整元件文字位置。

元件编号和参数可以手工逐个调整，为了加快调整的速度，可以利用编辑器的自动调整元件文字位置功能进行快速调整，下面以调整图 11.33 中数码管的编号为例讲解具体方法。

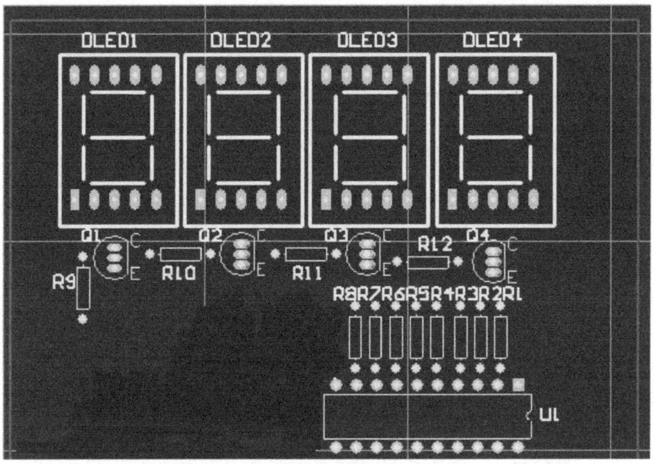

图 11.32　元件编号调整后的效果

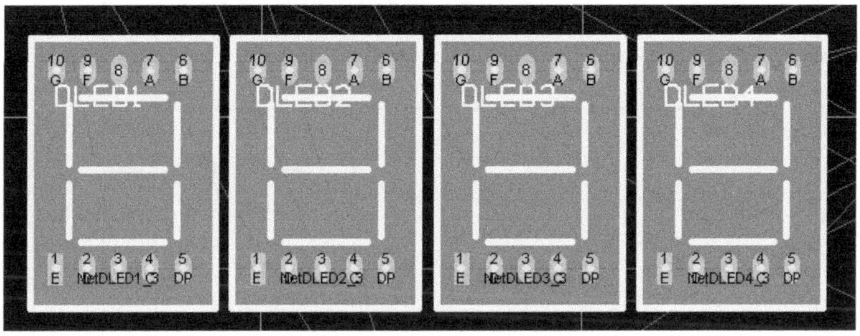

图 11.33　需调整的数码管编号

先选中要调整编号的元件，单击右键弹出如图 11.27 所示的快捷菜单，执行【排列】/【定位元件文本位置】菜单命令，弹出如图 11.34 所示的【元件文本位置】对话框，选择编号要放置于元件的方位，如图中选放置于元件顶部，单击【确认】按钮，可以看到数码管编号已经移到元件顶部位置，如图 11.35 所示。

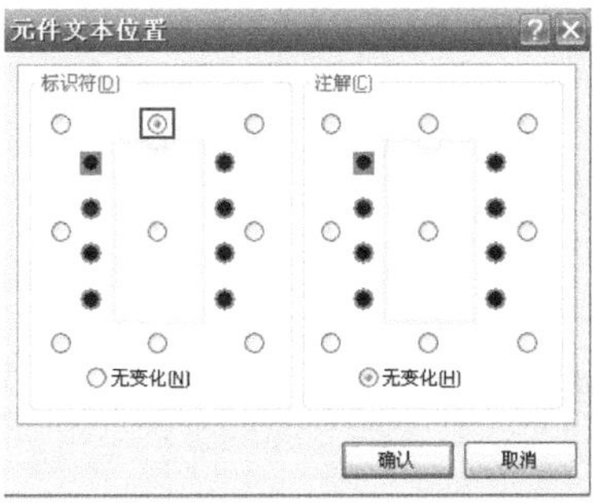

图 11.34　自动调整元件文字位置对话框

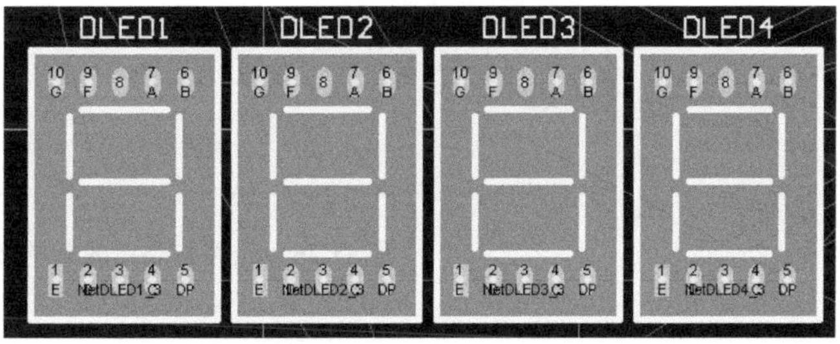

图 11.35　调整好的数码管编号

二、其他方块电路元件布局

根据布局原则仔细调整其他方块电路的元件位置及元件编号，最终整体电路板布局效果如图 11.36 所示。

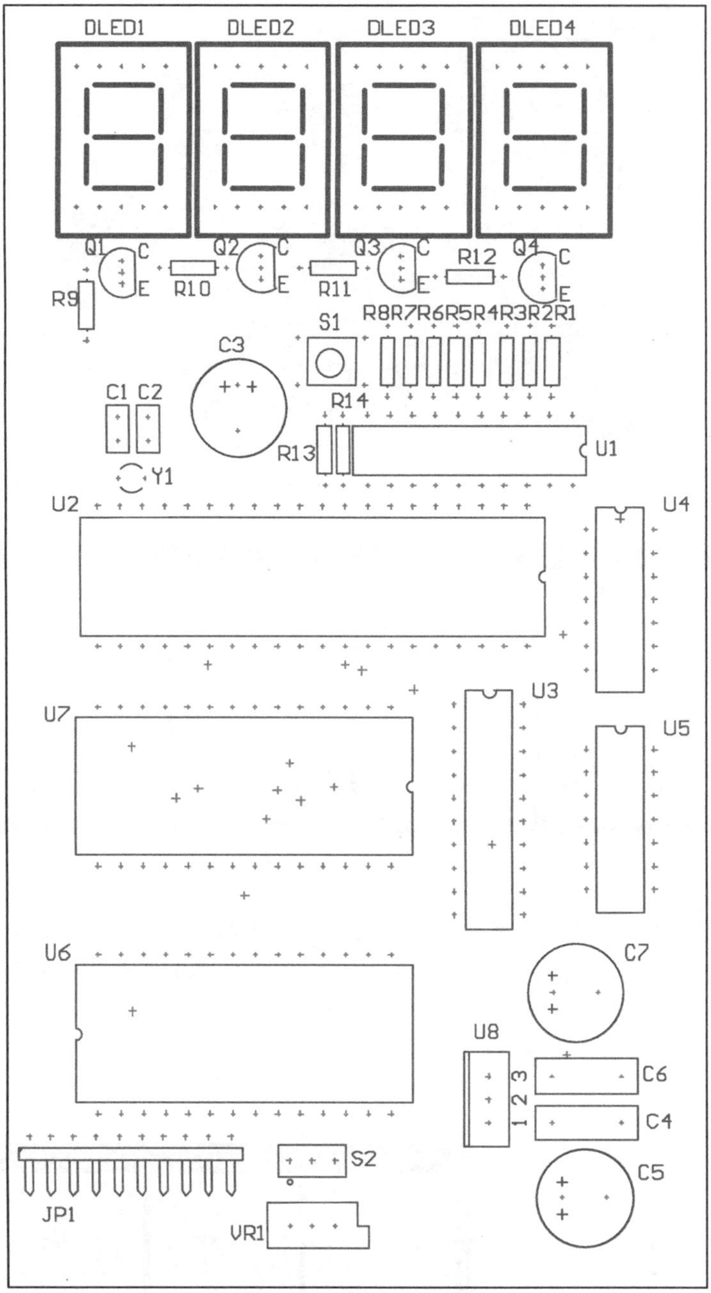

图 11.36 元件布局完成后的效果图

任务五 自动布线

一、设置布线参数

执行【设计】/【规则…】菜单命令，设置各项参数。其中最关键的参数有【Width】导线宽度和【Routing Layers】布线层面，其他参数采用默认值即可。

导线宽度：一般导线宽度【Width】选【全部对象】，设置宽度为 8mil；电源【VCC】和网络【GND】设置较宽，为 12mil，如图 11.37 所示。

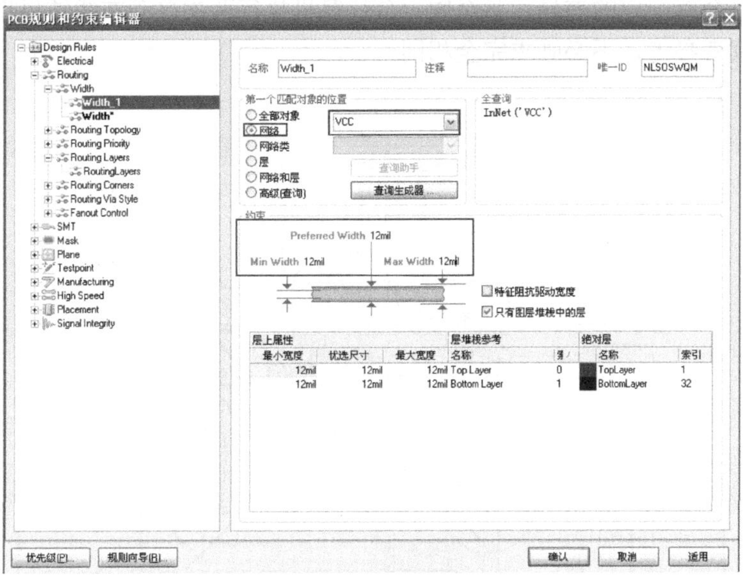

图 11.37　导线规则设置

布线层面：因为制作双面板，所以顶层和底层信号层都要使用，布线层面设置如图 11.38 所示。

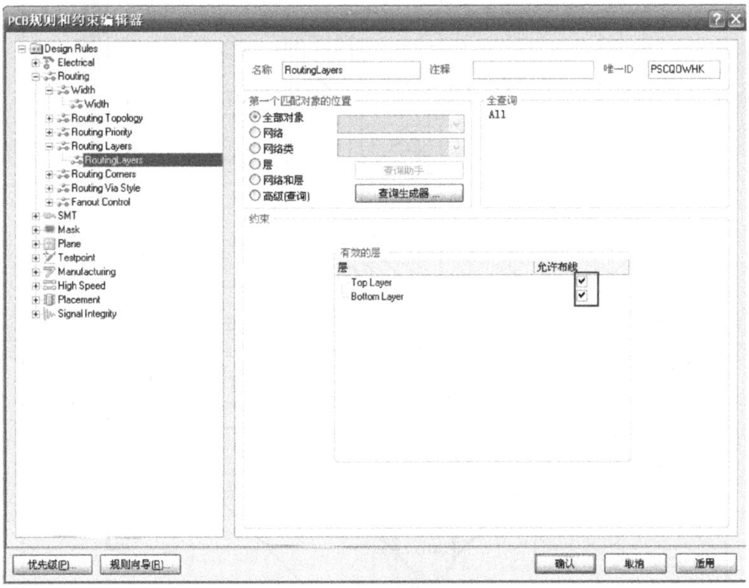

图 11.38　设置双面板的布线层

二、自动布线

执行菜单命令【自动布线】/【全部对象】，将弹出自动布线策略选择对话框，选用默认选项【Default 2 Layer Board】，单击布所有导线【Route All】按钮，PCB 板编辑器开始自动布线。

自动布线完成后的效果如图 11.39 所示。注意：由于各种因素的影响，同样的电路，其自动布线结果总会有一定的差异，甚至同一台计算机执行两次自动布线结果也不一定相同，布线结果仅供读者参考，不必强求完全相同。

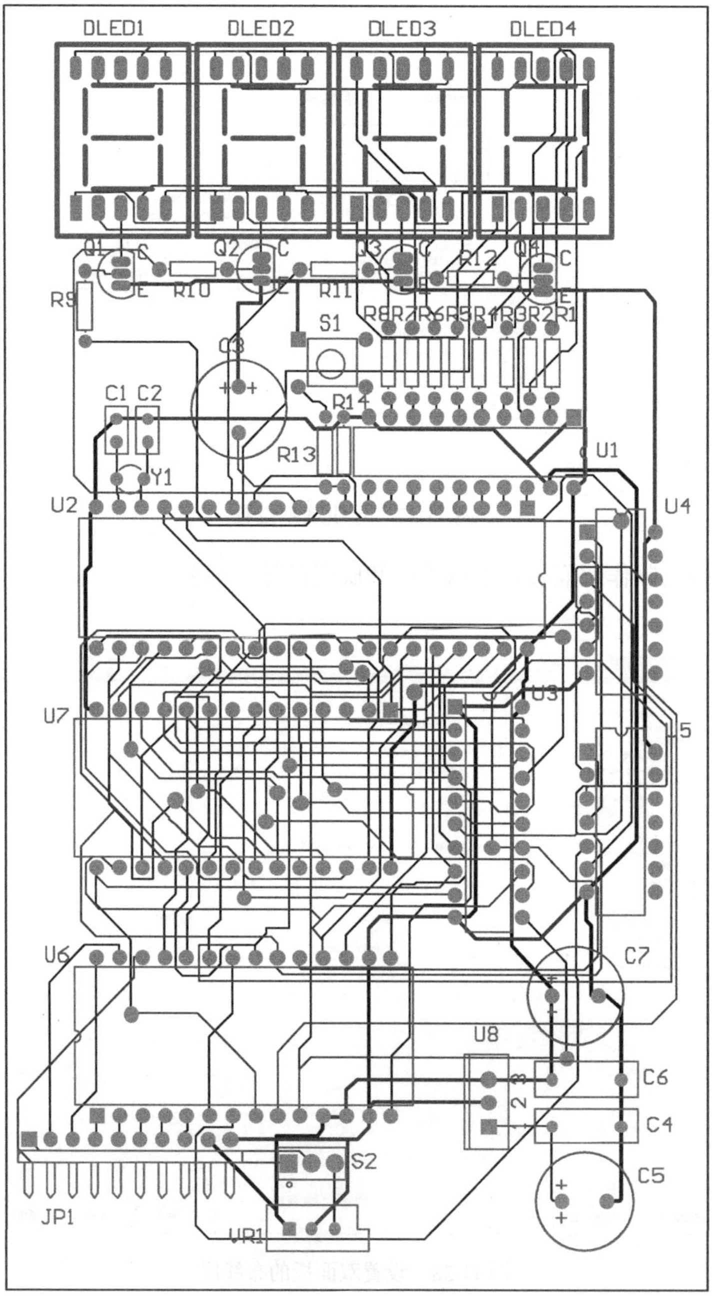

图 11.39 自动布线结果

任务六　手工修改双面板导线

由于自动布线时，系统片面地追求布通率，不可能考虑实际电路板电气特性方面的要求，因此对于一个电路较为复杂、元件较多的电路板而言，自动布线后的结果总会存在一定的不足和缺陷，所以必须仔细检查和修改，从而使制作出的电路板既美观、又能满足电气特性的要求，同时便于安装和调试。

如图 11.39 所示，电路板中虽然导线均已连接，但部分导线弯曲过多，绕行过远，同时地线和电源线一般要求靠近电路板边缘，因此修改如下。

一、调整显示模式，分析自动布线结果

在默认情况下，PCB 编辑器采用复合显示模式显示所有用到的层面，但在分析自动布线结果时，用户希望将精力集中在布线层面上，而对于元件布局、编号、参数、元件外形等信息暂时不必考虑，可以隐藏起来，因此可以选择单层显示模式，以便于更好地集中精力于导线，分析导线走线情况。

如果希望单层显示电路板各层的信息，如顶层的布线效果，可以执行【工具】/【优先设定...】菜单命令，弹出如图 11.40 所示的【优先设定】对话框，选择左侧的【Display】选项，选中【单层模式】复选框，将 PCB 编辑器显示模式修改为单层模式。

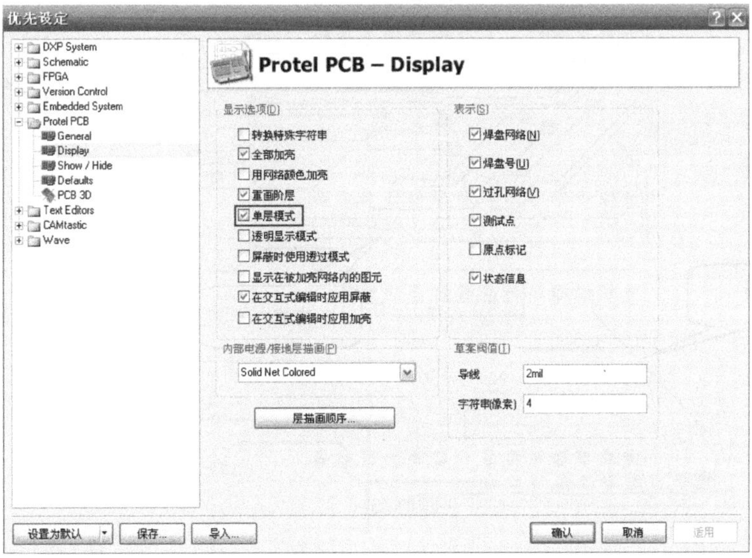

图 11.40　修改为单层显示模式

此时 PCB 编辑器处于单层显示模式，图 11.41 为顶层导线的显示效果，图 11.42 为底层导线的显示效果，可以看到有较多需要修改的导线，特别是底层导线，弯曲绕行现象较严重。

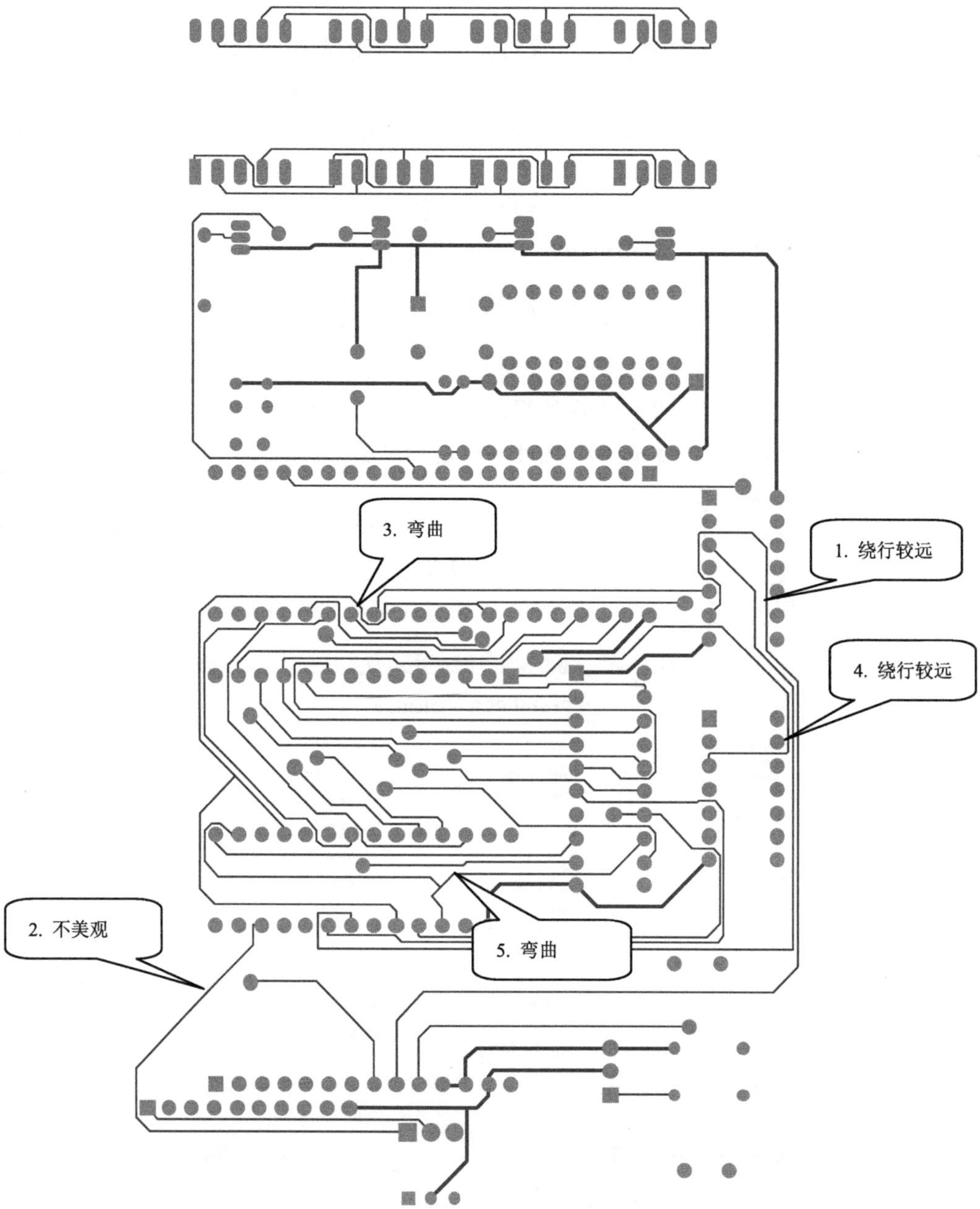

图 11.41　显示顶层导线

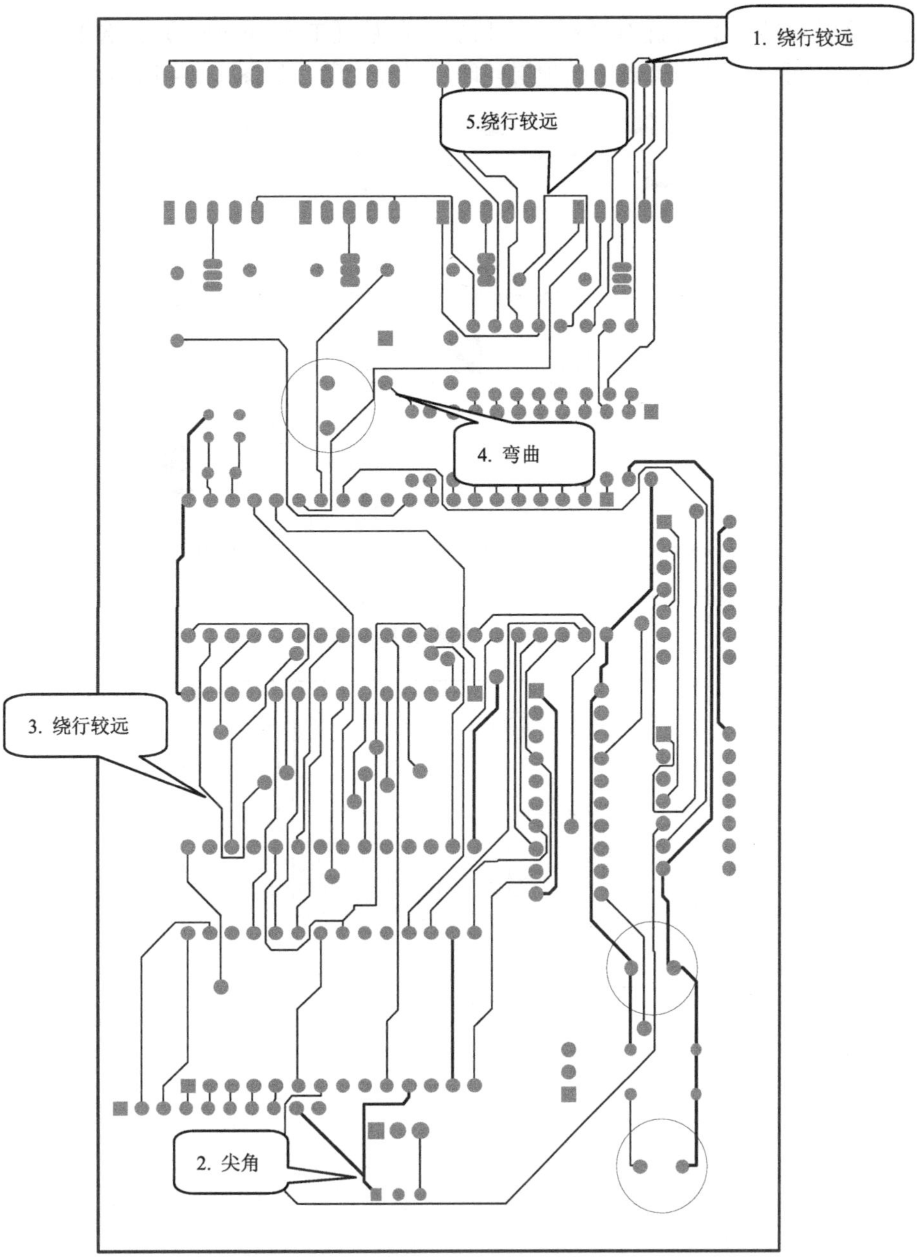

图 11.42　显示底层导线

二、调整显示层面，规划修改方案

虽然单层显示模式下，可以单独对各布线层进行分析，找出要修改的导线，但对于双面板而言，导线修改时要同时兼顾顶层和底层的导线，才能确定修改方案，所以可以进一步采取调整显示层面的方法，同时显示顶层和底层的走线，而将顶层丝印层隐藏起来，方法如下。

（1）将显示模式恢复为多层复合显示模式，即取消图 11.40 中的【单层模式】复选框的选中状态。

（2）设置显示层面。执行【设计】/【PCB 板层次颜色...】菜单命令，弹出如图 11.43

所示的【板层和颜色】设置对话框，将顶层丝印层【Top Overlay】复选框不选中，单击【确认】按钮，可以看到编辑器中的顶层丝印层已经隐藏，如图 11.44 所示。

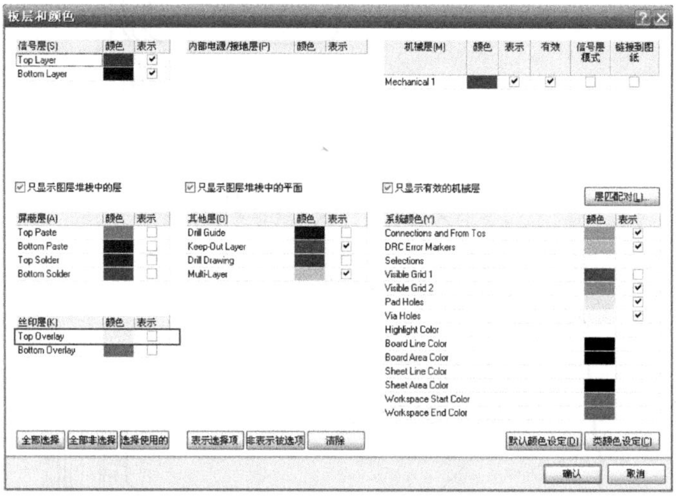

图 11.43 隐藏顶层丝印层

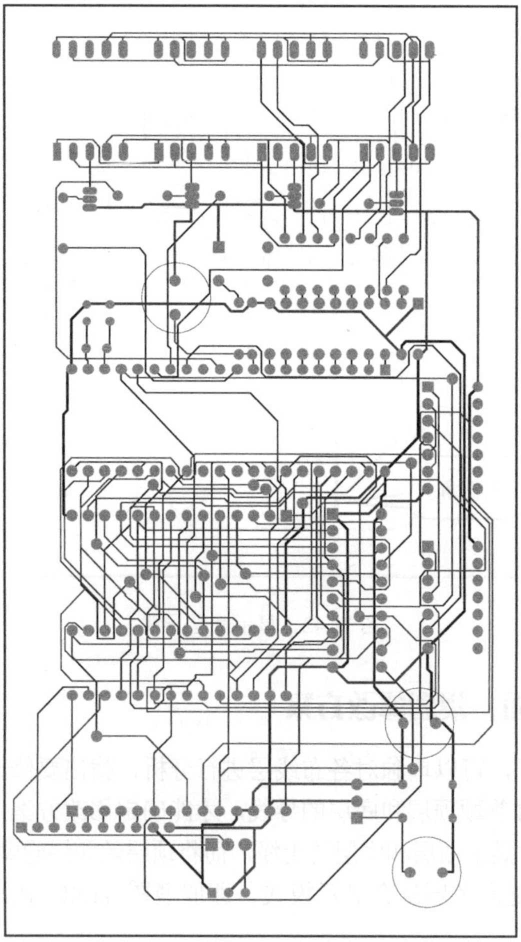

图 11.44 隐藏顶层丝印层后的显示效果

在图 11.44 中，顶层丝印层已经被隐藏起来，既可以避免元件外形和编号遮住导线，又同时显示了顶层和底层走线，便于导线的修改。

三、修改导线

可以利用项目九介绍的方法修改图 11.41 和图 11.42 中的导线，使其符合布线规律要求，但有时可能由于同一层面内导线的阻挡，无法达到满意的效果，此时必须利用过孔使导线跳过同层面导线，达到修改导线的目的。

1. 利用过孔修改导线

在导线修改过程中，某些导线如果仅在同一层面上走线，可能因为同层面其他导线的阻挡而不便或无法布通导线，如图 11.45 中的导线 1。因此在必要的地方还需添加过孔，改变导线的层面避开同层导线，以便于弯曲导线的修改。下面以修改图 11.45 中右上方导线 1 的弯曲处为例，讲解利用过孔改变导线层面，修改不合理导线的方法。

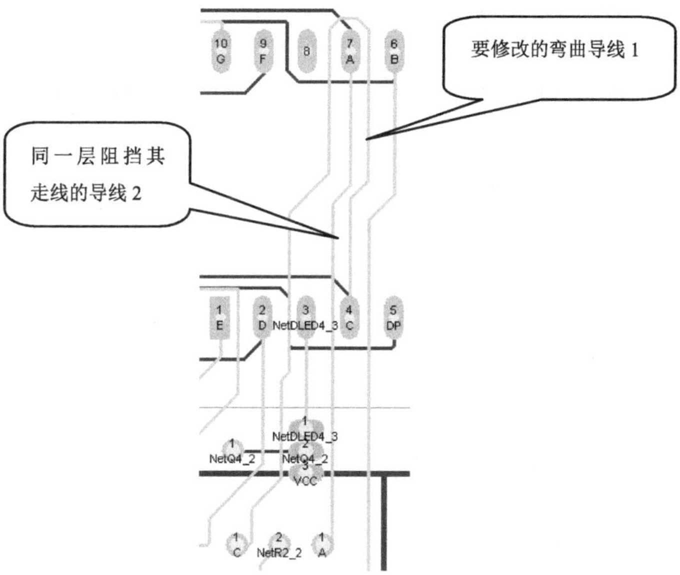

图 11.45　需修改的导线（浅色为底层导线，深色为顶层导线）

如图 11.45 所示，自动布线过程中导线 1 弯曲是因为同层面导线 2 挡住了其布线通路，导线 1 不得不弯曲布线所致，所以要修改弯曲导线 1，可以利用过孔将导线 1 被导线 2 挡住的部分修改为顶层，方法如下。

（1）撤销原导线 1。执行【工具】/【取消布线】/【连接】菜单命令，出现十字光标，将其对准导线 1，单击鼠标左键即可撤销该导线，如图 11.46 所示。

（2）放置过孔。为了使导线到达另一个层面，必须在适当位置放置过孔，如图 11.46 所示，要在两条导线之间放置过孔，但位置太窄，必须将导线 3 外移，因此删除导线 3 并重新绘制，如图 11.47 所示。

先选择配线工具中的过孔工具，单击【Tab】键弹出过孔的网络属性对话框，如

图 11.48 所示，将其网络属性 Net 修改为要连接的导线网络 C。

在适当位置放置过孔，如图 11.49 所示。

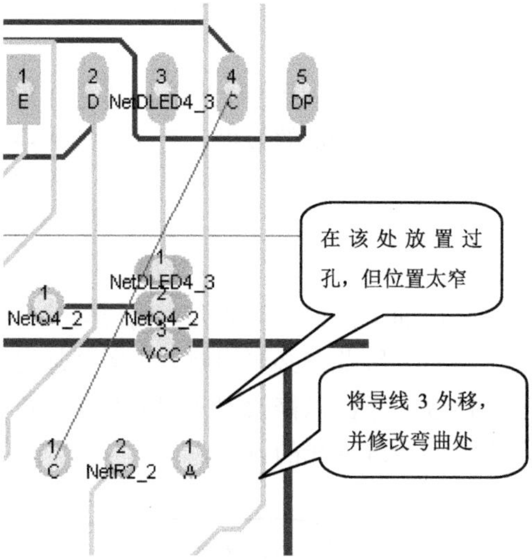

图 11.46 撤销原导线 1

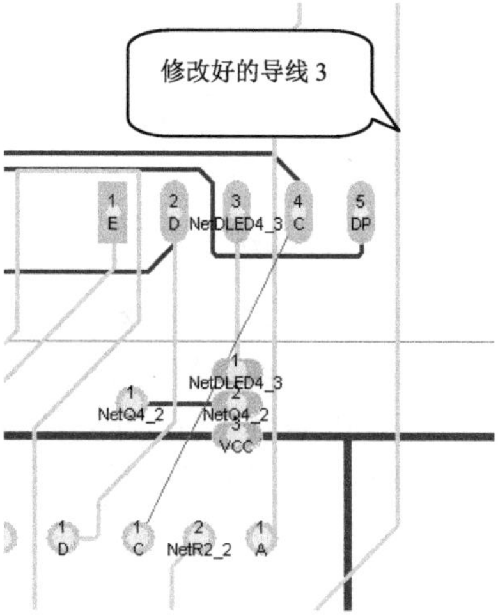

图 11.47 重新绘制导线 3

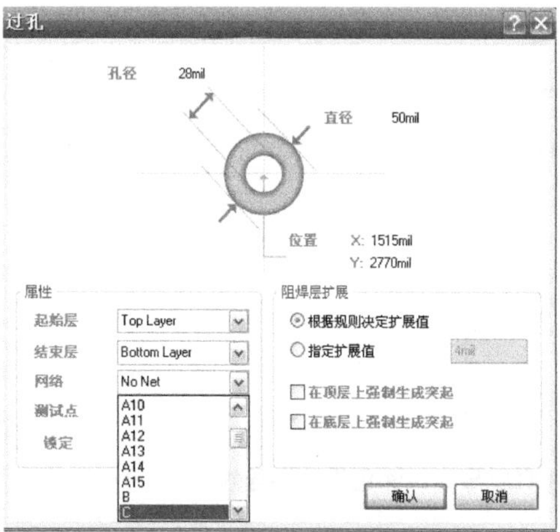

图 11.48 设置过孔的网络属性

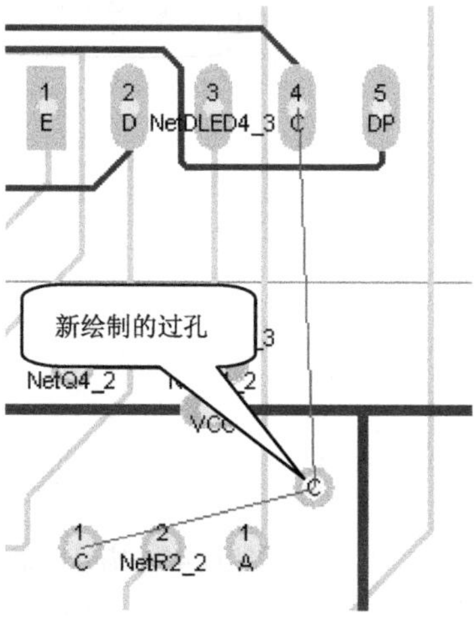

图 11.49 放置过孔

（3）绘制底层导线。由于导线 1 此时可通过过孔分布在两个信号层，所以导线 1 分成两段绘制，先将当前层转换为底层，绘制底层导线，如图 11.50 所示。

（4）绘制顶层导线。将当前层转换为顶层，绘制顶层导线，如图 11.51 所示。可以看到，原导线 1 的弯曲部分已经修改过来。

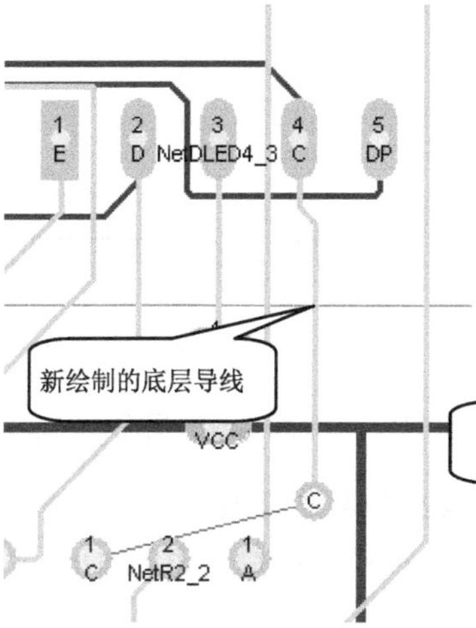

图 11.50　绘制底层导线

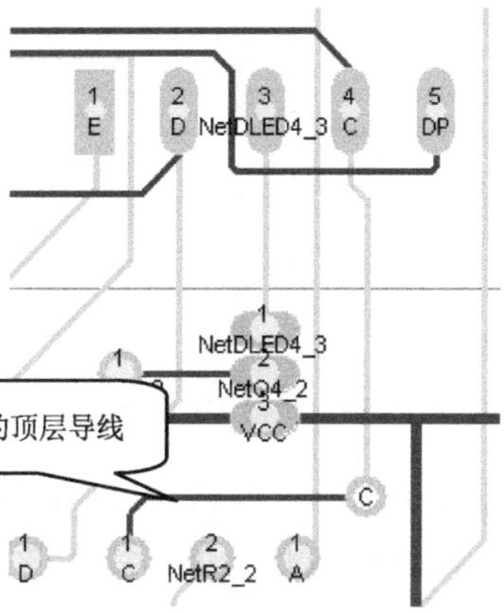

图 11.51　绘制顶层导线

2. 走线过程中改变导线层面

在手工走线过程中，经常遇到因为其他导线挡住而需要改变导线层面的情况，上面的方法是先在适当位置放置过孔再连线，比较麻烦，其实也可以在走线过程中直接改变导线的层面，下面介绍具体方法。

如图 11.52 所示，导线 1 在走线过程中遇到同层导线 2，为了继续走线，必须改变层面，可以在绘制过程中需要改变导线层面的位置按【Tab】键，弹出如图 11.53 所示的【交互式布线】对话框。

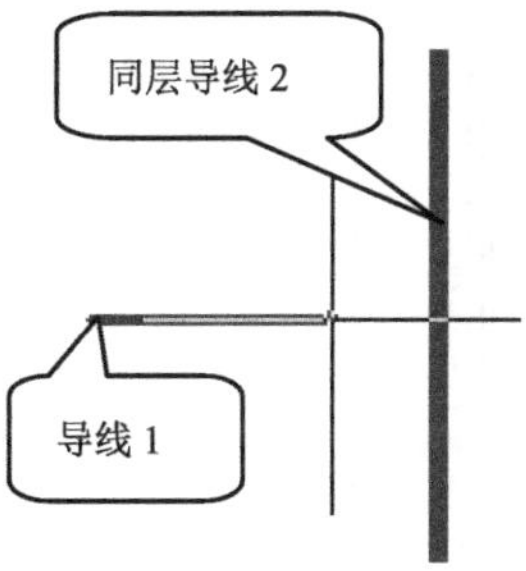

图 11.52　导线 1 和导线 2 位于同一层面

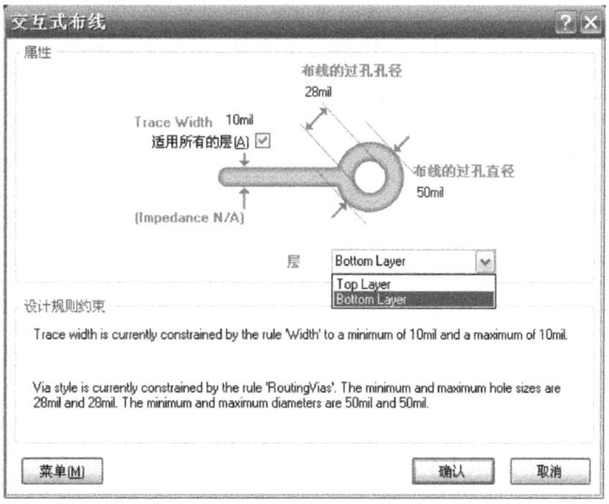

图 11.53　【交互式布线】对话框

在【交互式布线】对话框中，首先在【层】中选择另一个信号层【Bottom Layer】，还可设置导线的宽度和过孔的尺寸，设置好后单击【确认】按钮。

这时可以看到光标十字中心处有一个过孔，如图 11.54 所示，将光标移到合适位置单击鼠标左键，可在当前位置放置一个过孔，再移动鼠标，可以看到过孔后的导线已经该变了层面和颜色，位于【Bottom Layer】，如图 11.55 所示，导线 1 成功穿过导线 2。

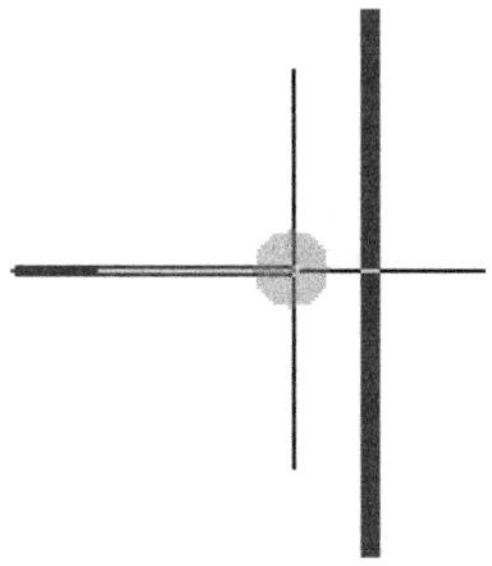

图 11.54　光标中心出现过孔

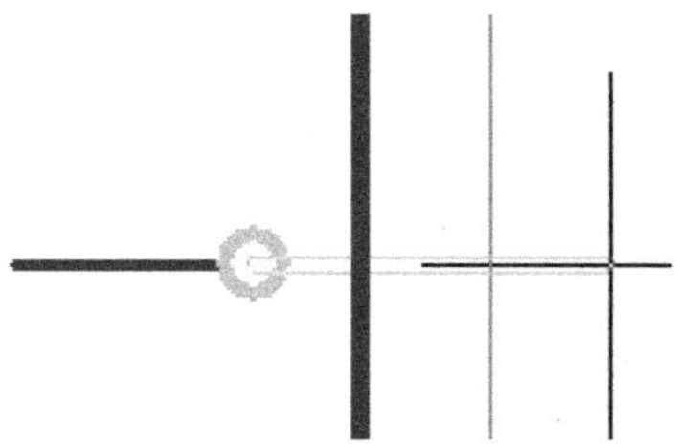

图 11.55　导线 1 改变层面，穿过导线 2

根据相同的方法，可以将图 11.41 和图 11.42 中需要修改的导线全部修改过来，如图 11.56 所示。导线修改是一项细致且艰巨的工作，往往要花费较多的时间。

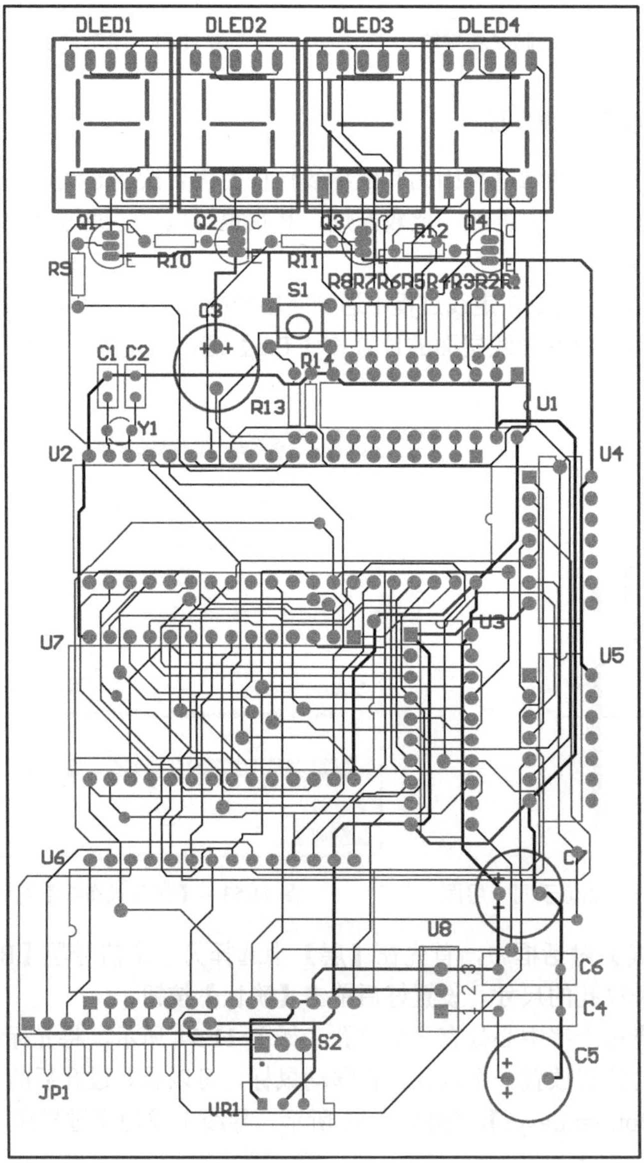

图 11.56　修改好的导线

任务七　补泪滴

在电路板中，为了提高布通率，许多导线的宽度较小，而焊盘的面积却较大，如果以等宽度导线进入焊盘或过孔，势必造成电路板在元件焊接、装配、维修过程中，应力集中于焊盘和导线的连接处，极易形成裂纹和焊盘翘起，影响电路板的焊接质量，形成虚焊。该现象在单面板中尤为突出，为了在加工和焊接时分散应力，可以在窄导线进入焊盘和过孔时，逐步加大导线宽度，形成泪滴状，从而有效分散应力，防止焊盘脱落虚焊。制作泪滴状导线的操作就称为补泪滴，具体方法如下。

1. 选择对象

选择要补泪滴的导线或网络，可以根据导线的粗细，选择需要补泪滴的导线。执行【编辑】/【选择】菜单下的各子菜单命令，进行各种不同的选择操作，如果是对所有焊盘和过孔都进行补泪滴操作，则可以不用选择对象。

2. 补泪滴

执行菜单命令【工具】/【泪滴焊盘…】，弹出如图 11.57 所示的【泪滴选项】对话框，左边选择操作的对象，右边选择操作动作和泪滴类型。

此处操作对象选【全部焊盘】和【全部过孔】,【行为】选【追加】,【泪滴方式】选【圆弧】，单击【确认】按钮，可以看到焊盘和过孔处的导线变为泪滴状，如图 11.58 所示。

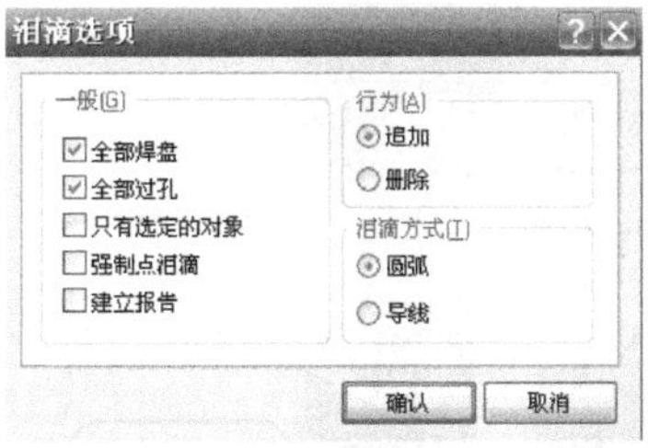

图 11.57　【泪滴选项】对话框

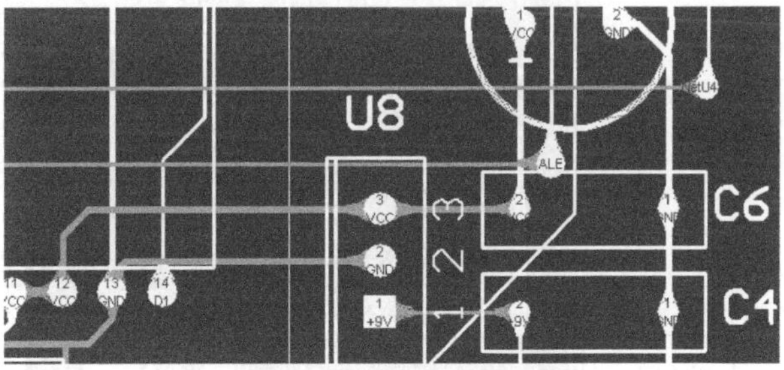

图 11.58　补泪滴效果

3. 删除补泪滴

如果想删除某导线的补泪滴效果，可以先选择该对象，然后执行【工具】/【泪滴焊盘…】菜单命令，在弹出的图 11.57【泪滴选项】对话框中，【行为】栏选【删除】单选按钮即可。

任务八　敷铜

为了便于电源的输入，可以添加电源、接地焊盘，并连接到相应网络，为了电路板的固定和安装，可以添加安装孔。同时为了进一步提高电路板的抗干扰、导电能力，以及导线对电路板的黏附力，对电路板中的大面积无导线区域和对干扰较敏感的区域进行地线和电源线敷铜，具体方法请参考项目九，最终效果如图 11.59 所示。

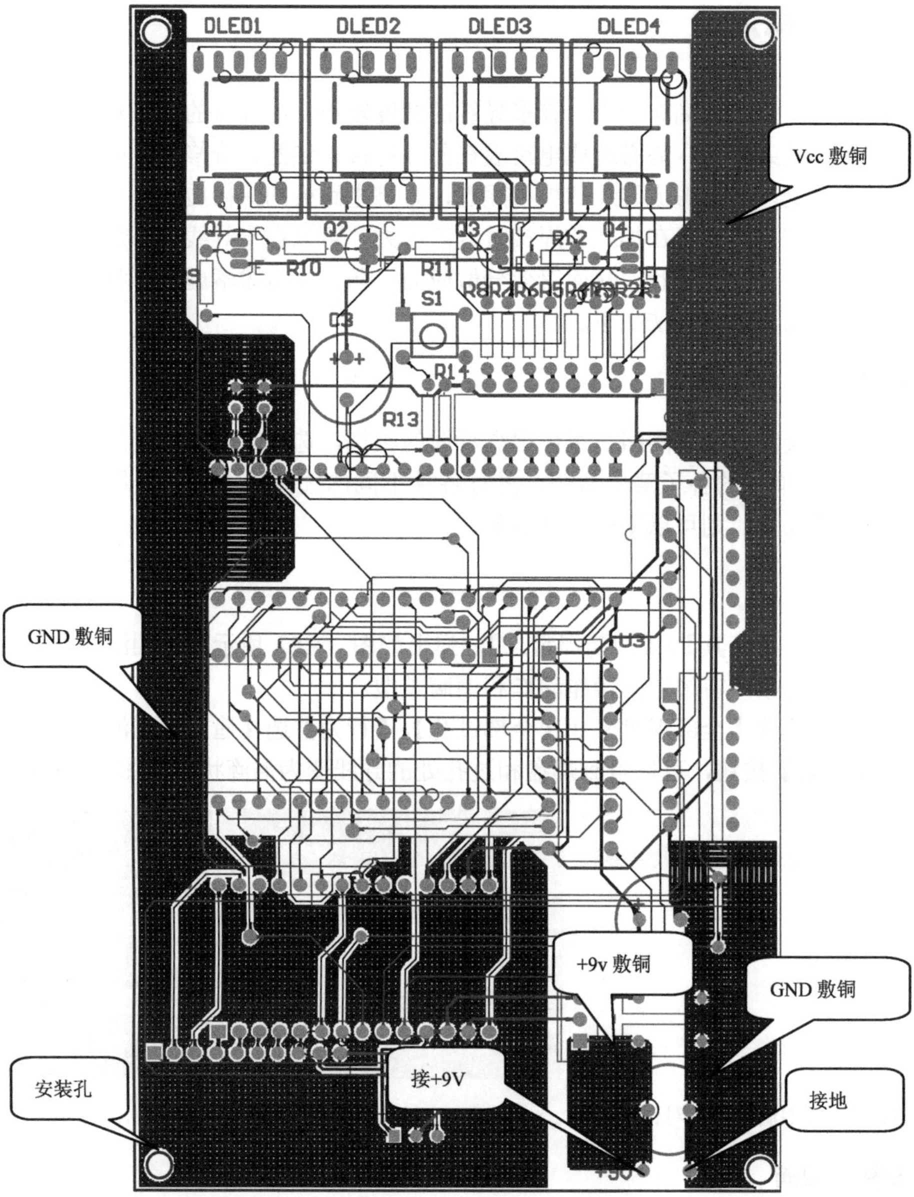

图 11.59 敷铜效果

本项目小结

本项目综合前面各项目所学知识点和技能，讲解制作单片机多路数据采集系统 PCB 板的全部过程，重点介绍了如何添加、引用 PCB 引脚封装，双面板导线的手工修改方法，补泪滴操作等，本项目是对前面各项目知识和技能的一次综合演练。

习题 11

制作本项目单片机多路数据采集系统的 PCB 板。

项目十二　可编程逻辑器件设计

教学目标

本项目将通过创建约翰逊计数器，重点介绍如何创建基于原理图的现场可编程逻辑器件FPGA 设计，并产生 EDIF－FPGA 网表，以达到以下学习目标。

知识目标

- 理解 FPGA 的作用和优势。

技能目标

- 掌握创建 FPGA 项目的方法。
- 掌握基于原理图的 FPGA 设计方法。
- 掌握如何产生 EDIF－FPGA 网表。

知识扩展

知识扩展　可编程逻辑器件

可编程逻辑器件（PLD）是一种半定制性质的专用集成电路，用户在使用前对它进行编程，可自行配置各种逻辑功能。PLD 既有集成电路硬件速度快、可靠性高的优点，又具有软件编程灵活、方便修改的优点，因此十分适合于小批量生产的系统及产品的开发和研制。

一、PLD 的基本结构

PLD 的基本结构如图 12.1 所示，输入电路实现对输入信号的缓冲，同时产生原变量和反变量两个互补的信号输出。与阵列和或阵列用于实现各种与或结构的组合逻辑函数，如果进一步与输出反馈信号配合，还可实现各种时序逻辑函数。输出电路具有多种形式，可以是基本的三态门输出，也可以是寄存器或锁存器输出形式（便于向输入端提供反馈信号），还可以是输出宏单元（可以由用户进行输出电路结构的组态等），使 PLD 结构功能非常灵活、完善。

PLD 器件的逻辑图通常采用简化表达方法，如图 12.2 所示，图中线路交叉的黑色小点表示电路在该处是连接的。图 12.2（a）表示一个基本输入和互补输出单元结构逻辑的表示方法，图 12.2（b）中是三输入的与门，而图 12.2（c）表示一个三输入的或门。

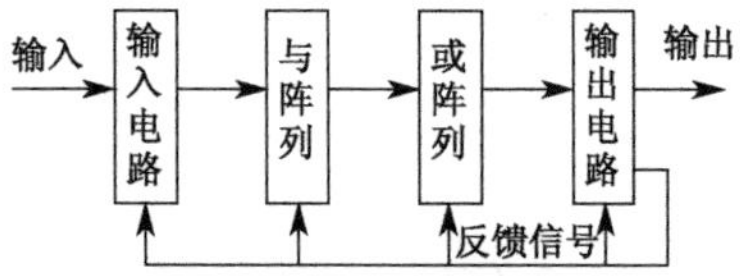

图 12.1　PLD 的结构框图

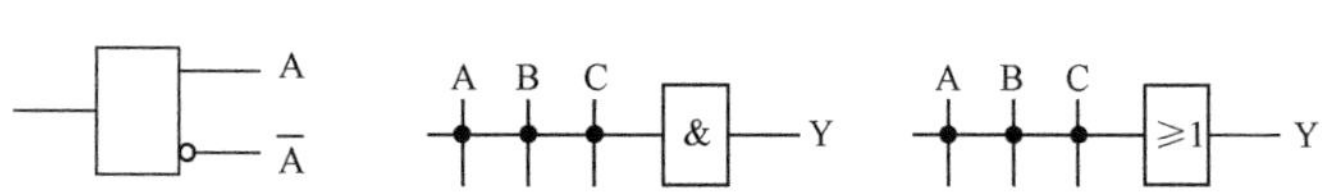

(a) PLD的输入缓冲器　(b) Y=ABC　(c) Y=A+B+C

图 12.2　PLD 输入缓冲器、与门和或门

PLD 用图 12.3 表示点连接功能，其中“•”表示已经编程连接好，而“×”表示可编程连接，用户可以在编程时将不需要的“×”去掉而断开连接。

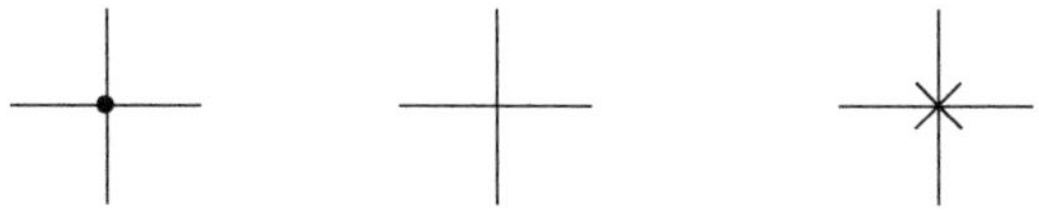

(a)固定连接　(b)固定断开　(c)未编程连接

图 12.3　PLD 的连接点符号

二输入二输出 PLD 的典型内部结构如图 12.4 所示，它就像一个门电路组成的积木，用户只需根据设计需要进行搭配，对它的与阵列和或阵列进行编程，决定十字交叉点是连接还是断开，就可以组成各种逻辑电路。

图 12.5 是由二输入二输出 PLD 组成逻辑函数 $Y=A\overline{B}+\overline{A}B$，由图可知，先根据逻辑变量分配好输入和输出端，再由各与项依次决定与阵列的连接关系，最后由或项决定或阵列的逻辑关系，用户的编程工作就是决定十字交叉是否连通。

提示

如果逻辑函数表达式不是与或式，应先转换为与或式。

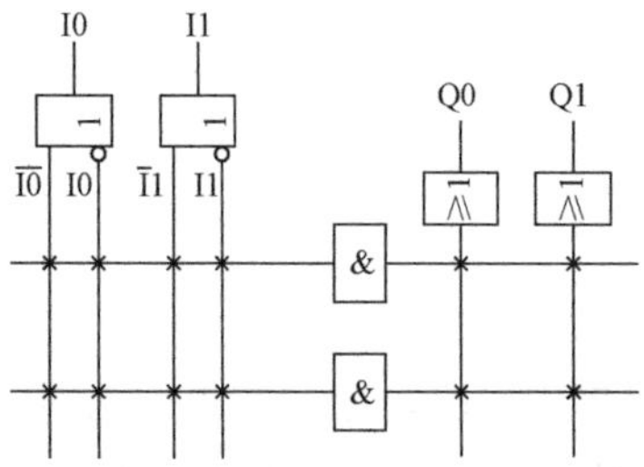

图 12.4　PLD 的内部典型结构

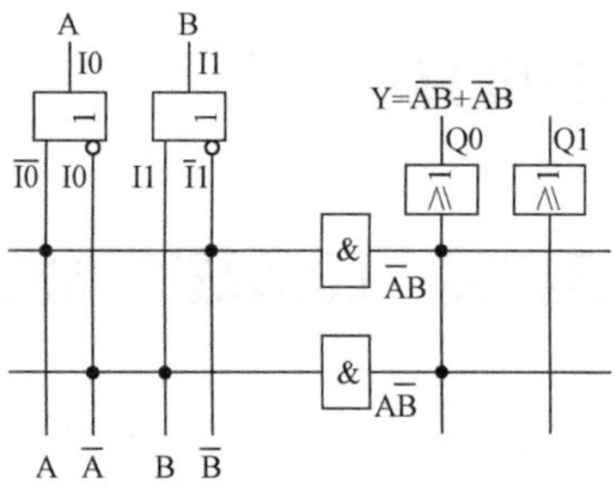

图 12.5　由 PLD 实现组合逻辑函数

二、PLD 的分类

PLD 主要可分为以下几类：可编程逻辑阵列（PLA）、可编程阵列逻辑（PAL）、通用阵列逻辑（GAL）、复杂可编程逻辑器件（CPLD）、现场可编程门阵列（FPGA）。PLA、PAL、GAL 的集成度较低，一般用于实现较为简单的逻辑功能。而 CPLD 和 FPGA 的功能非常强大，其特点如表 12.1 所示。

表 12.1　PLD 的分类和特点

分类名称	与阵列	或阵列	输出电路	特点
PROM	固定	可编程	固定	价格低廉，主要用于存储器
PLA	可编程	可编程	固定	编程灵活性高，但结构复杂，编程困难，价格昂贵，一次编程
PAL	可编程	固定	固定	兼有价廉和编程灵活的特点，一般只能一次编程

续表

分类名称	与阵列	或阵列	输出电路	特点
GAL	可编程	固定	可组态	采用 E^2PROM 工艺，编程灵活，可编程上百次，有保密位，安全性和通用性好，应用非常广泛
CPLD	可编程	固定	可组态	集成度高，速度快，功耗低、使用灵活和高抗干扰等优点，可重复编程十万次

三、集成 PLD 介绍

在 PLD 器件中，GAL 因为具有低功耗（GAL 属于 CMOS 器件）、电可擦除（+5V 即可）、编程灵活的优点，是应用最为广泛的一种 PLD 器件。其典型芯片如 GAL16V8，引脚排列如图 12.6 所示，该电路包括一个容量为 32×64 位的与阵列，8 个输出逻辑宏单元，10 个输入缓冲器，8 个三态输出缓冲器和 8 个反馈缓冲器，各种配置都由结构控制字设置和控制，可以设置为组合逻辑型，也可通过反馈线设置为时序逻辑型，具体应用可参阅有关资料。

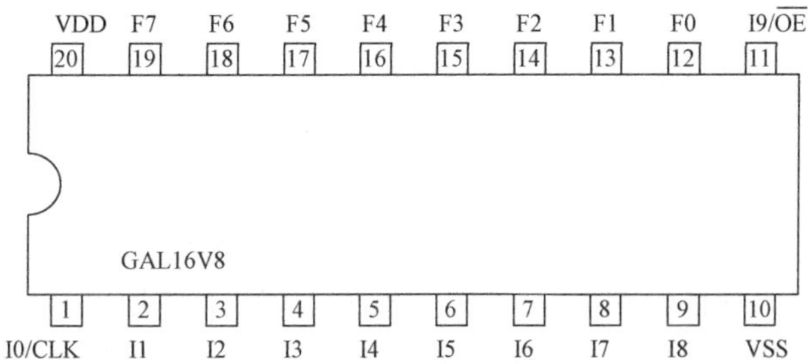

图 12.6　GAL16V8 的引脚图

由于 GAL 集成化程度不高，一般用于小型的 PLD 设计。在复杂的场合一般使用集成度高、速度快、功耗低、使用灵活的 CPLD 或 FPGA。其中著名的 PLD 公司有 Xilinx 和 Altere 公司，Xilinx 在 FPGA 方面处于领先优势，而 Altere 在 CPLD 领域处于垄断地位。

如图 12.7 所示是 Xilinx 公司的 FPGA 开发板，其中心就是复杂的 FPGA 芯片。

图 12.7　FPGA 开发板

四、PLD 的开发环境

PLD 的编程需要开发平台的支持，开发平台通常称为 EDA 工具，一般由 5 个模块组成：设计输入编辑器、HDL 综合器、仿真器、适配器、下载器。每个 PLD 厂家为了方便用户编程，一般都提供了集成开发环境（即将各功能模块集成在一起），如 Alrera 的 MAX+plus Ⅱ、Quartus Ⅱ等。

普通 PLD 器件的开发通常包括逻辑设计、选择器件和编程产生 JEDGC 文件（PLD 编程标准格式文件），然后把 JEDGC 文件下载到编程器，对器件进行编程，编程完成后还要对器件进行逻辑功能测试，测试通过的器件才能投入使用。

现在 PLD 已经发展到 FPGA/CPLD 种类，它们通常不再需要专业编程器进行，只要利用 PC 和下载线就能将 JEDGC 文件下载到器件中，这就是现在非常流行的 ISP（在系统编程）技术。对于 PLD 的开发最主要的就是把设计按要求输入到开发平台，一般输入设计要求可采用以下两种方式：图形输入和文本输入。图形输入包括原理图输入、状态图输入、波形图输入。文本输入就是使用硬件描述语言输入设计文本，常用的硬件描述语言有 VHDL、AHDL 等。

常用的 PLD 系统设计方式如下。

1. 基于原理图的 PLD 设计

基于原理图的 PLD 设计就是按照常规电路的设计方式，采用 PLD 厂商所提供的宏单元模块（相当于一般的原理图元件，如与门、触发器等），使用 EDA 设计工具（如 DXP 2004），根据电路的组成直接绘制电路，然后经编译、仿真、综合等步骤，最后将输出的目标文件下载到 PLD 器件中。该方式具有方便、直观、形象等优点，尤其便于表达层次结构和模块化结构。一般用于设计规模相对较小的电路和系统。

2. 基于 HDL 的 PLD 设计

HDL（硬件描述语言）是一种描述硬件电路功能、信号连接关系及时序关系的语言。设计者可以用该语言描述自己的设计，然后利用 EDA 工具进行编译、仿真、综合等步骤，最后将输出的目标文件下载到 PLD 器件中。常用的硬件描述语言（如 VHDL）具有硬件无关性和工艺无关性，因此用 HDL 完成的 PLD 设计可移植性好，便于模块化和共享，便于进行系统级设计。

3. 原理图和 HDL 混合设计

为了充分发挥基于原理图的 PLD 设计和基于 HDL 的 PLD 设计的优势，现代 EDA 工具（如 DXP 2004）都具有原理图和 HDL 混合设计功能。一般顶级设计采用原理图方式实现，可以直观明了的表达各模块间的层次关系，而各具体模块的复杂逻辑关系则由 HDL 来进行描述。

DXP 完全支持用于 FPGA 设计的图形输入中的原理图输入、文本输入的 VHDL 硬件语言描述及原理图和 VHDL 语言混合描述，并与 Altere 和 Xilinx 建立了良好的接口，提供了大量的 FPGA 设计宏单元。DXP 的 FPGA 设计工具支持 EDIF 格式的输出文件，并且可以导入到 MAX+plus Ⅱ、Quartus Ⅱ编译器中。

任务一　创建 FPGA 设计项目

（1）进行 FPGA 设计，必须创建 FPGA 项目。执行如图 12.8 所示的菜单命令，将产生一个默认名称为“FPGA_Project1.PrjFpg”的 FPGA 项目文件，如图 12.9 所示。

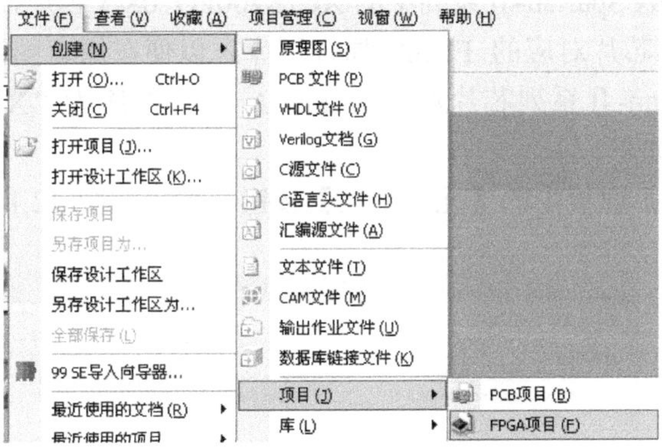

图 12.8　创建 FPGA 项目菜单

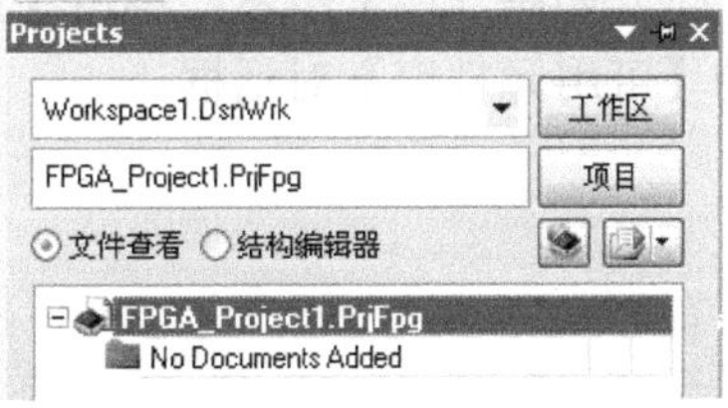

图 12.9　产生默认名称为“FPGA_Project1.PrjFpg”的 FPGA 项目文件

（2）保存项目文件。选中新产生的项目文件，单击鼠标右键弹出如图 12.10 所示的快捷菜单，选择【保存项目】，将弹出如图 12.11 所示的保存项目文件对话框，将新产生的 FPGA 项目保存为“计数器 1.PrjFpg”。

图 12.10　右键弹出浮动菜单

图 12.11　保存 FPGA 项目文件

（3）新建原理图文件。因为本例采用原理图文件来设计 FPGA，因此必须新建原理图文件，如图 12.12 所示，并保存为“计数器 1.SchDoc”。

图 12.12　保存好的 FPGA 项目文件

任务二　装载 FPGA 原理图元件库

在进行 PFGA 原理图设计之前，必须确定使用哪个厂家的 PLD 器件，再加载该厂家的 FPGA 原理图库（又称宏元件库）。因为每个 FPGA 厂家都有自己特定的基本元件原理图符号，且一般与其他厂家互不兼容。甚至同一厂家不同系列的产品，其基本元件原理图符号也有不同。

DXP 2004 为所有主要的 PLD 厂家提供了基本元件的原理图符号。当设计者决定采用哪个厂家的 PLD 器件后，就应该加载 DXP 2004 为该厂家提供的 FPGA 原理图库。对于本例约翰逊计数器，我们选定 Xilinx 公司 Xilinx Spartan-Ⅱ系列中的 XC2S200PQ208-5 芯片。

当选定芯片后，就可以加载与该系列芯片对应的 FPGA 原理图库，以便在原理图上可以放置相应的宏元件。对于 Xilinx Spartan-Ⅱ系列芯片对应的 FPGA 原理图库为“Xilinx Spartan-Ⅱ FPGA.IntLib”，具体操作过程如下。

（1）如图 12.13 所示，单击【元件库】面板中的【元件库…】按钮，弹出如图 12.14 所示的【可用元件库】对话框。

图 12.13 【元件库】面板

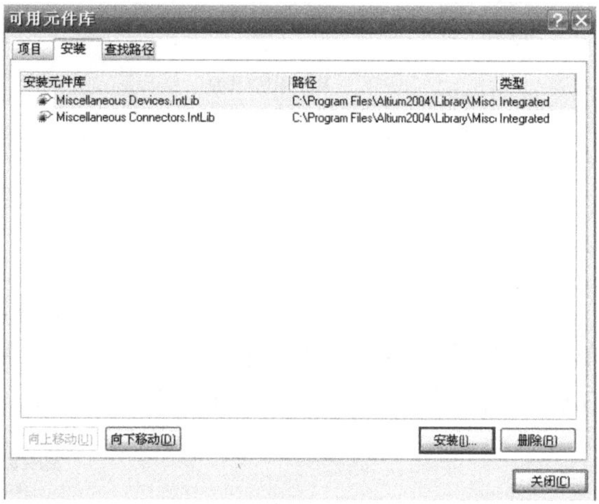

图 12.14 【可用元件库】对话框

（2）单击图 12.14【可用元件库】对话框中的【安装…】按钮，弹出如图 12.15 所示的【打开】元件库对话框，默认路径为“C:\Program Files\Altium2004\Library”。

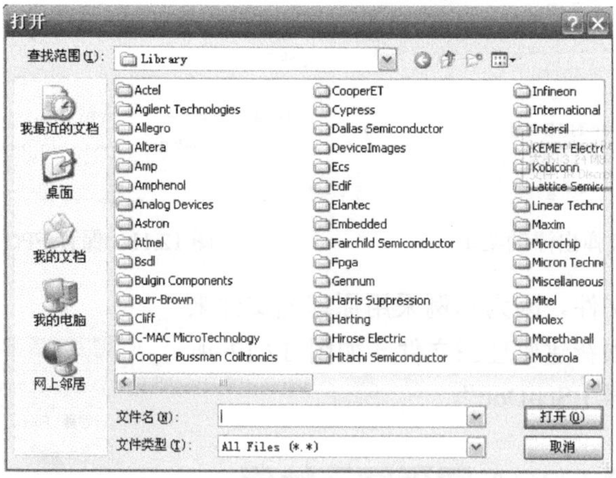

图 12.15 【打开】元件库对话框

（3）在图 12.15 中，选择“Xilinx”公司文件夹，如图 12.16 所示。将弹出如图 12.17 所示的所有 Xilinx 公司的元件库，选择 FPGA 原理图库为“Xilinx Spartan-Ⅱ FPGA.IntLib”，

单击【打开】按钮。

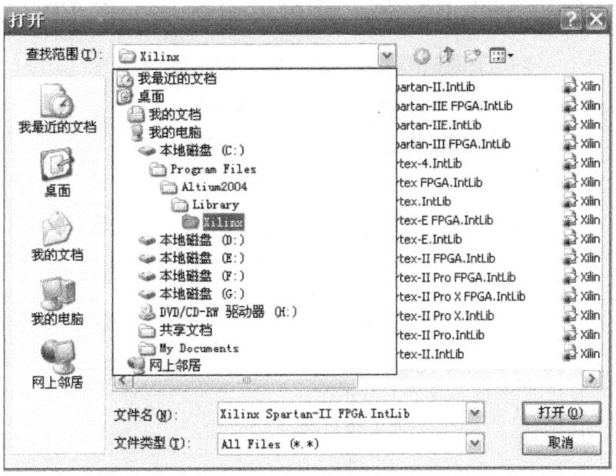

图 12.16　选择“Xilinx”公司文件夹

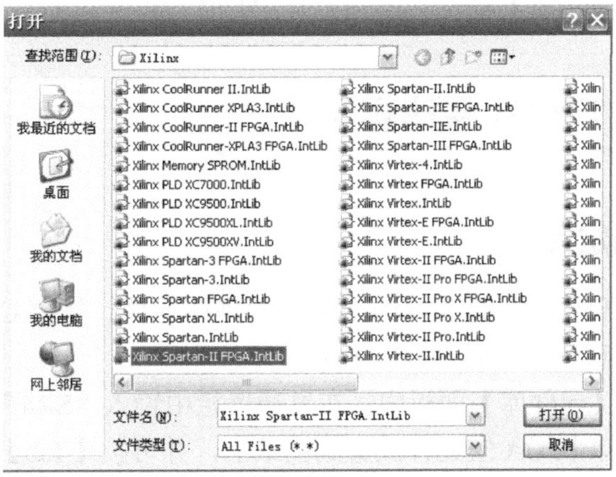

图 12.17　选择 FPGA 原理图库“Xilinx Spartan-Ⅱ FPGA.IntLib”

（4）可以看到图 12.18 所示的【可用元件库】对话框中已经添加了 FPGA 原理图库“Xilinx Spartan-Ⅱ FPGA.IntLib”。

图 12.18　安装元件库中已经添加了“Xilinx Spartan-Ⅱ FPGA.IntLib”库

（5）单击图 12.18 中的【关闭】按钮，回到图 12.19 所示的【元件库】面板，选择刚添加的“Xilinx Spartan-Ⅱ FPGA.IntLib”库，就可以进行后面的 FPGA 原理图绘制了。

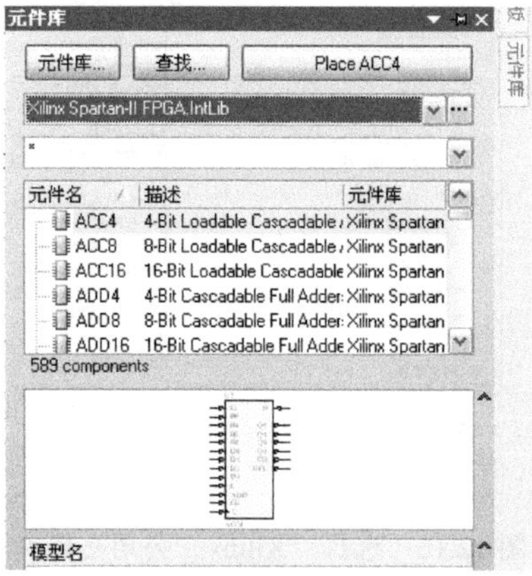

图 12.19 【元件库】面板中已经添加了“Xilinx Spartan-Ⅱ FPGA.IntLib”库

任务三 放置 FPGA 原理图元件

一、放置原理图宏元件

接下来开始放置本例约翰逊计数器的 FPGA 原理图元件。其中 U6 为带有时钟使能功能和同步清零功能的 4 位移位寄存器 SR4LCED。

如图 12.20 所示的【元件库】面板中，在过滤器栏中输入“SR4”，在出现的元件列表中选择“SR4LCED”，将该 FPGA 宏元件放置到图纸上，并可按【Tab】键设置属性。

同样的操作方法可依次将 U7（OR2B2）二输入反相或门，U1～U5（INV）非门，U8、U9（FJKC）正边沿 JK 触发器放置到图纸中，并调整位置，如图 12.21 所示。

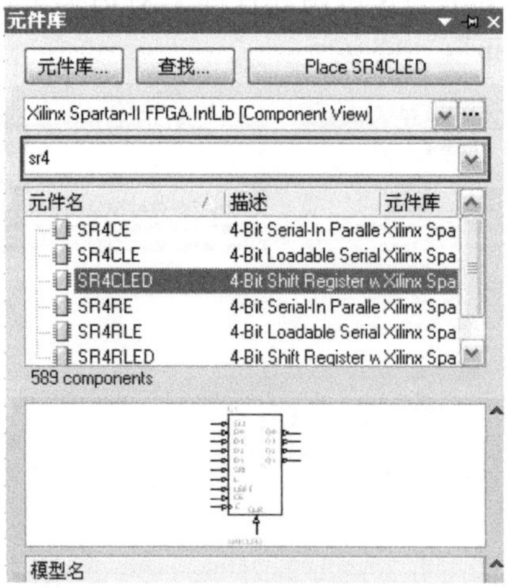

图 12.20 找到元件 SR4CLED 元件

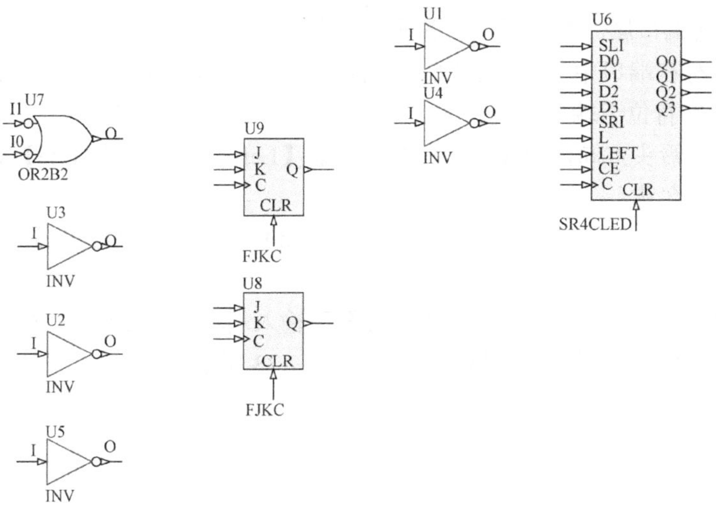

图 12.21 放置约翰逊计数器的 FPGA 原理图宏元件

二、放置端口

对于基于原理图的 FPGA 设计而言，每个原理图文档实质上就是 VHDL 语言的一个实体，或一个元件，并由输入/输出端口定义该元件的引脚。而且对于顶级原理图而言，输入/输出端口还有更高一层的含义：可以直接映射为实际芯片的引脚。

由于本例只包含一个原理图文件，该图就是顶级原理图，所以本图的输入/输出端口就可以直接映射为实际芯片的引脚，它们可为本设计与第三方放置和布线工具提供接口。本例约翰逊计数器包含 5 个输入端口（left、right、stop、clk、load）和 4 个输出端口（Q0～Q3），如图 12.22 所示。

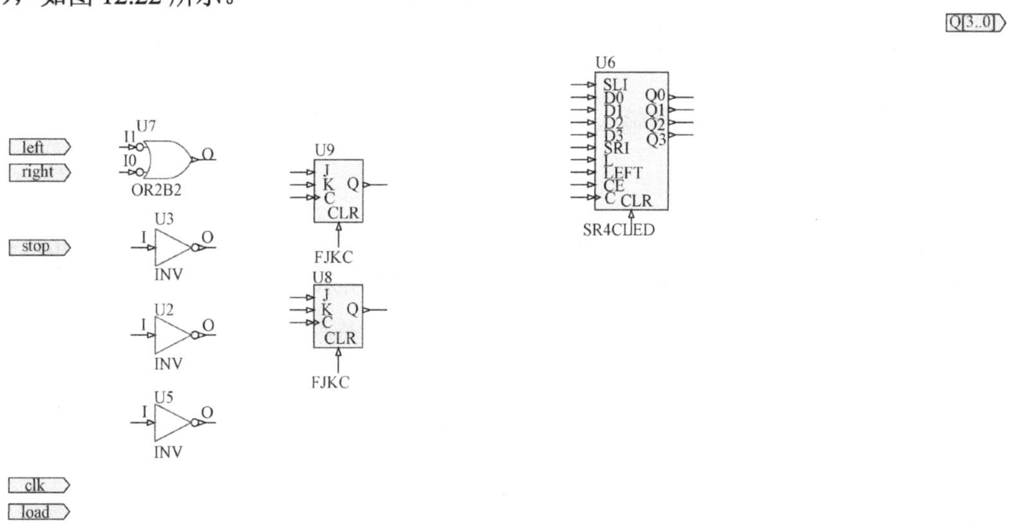

图 12.22 放置电路中的端口

下面以放置输入端口（left）为例，讲解端口的放置过程。

1. 放置输入端口

（1）设置端口属性。选择配线工具中的放置端口工具，按下【Tab】键弹出如

图 12.23 所示的【端口属性】对话框，各属性含义如下。

【排列】：字符在端口中的位置。【Center】：字符位于端口中心。【Left】：字符位于端口左端。【Right】：字符位于端口右端。

【风格】：端口箭头方向，有【Left】、【Right】、【Left&Right】、【None】等。

【名称】：端口名称。

【I/O 类型】：端口的信号流向，有【Unspecified】不确定、【Output】输出、【Input】输入、【Bidirectional】双向。

对于输入端口 left，在【属性】栏【名称】下输入端口名：left，在【I/O 类型】中选择【Input】输入，在【风格】栏中选【Right】，如图 12.23 所示。

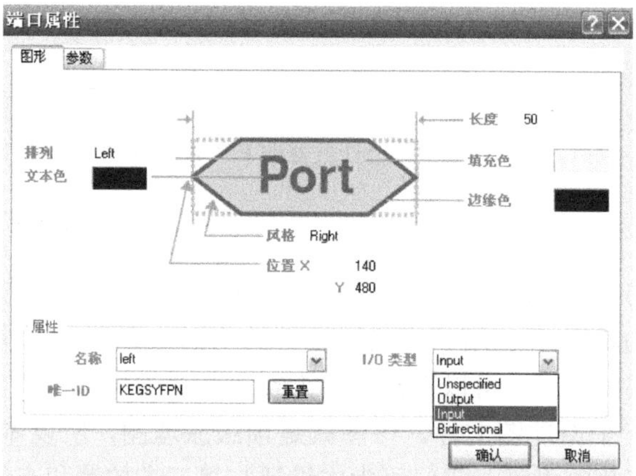

图 12.23 输入端口 left 属性对话框

（2）放置端口。属性设置好后，单击【确认】按钮，出现十字光标，移到要放置的地方单击鼠标左键，即可确定端口一个端点，然后移动鼠标，端口即被带出，到合适长度再次单击鼠标左键即可完成端口的放置。

（3）重复以上步骤，完成其他输入端口的放置，如图 12.22 所示。

2. 放置输出端口

输出端口的放置方法与输入端口基本相同，但由于其输出端口为总线端口，因此其名称为 Q[3..0]，而【I/O 类型】为【Output】输出，如图 12.24 所示。

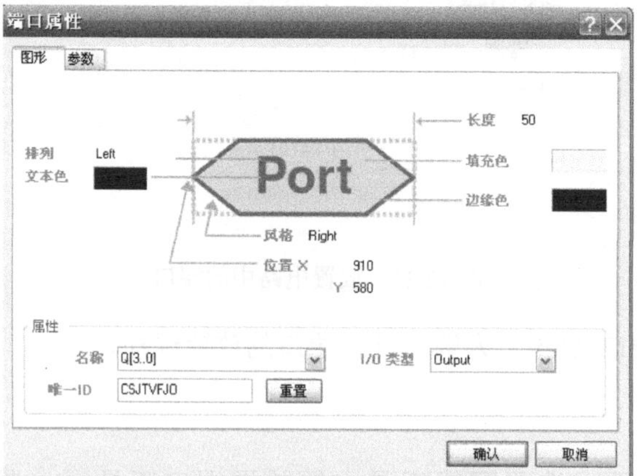

图 12.24 输出端口属性对话框

三、连接导线

和普通原理图的连线方法相同，完成后效果如图 12.25 所示。

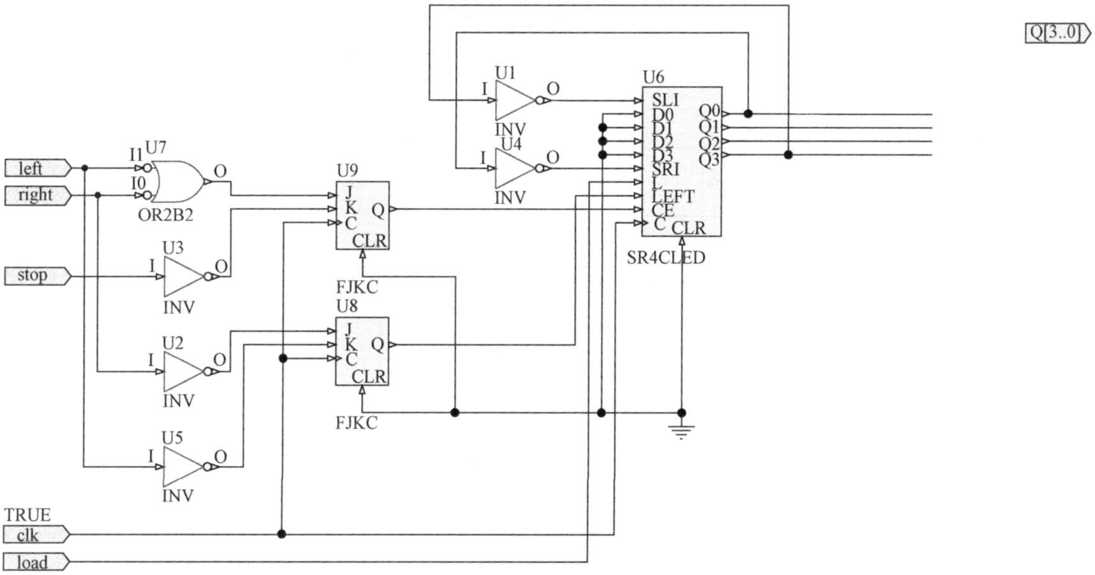

图 12.25　完成约翰逊计数器的连线

四、放置网络标签

和普通原理图放置网络标签方法相同，完成后效果如图 12.26 所示。

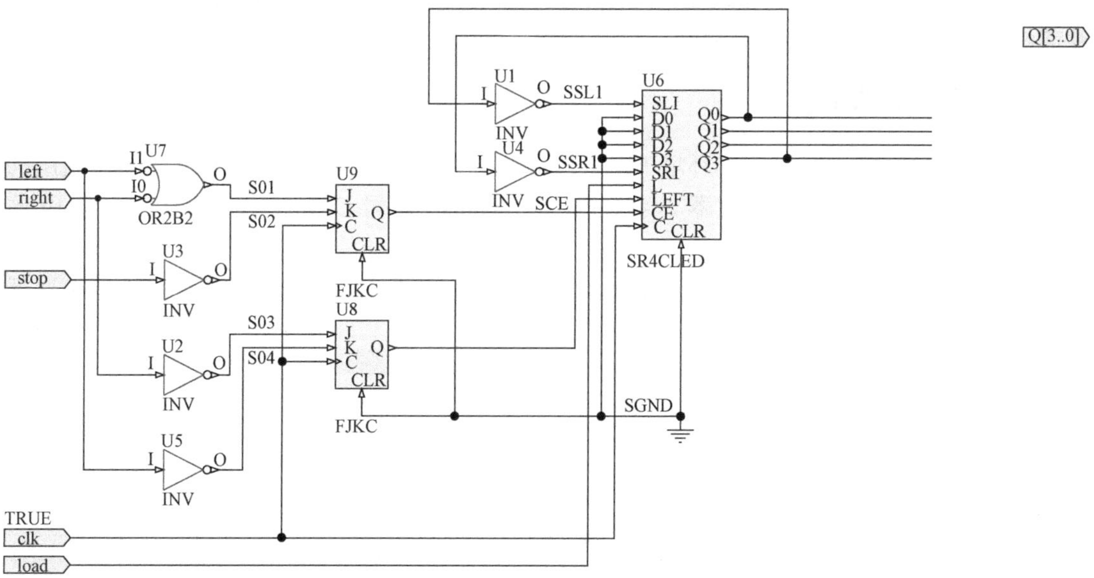

图 12.26　约翰逊计数器放置网络标签

五、完成总线连接

和普通原理图总线连接方法相同，并放置总线型网络标签（名称为 SQ[3..0]），完成后效果如图 12.27 所示。

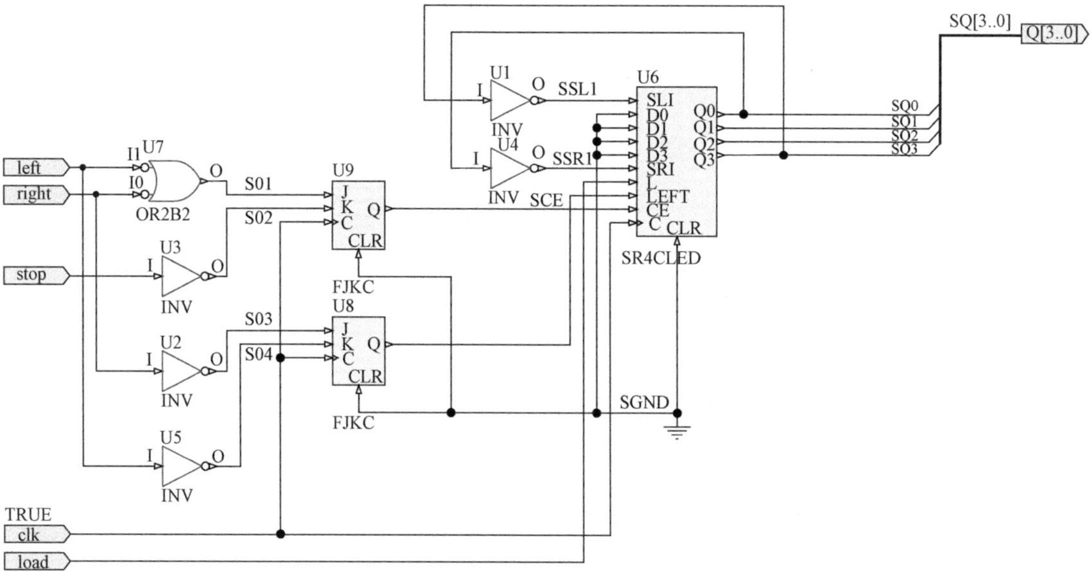

图 12.27　完成总线连接

任务四　进行 FPGA 参数设置

前面已经完成了约翰逊计数器的原理图设计。接下来需要产生 EDIF-FPGA 网表文件，并使用 Xilinx 提供的放置和布线工具继续后面的设计过程。然而在产生 EDIF-FPGA 网表文件前，还必须配置一些必要的参数。

一、添加文档参数

在 DXP 2004 的 FPGA 工作环境下，通过添加文档参数可以为当前设计指定希望使用的芯片。对于本例约翰逊计数器，我们选定 Xilinx 公司 Xilinx Spartan-Ⅱ系列中的 XC2S200PQ208-5 芯片。

（1）执行菜单命令【设计】/【文档选项…】，弹出如图 12.28 所示的【文档选项】对话框。

图 12.28　【文档选项】对话框

（2）在图 12.28 中单击【参数】选项卡，如图 21.29 所示，单击【追加…】按钮，弹出如图 12.31 所示的【参数属性】对话框。

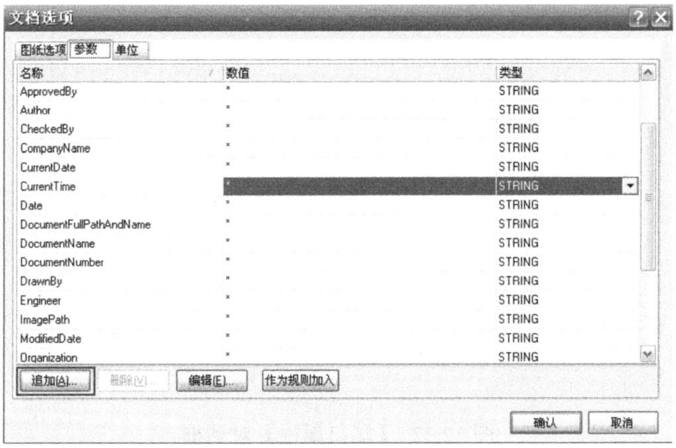

图 12.29　选择【参数】选项卡

（3）在图 12.30 所示的【参数属性】对话框，设置以下参数属性。

【名称】：参数名称，本处为确定芯片名称，因此输入“PARA-NAME”。

【数值】：参数的具体数值，本处为芯片的具体型号，因此输入“2S200-PQ208-5”。

【类型】：参数的数值类型，有【STRING】字符型、【BOOLEAN】布尔型、【INTEGER】整数型、【FLOAT】浮点型。本处为字符型，因此选择【STRING】。

（4）在图 12.30 中单击【确认】按钮，可以看到图 12.31 所示的【文档选项】对话框的参数栏中多了一个“PARA-NAME”参数。

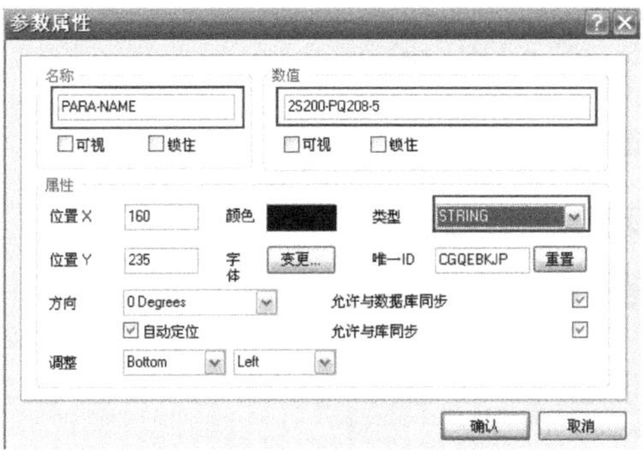

图 12.30　添加芯片参数属性对话框

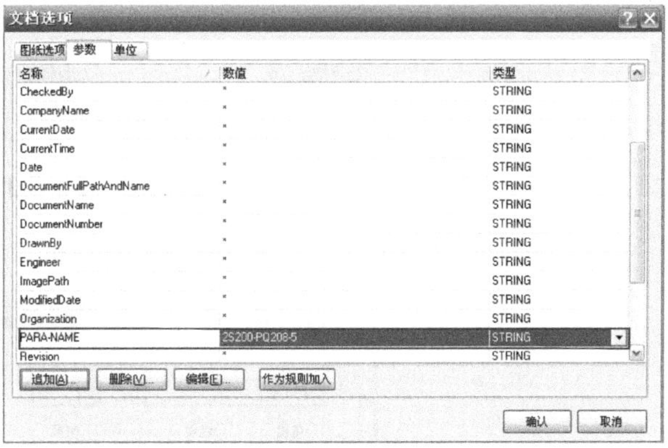

图 12.31　参数栏中添加了“PARA-NAME”参数

二、添加端口参数

芯片一旦指定，下一步就可以为端口分配实际芯片的引脚序号了，并在第三方工具（必须支持）中锁定已分配的引脚序号。实际芯片引脚序号的分配，是通过添加端口的“PINNUM”参数来实现的。下面以分配端口“left”的实际芯片引脚序号为例，讲解具体的操作步骤。

（1）双击已放置的端口“left”，弹出如图 12.32 所示【端口属性】对话框，单击

【参数】选项卡。

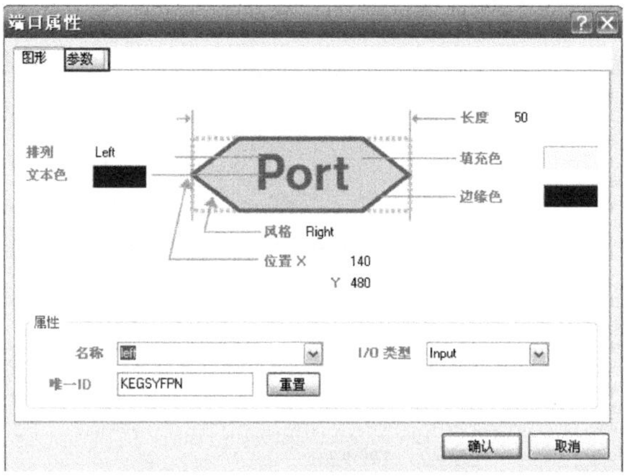

图 12.32 【端口属性】对话框

（2）在图 12.33 所示【参数】选项卡中，单击【追加…】按钮。

图 12.33 【参数】选项卡

（3）在图 12.34 所示的【参数属性】对话框，设置以下参数属性。

图 12.34 添加参数属性对话框

【名称】：参数名称，本处为确定芯片引脚序号，因此输入“PINNUM”。

【数值】：参数的具体数值，本处为芯片的具体引脚，因此输入“P3”。

【类型】参数的数值类型，有【STRING】字符型、【BOOLEAN】布尔型、【INTEGER】整数型、【FLOAT】浮点型。本处为字符型，因此选择【STRING】。

（4）在图 12.34 中单击【确认】按钮，可以看到图 12.35 所示的参数栏中已经添加了“PINNUM”参数。

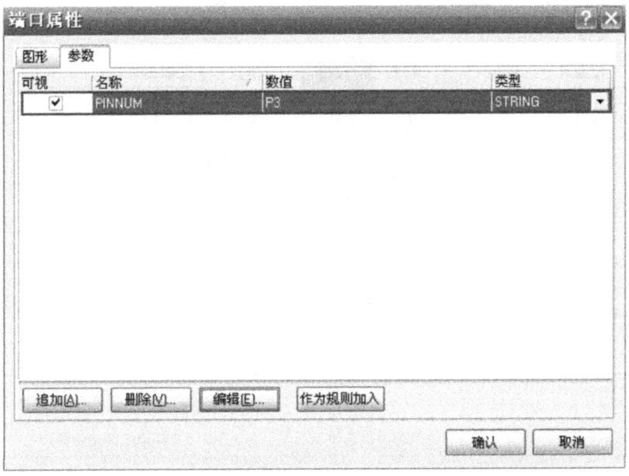

图 12.35　已经添加的“PINNUM”参数

采用相同的操作方法，分别为其他 4 个输入端口（right、stop、clk、load）指定引脚值（P4、P5、P6 和 P7）。

（5）总线端口参数配置。而对于输出端口 Q[3..0]，由于其为总线端口，引脚数必须和端口数相对应，因此其数值为“P15,P16,P17,P18”4 个，中间用逗号隔开，如图 12.36 所示。

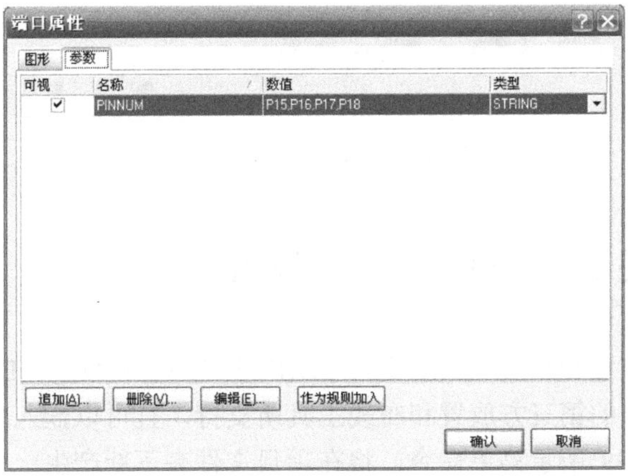

图 12.36　总线端口的“PINNUM”参数设置

（6）配置全局时钟。本项目中有一个全局时钟端口 clk，由于该时钟端口送往原理图中的每一个元件，因此可以将该信号看成全局快速时钟，用 Xilinx 优化工具对该信号进行处理，保存时钟的计数值，并调用 FPGA 宏单元。

① 双击已放置的端口“clk”，弹出【端口属性】对话框，单击【参数】选项卡，单击【追加…】按钮，弹出如图 12.37 所示的配置全局时钟参数对话框，添加一个【名称】为“XILINX_BUFG”，【数值】为“TRUE”，【类型】为“BOOLEAN”的参数。

② 单击【确认】按钮后，可以看到如图 12.38 所示的 clk 端口的属性对话框中已经添加了一个“XILINX_BUFG”参数，将 clk 端口配置为全局时钟。

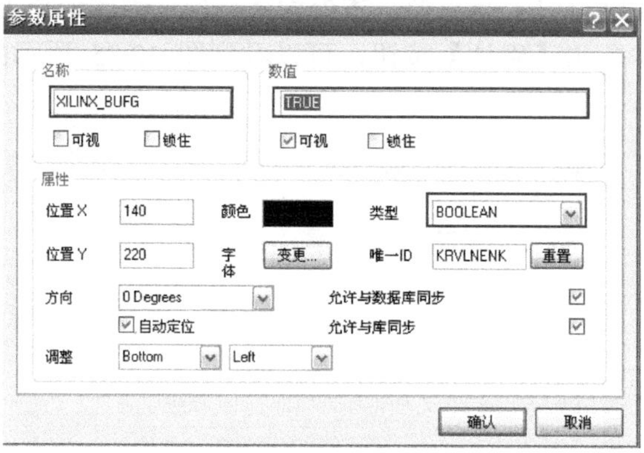

图 12.37　配置全局时钟参数

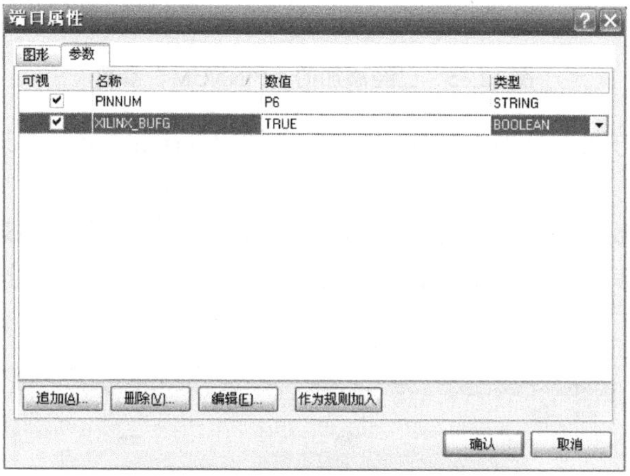

图 12.38　新添加的全局时钟参数

任务五　产生 EDIF-FPGA 网表文件

大部分的第三方放置和布线工具均支持 EDIF 格式的输出数据。DXP 2004 产生的 EDIF 文件，能够被绝大部分的第三方放置和布线工具所支持，且可以嵌入必须的逻辑需求。

（1）执行如图 12.39 所示菜单命令，将在项目文件夹下新产生一个与原理图文件同名的 EDF 文件，如图 12.40 所示。

（2）打开产生的 EDIF 文件。由于篇幅的限制，在此不详细列出。

产生 EDIF-FPGA 网表文件后，可以进行 FPGA 仿真测试，还可利用 FPGA 开发板进入 DXP 2004 器件视图进行实际效果测试，由于实验条件的限制，不再进行深入的介绍。

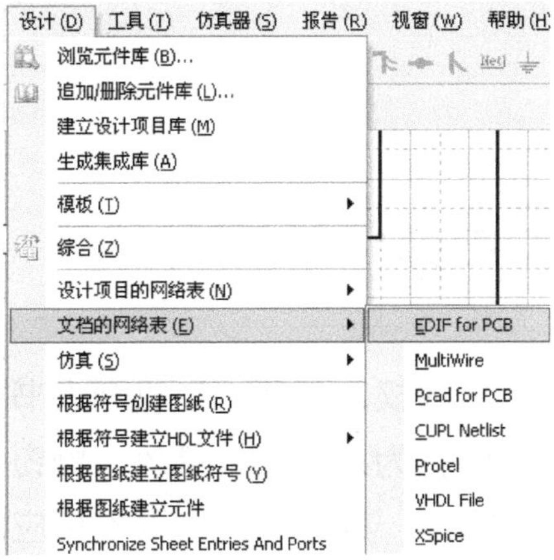

图 12.39　产生 EDIF 文件菜单命令

图 12.40　产生的 EDF 文件

本项目小结

本项目简要介绍了 PLD 的基本结构和类型，以及以设计约翰逊计数器为例，介绍如何利用 DXP 2004 进行基于原理图的 FPGA 设计。

习题 12

完成本项目约翰逊计数器的 FPGA 设计。

反侵权盗版声明